Kurzes Lehrbuch des Dampflokomotivbaues

Von

Dr.-Ing. F. Meineke
ord. Professor an der Technischen Hochschule Berlin

Mit 183 Textabbildungen
und 3 Tafeln

Springer-Verlag Berlin Heidelberg GmbH
1931

ISBN 978-3-642-50412-9 ISBN 978-3-642-50721-2 (eBook)
DOI 10.1007/978-3-642-50721-2

Ursprünglich erschienen bei Julius Springer in Berlin 1931
Softcover reprint of the hardcover 1st edition 1931

Vorwort.

Dieses Buch ist von einem Konstrukteur für Konstrukteure geschrieben. Es enthält aber nichts über Konstruktion, sondern setzt sie als wohl bekannt voraus. Der Lokomotivbauer weiß aus seiner Erfahrung, seinem gut entwickelten Formsinn und seinem Instinkt, unterstützt von ein paar einfachen Formeln und Bauregeln, ganz genau wie er zu entwerfen hat, er weiß aber nicht bewußt, warum er so entwirft. Solange man ausgetretene Pfade nicht verläßt, stört das nicht. Niemals kann aber etwas Neues mit Sicherheit entworfen werden, wenn die Grundlage des Alten nicht bekannt ist.

Deshalb soll versucht werden, die wissenschaftliche Grundlage der STEPHENSONschen Lokomotive (die durch den Feuerbüchs-Siederohr-Kessel, das Blasrohr und die unmittelbare Wirkung des Triebwerkes gekennzeichnet ist) leicht verständlich darzustellen. Das Buch soll Wissenschaft nicht so sehr vertiefen als verbreiten; deshalb habe ich es auch nicht als theoretisches Lehrbuch bezeichnet. Es behandelt nicht die über STEPHENSONS Grundform hinausgehenden Lokomotivbauarten und stellt in dieser Hinsicht einen Auszug aus den Vorlesungen dar, die ich seit 1922 halte. Auch habe ich allbekannte Festigkeitsberechnungen nicht gebracht.

Die wissenschaftliche Erkenntnis schreitet schnell fort. Ein Lehrbuch kann ihr nicht folgen, weil es an einem bestimmten Punkte Halt machen muß. Deshalb konnten die im „Organ für Eisenbahnwesen" Mai 1930 von NORDMANN veröffentlichten Versuchsergebnisse nicht mehr verarbeitet werden; soweit sich übersehen läßt, widersprechen sie aber im wesentlichen nicht der gegebenen Darstellung.

Herrn Dr.-Ing. ACHTERBERG danke ich für die treue Hilfe bei der Ausarbeitung des Buches.

Berlin, März 1931.

F. Meineke.

Inhaltsverzeichnis.

Berichtigungen.

Seite 5, Zusammenstellung Zeile 7 (Studiengesellschaft ...),

lies: $\frac{1}{150}$ statt $\frac{1}{60}$ und $\frac{1}{192} \cdot \frac{\Sigma F}{G_w}$ statt $\frac{1}{192}$.

„ 5, Zusammenstellung Zeile 9 (STRAHL ... 2,0) fällt fort.

„ 14, letzte Zeile, lies: t_0 statt t_2.

„ 61, Zeile 17, lies: $-$ statt $+$.

„ 75, Abb. 44, lies: $\left[200 - 1{,}2\left(\frac{V}{10}\right)^2\right] \cdot G_r$ statt $\left[200 - 1{,}2\left(\frac{V}{10}\right)^2 \cdot G_r\right.$.

„ 181, am Schluß der 13. Zeile von unten ist zuzufügen: (falls es nicht von der Zylinderversteifung aufgenommen wird).

„ 214, Zeile 6 von unten, lies: $[H + 10(W + K)] : G_d$ statt $H + 10[W + K] : G_d$.

Einleitung.

Zweck der Lokomotive ist die möglichst wirtschaftliche Beförderung des Zuges. Die Abmessungen der Lokomotive müssen aber auch zur Entwicklung der größten verlangten Zugleistung $N = \frac{Z \cdot V}{270}$ PS ausreichen. Da ferner die Größtwerte der Zugkraft Z kg und der Geschwindigkeit V km/h hier niemals gleichzeitig verlangt werden, so muß das Triebwerk jedem einzelnen Größtwert entsprechen. Daraus ergibt sich folgender innerer Zusammenhang der Hauptmaße: Aus der größten Zugkraft Z folgt das Reibgewicht G_r t und die Größe der Zylinder; aus der größten Geschwindigkeit $V_{\max}$ der Treibraddurchmesser. Das Produkt $Z \cdot V$ liefert die Leistung N, der in Verbindung mit dem spezifischen Dampfverbrauch c kg/PS_ih ein stündlicher Dampfverbrauch C kg/h entspricht. Von C schließt man unter Berücksichtigung des Kesselwirkungsgrades auf den stündlichen Brennstoffverbrauch B kg/h, dem eine Rostfläche R m² entsprechen muß. Um den angenommenen Kesselwirkungsgrad zu erreichen, ist eine Heizfläche H m² erforderlich, die einen Kessel bedingt, von dessen Größe in erster Linie das Dienstgewicht G_d t der Lokomotive abhängt. Schematische Darstellung:

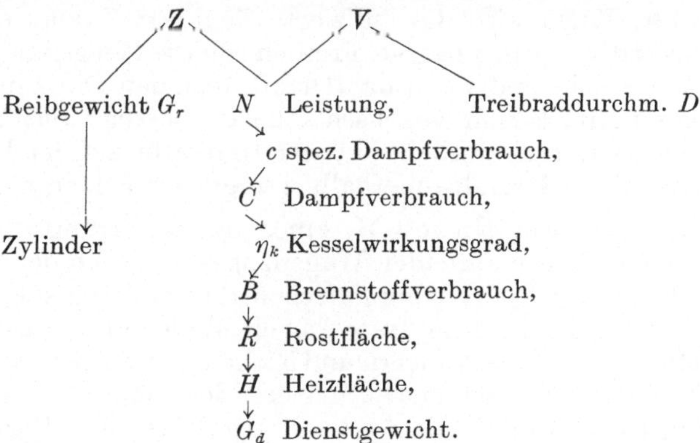

Wenn nach der üblichen Berechnung von N unmittelbar auf H geschlossen wird, so müssen wichtige Zwischenglieder übersprungen werden und die Heizfläche gewinnt eine übermäßige Bedeutung. Tatsächlich ist sie aber nur ein Mittel zur Erreichung eines guten Kesselwirkungsgrades.

Mit dem Entwurf der Lokomotive nach der größten Leistung ist die Forderung nach Wirtschaftlichkeit noch nicht erfüllt. Bei geringem Aufwand an Herstellungs- und Unterhaltungskosten ein sparsames Arbeiten auch innerhalb weiter Schwankungen von Z und V zu erreichen, darin liegt die Kunst des Entwerfens. Übrigens entstehen die meisten Lokomotiven nicht aus der Verwirklichung eines angencmmenen Leistungsprogramms, sondern der Betrieb erfordert eine stärkere Lokomotive, deren Achsenanordnung vorweg angenommen wird. Innerhalb der Grenzen der zulässigen Achsbelastungen wird dann aus G_r und G_d die Lokomotive so entworfen, daß sie möglichst leistungsfähig und wirtschaftlich unter den vorliegenden Strecken- und Verkehrsbedingungen ist. Deshalb kann auch kein Urteil über den Wert von ein- oder mehrstufiger Dehnung in zwei oder mehr Zylindern usw. schlechthin gefällt werden.

Von den beiden Ausgangspunkten der Lokomotivberechnung ist V durch allgemeine Betriebsrücksichten gegeben, dagegen muß Z aus der Wagenlast und der Geschwindigkeit berechnet werden.

Allgemein ist die Zugkraft $Z = \frac{1}{3{,}6}\left[\frac{(G_t + G_w)\cdot 1000}{g} + \sum \frac{J}{r^2}\right]\frac{dV}{dt} + W\,\mathrm{kg}$ (G_t = Gewicht der Lokomotive mit Tender in t, G_w = Wagengewicht in t, g = Erdbeschleunigung in m/sec², J = Trägheitsmoment in mkgsec² und r = Halbmesser eines Rades in m, V = Fahrgeschwindigkeit, t = Zeit in sec, W = Fahrwiderstand in kg). Da zunächst nur der Beharrungszustand betrachtet wird, ist $Z = W$ zu setzen. Zu unterscheiden sind: Die Zugkraft Z_e am Haken des ersten Wagens, die mit Hilfe eines Dynamometers genau gemessen werden kann. Die Zugkraft am Radumfang Z_r ist für die Leistung der Lokomotivmaschine und für die Haftung der Treibräder zwar von Bedeutung, sie ist aber nur auf einem Lokomotivprüfstand meßbar und wird bei den Berechnungen nicht benutzt. Ihnen wird die indizierte Zugkraft Z_i zugrunde gelegt, die mit dem Indikator meßbar ist. Freilich soll die Meßgenauigkeit nicht überschätzt werden, und wenn das Urteil über den Indikator als „des vorzüglichsten Mittels zum wissenschaftlichen Betrug" auch zu hart ist, so muß doch anerkannt werden, daß der Indikator auf der Lokomotive nur bei allergrößter Sorgfalt innerhalb erträglicher Fehlergrenzen bleibt.

Die Zugkraft am Haken Z_e eines im Beharrungszustande auf geradem ebenen Gleise fahrenden Wagenzuges ist gleich der Summe der Widerstände aus der Rollreibung zwischen Rad und Schiene, der Lagerreibung und der Luft; dazu treten noch Widerstände als Folge der störenden Bewegungen (Schlingern und Nicken) der Wagen. Ruht ein Rad mit der Kraft Q auf der Schiene auf, so erleiden beide Formänderungen, wie in Abb. 1 durch die Linie *1—2—3* angedeutet ist. Der Rollwiderstand entsteht hauptsächlich aus der Abnutzungsarbeit und dem nicht ganz elastischen Verhalten der Schiene, die nach dem Vorübergehen des Rades nicht sofort wieder in die alte Lage zurückfedert. Man kann sich vorstellen, daß die Fläche *0—1—2* größer als die Fläche *0—2—3* ist und die Resultierende des Gegendrucks um das Maß e vor der Kraftrichtung der Belastung liegt. Theoretisch kann e nicht ermittelt werden.

Man erhält gute Übereinstimmung mit der Erfahrung, wenn man $e = 0{,}05$ cm annimmt[1]. Denkt man sich das Wagengewicht G_w in einem Rade vereinigt, so findet man den Rollwiderstand des Zuges $W_r = \frac{G_w \cdot e}{r} \cdot 10$ kg. Da die Widerstände in kg je t Gewicht ausgedrückt werden, ist der spezifische Widerstand $w_r = \frac{W_r}{G_w} = 10 \frac{e}{r}$ und mit $r = 0{,}50$ m ist $w_r = 1{,}0$ kg/t. Mit dem Abrollen ist ein Gleiten verbunden, weil das Rad in der Berührungsstelle infolge der Zusammendrückung kleiner ist. Dieser Gleitwiderstand ist sehr gering und in dem Rollwiderstand enthalten. Wenn durch starkes Sanden jedoch die Reibziffer sehr groß und Schiene wie Räder aufgerauht sind, ist ein wesentlich größerer Rollwiderstand beobachtet worden; einschließlich Lagerreibung erreichte er den Wert von etwa 10 kg/t *.

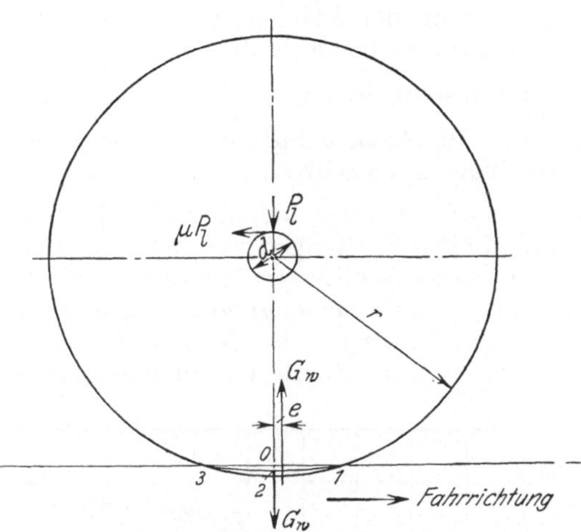

Abb. 1. Schiene, Rad und Achslager. P_l = senkrechte Lagerbelastung, G_w = Wagengewicht, μ = Reibziffer.

Der Lagerreibungswiderstand W_z findet sich nach Abb. 1 aus $W_z \cdot r = \frac{d}{2} \cdot \mu \cdot P_l \cdot 1000 = \frac{d}{2} \cdot \mu \left(\frac{P_l}{G_w}\right) G_w \cdot 1000$ (P_l = Lagerdruck in t) zu $w_z = \frac{W_z}{G_w} = \mu \cdot \frac{P_l}{G_w} \cdot \frac{d}{2r} \cdot 1000$ kg/t. Mit $\frac{P_l}{G_w} = \sim \frac{5}{6}$, $\frac{d}{2r} = \frac{1}{7}$ und $\mu = \frac{1}{200}$ erhält man: $w_z = 0{,}6$ kg/t. Der Laufwiderstand, d. h. Roll- und Lagerwiderstand zusammen, ergibt also 1,6 kg/t, wobei das Überwiegen des Rollwiderstandes bemerkenswert ist. Selbst wenn durch Wälzlager der Lagerwiderstand auf ein Drittel verkleinert wird, vermindert sich der Laufwiderstand nur auf 1,2, also auf ¾ des ursprünglichen Wertes. Wälzlager können sich also nicht durch Ersparnisse an Zugförderkosten im Beharrungszustande bezahlt machen, sondern nur durch ihr günstigeres Verhalten beim Anlauf und durch Verminderung der Unterhaltungskosten.

Während der Laufwiderstand als ziemlich unveränderlich angesehen werden kann, wächst der Luftwiderstand mit V^2, vorausgesetzt, daß die getroffene Fläche sich nicht ändert. Da bei den großen Abständen der Wagen voneinander und ihrer rauhen Oberfläche viel mehr Wirbel auftreten als bei einem einfachen geometrischen Körper, so ist es noch nicht erwiesen, daß in der Formel für den Luftwiderstand $W_l = c_0 F \cdot V^2$

[1] Grashof: Theoretische Maschinenlehre.

* Nordmann: Der Eisenbahnbetrieb auf Steilrampen. Org. f. d. Fortschr. d. Eisenbahnw. **61**, 97 (1924).

(F = getroffene Fläche) der Koeffizient c_0 wirklich unveränderlich ist. Der große Einfluß des Seitenwindes ist ja bekannt und wird von STRAHL dadurch berücksichtigt, daß er nicht mit V, sondern mit $(V + 15)$ und $(V + 25)$ rechnet. Die von FRANK aus Ablaufversuchen ganzer Züge 1879 ermittelten Werte c_0 und F sind zutreffend, jedoch ist die Ermittlung der Flächen F trotz der dafür gegebenen Anhaltspunkte zu umständlich. Deshalb wird die Fläche F dem Gewichte verhältnisgleich gesetzt, was zu der Form $W_l = c G_w V^2$ kg und $w_l = \frac{W_l}{G_w} = c \cdot V^2$ kg/t führt. Die Größe c muß nun aber je nach dem Gewichte und der Bauart des Wagens verschieden sein.

Das Gesetz der Abhängigkeit der Widerstände aus dem Schlingern und Nicken der Wagen von der Fahrgeschwindigkeit ist noch nicht bekannt. Das Schlingern (Anlaufen des Fahrzeugs an den Schienen im geraden Gleise) erzeugt zusätzliche Reibung an den Achslagerborden und Spurkränzen. Das Nicken (Drehen um eine waagerechte Querachse) entsteht durch Bahnunebenheiten, besonders an den Schienenenden. Die so entstehenden Stöße und Schwingungen sind mit Arbeitsverlusten verbunden (von denen besonders die Federreibung genannt sei), die letzten Endes sich in einem erhöhten Fahrwiderstande ausdrücken müssen. Die dynamische Theorie des Oberbaues lehrt in Übereinstimmung mit der Beobachtung, daß die Schlagwirkung an den Schienenenden bei 75 bis 90 km/h ihren Höchstwert erreicht. Dieser Widerstand kann in Abb. 2 etwa durch die Ordinaten y_1 (Linie *1*) dargestellt werden. In den Widerstandsformeln wird das in verschiedener Weise ausgedrückt. FRANK schlägt — ohne es zu sagen — zum Laufwiderstand den Stoßwiderstand, den er von der Geschwindigkeit unabhängig = 0,9 kg/t annimmt, und setzt $y_0 + y_1 = 2{,}5$ kg/t, was die Linie *2* darstellt. Ihm ist STRAHL gefolgt. Die französische Schule (VUILLEMIN, GAEBHARDT und DIEUDONNÉ sowie BARBIER, NADAL, DESDOUITS) setzt den Stoßwiderstand in besserer Annäherung an Linie *1* nach Linie *3* gleich $b\,V$ und erhält auf diese Weise bei größerer Geschwindigkeit zu hohe Werte.

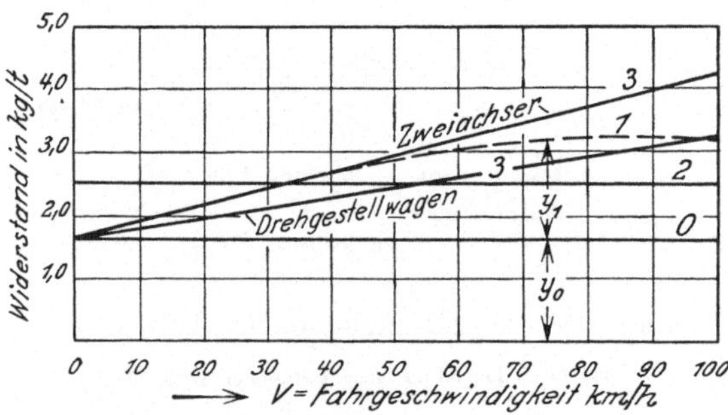

Abb. 2. Lauf- und Stoßwiderstand der Wagen.

Linie *2* entspricht der FRANKschen Schule,
Linie *3* der französischen Schule.
Bei mittleren Geschwindigkeiten verschwinden die Unterschiede.
y_0 = Lager- und Rollwiderstand.

Der Gesamtwiderstand W eines Wagenzuges kann deshalb auch in der Formel $\frac{W}{G_w} = w = a + b\,V + c\,V^2$ keinen genauen Ausdruck finden, weil auf die Stoßarbeit noch nicht richtig Rücksicht genommen ist. Bedenkt man die vielen Umstände, von denen der Fahrwiderstand abhängt, die theoretische Unvollkommenheit der obigen Formel und die Schwierigkeit der Widerstandsmessung, so ist die große Zahl der Widerstandswerte a, b und c erklärlich; viele Formeln gelten auch nur für einen engen Geschwindigkeitsbereich.

Zusammenstellung von Widerstandswerten für Wagen.

Forscher	Wagengattung	a	b	c	Bemerkungen
Frank	—	2,5	0	wechselnd, je nach Zugzusammensetzung	
Strahl	Drehgestw.	2,5	0	1/4000	siehe auch: Hütte III, 25. Auflage, S. 739
„	2- u. 3-Achser	2,5	0	1/3000	
„	beladene offene Güterwagen	2,5	0	1/4400	
„	halb beladene gedeckte Güterwagen	2,5	0	1/3000	
„	leere Güterwagen	2,5	0	1/700	
Studienges. für Schnellbahnen	D-Wagen	1,3	1/60	1/192·	
Lomonossoff .	D-Wagen	1,4	1/50	1/5000	
Strahl		2,0			gilt in den Grenzen
Leitzmann . .	Zweiachser	1,3	1/247	1/1470	50—90 km/h
„ . .	Vierachser	1,2	1/150	1/2200	50—90 „
Barbier . . .	Zweiachser	1,6	1/43	1/2200	60—115 „
„ . . .	Vierachser	1,6	1/220	1/2200	60—115 „
Nadal	Zweiachser	1,5	1/47	1/4000	—
Desdouits . .	Zweiachser	1,6	1/37	1/3333	—
„ . .	Vierachser	1,4	1/60	1/5000	—
Baldwin Loc. Works . . .	Güterwagen	1,5	1/20	0	0—20 „

Bemerkenswert bei den französischen Formeln ist, daß a sich in der Nähe des durch Rechnung gefundenen Wertes 1,6 bewegt und b bei zweiachsigen Wagen wesentlich größer ist, was mit ihrem gegenüber Drehgestellwagen unruhigeren Lauf in Einklang steht.

Nach Abschluß des Buches sind die von Nocon durchgeführten Versuche des Reichsbahn-Zentralamtes bekannt geworden[1]. Ein Vergleich der von Nocon gewonnenen Widerstandszahlen mit den früheren lehrt: Der vereinigte Roll- und Lagerwiderstand ist mit etwa 1,8 bis 2,0 kg/t größer als früher, weil infolge des höheren Achsdruckes die Zapfen stärker sind. Da die Versuche auf sehr gutem Oberbau stattfanden, hat sich das lineare Glied zu etwa $^1/_5$ der früheren Werte erwiesen, während das den Luftwiderstand darstellende quadratische Glied wieder mit früheren Zahlen, besonders denen von Strahl und Lomonossoff, gut übereinstimmt.

Die Zugkraft am Treibradumfang Z_r erhält man nach der üblichen Auffassung aus der Zugkraft am Haken durch Hinzufügen des Widerstandes der Lokomotive mit Tender als Fahrzeug. Dies ist aber

[1] Glasers Annalen **108**, 99 (1931).

nicht ganz richtig, weil der Laufwiderstand der Treibachsen von der Lokomotivmaschine aufgebracht wird. Das erkennt man deutlich bei der Messung von Z_r auf dem Prüfstand, wo die Lokomotive feststeht, die Treibräder auf gebremsten Rollen laufen und die Meßdose die Zugkraft am Rade anzeigt. Die Reibung der Treibräder hat außer der Zughakenkraft nur den Widerstand der Laufachsen und den Luftwiderstand zu überwinden. Die Widerstandsziffern sind bei den Lokomotiven größer als bei Wagen, wegen der verhältnismäßig starken Achsschenkel, und weil die ganze Lokomotive vom Fahrwinde getroffen wird.

SANZIN[1] setzt $a = 1{,}8$, $b = 1/67$ und den Luftwiderstand $= F \cdot V^2 : 167$ mit $F = 10$ bis $13\ \text{m}^2$. STRAHL nimmt nach der FRANKschen Schule $a = 2{,}5$, $b = 0$ und bezieht den Luftwiderstand nicht auf die Fläche, sondern auf das Gewicht G_d der Lokomotive, und deshalb ist er gleich $\frac{G_d \cdot V^2}{1500}$. Die Zahlen a und b beziehen sich auf die Belastung aller Laufachsen, also $(G_t - G_r)$. Dann erhält man als Zugkraft am Radumfang im Beharrungszustand:

$$Z_r - W_w = (1{,}8 + 1/67\ V)\ (G_t - G_r) + F \cdot V^2/167 \text{ kg}$$

nach SANZIN und $Z_r - W_w = 2{,}5\,(G_t - G_r) + \frac{G_d\,V^2}{1500}$ kg nach STRAHL.

Die leerlaufende Lokomotive bietet einen wesentlich höheren Widerstand nicht nur, weil die Treibachsreibung hinzukommt, sondern auch die Widerstände der Steuerung an den Treib- und Kuppelstangen, sowie die Pumparbeit der Kolben.

Die indizierte Zugkraft Z_i muß außer Z_r sämtliche Widerstände der treibenden Achsen, des Triebwerks und der Steuerung überwinden. Diese Widerstände sind also gleich $Z_i - Z_r$. Das Verhältnis $Z_r : Z_i$ ist der mechanische Wirkungsgrad η_m, der sich aber in der Literatur meistens auf ein Z_r bezieht, das auch den Laufwiderstand der treibenden Achsen enthält. In der Berechnung kann η_m entbehrt werden; der mechanische Wirkungsgrad ist sehr hoch bei kleiner Geschwindigkeit (0,97 bis 0,93) und fällt dann sehr schnell; er ist vom Dampfdruck fast unabhängig und bei einer gegebenen Geschwindigkeit um so höher, je größer die Leistung ist. Für die Differenz $Z_i - Z_r$ findet man bei SANZIN[2] den Wert $G_r\left(a + \frac{10{,}75}{D} V\right)$, wobei der Treibrad-Drm in Zentimeter zu messen ist, und a von der Zahl der gekuppelten Achsen abhängt. STRAHL[3] schreibt dafür $\left(a + \frac{11{,}6}{D} V\right) G_r$. Seine Werte gelten nur für stärkste Anstrengung der Lokomotive. Die a-Werte sind:

gekupp. Achsen	2	3	4	5	
a	5,5	7,0	8,0	8,8	nach SANZIN
	5,0	6,5	8,0	9,5	nach STRAHL

[1] Z. V. d. I. **51**, 1699 (1907).

[2] Z. V. d. I. **55**, 1458ff. (1911) und IGEL: Handbuch des Dampflokomotivbaues. Berlin: M. Krayn 1923. Anhang, Tafel I.

[3] Org. f. d. Fortschr. d. Eisenbahnw. **45**, 322 (1908).

Später hat STRAHL diese Werte noch geändert, den erhöhten Widerstand von Triebwerken mit mehr als zwei Zylindern berücksichtigt und seine Angaben auf 6 gekuppelte Achsen erweitert. Das starke Ansteigen von a mit Zunahme der Kuppelachszahl erklärt sich aus den Klemmungen in den Kuppelstangen, diesem statisch unbestimmten, dynamisch gefährlichen und höchst empfindlichen Maschinenteile, der von allen Zweigen der Technik mit gleicher Vorsicht umgangen und auch nur vom Lokomotivbau als notwendiges Übel ertragen wird. Das Klemmen in den Kuppelstangen hängt ganz von der Genauigkeit des Zusammenbaues ab, da diese aber in letzter Zeit sehr zugenommen hat, ist eine Nachprüfung der alten a-Werte nötig. Auf einem Prüfstand kann $Z_i - Z_r$ recht genau gemessen werden, weil der Indikator auf einer ortsfesten Anlage viel zuverlässiger arbeiten kann.

Aus Widerstandsversuchen hat BASCH[1] Zahlenwerte zur Berechnung von $Z_i - Z_e$ abgeleitet, die für Vollbahnlokomotiven Vertrauen erwecken. Sie umgehen die Bestimmung der Zugkraft am Radumfang, die bei den späteren Berechnungen auch gar nicht gebraucht wird. Für Lokomotiven mit Tendern setzt BASCH den Widerstand bezogen auf 1 t Gewicht der Lokomotive einschließlich Tender mit halben Vorräten:

$$w = a + b\,V + \frac{V^2}{1250}\ \text{kg/t}.$$

Achsfolge	a	b	Achsfolge	a	b
1B 1B1 2B 2B1 2B2	3,3	0,025	1D1 2D (Güterzug)	5,0	0,110
1C1 1C2 2C 2C1 2C2	4,2	0,031	D 1D	5,7	0,132
C 1C	4,9	0,041	1E 1E1	6,1	0,168
1D1 2D1 2D (Schnellzug)	4,8	0,084	E 1F	6,7	0,208
			F	7,6	0,250

Für Tenderlokomotiven mit vollen Vorräten gilt: $w = a + bV + \frac{V^2}{1000}$.

Achsfolge	a	b	Achsfolge	a	b
B1 1B 1B1 1B2 2B 2B1	3,8	0,028	D 1D 1E1	7,6	0,188
B 1C1 1C2 2C1 2C2	5,0	0,039	E 1F1	8,3	0,269
C C1 1C 2C	6,2	0,056	F	9,6	0,350
1D1 2D 2D2	6,4	0,124			

Ist im Beharrungszustande $W_w = Z_e$, so kann $\frac{Z_e}{Z_i} = \eta_e$ der Wirkungsgrad der Lokomotive genannt werden. Entwirft man eine Lokomotive nach einem Leistungsprogramm, das zunächst ja nur Z_e liefert, so kann η_e zur vorläufigen Ermittlung von Z_i und somit zur Berechnung der ganzen Lokomotive benutzt werden. Mit dem so gefundenen Lokomotivgewicht führt man die Rechnung dann endgültig durch. Aus den Leistungstafeln der Deutschen Reichsbahn-Gesellschaft sind für viele Lokomotiven nach den Widerstandsformeln von STRAHL und BASCH Z_e, Z_i und $\eta_e = Z_e : Z_i$ berechnet und daraus eine empirische Formel abgeleitet worden:

$$100\,\eta_e = c_1 - (c_2 + s)\,(c_3 + c_4 V^2)\ \%.$$

[1] Doktorarbeit a. d. Techn. Hochschule Wien.

Die Werte c_1 bis c_4 sind nach folgender Tabelle zu wählen:

	c_1	c_2	c_3	c_4
Lokomotiven mit Tender für Schnellzüge . .	167	32	2,06	1 : 8700
„ „ „ „ Personenzüge . .	135	22	1,6	1 : 4650
„ „ „ „ Güterzüge . . .	112	22	0,83	1 : 3500
Tenderlokomotiven für Personenzüge	112	18	1,04	1 : 3230
„ „ Güterzüge	112	24	0,7	1 : 3600

Die Berechnung gilt für eine Anstrengung der Lokomotiven an der Kesselleistungsgrenze. Da sie nur zur vorläufigen Annäherung dient, genügt es, für geringe Anstrengung (z. B. $A = 3$ siehe S. 12) die Wirkungsgrade auf $^9/_{10}$ zu vermindern.

Fährt der Zug auf einer Strecke, die um s m Höhe auf 1000 m Länge ansteigt, so entsteht dadurch ein Steigungswiderstand $w_s = s$ kg/t. Der Widerstand beim Durchfahren von Gleisbögen wird später genauer behandelt werden; hier genügt die Näherungsformel von v. Röckl für den Bogenwiderstand: $w_b = \frac{650}{R - 55}$ für Halbmesser $R > 300$ m und $w_b = \frac{500}{R - 30}$ für Halbmesser $R < 300$ m. Steigungs- und Bogenwiderstand zusammen werden als Widerstand der „maßgebenden“ Steigung $s_m = s + w_b$ bezeichnet. In Krümmungen soll die Steigung so weit ermäßigt werden, daß die „maßgebende“ Steigung nicht größer als die größte Steigung in der Geraden ist. Aber auch wenn dies nicht der Fall ist, braucht man mit $s + w_b$ nur dann zu rechnen, wenn der ganze Zug in der Krümmung stehen kann. Meistens genügt die Rechnung mit dem mittleren Widerstand $s + \frac{\Sigma S_b \cdot w_b}{S}$ (S ganze Streckenlänge, S_b Länge der Krümmungen).

Die oben gegebenen Werte für den Lauf- und Bogenwiderstand gelten für regelspurige Fahrzeuge der Hauptbahnen. Bei abnormer Spur und Nebenbahnen sind meistens die Räder kleiner und die Achsschenkel verhältnismäßig stärker. Versuchsergebnisse liegen kaum vor, dagegen hat Gruenewaldt[1] rechnungsmäßig gefundene Widerstandszahlen veröffentlicht, die brauchbar erscheinen. Er setzt in der allgemeinen Formel $W_w = a + b\,V + c\,V^2$ den Wert $b = 0$, nimmt für drei verschiedene Spurweiten bestimmte Maße der Rad- und Achsschenkel-Durchmesser an und erhält dann:

Spurweite:	1435	1000	750 mm
$a =$	2,1	2,5	27
$c =$	1/5000	1/4000	1/3000

Der Widerstand der Lokomotive mit n gekuppelten Achsen ist $(Z_i - Z_e)$

$$= G_d\left[3{,}5\ \sqrt{n} + \left(\frac{n}{4000} + \frac{1}{667}\right) V^2\right] \text{ kg für Regelspur,}$$

[1] Schweiz. Bauzeitung 22. Aug. 1925.

$$= G_d \left[4{,}16 \sqrt{n} + \left(\frac{n}{3333} + \frac{1}{833}\right) V^2\right] \text{ kg für 1000 mm Spur,}$$

$$= G_d \left[4{,}5 \sqrt{n} + \left(\frac{n}{3000} + \frac{1}{1040}\right) V^2\right] \text{ kg für 750 mm Spur.}$$

Da Laufachsen nicht berücksichtigt sind, müssen sie wie Wagenachsen behandelt werden.

Für überschlägige Berechnungen gibt es Formeln, die den Widerstand ganzer Züge ausdrücken. Nach CLARK ist $Z_i = (G_t + G_w)\left(2{,}4 + \frac{V^2}{1000}\right)$; da diese Formel zu große Werte bei D-Zügen ergibt, nimmt man besser die Erfurter Formel $Z_i = (G_t + G_w)\left(2{,}4 + \frac{V^2}{1300}\right)$. Für schwere D-Züge paßt noch besser $Z_i = (G_t + G_w)\left(2{,}4 + \frac{V^2}{1700}\right)$. Die große Verschiedenheit der Widerstandszahlen erklärt sich aus der mannigfachen Art der Widerstände, auf die Wind, Temperatur, Öl, Lagerbauart, Wagenform usw. großen Einfluß haben. In wichtigen Sonderfällen ist der Modellversuch im Windkanal zu empfehlen.

Bei der beschleunigten Bewegung des Zuges muß zunächst bei $V = 0$ der große Wert der Reibungszahl μ beachtet werden, der allerdings schon bei $V = \sim 5$ den geringsten Wert erreicht. Nach Versuchen von v. GLINSKY[1] beträgt bei $V = 0$ der Widerstand von Wagen je nach Länge der Ruhezeit 6,2 bis 11,6 kg/t, von Lokomotiven mit Tender etwa 20 kg/t und von Tenderlokomotiven 26 kg/t.

Deshalb sind straff gekuppelte Züge mit durchgehender Zugstange schwer anzuziehen, während das Zurückdrücken leicht geht, weil dann wegen der Zusammendrückung der Pufferfedern ein Wagen nach dem anderen bewegt wird. Wälzlager verursachen keinen erhöhten Anlaufwiderstand, was sie für Personenwagen des häufigen Anfahrens wegen sehr geeignet macht. Zur Beschleunigung des Zuges ist verfügbar die Kraft $Z - W = \frac{1}{3{,}6}\left[\frac{(G_t + G_w)\cdot 1000}{g} + \sum \frac{J}{r^2}\right]\frac{dV}{dt}$ kg. Jede Achse mit Radreifen des Regelquerschnittes (140 mm breit, 75 mm stark im Laufkreis) gibt fast unabhängig vom Raddrm. einen Zuschlag $\frac{J}{r^2}$ zur Masse, der einem Gewicht von 0,6 t entspricht, Treib- und Kuppelachsen ergeben des Gegengewichts halber einen Beitrag entsprechend 1,0 bis 1,2 t. Man kann auch schreiben: $\left[\frac{(G_t + G_w)\cdot 1000}{g} + \sum \frac{J}{r^2}\right] = \xi \cdot \frac{(G_t + G_w)\cdot 1000}{g}$ und erhält dann etwa folgende Werte für ξ:

Lokomotiven mit Tender	Tenderlokomotiven	Güter- u. Personenwagen	Leere Güterwagen
1,04 bis 1,06	1,05 bis 1,07	1,04 bis 1,06	1,08 bis 1,12

Der Trägheitswiderstand des Zuges sei $w_p = \frac{Z - W}{G_w + G_t}$ und die Beschleunigung p m/sec² konstant. Man schreibt dann $Z - W = \xi \frac{(G_t + G_w)\cdot 1000}{g} \cdot p$

[1] Z. V. d. I. **56**, 2065 (1912).

und erhält $w_p = \frac{p}{g} \cdot \xi \cdot 1000$ kg/t. Soll auf S m Entfernung die Geschwindigkeit $v = \frac{V}{3,6}$ m/sec erreicht werden, so ist dazu die Beschleunigung $p = \frac{1}{2} v^2 : S$ erforderlich; dann erhält man $w_p = \frac{1000\, V^2}{2 \cdot g \cdot 3,6^2} \xi : S$. Mit $\xi = 1,03$ wird $w_p = \frac{4 \cdot V^2}{S}$ kg/t. Soll z. B. ein Zug auf $S = 500$ m eine Geschwindigkeit von $V = 36$ erreichen, so entsteht dadurch ein Trägheitswiderstand von $w_p = \frac{4 \cdot 36^2}{500} = 10,4$ kg/t. Eine Lokomotive, die einen Zug in 10 ‰ Steigung im Beharrungszustand befördern kann, ist also auch imstande, ihn genügend stark zu beschleunigen.

In Wirklichkeit wird S und besonders auch die Anfahrzeit $t = \frac{V}{3,6} : p$ größer sein, weil die Beschleunigung p nicht konstant ist. Bis zum Strecken eines Güterzuges oder dem Anziehen eines Personenzuges muß sehr vorsichtig Dampf gegeben werden, und auch von $V = 5$ ab ist $(Z - W)$ nicht konstant, weil W mit V wächst, Z aber abnimmt. Zu der berechneten Anfahrzeit t sind erfahrungsgemäß noch etwa 30 Sekunden zuzugeben.

Häufig gebrauchte Formelzeichen. Einleitung.

B	ständl. Brennstoffverbrauch kg/h
C	ständlicher Dampfverbrauch kg/h
D	Treibraddurchmesser cm
F	dem Fahrwind ausgesetzte Fläche m²
G_d	Lokomotiv-Dienstgewicht t
G_r	Reibgewicht t
G_t	Dienstgewicht von Lokomotive und Tender t
G_w	Wagengewicht t
H	Heizfläche m²
J	Trägheitsmoment mkgsec²
N	Leistung PS
P_l	senkrechter Lagerdruck t
Q	Raddruck t
R	(S. 1) Rostfläche m²
R	(S. 8) Halbmesser des Gleisbogens m
S	Streckenlänge m
S_b	Länge der Gleiskrümmung m
V	Fahrgeschwindigkeit km/h
W	Fahrwiderstand des Zuges, einschließlich Lokomotive kg
W_l	Luftwiderstand kg
W_r	Rollwiderstand des Zuges kg
W_w	Wagenwiderstand kg
W_z	Lagerreibungswiderstand kg
Z	Zugkraft kg
Z_e	effekt. Zugkraft am Zughaken kg
Z_i	indizierte Zugkraft kg
Z_r	Zugkraft am Treibradumfang kg
a	Laufwiderstand kg/t
b	Beiwert des Stoßwiderstandes kgh/kmt
c	Beiwert des Luftwiderstandes kgh²/km²t (Wagengewicht)
c_o	Beiwert des Luftwiderstandes kgh²/km²m²
d	Achsschenkeldurchmesser m
e	Hebelarm des Wagengewichts in dem dem Rollwiderstand entsprechenden Moment am Treibrad cm
g	Erdbeschleunigung m/sec²
n	Zahl der gekuppelt. Achsen
p	Zugbeschleunigung m/sec²
r	Radhalbmesser m
s	Steigung ‰
s_m	Widerstand der maßgebenden Steigung kg/t
t	Zeit sec
v	Fahrgeschwindigkeit m/sec
w_b	spez. Bogenwiderstand kg/t
w_l	spez. Luftwiderstand kg/t
w_p	spez. Trägheitswiderstand kg/t
w_r	spez. Rollwiderstand kg/t
w_s	spez. Steigungswiderstand kg/t
w_z	spez. Lagerreibungswiderstand kg/t
η_k	Kesselwirkungsgrad
η_e	Wirkungsgrad der Lokomotive
η_m	mechanischer Wirkungsgrad
μ	Reibziffer
ξ	Reduktionsfaktor zur Berücksichtigung der umlaufenden Massen

I. Dampfkessel.

A. Rost- und Heizfläche.

Aus Z_i kg und V km/h folgt die indizierte Leistung $N_i = \frac{Z_i V}{270}$ PS und nach Annahme des spezifischen Dampfverbrauches $c_i = \frac{C_i}{N_i}$ der stündliche Dampfverbrauch $C_i = N_i c_i$ kg/h. Für die Bremse und die Heizung werden C_0 kg stündlich verbraucht, so daß der Gesamtdampfverbrauch $C = C_i + C_0$ ist. Der Eigenverbrauch des Kessels für Speisepumpen, Feuerungseinrichtungen usw. wird ebenso dem Kesselwirkungsgrade zur Last gelegt, wie etwa der Verlust durch abblasende Sicherheitsventile. Letzterer entsteht wie mangelhafte Verbrennung durch falsche Feuerbedienung. Der Kessel gibt die Wärmemenge $C_i i + C_0 i''$ (i = Wärmeinhalt des Heißdampfes, i'' = Wärmeinhalt des gesättigten Dampfes) ab, während ihm stündlich zugeführt werden: B kg Brennstoff mit dem unteren Heizwert h_u (= $B h_u$ kcal/h), ferner C kg Wasser mit der Temperatur t_w (= $C t_w$ kcal/h) und L kg Luft von der Temperatur t_0 (= $L c_p t_0$ kcal/h). Dann ist der Kesselwirkungsgrad

$$\eta_k = \frac{C_i i + C_0 i''}{B h_u + L c_p t_0 + C t_w}.$$

Bei der STEPHENSONschen Lokomotive ist C_0 klein gegen C_i, so daß der Unterschied der Dampfwärme nicht beachtet zu werden braucht; ferner fehlt Luftvorwärmung und t_0 ist so niedrig, daß dieses Glied entfallen kann. Wählt man wie für den Heizwert als Ausgangstemperatur 0^0, so kann man genügend genau schreiben

$$\eta_k = \frac{C(i - t_w)}{B h_u}. \tag{1}$$

Daraus folgt

$$C = \frac{B h_u}{i - t_w} \cdot \eta_k \text{ kg/h}.$$

Der STRAHLsche Begriff der Kesselanstrengung A* hat sich als zweckmäßig erwiesen und wird im folgenden häufig gebraucht:

$$A = \frac{B h_u}{\mathfrak{R}\, 10^6} \tag{2}$$

bedeutet die stündlich auf 1 m² Rostfläche entwickelte Wärmemenge. Den Zusammenhang zwischen Rostbelastung $\frac{B}{\mathfrak{R}}$ und A bei $h_u = 6667$

---

* Z. V. d. I. **61**, 259 (1917).

zeigt die Zusammenstellung:

$B/\mathfrak{R}$	300	450	600
A	2	3	4

Hier sei gleich bemerkt, daß ich zwischen der Rechnungsrostfläche $\mathfrak{R}$ * und der wirklichen Rostfläche R unterscheide, was weiter unten begründet werden wird. $A = 3$ bedeutet eine mittelstarke Beanspruchung der Lokomotive, $A = 4$ die höchste Dauerbelastung, $A = 2$ ist häufig im Flachlande. $A = 5{,}3$ ist nur vorübergehend mit Kohlenfeuerung erreichbar, mit Ölfeuerung längere Zeit, jedoch leidet der Kessel und die Feuerung darunter. Führt man A ein, so ergibt sich

$$\mathfrak{R} = \frac{C\,(i - t_w)}{A\,10^6\,\eta_k}\ \mathrm{m}^2. \tag{3}$$

Demnach ist erst η_k zu bestimmen, bevor $\mathfrak{R}$ berechnet werden kann.

Verluste entstehen im Kessel: 1. durch Unverbranntes im Aschkasten, ferner durch Lösche, Funken und Ausstrahlung in den Aschkasten; der Verlust sei q_1 kcal/h und der Wirkungsgrad $\eta_u = \frac{B\,h_u - q_1}{B\,h_u}$. 2. wird nicht aller Kohlenstoff zu CO_2 verbrannt, sondern es bildet sich auch CO. Hierdurch entsteht ein Wärmeverlust q_2 und der Wirkungsgrad der ganzen Verbrennung $\eta_f = \frac{B\,h_u - (q_1 + q_2)}{B\,h_u - q_1}$. 3. Die nach Abzug der Feuerungsverluste verfügbare Wärmemenge $B h_u - (q_1 + q_2)$ wird nur zum Teil zur Dampferzeugung verwendet, weil das Abgasgewicht Q kg/h nicht mit der Lufttemperatur t_0, sondern mit der Rauchkammertemperatur t_2 entweicht. Der Verlust ist $q_3 = Q c_p (t_2 - t_0)$ kcal/h und $\eta_t = \frac{B\,h_u - (q_1 + q_2 + q_3)}{B\,h_u - (q_1 + q_2)}$. Auch wird 4. nach außen durch die Kesselbekleidung die Wärmemenge q_4 abgegeben; dieser Wirkungsgrad ist $\eta_l = \frac{B\,h_u - (q_1 + q_2 + q_3 + q_4)}{B\,h_u - (q_1 + q_2 + q_3)}$. Wird kein Dampf entnommen, so wird mit $C = 0$ auch $\eta_k = 0$. 5. Für den Eigenverbrauch des Kessels gehen verloren $q_5 = C_0 i''$, mit $\eta_0 = \frac{B\,h_u - (q_1 + q_2 + q_3 + q_4 + q_5)}{B\,h_u - (q_1 + q_2 + q_3 + q_4)}$. Im allgemeinen wird η_0 ungefähr $= 0{,}99$ angenommen.

Im einzelnen ist über die Wirkungsgrade zu sagen: η_u wird bei Versuchen als Restglied bestimmt, weil es viele Verlustquellen zusammenfaßt und auch die Temperaturen einer jeden bestimmt werden müßten. Sein Wert schwankt zwischen $\eta_u = 0{,}9 \div 0{,}85$. Der Wirkungsgrad der Feuerung ist von Nordmann[1] aus dem Verhältnis des CO- zum CO_2-Gehalt der Heizgase berechnet worden.

$$\eta_f = \frac{8125 + 2370\left(\frac{CO}{CO_2}\right)}{8125 + 8050\left(\frac{CO}{CO_2}\right)}.$$

Im Mittel beträgt η_f etwa 0,97. Der Verlust durch äußere Abkühlung hängt, weil er von der Dampflieferung unabhängig ist, ganz von A ab.

* Z. V. d. I. **64**, 1169 (1920). [1] Glasers Annalen **100**, Jubiläumsh. S. 16 (1927).

Deshalb ist $\eta_l = 0$ noch für $A > 0$ und wächst bis auf 0,98 bei großer Anstrengung. Da die Kesselausrüstung mit Sattdampf arbeitet, ist der Verlust $q_5 = C_0 \cdot i''$ mit dem Wärmeinhalt des Sattdampfes berechnet; der Verlust ist gering mit $\eta_0 = \sim 0{,}98$.

Die Summe all dieser Verluste wird aber übertroffen durch den Verlust an Abhitze q_3. Wenn man die spezifische Wärme der Heizgase c_p kcal/kg ^{0}C als unveränderlich betrachtet ($c_p = 0{,}26$ bei $t_1 = \sim 1500^0$), kann man η_t auch bestimmen als das Verhältnis des ausgenutzten zum ausnutzbaren Wärmegefälle; also $\eta_t = \frac{t_1 - t_2}{t_1 - t_0}$, wobei t_1 Temperatur über dem Rost, t_2 in der Rauchkammer, t_0 in der Luft und im Brennstoff ist. Ist L_{th} das stündliche theoretische Luftgewicht und $\alpha \cdot L_{th} = L$ das wirkliche stündliche Luftgewicht, so ist $Q = \alpha \cdot L_{th} + B$ das stündliche Heizgasgewicht. Dann findet man die Brenntemperatur, indem man die zur Temperaturerhöhung der Heizgasmenge Q erforderliche Wärmemenge der nach Abzug der Feuerungsverluste noch verfügbaren Wärmemenge gleichsetzt.

$$Q \cdot c_p (t_1 - t_0) = B \cdot h_u \cdot \eta_u \eta_f$$

gibt die Brenntemperatur

$$t_1 = \frac{B \cdot h_u}{Q} \cdot \frac{\eta_u \cdot \eta_f}{c_p} + t_0 .$$

SCHULTE[1] gibt für die Abhängigkeit des Heizgasgewichtes Q und des unteren Heizwertes h_u kcal/kg der Kohle die Darstellung nach Abb. 3. Die linken Ordinaten stellen für $\alpha = 1$ den Wert $Q : B \cdot \gamma$ dar; die rechten Ordinaten den Heizwert h_u. Durch die Division beider erhält man die Größe $Q : B \cdot h_u \cdot \gamma$. Diese Werte sind für verschiedene Kohlensorten in der folgenden Tafel zusammengestellt, die auch die Zahlenwerte $1000 \cdot Q : B \cdot h_u$ enthält, unter der Annahme des spez. Gewichts der Heizgase $\gamma = 1{,}25$ für 0^0 und 760 mm Hg.

Gehalt an flüchtigen Bestandteilen %	0	20	40	60
$Q : \gamma \cdot h_u$	8,9	9,5	8,6	6,8
h_u	8100	8500	7600	5500
$1000\, Q : B \cdot h_u \gamma$	1,10	1,12	1,13	1,17
$1000\, Q : B \cdot h_u \cdot$	1,375	1,4	1,41	1,46

Man sieht daraus, daß das Heizgasgewicht je Wärmeeinheit fast unabhängig vom Heizwerte des Brennstoffs ist, was sich leicht erklären läßt: Besteht der Brennstoff fast nur aus Kohlenstoff, so liefert seine Verbrennung zu Kohlensäure viel Wärme; enthält er aber wenig Kohlenstoff, so tritt an seine Stelle (von Verunreinigungen wie Asche, Schwefel usw. abgesehen) Wasserstoff, der noch mehr Wärme erzeugt, oder Sauerstoff. Der im Brennstoff schon enthaltene Sauerstoff braucht aber nicht mehr von außen zugeführt zu werden, und deshalb nimmt, wie SCHULTE zeigt, das Luftgewicht genau, das Heizgasgewicht fast genau mit dem Heizwerte zu. Das gleiche zeigt sich auch für das Verhältnis $Q : B \cdot h_u$,

[1] Z. V. d. I. **69**, 942 (1925).

wenn α größer als 1,0 ist, so daß man genügend genau schreiben kann:

$$1000\,Q : B \cdot h_u = 1{,}4 \cdot \alpha .$$

Man muß aber beachten, daß geringwertige Brennstoffe nicht nur etwas mehr Heizgas liefern, sondern daß durch die häufige Rostbeschickung durch die lange Zeit offene Feuertür auch viel Oberluft einströmt, die den Luftüberschuß und das Heizgasgewicht noch weiter vergrößert, so daß es mit ihnen schwerer ist, Dampf zu halten, wie später bei Betrachtung des Schornsteins gezeigt werden wird. Hier sei nur in der Formel $1000\,Q : B \cdot h_u = 1{,}4\,\alpha$ an Stelle von $B \cdot h_u$ aus Gl. (2) gesetzt $B \cdot h_u = A \cdot \mathfrak{R} \cdot 10^6$. Dann entsteht

$$\frac{1000\,Q}{A \cdot \mathfrak{R} \cdot 10^6} = 1{,}4\,\alpha$$

und

$$Q = A \cdot 1400\,\alpha\,\mathfrak{R}\ \text{kg/h}. \qquad (4)$$

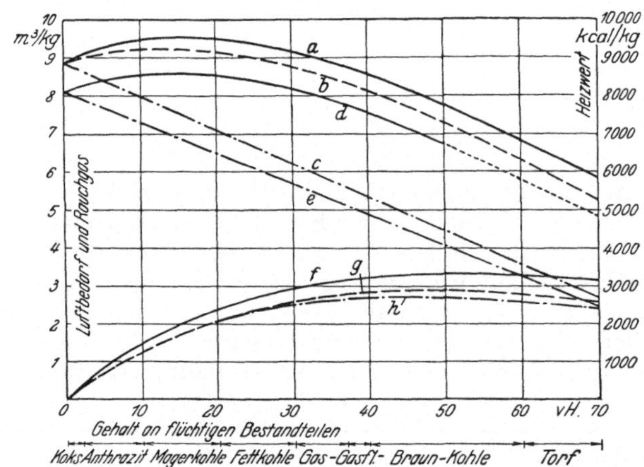

Abb. 3. Luftbedarf, Heizgasmenge und Heizwert für Reinkohle.

1. Insgesamt:	2. Fester Kohlenstoff.	3. Flüchtige Bestandteile.
a Heizgasmenge,	*c* Luftbedarf und Heizgasmenge,	*f* Heizgasmenge,
b Luftbedarf,	*e* Heizwert.	*g* Luftbedarf,
d Heizwert.		*h* Heizwert.

Aus der Verbindung mit Gl. (3) geht dann weiter hervor

$$\frac{Q}{C} = \frac{Q}{\mathfrak{R}} \cdot \frac{\mathfrak{R}}{C} = A \cdot 1400\,\alpha \cdot \frac{i - t_w}{A \cdot 10^6 \cdot \eta_k},$$

$$Q = 1{,}4\,\alpha \cdot \frac{i - t_w}{1000 \cdot \eta_k} \cdot C\ \text{kg/h}. \qquad (5)$$

Führt man nun in die Gleichung der Brenntemperatur $t_1 = \frac{B \cdot h_u}{Q} \cdot \frac{\eta_u \cdot \eta_f}{c_p} + t_0$ den Wert $1000 \frac{Q}{B \cdot h_u} = 1{,}4\,\alpha$ ein, so erhält man $t_1 = \frac{1000}{1{,}4\,\alpha} \cdot \frac{\eta_u \cdot \eta_f}{c_p} + t_0$, was mit $\eta_f = 0{,}85$, $\eta_u = 9{,}7$, $c_p = 0{,}26$ gibt

$$t_1 = \frac{2280}{\alpha} + t_0\ {}^0\text{C}.$$

Die Luftüberschußzahl α wird mit wachsender Rostanstrengung kleiner, weil die Luft durch die höhere Geschwindigkeit mehr gewirbelt wird und mit dem Brennstoff sich inniger berührt. Die Erfahrung zeigt ja auch, daß bei wachsender Kesselanstrengung das Feuer heller brennt.

Wir kennen α nur als Mittelwert, während der Luftüberschuß an verschiedenen Stellen des Rostes große Unterschiede aufweist. Der durch die Luftklappen des Aschkastens tretende Luftstrom verteilt sich nicht gleichförmig auf den ganzen Rost, und der Widerstand der Brennschicht ist auch sehr verschieden. Von der anderen Seite her ist der Unterdruck in der Rauchkammer und die Verteilung der Heizgase über das Rohrbündel auch nicht gleichmäßig, wozu noch der Einfluß

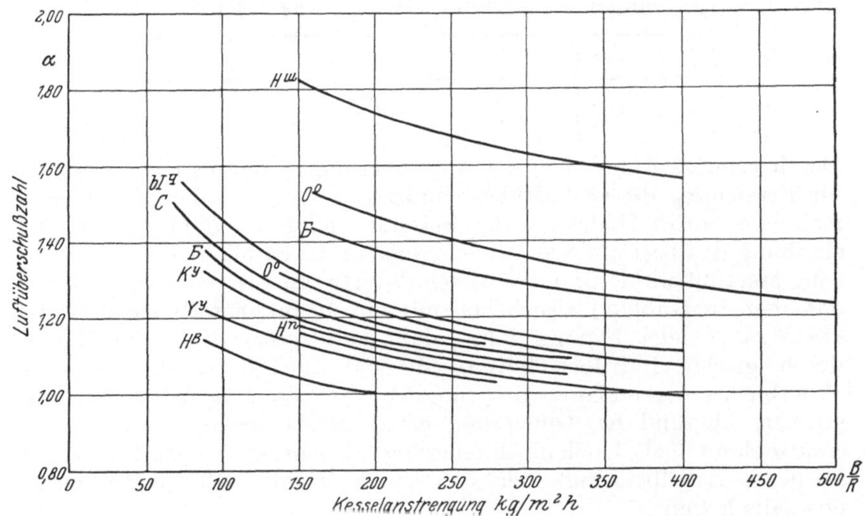

Abb. 4. Luftüberschußzahl in Abhängigkeit von der Kesselanstrengung.

des Feuergewölbes kommt. Die ganze Strömung der Heizgase ist überhaupt noch unerforscht und bereitet dem Konstrukteur in bezug auf Heißdampftemperatur und Güte der Verbrennung manche Überraschung.

Aus Lomonossoffs Lokomotivversuchen hat Syromjatnikoff die Darstellung Abb. 4 für Ölfeuerung abgeleitet, die das Obengesagte bestätigt. Seine Formel lautet

$$t_1 = \frac{10000}{3{,}5\,\alpha + 1{,}2}.$$

Dadurch, daß im Nenner außer α noch eine Konstante steht, trägt sie der Wirklichkeit noch besser Rechnung und gibt nur ganz geringe Unterschiede gegenüber meiner Gleichung.

Für den praktischen Gebrauch sind aber beide Formeln nicht geeignet, weil man α erst schätzen müßte. Dieser Unsicherheit enthebt einen die Formel von Goss:

$$t_1 = 975 + \frac{B}{R}.$$

Setzt man sie mit der Gleichung $t_1 = \frac{10000}{3{,}5\,\alpha + 1{,}2}$ zusammen, so kann man daraus Werte von t_1 in bezug auf $B:R$ finden, die für Kohlenfeuerung nicht unwahrscheinlich sind. Allein das Öffnen der Feuertür vergrößert sehr den Luftüberschuß, dazu treten noch Fehler in der Feuerbedienung.

$B:R =$	300	450	600
$t_1 =$	1275	1425	1575
$\alpha =$	1,9	1,66	1,47

Bei Öl- und Kohlenmehlfeuerung wird man unter Anlehnung an Abb. 4 besser wählen: $t_1 = 1400 + 100\,A$, was ergibt

$A =$	2	3	4
$t_1 =$	1600	1700	1800
$\alpha =$	1,43	1,35	1,27

Durch richtige Anordnung der Ausmauerung in der Feuerbüchse kann für Erreichung dieser Luftüberschußzahl gesorgt werden, wozu mehrmaliges scharfes Umlenken der Flamme und feine Mahlung bzw. Zerstäubung das beste Mittel bilden. Nach Abb. 4 finden sich bei Ölfeuerung erstaunlich kleine Luftüberschußwerte. Das ist eine Folge davon, daß man in Rußland absichtlich mit einem Brennstoffüberschuß und etwas rauchender Flamme fährt, damit an keiner Stelle die Flamme durch großen Luftüberschuß oxydierend auf die Kupferwände der Feuerbüchse wirken kann. Ursprünglich war man in Rußland durch den starken Abbrand bei Ölfeuerung genau so beunruhigt, wie jetzt in Deutschland bei Kohlenmehlfeuerung. Höchstwahrscheinlich würde kleinerer Luftüberschuß, der sich durch leichten Rauch ankündigt, ebenfalls helfen.

Zur Auswertung von Kesselversuchen braucht man ebenfalls die Brenntemperatur t_1, die aber schwer zu messen ist. Da sie wesentlich vom Wirkungsgrad der Verbrennung η_f, d. h. dem CO_2-Gehalt in Raumprozenten abhängt, kann man SIEGERTS Formel $\eta_t = 0{,}65 \frac{t_2 - t_0}{CO_2}$ % mit Vorteil benutzen.

Da der Verlust durch die Abgase groß ist, darf t_2 nicht zu hoch sein, weshalb die Wärmeabgabe im Kessel näher betrachtet werden muß. Sie zerfällt in den Wärmeübergang durch Strahlung, Berührung und Leitung in der Feuerbüchse, und den in den Siederohren, wo die Strahlung unbeschadet der Genauigkeit vernachlässigt werden kann. Ist t_r die Temperatur an der Rohrwand, so wird in der Feuerbüchse die Wärmemenge $Q \cdot c_p\,(t_1 - t_r)$ kcal/h abgegeben, die nach Überschlagsformeln gleich $H_d \cdot K\,(t - t_k)$ gesetzt wird. (H_d = Heizfläche der Feuerbüchse in m², K = Wärmeübergangszahl kcal/m²h °C). Für K findet man empirische Formeln wie z. B. nach NOLTEIN[1] $K = 54 + 0{,}514\,(t_1 - t_k)\,\frac{R}{H_d}$

[1] Internationaler Eisenbahn-Kongreß-Verband, Verbandsverhandlungen in Bern 1910.

oder nach ROSETTI $K = 2 + 2\sqrt{\frac{B}{R}} + 1{,}635 \cdot \left[\left(\frac{t_1 + 273}{100}\right)^2 - 10\right] \cdot \frac{R}{H_d}$.
In beiden Formeln stellt das erste Glied den Wärmeübergang durch Berührung, das zweite Glied den durch Strahlung dar. Der Wärmeübergang durch Leitung wird ebenso wie der durch Berührung zwischen Kesselwand und Wasser vernachlässigt, gegenüber dem trägen Übergang zwischen Heizgasen und Kessel. Natürlich muß die Heizfläche auf der Feuerseite und nicht auf der Wasserseite gemessen werden. Die Formeln von NOLTEIN und ROSETTI ergeben recht verschiedene Werte. Bei der ersten Formel erscheint die durch Strahlung übertragene Wärmemenge als 2. Potenz der Temperatur, nämlich

$$E = H_d (t_1 - t_k) \cdot \left[54 + 0{,}514\,(t_1 - t_k)\,\frac{R}{H_d}\right] \text{ kcal/h}$$

und in der zweiten Formel in der 3. Potenz; nach dem STEPHAN-BOLTZMANNschen Gesetz aber in der 4. Potenz. Will man zu einer genauen Berechnung auf physikalischer Grundlage übergehen, so kann man die Wärmemenge E nicht mehr nach einer Formel berechnen, obgleich

$$E = \varphi\,\frac{C_1 C_2}{C_3}\left[\left(\frac{t_1 + 273}{100}\right)^4 - \left(\frac{t_k + 273}{100}\right)^4\right] H_d$$

die Gesamtstrahlung einer Feuerschicht darstellt. Die darin enthaltenen Strahlungszahlen C_1 für die Feuerschicht, C_2 für die Feuerbüchswand und $C_3 = 4{,}96$ für den absolut schwarzen Körper sind zwar noch ziemlich leicht bestimmbar, dagegen ist das „Winkelverhältnis“ φ, das den Einfallwinkel der Strahlen berücksichtigt, für jede Feuerbüchse neu zu bestimmen und auch das Feuergewölbe hat Einfluß. An Stelle einer Formel muß also ein Rechnungsverfahren treten, das BAUMANN[1] angegeben hat. Ohne vorher geschätzte Temperaturen ist die Berechnung aber auch nicht durchführbar. Bemerkenswert ist noch, daß die empirischen Formeln sich auf die Rostfläche, die physikalische Formel aber auf die Heizfläche H_d stützt. Einen Ausgleich bringt z. T. die Zahl φ, weil Feuerbüchsen, die unten schmal und oben breit sind, zwar eine verhältnismäßig große Heizfläche, aber ein geringes Winkelverhältnis haben. Die Temperatur der Brennschicht muß sehr sorgfältig ermittelt werden (was praktisch sehr schwer ist), weil sie in der 4. Potenz erscheint und 50^0 Unterschied schon 12% Fehler bedeuten. Erwähnt sei noch, daß die Strahlung sich bis in die Rauch- und Heizrohre fortsetzt, so daß die Kurve zur Darstellung der Heizgastemperatur über der Heizfläche keinen Knick aufweist.

Über die Abnahme der Heizgastemperatur t in den Siederohren (Abb. 5) kann die Gleichung aufgestellt werden:

$$-\,dt \cdot Q \cdot c_p = dH \cdot (t - t_k)\,k \text{ kcal/h}. \tag{6}$$

Hier wird also angenommen, daß während eines Zeitelementes durch einen unendlich kleinen Temperaturfall dt eine Wärmemenge abgegeben wird, die eine in derselben Zeit bestrichene unendlich kleine Heizfläche

[1] Glasers Annalen **101**, 123ff. (1927).

dH aufnimmt. Dies setzt gleiche Temperatur jeweils über den ganzen Querschnitt (Abb. 5) voraus, was bei kleinen Querschnitten zugelassen sein möge; außerdem gilt die Gl. (6) nur für ebene Wände, der Unterschied gegenüber dem Rohre ist aber gering. Die Schwierigkeit, aus Gl. (6) die Funktion $t = f(H)$ abzuleiten, liegt darin, daß c_p sich mit der Temperatur, und k sowohl mit der Temperatur, wie mit der Heizgasgeschwindigkeit ändert. Nur wenn c_p wie k als unveränderlich angesehen werden, kann man die Gl. (6) in geschlossener Form lösen: Bezeichnet man die Temperaturunterschiede gegen das Kesselwasser mit ϑ, und nach Abb. 5 $(t_r - t_k) = \vartheta_r$, so geht Gl. (6) über in

$$-Q \cdot c_p \cdot d\vartheta = \vartheta \cdot k \cdot dH_i; \qquad \frac{d\vartheta}{\vartheta} = -\frac{dH_i \cdot k}{Q \cdot c_p}.$$

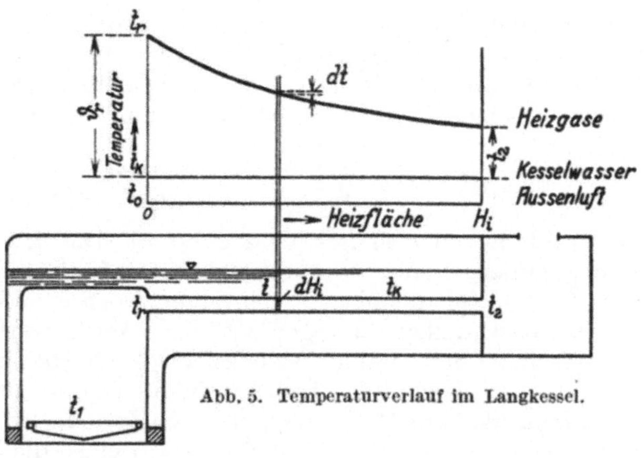

Abb. 5. Temperaturverlauf im Langkessel.

Die Integration erstreckt sich von $(t_r - t_k) = \vartheta_r$ bis $(t_2 - t_k) = \vartheta_2$. Dann wird

$$\int_{\vartheta_2}^{\vartheta_r} \frac{1}{\vartheta} \cdot d\vartheta = -\frac{k \cdot H_i}{Q \cdot c_p}\Bigg|_{H_i}^{0}; \qquad \ln \vartheta \Bigg|_{\vartheta_2}^{\vartheta_r} = -\frac{k}{c_p \cdot Q} H_i \Bigg|_{H_i}^{0}.$$

Da bei H_i die Integrationsgrenzen umgekehrt wie bei ϑ sind, wandelt sich das Minuszeichen in der folgenden Gleichung $\ln \vartheta_r - \ln \vartheta_2 = \frac{k \cdot H_i}{Q \cdot c_p}$.

Daraus wird $\frac{\vartheta_r}{\vartheta_2} = e^{\frac{k \cdot H_i}{Q \cdot c_p}} = \frac{t_r - t_k}{t_2 - t_k}$ und nach weiterer Umformung $t_2 = \frac{t_r - t_k}{e^{\frac{k \cdot H_i}{Q \cdot c_p}}} + t_k$.

Nimmt man jedoch nach der bekannten Formel

$$k = 2 + 10\sqrt{w_2}\ \text{kcal/m}^2\text{h}\ ^0\text{C}$$

(w_2 = Heizgasgeschwindigkeit) und c_p = const, oder nach NOLTEIN $k = 54$ und c_p veränderlich, so kann nicht mehr die Funktion $t = f(H)$, sondern nur noch H als Funktion von t in geschlossener Form dargestellt werden. Führt man gar c_p und k als veränderlich ein, so erhält man ganz unbrauchbar umständliche Formeln.

Da hat nun STRAHL[1] durch geschickte Annahmen über K und k den Temperaturfall und den verschiedenen Wert der Heizflächen in so einfacher Weise dargestellt, daß etwas hinreichend Genaues und praktisch Brauchbares entstanden ist. Er setzt $c_p = \text{const}$, und da in Gl. (6) die Veränderliche $(t - t_k)$ vorkommt, nimmt er $K = a + b\,(t - t_k)$ und $k = \mathfrak{a} + \mathfrak{b}\,(t - t_k)$, was die Integration wesentlich erleichtert. Wenn nun schon diese Ausdrücke für K und k sich physikalisch nur schwer rechtfertigen lassen, so ist die weitere Annahme $a = \varphi \cdot \mathfrak{a}$ und $b = \varphi \cdot \mathfrak{b}$ mit $K = \varphi \cdot k$ noch mehr gekünstelt. Diese offenbaren Fehler gleicht STRAHL aber dadurch wieder aus, daß er die Koeffizienten so wählt, daß die Rechnung mit den Versuchen übereinstimmt. Dadurch erlangen seine Formeln trotz des wissenschaftlichen Gewandes empirischen Charakter, sind also nur innerhalb enger Grenzen brauchbar. Die Grenzen liegen aber im Rahmen des im Lokomotivbau Üblichen.

Da bei einer gegebenen Kesselanstrengung, die zu $A = 3$ angenommen wird, Q der Rostfläche $\mathfrak{R}$ proportional gesetzt werden kann, und durch die Verknüpfung $K = \varphi \cdot k$ die Entwicklung sich über den ganzen Kessel erstreckt, erscheint bei STRAHL die Gastemperatur als Funktion der ganzen Kesselheizfläche und Rostfläche. Setzt man $n = \dfrac{\mathfrak{a}}{Q \cdot c_p : \mathfrak{R}}$ und wie früher $(t_2 - t_k) = \vartheta_2$; $(t_1 - t_k) = \vartheta_1$, so erhält man nach STRAHL $e^{n\left(\varphi \frac{H_d}{\mathfrak{R}} + \frac{H_i}{\mathfrak{R}}\right)} = \dfrac{\frac{1}{\vartheta_2} + \frac{\mathfrak{b}}{\mathfrak{a}}}{\frac{1}{\vartheta_1} + \frac{\mathfrak{b}}{\mathfrak{a}}}$. Nun führt STRAHL den Begriff des „äquivalenten Heizflächenverhältnisses"

$$\frac{\mathfrak{H}}{\mathfrak{R}} = \varphi \frac{H_d}{\mathfrak{R}} + \frac{H_i}{\mathfrak{R}} \tag{*}$$

ein und erhält

$$e^{n\,\mathfrak{H}/\mathfrak{R}} = \frac{\frac{1}{\vartheta_2} + \frac{\mathfrak{b}}{\mathfrak{a}}}{\frac{1}{\vartheta_1} + \frac{\mathfrak{b}}{\mathfrak{a}}}.$$

Aus Temperaturmessungen sind ermittelt die Werte $\varphi = 1{,}7$, $\mathfrak{a} = 20$, $\mathfrak{b} = 0{,}09$. In der Gleichung $n = \dfrac{\mathfrak{a} \cdot \mathfrak{R}}{Q \cdot c_p}$ setzt man den Wert $\dfrac{Q}{\mathfrak{R}} = A \cdot \alpha \cdot 1400$ (Gl. 4), mit $\alpha = 1{,}5$, $A = 3$ ein, und erhält $n = \dfrac{20}{0{,}26} \cdot \dfrac{1}{3 \cdot 2100} = 0{,}0122$ und unter der Benutzung Briggscher Logarithmen entsteht schließlich die Endformel

$$\log\left(\frac{1000}{\vartheta_2} + 4{,}5\right) = \log\left(\frac{1000}{\vartheta_1} + 4{,}5\right) + 0{,}0053\,\frac{\mathfrak{H}}{\mathfrak{R}}.$$

---

[1] Z. V. d. I. **61**, 257 (1917).

Ihrer Ableitung war der Anstrengungsgrad $A = 3$ zugrunde gelegt worden; bei anderen Anstrengungen ändern sich die Zahl n, die Gasgeschwindigkeit und die Wärmeübergangszahlen. Aus der Geschwindigkeit w_2 m/sec wird $\frac{A}{3} \cdot w_2$ und aus k wird ziemlich genau $\sqrt{\frac{A}{3}}\,k$, weil $k = 2 + 10\sqrt{w_2}$, und ohne zu großen Fehler k der $\sqrt{w_2}$ proportional ist. Da nun $k \cdot H$ für gegebene Temperaturen konstant ist, muß H in gleichem Verhältnis abnehmen, wie k zunimmt, und deshalb muß die rechte Seite der Gl. (*) mit $\sqrt{\frac{3}{A}}$ multipliziert werden. Ferner kann eine bestimmte Heizfläche in einem kurzen Langkessel mit vielen Rohren und großem freien Durchgangsquerschnitt F_2 und deshalb auch kleiner Gasgeschwindigkeit w_2 verwirklicht werden, oder in einem langen Kessel mit kleinem Querschnitt und hoher Geschwindigkeit. Die hierdurch hervorgerufene Änderung von k berücksichtigt STRAHL durch die Größe $\psi = \sqrt{0{,}1260\,\frac{\mathfrak{R}}{F_2}}$ ($\mathfrak{R}$ in m², F_2 in m² zu messen) und schreibt dann

$$\frac{\mathfrak{H}}{\mathfrak{R}} = \left(\varphi \cdot \frac{H_d}{\mathfrak{R}} + \psi\,\frac{H_i}{\mathfrak{R}}\right) \cdot \sqrt{\frac{3}{A}}\,. \tag{7}$$

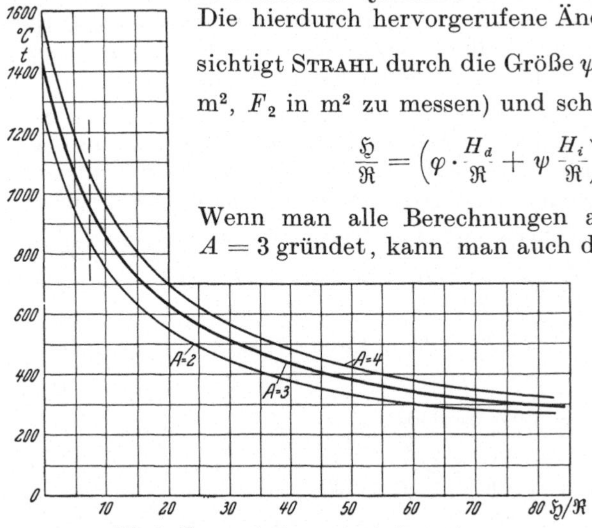

Abb. 6. Temperaturkurve (nach STRAHL).

Wenn man alle Berechnungen auf die Anstrengung $A = 3$ gründet, kann man auch den Begriff der **Rechnungsheizfläche** $\mathfrak{H} = \varphi H_d + \psi H_i$ m² einführen.

Der Wert der STRAHLschen Abhandlung liegt hauptsächlich darin, daß die „Rechnungsheizfläche" $\mathfrak{H}$ als Grundlage für die Ermittelung der Verdampfungsfähigkeit des Kessels dienen kann, während die Heizfläche H aus Teilen so verschiedenen Wertes zusammengesetzt ist, daß sie nur zu ganz groben Annäherungsrechnungen brauchbar ist. Die nach STRAHL in Abb. 6 dargestellte Temperaturkurve tritt demgegenüber mehr in den Hintergrund, zumal aus ihr auch nur der Schluß gezogen wird, daß der Wirkungsgrad des Kessels und damit auch seine Verdampfungsfähigkeit von der Heizfläche ziemlich unabhängig ist. Dies wird besonders klar bei Betrachtung der Abb. 7, die $\eta_t = \frac{t_1 - t_2}{t_1 - t_0}$ in Abhängigkeit von $\frac{\mathfrak{H}}{\mathfrak{R}}$ zeigt. Ob $\frac{\mathfrak{H}}{\mathfrak{R}}$ von 60 auf 70 steigt, macht auf η_t wenig aus, weil die Verdampfung nur um 2% zunehmen würde, während bei der üblichen Berechnung nach der Heizfläche 17% herauskämen.

Das Verhältnis $\frac{\mathfrak{H}}{\mathfrak{R}} = 60$ bis 70 entspricht der üblichen Ausführung. Ob es zweckmäßig ist, kann auf folgende Weise geprüft werden: Wenn zwei Kessel sich nur durch die Rohrlänge unterscheiden, so ist der längere auch schwerer. Er kostet mehr für Verzinsung des Anlagekapitals und an Betriebsausgaben zur eigenen Beförderung. Das Mehrgewicht nimmt bei großen Kesseln langsamer als bei kleinen zu. Mit der Zunahme der Heizfläche wächst proportional der Durchgangswiderstand der Rauchgase und somit auch der Blasrohrüberdruck; folglich nimmt auch der spez. Dampfverbrauch zu. Der Druckverlust Δh beim Durchströmen der Heizgase ist von PRANDTL[1] zu dem Wärmeübergang in Beziehung gebracht worden, was THOMA[2] anschaulich dargestellt hat. Seine Gleichung lautet:

$$W = \frac{\Delta h}{w_2} \cdot F_2 \cdot c_p \cdot g \cdot (t_1 - t_2)\, 3600 \text{ kcal/h}.$$

Sie wird folgendermaßen abgeleitet: Wenn ein Gas oder eine Flüssigkeit längs einer Wand strömt, so bildet sich an ihr eine Grenzschicht, die aus Wirbeln besteht. Sie kann an einem fahrenden Schiff leicht beachtet werden, weil sie bei Flüssigkeiten dick, bei Gasen aber mikroskopisch klein ist. In dieser Grenzschicht vermindert sich die für den vollen Querschnitt berechnete Strömungsgeschwindigkeit w_2 auf Null. An der Wandung wird dann durch Berührung Wärme ausgetauscht; gleichzeitig müssen aber die Gasteilchen von der Wand wieder abgelöst und beschleunigt werden, wozu eine Kraft P erforderlich ist. Letztere wird nach dem Satz vom Antrieb berechnet. Wenn z Sekunden lang eine Kraft P kg wirkt, so erteilt sie der Masse m die Geschwindigkeit w_2 aus $z \cdot P = m \cdot w_2$. P wird ausgedrückt durch die Druckhöhe Δh in mmWS und den freien Querschnitt F_2 mit $P = \Delta h \cdot F_2$, während $\frac{m}{z} = \frac{Q}{3600 \cdot g}$ ist. Also ist $\Delta h \cdot F_2 = \frac{Q \cdot w_2}{3600 \cdot g}$ und $Q = 3600 \frac{F_2 \cdot g \cdot \Delta h}{w_2}$ kg/h. Die stündlich übertragene Wärmemenge wird aus der Temperaturabnahme Δt der Heizgase und dem Wärmeübergang berechnet $W = Q \cdot c_p \Delta t = \alpha_1 H \Delta t$. Durch Vereinigung der beiden letzten Gleichungen erhält man: $3600 \frac{F_2 \cdot g \cdot \Delta h}{w_2} \cdot c_p = \alpha_1 H$,

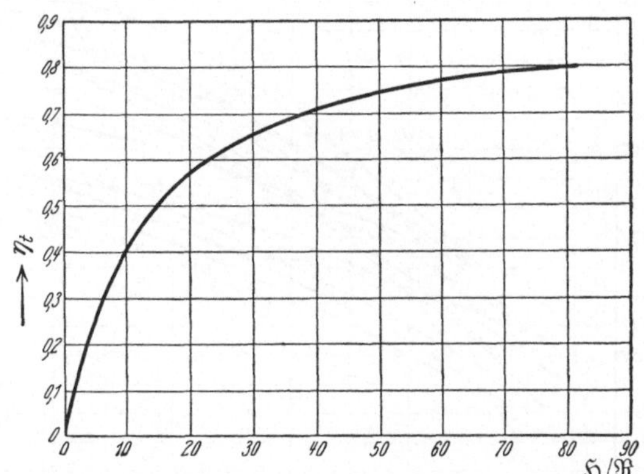

Abb. 7. Abhängigkeit des thermischen Wirkungsgrades η_t vom „äquivalenten Heizflächenverhältnis“.

$$\Delta h = \frac{\alpha_1 \cdot H \cdot w_2}{3600 \cdot F_2 \cdot g \cdot c_p} \text{ mmWS}. \qquad (8)$$

Diese Gleichung kann auch auf das Strömen um ein Wasserrohrbündel angewandt werden[3] und wird im Diesellokomotivbau bei der Berechnung des Kühlers gebraucht. In allen Fällen ist noch der Druckhöhenverlust zur Erzeugung der Geschwindigkeit w_2 $\left(\text{nämlich } \frac{w_2^2}{2g}\right)$ und zur Deckung der Wandreibungsverluste in Rechnung zu ziehen.

[1] Phys. Z. **1910**, 1072.
[2] THOMA: Hochleistungskessel, S. 32. Berlin: Julius Springer 1921.
[3] THOMA: Hochleistungskessel, S. 34. Berlin: Julius Springer 1921.

Die Gl. (8) setzt den Druckverlust in unmittelbare Beziehung zum Wärmeübergang und reizt zum Vergleich mit anderen Formeln. Nach GRÖBER[1] ist $\alpha_1 = 22{,}5\,\frac{\lambda}{d}\cdot\left(\frac{d}{l}\right)^{0{,}05}\cdot\left(\frac{w_2\cdot d\cdot c_p\cdot\gamma}{\lambda}\right)^{0{,}79}$ kcal/m²h°C. Die Geschwindigkeit erscheint mit dem Exponenten 0,79 und in der Gl. (8) mit dem Exponenten 1. Demnach wächst Δh proportional $w_2{}^{1,79}$, während später mit dem Werte $\Delta h = (1+\zeta)\,\frac{w_2^2}{2g}$ gerechnet werden wird. Diese Formel wird gestützt durch die in Hütte 25. Aufl., I, S. 517 gegebene Formel für Gase $\frac{p_1 - p_2}{p} = \frac{\beta w_2^2}{D}\cdot\frac{l}{RT}$, aus der sich ableiten läßt: $\Delta h = \beta\cdot\frac{w_2^2\, l}{d}$ (β ist eine Widerstandsziffer, d = Rohrdurchmesser). Der Druckverlust im Langkessel beträgt nicht ganz die Hälfte des ganzen Druckverlustes

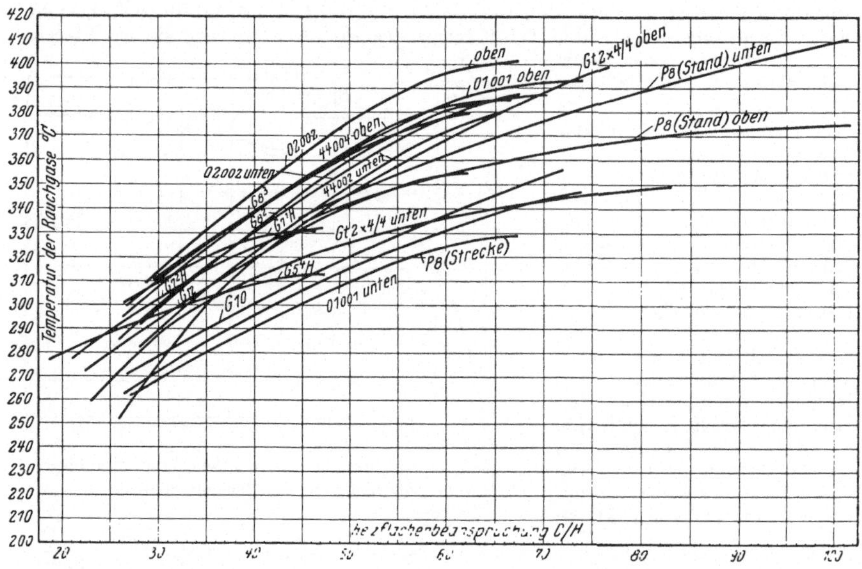

Abb. 8. Temperatur der Heizgase an der Rauchkammerrohrwand.

zwischen Schornstein und Außenluft. Diesen beiden Verlusten steht als Gewinn die Verbesserung von η_t, also eine Kohlenersparnis, gegenüber. Es muß also eine günstigste Rohrlänge geben (die freilich von sehr vielen Umständen abhängt), bei der die Gesamtkosten am geringsten werden. Alle Verluste und Kosten können in Geldwert als Abhängige von der Heizfläche dargestellt werden, und deshalb kann auch für eine gegebene Rostfläche diejenige Heizfläche gefunden werden, bei der die Gesamtkosten am geringsten sind. Die Durchführung der Rechnung wäre mühsam und unsicher, weil manche Größen geschätzt werden müssen. Deshalb wird $\frac{\mathfrak{H}}{\mathfrak{R}} = 60 \div 70$ zunächst als ein wirtschaftlich günstiges Verhältnis angenommen.

Die Abb. 6 zeigt auch noch Kurven für $A = 2$ und $A = 4$; hier sind die Temperaturen t_1 nach der empirischen Formel von GOSS bestimmt,

[1] Hütte 25. Aufl. I, S. 452 und GRÖBER: Die Grundgesetze der Wärmeleitung u. d. Wärmeübergangs. S. 203. Berlin: Julius Springer 1921.

die anderen Temperaturen nach den Gln. (5) und (6) berechnet, dann aber nicht über den Abszissen aufgetragen, die zu (6) gehören, sondern sie gelten für Gl. (7), wenn der Wurzelwert darin gleich Eins gesetzt wird. Dadurch überblickt man leichter die Änderung der Temperatur bei anderen Anstrengungen. Daß auch höhere **Temperaturen in der Rauchkammer** beobachtet worden sind, als nach Abb. 6 zu erwarten ist, erklärt sich daraus, daß auf kurze Zeit bei Kohlenfeuerung und besonders bei Ölfeuerung die Kesselanstrengung bis $A = 5{,}3$ und sogar noch höher gesteigert werden kann. Den Versuchen des Reichsbahnzentralamtes[1] ist die Abb. 8 entnommen; sie zeigt in Übereinstimmung mit der Theorie anfangs schnell, später langsamer ansteigende Temperaturen t_2.

Aus Versuchen haben sich folgende Werte des Kesselwirkungsgrades ergeben: NORDMANNS[1] Veröffentlichung (Abb. 9) fußt auf den Versuchen des Reichsbahnzentralamtes. Die Abb. 10 entstammt

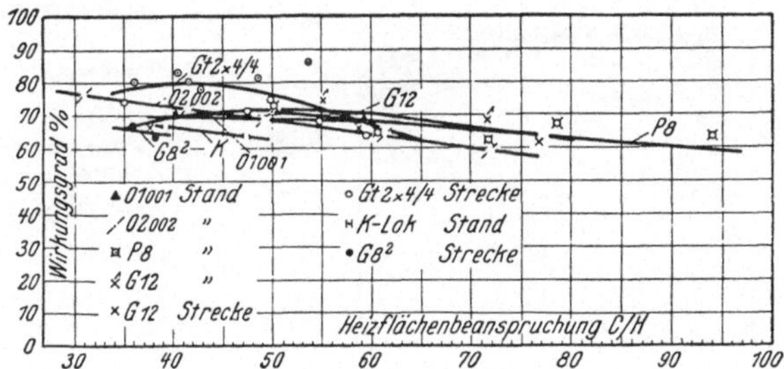

Abb. 9. Lokomotiv-Kesselwirkungsgrade ab Vorwärmer-Austrittstemperatur.

LOMONOSSOFFS russischen Lokomotivversuchen und gibt die Verlustquellen im einzelnen für verschiedene Kesselbeanspruchungen. Kessel mit $\frac{\mathfrak{H}}{\mathfrak{R}} = \sim 60$ geben bei $A = 3$ etwa folgende Zusammensetzung des Kesselwirkungsgrades $\eta_k = \eta_u \cdot \eta_f \cdot \eta_t \cdot \eta_l \cdot \eta_0 = 0{,}97 \cdot 0{,}78 \cdot 0{,}98 \cdot 0{,}99 = 0{,}65$. Die Abb. 9 und 10 zeigen das langsame Fallen des Kesselwirkungsgrades mit steigender Beanspruchung. Man kann daraus die empirische Formel ableiten: $\eta_k = 0{,}83 - 0{,}06\,A$, die innerhalb der Grenzen $A = 2$ bis 4 brauchbar ist.

Die Gl. (3), $\mathfrak{R} = \frac{C\,(i - t\,w)}{10^6 \cdot A\,\eta_k}\,\mathrm{m}^2$, kann jetzt zur Bestimmung der **Rostfläche** benutzt werden; sie gibt mit $A = 3$, Heißdampf von 13 ata und 330° aus Wasser von 95° die Rechnungsrostfläche $\mathfrak{R} = C{:}3000$. Jedoch ist noch zu untersuchen, ob die Rechnungsrostfläche $\mathfrak{R}$ auch wirklich ausgeführt werden darf. Zunächst muß ja die Leistungsberechnung auf Grund der Rostfläche starke Bedenken erregen, weil das Verhältnis $R{:}H$ im Lokomotivbau je nach dem Brennstoff, den Betriebsverhältnissen und der Größe der Lokomotive stark wechselt. Deshalb muß auch zwischen der Rechnungsrostfläche $\mathfrak{R}$ und der wirklichen

[1] Glasers Annalen **100**, Jubiläumsheft, S. 18 (1927).

Rostfläche R streng unterschieden werden, und über das Verhältnis $\varrho = R : \mathfrak{R}$ ist noch einiges zu sagen.

Ganz unabhängig vom Heizwerte eines Brennstoffs ist der Luftbedarf zur Erzeugung einer bestimmten Anzahl Kalorien auf 1 qm Rostfläche — also für ein bestimmtes A — eine fast unveränderliche Größe. Das geht aus SCHULTES Darstellung des Luftverbrauches, Abb. 3, S. 14 deutlich hervor. Das Verhältnis $\frac{L}{\gamma_l \cdot B}$ zu h_u schwankt zwischen 1,10 bei Koks und Torf und 1,06 Liter bei den mittleren Sorten, was praktisch bedeutet, daß $\frac{L}{\gamma_l \cdot B} : h_u = \text{const}$ ist und $B \cdot h_u = A \cdot \mathfrak{R} \cdot 10^6$ kcal/h ein ganz bestimmtes Luftvolumen erfordert, das mit der Rostanstrengung verhältnisgleich ansteigt. Aus obigen

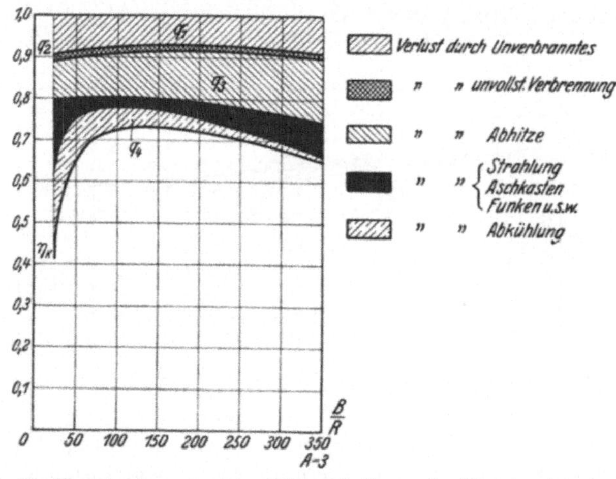

Abb. 10. Kesselwirkungsgrad in Abhängigkeit von der Kesselanstrengung.

Gleichungen kann die Luftgeschwindigkeit w_l in den Rostspalten leicht gefunden werden. Das stündliche Luftvolumen ist $\frac{\alpha L}{\gamma_l}$ m³. Die freie Rostfläche ist ein Teil λ der ganzen Rostfläche R, also gleich λR, und da $R = \varrho \mathfrak{R}$ ist, wird der freie Rostquerschnitt durch $\lambda \varrho \mathfrak{R}$ ausgedrückt. Folglich ist $w_l = \frac{\alpha L}{\gamma_l \cdot 3600 \cdot \lambda \varrho \mathfrak{R}}$ m/sec. Diese Gleichung wird mit $B h_u$ erweitert: $w_l = \frac{L \alpha}{\gamma_l \cdot B \cdot h_u \cdot 3600 \lambda \varrho} \cdot \frac{B \cdot h_u}{\mathfrak{R}}$; $w_l = \frac{L \alpha \cdot 10^6}{\gamma_l \cdot B \cdot h_u \cdot \lambda \varrho 3600} \cdot A$. Aus Abb. 3 war entnommen worden: $\frac{L}{\gamma_l \cdot B \cdot h_u} = \frac{1.06}{1000}$ m³, was zusammen mit den übrigen Zahlenwerten ergibt

$$w_l = 0{,}228 \frac{\alpha A}{\lambda \varrho}.$$

Nimmt man an: $\alpha = 1{,}6$, $A = 4$, $\lambda = 0{,}4$, $\varrho = 1{,}0$, so erhält man $w_l = 3{,}65$ m/sec. Infolge der Ungleichförmigkeit der Feueranfachung kann auch der doppelte Wert erreicht werden.

Die Luftgeschwindigkeit in der Brennschicht hängt also nicht vom Heizwerte des Brennstoffs, sondern im wesentlichen von der Rostanstrengung und dem Luftüberschuß ab. Das darf jedoch nicht zu der Annahme verführen, daß die Größe der Rostfläche, die zwar von den chemischen Eigenschaften des Brennstoffs unabhängig ist, von der Art des Brennstoffs überhaupt nicht abhänge. Maßgebend sind hier seine physikalischen Eigenschaften, insbesondere die Korngröße. Feiner Brennstoff wird schon von einem schwachen senkrechten Luftstrom in der Schwebe gehalten, weil das Gewicht mit der dritten, der Querschnitt aber nur mit der zweiten Potenz der linearen Abmessungen steigt. Je grobkörniger der Brennstoff ist, um so stärkeren Luftstrom verträgt er ohne fortgerissen zu werden. Andererseits bietet bei gleich hoher Schicht feiner Brennstoff der Luft viel mehr Durchströmwiderstand als grober, wo große Zwischenräume bleiben. Daraus folgt einerseits, daß feinkörniger Brennstoff eine Vergrößerung der Rechnungsrostfläche $\mathfrak{R}$ auf das Maß $R = \varrho \cdot \mathfrak{R}$ erfordert, so daß aber andererseits die nutzbare Tiefe u der Feuerbüchse[1] klein sein darf, etwa in der Weise, daß $\varrho \cdot u = \sim$ const ist. Erfahrungsgemäß kann man folgende Werte nehmen:

Brennstoff	gebräuchlich u. a. in	ϱ	u mm
Anthrazit, Staubkohle	Vereinigten Staaten Belgien	2,0	200—250
Böhmische Braunkohle, feine Steinkohle	Österreich Tschechoslowakei Polen	1,2	300—350
Steinkohle mittlerer Größe	Mitteleuropa	1,0	400—450 *
Preßkohle, grobstückige Steinkohle, Holz, Koks	England	0,9	450—500 *

Man sieht, daß der hochwertige amerikanische Anthrazit, der beim Verbrennen zu Staub zerfällt, in gleicher Weise die großen Wootten-Feuerbüchsen erfordert, wie die belgische Staubkohle, für die Belpaire besondere Formen des Hinterkessels geschaffen hat. Dagegen kann Holz auf kleinen Rostflächen verbrannt werden, wenn die Feuerbüchse so tief ist, daß es gut geschichtet werden kann und auf diese Weise große Oberfläche bietet. Ferner sind vergrößerte Rostflächen dort nötig, wo die Kohlen viel Schlacken enthalten und die Lokomotive lange Zeit ohne gründliche Feuerreinigung im Dienst stehen muß.

B. Verbrennung.

Ein bisher wenig beachteter Grund zur Vergrößerung der Rechnungsrostfläche bildet die Notwendigkeit, der Feuerbüchse einen bestimmten Inhalt J m³ zu geben, der von der Rostoberkante ab gemessen wird. Ist $Q : \gamma_t$ 3600 m³/sec das sekundliche Heizgasvolumen und J der Feuerbüchsinhalt, so ist die mittlere Zeitdauer des Aufenthaltes

[1] Von der Rostfläche bis zum untersten Siederohr zu messen.
* Mit Feuergewölbe.

eines Heizgasteilchens $z_f = 3600 \frac{J_f}{Q} \gamma_t$ (J_f ist der freie, von Brennstoff oder Ausmauerung nicht besetzte Raum und γ_t das spez. Gewicht der Heizgase bei der mittleren Feuerbüchstemperatur). Diese Zeit soll mindestens gleich der Dauer der Verbrennung z_b sein, damit sie vor dem Erreichen der Rohrwand beendet ist. Anderenfalls bewirkt der infolge des Luftüberschusses stets vorhandene Gehalt an freiem Sauerstoff schnellen Abbrand, besonders an den Siederohrbördeln. Ferner wird der Brennvorgang durch die starke Abkühlung hinter der Rohrwand gestört und der Wirkungsgrad der Feuerung verschlechtert.

Auf Grund der Erfahrung mit Kohlenfeuerung kann empfohlen werden, das Verhältnis $\frac{J}{\mathfrak{R}} = 1{,}37$ m zu wählen. Zieht man Brennschicht und Feuergewölbe ab, so bleibt ein freier Feuerraum $J_f : \mathfrak{R} = 1{,}1$ m. Da die Kesselanstrengung A definiert ist als die Anzahl von Millionen Kalorien, die stündlich auf 1 m² der Rechnungsrostfläche entwickelt werden, also $A = \frac{B \cdot h_u}{10^6 \cdot \mathfrak{R}}$ ist, so erhält man die Feuerraumbelastung

$$K = 10^6 \cdot \frac{\mathfrak{R}}{J_f} \cdot A, \tag{9}$$

die bei $A = 3$ gleich $K = \frac{3000000}{1{,}1} = 2700000$ kcal/m³h ist. Dieser Wert steigt bei starker Anstrengung bis auf 5 Millionen Kalorien ohne Schaden für die Feuerbüchse auch bei Holz- und Ölfeuerung. Die Flamme der Ölbrenner muß aber mindestens einmal scharf umgebogen werden, damit die Gase gründlich gemischt werden. In langen Flammrohren brennt die Ölflamme praktisch überhaupt nicht aus; bei sehr langflammiger Kohle und besonders bei Holz kann die Flamme offenbar aber auch nicht immer bis zur Erreichung der Rohrwand ausbrennen. Man kann das aus der erfahrungsgemäß sehr hohen Dampfüberhitzung bei Holzfeuerung schließen, wo die Verbrennung sich bis in die Rauchrohre fortsetzt. Langsame Verbrennung ist wärmetechnisch schädlich, weil die höchst mögliche Brenntemperatur nicht erreicht wird, und das Wärmegefälle abnimmt.

Während bei dem bisher behandelten Brennstoff ein zu kleiner Feuerraum den Wirkungsgrad herabsetzt und die Wandungen und Rohrbördel angreift, macht er bei Kohlenmehlfeuerung[1] einen angestrengten Betrieb unmöglich. Der Grund liegt darin, daß die Rauchgase hier noch die Schlacke enthalten, die an den Rohrbördeln erstarrt, wenn sie nicht vorher schon durch Abkühlung fest geworden ist. Kohlenmehlfeuerung erfordert also nicht nur $z_f \geqq z_b$, sondern Abkühlung der Brenngase unter den Schmelzpunkt der Schlacke; gleichzeitig verlängert die starke Abkühlung durch Verminderung des Heizgasvolumens V m³/h die Zeit z_f.

Der Feuerbüchsinhalt J_f wird berechnet aus $J_f = \frac{V \cdot z_f}{3600}$ und $V = \frac{Q}{\gamma} \cdot \frac{T}{273}$ (T = absolute mittlere Brenngastemperatur, γ = spez. Ge-

[1] Sprachlich bedeutet „Kohlenstaub“ ein Abfallprodukt, „Kohlenmehl“ jedoch der Wirklichkeit entsprechend ein Mahlgut.

wicht bei 0°). Den Wert $\frac{Q}{\gamma}$ bestimmt man nach S. 13 aus $\frac{1000\,Q}{\gamma\cdot B h_u} = 1{,}12$. Da bei Kohlenfeuerung die Luftüberschußzahl nur $\alpha = 1{,}3$ zu betragen braucht, so wird hier $\frac{1000\,Q}{\gamma\cdot B\cdot h_u} = 1{,}12\cdot 1{,}3 = 1{,}45$. Demnach ist

$$J_f = \frac{Q}{\gamma} \cdot 1 \cdot \frac{T}{273} \cdot \frac{z_f}{3600},$$

$$J_f = \frac{Q}{\gamma\cdot B\cdot h_u}\cdot\frac{B\cdot h_u}{10^6\cdot A\cdot\mathfrak{R}}\cdot\frac{10^6\cdot A\cdot\mathfrak{R}\cdot T}{273}\cdot\frac{z_f}{3600},$$

$$J_f = \frac{1{,}45}{1000} \cdot 1 \cdot\frac{10^6}{273}\cdot A\cdot\mathfrak{R}\cdot T\cdot\frac{z_f}{3600},$$

$$J_f = \frac{A\cdot\mathfrak{R}\cdot T}{680}\cdot z_f \text{ m}^3.$$

Die Feuerraumbelastung ist $K = \frac{10^6\cdot A\cdot\mathfrak{R}}{J_f}$ nach Gl. (9), woraus entsteht:

$$K = \frac{6{,}8\cdot 10^8}{T\cdot z_f} \text{ kcal/m}^3\text{h}. \qquad (10)$$

Da der Feuerbüchsinhalt nach $J_f = 10^6\cdot\frac{A\mathfrak{R}}{K}$ berechnet wird, muß K vorsichtig bewertet werden. Die mittlere Feuerbüchstemperatur kann zu $T = 1500^0$ geschätzt werden. Die Zeit z_f soll mindestens gleich der Brennzeit z_b sein, die sich mit etwa $^1/_8$ aus Zündzeit und $^7/_8$ aus der eigentlichen Verbrennungsdauer zusammensetzt. Die Brennzeit hat Nuszelt[1] theoretisch ermittelt, während Hinz[2] u. a. eine große Zahl von Versuchsergebnissen bringt. Demnach scheint es ratsam zu sein, bei der Höchstbeanspruchung des Kessels $K = 2{,}0$ Millionen zu wählen, was bei einer Temperatur $T = 1500$ einer Brennzeit $z_b \leqq z_f = \sim 0{,}23$ sec entspricht. $K = 2\cdot 10^6$ ergibt bei $A = 4$ den Wert $\frac{J_f}{\mathfrak{R}} = 2{,}0$ m, der auch bei gewöhnlichen Kesseln durch Einbeziehung des sonst als Aschkasten benutzten Raumes in der Feuerbüchse erreicht werden kann; also ist $J_f > J$. Es ist aber sehr zu empfehlen, durch Einbau von Brennkammern den Wert $\frac{J_f}{\mathfrak{R}}$ bis auf 2,2 oder 2,5 zu steigern. Gleichzeitig wächst damit die Oberfläche der Feuerbüchse, was im Hinblick auf die Temperatursenkung der Heizgase sehr vorteilhaft ist. Im gleichen Sinne wirken die Nicholson-Sieder[3].

Da die Brennzeit vom Verhältnis der Oberfläche zum Gewicht der Kohlenteilchen abhängt, ist möglichst feine Mahlung anzustreben. Durch das Sieb von 4900 Maschen je cm² sollen 75 ÷ 80% gehen, während der Rückstand im 900-Maschen-Sieb nur 20% betragen soll. Ein Teil des Kohlenmehles wird also immer unvollkommen verbrennen; bei steigender Anstrengung der Feuerung nimmt er so stark zu, daß sich die Schlacken-

---

[1] Z. V. d. I. **68**, 124 (1924).

[2] Hinz: Über die wärmetechnischen Vorgänge der Kohlenstaubfeuerung. Berlin: Julius Springer 1928.

[3] Metzeltin: Z. V. d. I. **70**, 593 (1926).

krusten an der Rohrwand bilden. Feine Ausmahlung bedingt eine kurze theoretische Brennzeit, die aber durch unvollkommene Mischung des Kohlenmehles mit der Verbrennungsluft sehr stark verlängert werden kann. Auf der feinen Verteilung der Luft mit dem Kohlenmehl in Kammern mit vielen kleinen Düsen beruht der Erfolg der Kohlenmehlfeuerung der AEG und der „Studien-Gesellschaft“. Die Bildung der Schlackenkrusten hängt ab von der theoretischen Brennzeit, der Unterteilung des Luftstroms, der Feuerraumbelastung, der Wärmeabgabe in der Feuerbüchse und dem Schmelzpunkt der Schlacke. Unter diesen Umständen ist ein gelegentlicher Mißerfolg nicht verwunderlich.

Von Bedeutung ist noch die Austrittgeschwindigkeit des Brenngemisches aus dem Brenner. Sie ist nach unten begrenzt durch die Zündgeschwindigkeit und Ausfallen des Mehles aus dem Luftstrom; nach oben ist sie begrenzt durch die Länge der Stichflamme (Zündzeit), die nicht auf die Wände oder deren Ausmauerung treffen darf.

Die Kohlenmehlfeuerung hat mit der Ölfeuerung die gemeinsamen Vorteile des verbesserten Kesselwirkungsgrades dank des kleinen Luftüberschusses, der Entlastung des Heizers, geringer Rauchentwicklung und fehlenden Funkenfluges. Der wirtschaftliche Vorteil besteht in der Verwertung billiger Braunkohle, die sonst für den Lokomotivdienst nicht verwendbar wäre. Er wird geschmälert durch die Kosten des Mahlens und Transportes des feuergefährlichen Mahlgutes.

Die Ölfeuerung bedarf keiner besonderen Vergrößerung des Feuerbüchsinhaltes, weil das Öl durch den Dampf im Brenner sehr fein zerstäubt wird. Wesentlich ist aber innige Mischung des Öl-Dampfnebels mit der Verbrennungsluft. Am einfachsten wird sie durch Aufprallen gegen eine feuerfeste Wand und darauf folgendes scharfes Umlenken der Flamme erreicht.

Das bei Kohlenfeuerung empfohlene Verhältnis $\frac{J}{\mathfrak{R}} \geqq 1{,}37$ m bedeutet bei parallelepipedischer Form der Feuerbüchse eine Höhe von 1,37 m, die bei kleinen Lokomotiven nicht zur Verfügung steht, so daß der nötige Inhalt nur durch Vergrößerung der Grundfläche, hier also des Rostes, geschaffen werden kann. Hierdurch finden die verhältnismäßig großen Rostflächen, die kleinen Lokomotiven dem Gefühl nach gegeben werden, ihre Begründung.

Aber auch bei sehr großen Lokomotiven kann eine künstliche Vergrößerung des Feuerbüchsinhaltes nötig werden, nämlich dann, wenn die Feuerbüchse nach oben schmäler wird, die Rückwand abgeschrägt ist, oder wenn sie überhaupt sehr niedrig ist. Hierfür typisch ist die WOOTTEN-Feuerbüchse. Da wegen der großen Abmessungen eine weitere Vergrößerung der Rostfläche nicht gut möglich ist, so muß hier eine Brennkammer angebracht werden. Da sie das Kesselgewicht ohne wesentlichen Zuwachs an Heizfläche stark vermehrt, soll man sie nur da anwenden, wo es nötig ist. Es ist ein Kunstfehler, eine Brennkammer anzuordnen, wo es nicht nötig ist. Die oft damit bezweckte Verkürzung der freien Rohrlänge ist kein hinreichender Grund, weil jede Länge richtig sein kann, wenn nur der Durchmesser der Siederohre dazu paßt. Die Normung kann hier eine unangenehme Fessel des Konstrukteurs werden, sobald er außergewöhnlich lange Kessel braucht; man darf aber nicht sein eigener Sklave werden.

Außer Grundfläche und Inhalt der Feuerbüchse muß auch ihre Oberfläche H_d m² sorgsam beachtet werden. Ein Blick auf die Temperaturkurve (Abb. 6) zeigt, daß bei $H_d:\mathfrak{R} = 4{,}5$, also bei der Abszisse $\mathfrak{H}_d:\mathfrak{R} = 1{,}7 \cdot 4{,}5 = 7{,}65$ an der hinteren Rohrwand noch eine Temperatur von etwa 1000° herrscht, die starke Wärmespannungen in der Rohrwand und in den Dichtstellen der Siederohre hervorruft. Als die kurzen breiten Feuerbüchsen der Vereinigten Staaten unnötigerweise auch bei unseren kleinen Rostflächen angewandt wurden, ergaben sich so kleine Werte von $\frac{\mathfrak{H}_d}{\mathfrak{R}}$ und so hohe Temperaturen an der Rohrwand, daß sehr starkes und unerklärliches Rohrlecken eintrat. Die schlimmen Erfahrungen scheinen vergessen oder nicht richtig erkannt worden zu sein, denn man findet neuerdings wieder häufig Feuerbüchsen mit $\frac{H_d}{\mathfrak{R}}$ von 4,0 bis 4,5. Der vorsichtige Konstrukteur wählt $\frac{H_d}{\mathfrak{R}}$ nicht unter 4,5 und steigert das Verhältnis möglichst auf 5,0 und 5,5. Schmale und tiefe Feuerbüchsen geben diese Verhältnisse ohne weiteres. Zur künstlichen Vergrößerung unzureichender Feuerbüchsheizflächen, die bei Kohlenmehlfeuerung besonders schädlich sind, dient außer der Brennkammer z. B. der NICHOLSON-Sieder. Die in Amerika zum Tragen des Feuergewölbes verwendeten Wasserrohre wirken im gleichen Sinne, nur viel schwächer. Eine gute Feuerbüchse mit $\frac{J}{\mathfrak{R}} > 1{,}37$ und $\frac{H_d}{\mathfrak{R}} > 5{,}0$ kann durch Einbau eines NICHOLSON-Sieders oder einer Brennkammer nichts gewinnen. Versuche haben aber einen noch nicht erklärbaren günstigen Einfluß auf die Verbrennung, den Kesselwirkungsgrad und somit auf den Kohlenverbrauch gezeigt.

Nach dem Gesagten geht der Entwurf eines Lokomotivkessels so vor sich: Aus der Lokomotivleistung wird der stündliche Dampfverbrauch C kg/h ermittelt; in Verbindung mit dem Kesselwirkungsgrad η_k und dem verlangten Dampfzustand folgt daraus die Rechnungsrostfläche $\mathfrak{R}$ m². Nach Annahme der freien Rohrlänge und dazu passendem Rohrdurchmesser (wobei die Normen gebührend zu beachten sind) wird die Heizfläche H_i m² so bestimmt, daß $\frac{\mathfrak{H}_i}{\mathfrak{R}}$ etwa den Wert 56 bis 62 erreicht. Dann folgt das Aufzeichnen der Feuerbüchse, deren Gestalt und Abmessungen so zu wählen sind, daß Grundfläche, Inhalt und Oberfläche ausreichen.

Weniger einfach ist die Ermittlung der Dampferzeugung eines gegebenen Kessels. Die wirkliche Heizfläche gibt keine zuverlässige Grundlage, weil ihr Wert zu schwankend ist. Noch viel weniger geeignet ist die Rostfläche R, denn gar zu viele Gründe nötigen zu ihrer Vergrößerung, ohne daß die Heizfläche mit vergrößert wird (besonders bei Kleinlokomotiven), so daß unwirtschaftliche Wärmeausnutzung und gefährlich hohe Temperaturen an einzelnen Stellen entstehen würden. Aber auch die

Rechnungsheizfläche $\mathfrak{H}$ allein kann nicht als Grundlage dienen, weil ja auch die Feuerbüchse unzweckmäßig gestaltet sein kann, so daß von ihr Gefahren drohen. Der beste Weg besteht deshalb darin, als Grundlage der Verdampfungsfähigkeit die Rechnungsrostfläche $\mathfrak{R}$ zu wählen, und diese fiktive Größe so zu bestimmen, daß mit ihr $\mathfrak{H}$, R, H_i und J in gutem Einklang stehen. Die Verdampfungsfähigkeit wird also nicht wie sonst nur nach einer (H) sondern nach vier Kesselgrößen bestimmt. Natürlich erfordert das etwas mehr Zeit, da aber die Dampferzeugung die Grundlage der Leistungsberechnung, der Belastungstafeln, des Steigung-Geschwindigkeits-Diagramms und der Fahrplanbildung ist, lohnt es sich schon, ihr eine Viertelstunde zu widmen. Übrigens ist das Verfahren ganz einfach, wie die folgenden Beispiele zeigen:

Bei der 2 C-Heißdampflokomotive, Reihe 38, der Deutschen Reichsbahn ist $R = 2{,}62\ \text{m}^2$, $J = 4{,}6\ \text{m}^3$, $H_d = 14{,}58\ \text{m}^2$, $H_i = 189{,}28\ \text{m}^2$, $F_2 = 0{,}3774\ \text{m}^2$, $\mathfrak{H} = 179{,}6\ \text{m}^2$ nach Gl. (7). Nimmt man $\mathfrak{R} = R$, so erhält man folgende Verhältniszahlen: $\frac{\mathfrak{H}}{\mathfrak{R}} = 68{,}5$, $\frac{J}{\mathfrak{R}} = 1{,}76$, $\frac{H_d}{\mathfrak{R}} = 5{,}6$. Diese Werte sind so günstig, daß kein Grund vorliegt, von der Annahme $\mathfrak{R} = R = 2{,}62\ \text{m}^2$ abzuweichen. Bei $A = 3$, $t_ü = 330^0$, $p = 12$ atü, $t_w = 95^0$ und $\eta_k = 0{,}65$ wird dann die stündliche Dampferzeugung nach Gl. (3) $C = \frac{3000000 \cdot 2{,}62 \cdot 0{,}65}{741{,}5 - 95} = \sim 8000$ kg/h. — Ganz außergewöhnliche Abmessungen hat der Kessel der D-Feldbahn-Tenderlokomotive mit 600 Spur. Dort ist $R = 0{,}42\ \text{m}^2$, $F_2 = 0{,}0560\ \text{m}^2$, $H_d = 1{,}66$, $H_i = 12{,}124$, $J = 0{,}215\ \text{m}^3$. Die Annahme $\mathfrak{R} = R$ würde zu ganz unmöglichen Verhältnissen führen. Nimmt man jedoch $\mathfrak{R} = 0{,}16$, mit $\varrho = \frac{0{,}42}{0{,}16} = 2{,}6$ an, so ergibt sich: $\frac{\mathfrak{H}}{\mathfrak{R}} = 11{,}11 : 0{,}16 = 70$, — gut. $H_d : \mathfrak{R} = 10{,}0$ — reichlich; $J : \mathfrak{R} = 1{,}33$ — etwas knapp. Die Dampferzeugung bei $A = 3$ wird dann: $C = \frac{3000000 \cdot 0{,}16}{665 - 15} = 480$ kg/h. Wäre die Feuerbüchse 100 mm tiefer, so bekäme man mit $J = 0{,}257$ die Möglichkeit, $\mathfrak{R} = 0{,}19$ zu setzen, weil dann $\frac{J}{\mathfrak{R}} = 1{,}37$ ist. Alle anderen Verhältniszahlen bleiben in guten Grenzen und die Dampferzeugung steigt an. $C = 570$ kg/h.

Kessel, die mit Öl oder Kohlenmehl gefeuert werden, haben keine Rostfläche R, dagegen kann aber die Rechnungsrostfläche $\mathfrak{R}$ in der obigen Weise bestimmt werden.

C. Heißdampf.

Die Heißdampflokomotive wurde zu Beginn unseres Jahrhunderts von Garbe (preußische Staatsbahn) eingeführt, dem bald darauf Noltein (Moskau-Kasaner Bahn) und Flamme (belgische Staatsbahn) folgten. Naßdampf wird nur noch bei kleinen Bau- und Werklokomotiven angewandt, wo infolge der kleinen Betriebsleistungen der Mehrverbrauch an Kohlen weniger kostet als der verminderte Kapitaldienst.

Als erste Annäherung kann die Überhitzerfläche als Bruchteil der Verdampfungsfläche bestimmt werden. In dem Maße wie die Erfahrung zunahm und das Heißdampföl besser wurde, steigerte man diesen Bruchteil von 0,28 auf 0,33 und neuerdings auf 0,4 und erhöhte so die Heißdampftemperatur $t_ü$ bei mittlerer Beanspruchung von 300^0 bis auf

400^0 C. Die Heißdampftemperatur hängt aber noch viel weniger von der Überhitzerfläche ab, als die Dampferzeugung von der Kesselheizfläche, vielmehr haben folgende Größen auf $t_ü$ Einfluß: Kesselanstrengung, Verteilung des Heizgasstroms, Abstand der hinteren Überhitzerenden von der Rohrwand, Dampffeuchtigkeit, Heizfläche. Dabei ist es bemerkenswert, daß $t_ü$ bei Verkürzung des zweiten und dritten Rohrstranges — also mit Abnahme der Überhitzerfläche — zunimmt, und daß der vierte Rohrstrang eher kühlend als überhitzend wirkt. Beschränkt man sich nur auf eine Kesselanstrengung $A = 3$, legt den Abstand der Überhitzerenden von der Rohrwand als bestimmten Bruchteil der ganzen Rohrlänge fest, so kommt man eher zu einer angenähert richtigen Überhitzerberechnung, wenn man statt der Heizflächen die freien Rohrquerschnitte bestimmt, den ganzen Rohrquerschnitt F_2 m² also in die Teile F_r = Rauchrohrquerschnitt und F_s = Siederohrquerschnitt zerlegt[1].

$$F_2 = F_r + F_s, \quad F_r = q \cdot F_2, \quad F_s = (1-q) F_2 \quad \text{(Abb. 11)}.$$

Die im Überhitzer umgesetzte Wärmemenge läßt sich wie in jedem Falle des Wärmeaustausches darstellen 1. als Wärme zur Temperaturerhöhung von C kg Dampf von t_k auf $t_ü$; 2. als übertragene Wärme

$$= H_ü \cdot k \cdot \tau$$

(k Wärme-übergangszahl kcal/m²h ^{0}C, τ mittlerer Temperaturunterschied zwischen Dampf und Heizgas) und 3. als Wärmeabgabe von $q \cdot Q$ kg/h Heizgasen beim Temperaturfall von t_r auf t_2. Zu diesen Annahmen ist aber noch zu bemerken, daß es durchaus nicht sicher ist, ob durch den Querschnitt $q \cdot F_2$ auch $q \cdot Q$ kg/h Heizgase ziehen. Die Erfahrung zeigt sogar, daß hier eine der größten Unsicherheiten des Lokomotiventwurfes liegt, weil es vorgekommen ist, daß ohne ersichtlichen Grund die Heizgase das Bestreben hatten, nur durch den oberen oder nur durch den unteren Teil des Rohrbündels zu ziehen. Solange die Strömungsvorgänge in der Rauchkammer nicht erforscht sind, kann man sich gegen solche Überraschungen nur durch weiten Abstand des Blasrohres von der Rohrwand und großen Inhalt der Rauchkammer schützen. Auch die Rauchkammertemperatur t_2 ist nicht gleichmäßig und besonders bei hoher Überhitzung oben größer als unten. Trotz allen diesen Fehlern kommt man viel eher zu sicheren und allgemein gültigen Ergebnissen, wenn man nicht mit der Heizfläche, sondern nur mit dem Querschnittsverhältnis q rechnet. Wenn die Heizrohre nur verdampften und die Rauchrohre nur überhitzten, wäre es leicht, $t_ü$ zu bestimmen; da das aber nicht der Fall ist, so muß letzten Endes das Verhältnis q doch auf empirischem Wege mit der Heißdampftemperatur $t_ü$ in Verbindung gebracht werden.

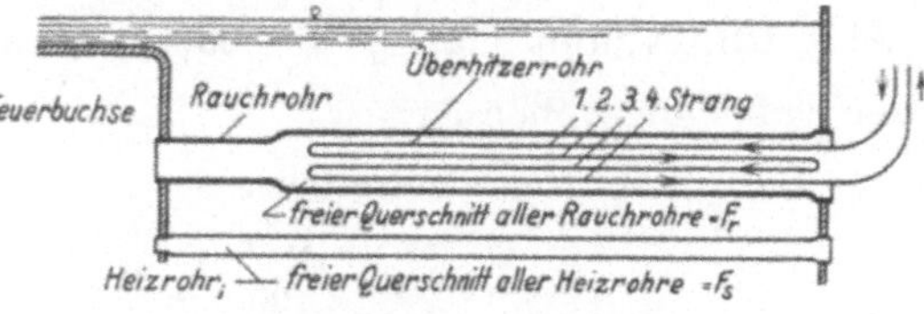

Abb. 11. Schema des Überhitzers.
$F_2 = F_r + F_s$, $q = \frac{F_r}{F_2}$, $1 - q = \frac{F_s}{F_2}$.

[1] Z. V. d. I. **68**, 273 (1924).

Um F_r und F_s bestimmen zu können, muß erst der ganze freie Heizgasquerschnitt F_2 gesucht und mit $\mathfrak{H}$ in Beziehung gesetzt werden. Zu dem Zweck schreibt man ganz allgemein $H = l \cdot h \cdot n$ (l = Rohrlänge, h = innerer Umfang eines Rohres, n = Rohrzahl) und führt den hydraulischen Radius $r = f:h$, das Verhältnis von Rohrquerschnitt zu Umfang ein. Man setzt $h = f:r$ und erhält so $H = l \cdot \frac{n \cdot f}{r}$. Da $f \cdot n = F_2$ ist, wird ganz allgemein $H = F_2 \cdot \frac{l}{r}$, womit der gesuchte Zusammenhang hergestellt ist. Bei einem Heißdampfkessel wird den Überhitzergrößen der Index r und den Siederohrgrößen der Index s beigefügt.

Man geht von der für $A = 3$ gültigen STRAHLschen Formel aus

$$\mathfrak{H} = \varphi H_d + \psi [H_i + 0{,}81\, H_ü] = \mathfrak{H}_d + \mathfrak{H}_i \ \mathrm{m}^2 \tag{11}$$

und schreibt für vierrohrige Überhitzer

$$\mathfrak{H}_i = (H_i + 0{,}81\, H_ü)\,\psi = l \left[h_s \cdot n_s + n_r \cdot h_{r_w} + \left(4 \cdot 0{,}81\, \frac{l_ü}{l} \cdot h_ü\right) \cdot n_r \right] \psi$$

(Abb. 12). Nimmt man $\frac{l_ü}{l} = 0{,}93$, so wird $h_r = h_{r_w} + 0{,}75 \cdot h_ü$, wie in der Tafel angegeben ist.

Dann kann man schreiben:

$$\mathfrak{H}_i = \frac{\psi \cdot l}{100} [h_s \cdot n_s + h_r \cdot n_r]$$

Tabelle für Rauchrohre mit Überhitzer.

Rauchrohrdurchmesser d_r mm	Äußerer Überhitzerrohrdurchmesser $d_ü$ mm	Freier Rohrquerschnitt f_r cm²	Innere Rauchrohrheizfläche für 1 cm Länge h_{r_w} cm	Äußere wirksame Überhitzerrohrheizfläche je cm Rauchrohrlänge $0{,}75\, h_ü$ cm	$h_r = h_{r_w} + 0{,}75\, h_ü$ cm	$r_r = \frac{f_r}{h_r}$ cm	Anzahl der Überhitzerrohre
163/171	26	176,8	51,2	61,2	112,4	1,57	6
	29	169,0		68,5	119,7	1,41	
144/152	38	117,5	45,24	35,8	81,0	1,45	4
	40	112,6		37,7	82,9	1,36	
138/146	38	104,2	43,35	35,8	79,2	1,32	
	40	99,3		37,7	81,1	1,22	
132/140	38	91,5	41,5	35,8	77,3	1,18	
	40	86,6		37,7	79,2	1,09	
125/133	36	82,0	39,27	33,9	73,2	1,12	
	38	77,4		35,8	75,1	1,03	
119/127	34	74,9	37,39	32,0	69,39	1,08	
	36	70,5		33,9	71,29	0,99	
110/118	30	66,8	34,56	28,3	63,4	1,05	
	32	62,9		30,2	64,7	0,97	
76/82	26	34,7	23,9	12,3	36,2	0,96	2
70/76	24	29,4	22,0	11,3	33,3	0,88	
65/70	22	25,6	20,4	10,4	30,8	0,83	

Tabelle für Siederohre.

Rohrdurchmesser d_s mm	Innerer Rohrquerschnitt f_s cm²	Heizfläche für 1 cm Länge h_s cm	$r_s = \frac{f_s}{h_s}$ cm	Zweckmäßige Rohrlänge
33,5/38	8,81	10,52	0,84	bis 250
40/45	12,57	12,57	1,00	250÷400
41/46	13,20	12,88	1,025	
45/50	15,90	14,14	1,125	380÷520
46/51	16,62	14,45	1,15	
49/54	18,86	15,39	1,225	420÷570
50/55	19,64	15,71	1,25	
51,5/56	20,83	16,18	1,29	
52/57	21,24	16,34	1,30	
55/60	23,76	17,28	1,375	480÷650
57/63	25,52	17,91	1,425	
60/65	28,27	18,85	1,50	560÷740
65/70	33,18	20,42	1,625	

und nach einiger Umformung

$$\mathfrak{H}_i = 100\,\psi\, l\left[\frac{F_s}{r_s} + \frac{F_r}{r_r}\right].$$

Der Klammerausdruck ist auf gemeinsamen Nenner zu bringen, wobei sich ergibt

$$r = \frac{r_s \cdot r_r}{(1-q)\,r_r + q \cdot r_s}\ \text{cm}$$

und

$$\mathfrak{H}_i = 100\,\psi \cdot l\,\frac{F_2}{r}.$$

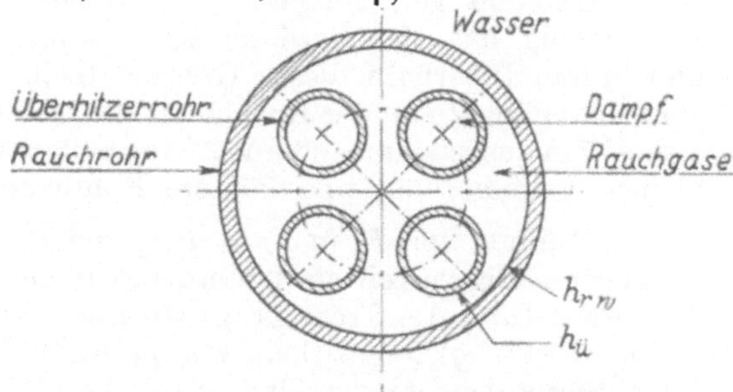

Abb. 12. Rauchrohrquerschnitt.

$h_ü$ = Umfang aller Überhitzerrohre in einem Rauchrohr, h_{rw} = Umfang des Rauchrohres, } auf der Feuerseite gemessen.

Setzt man nach STRAHL $\psi = \sqrt{0{,}1260\,\frac{\mathfrak{R}}{F_2}}$ ein und $\mathfrak{H}_i = \mathfrak{R}\left(\frac{\mathfrak{H}_i}{\mathfrak{R}}\right)$, so erhält man

$$\mathfrak{R}\left(\frac{\mathfrak{H}_i}{\mathfrak{R}}\right) = \sqrt{0{,}1260\,\frac{\mathfrak{R}}{F_2}} \cdot l \cdot \frac{F_2}{r} \cdot 100,$$

und daraus

$$F_2 = \frac{\left(\frac{\mathfrak{H}_i}{\mathfrak{R}}\right)^2 \cdot r^2 \cdot \mathfrak{R}}{1260 \cdot l^2}\ \text{m}^2. \qquad (12)$$

Je nachdem man den Wert $\left(\frac{\mathfrak{H}_i}{\mathfrak{R}}\right)$ zu 61,5 oder 56 wählt, erhält man die Formel $F_2 = 3{,}0\,\mathfrak{R}r^2 : l^2$ oder $2{,}5\,\mathfrak{R}r^2 : l^2$ (F_2 in m², $\mathfrak{R}$ in m², r in cm, l in m). Diese Gleichung enthält — wenn auch in versteckter Weise — immer noch die Rechnungsheizfläche. Sie kann benutzt werden, um vorläufig den Kesseldurchmesser d_k empirisch zu bestimmen, $d_k = \sqrt{0{,}6 + 4{,}9\,F_2}$ m und ihre Auflösung nach $\mathfrak{R}$ gibt einen Anhalt zur Bestimmung der Rechnungsrostfläche, wie weiter oben erläutert worden ist.

Um einen recht kleinen Kesseldurchmesser zu erhalten, könnte man versucht sein, $\frac{r}{l}$ klein zu wählen, also verhältnismäßig sehr lange Rohre zu nehmen. Nach der THOMASchen Formel (8) ist aber beim Durchströmen der Heizgase durch die Heizrohre der Druckverlust

$$\Delta h = \frac{\alpha_1 H \cdot w_2}{3600\, c_p \cdot g \cdot F_2} = \frac{\alpha_1 n\, l}{c_p \cdot g}\left(\frac{h}{f}\right)\frac{w_2 \cdot 100}{n}\ \mathrm{kg/m^2}$$

und da $w_2 = \frac{Q}{3600 F_2 \cdot \gamma_2}$ m/sec ist, so wird $\Delta h = \mathrm{const}\ \frac{l}{r} \cdot \frac{Q}{F_2} \cdot \alpha_1$. α_1 selbst steigt aber mit zunehmender Geschwindigkeit, also bei Verminderung von F_2, so daß mit der Verminderung von $\frac{r}{l}$ der Druckunterschied zwischen Rauchkammer und Feuerbüchse recht groß wird. Lange Rohre mit kleinem Durchmesser geben leichte Kessel, erfordern aber starke Blasrohrwirkung. Hier liegt also genau das gleiche vor, wie bei der Wahl der Heizfläche überhaupt, wo die Interessen geringen Kapitalaufwandes und geringen Dampfverbrauches sich widersprechen. Als zweckmäßig hat sich erwiesen $l:r = 4$ mit 14% Toleranz nach oben und unten. Innerhalb dieser Grenzen bleibt ein Kessel wirtschaftlich ganz unabhängig von der Rohrlänge, die bei den üblichen Durchmessern bis auf 7 m ausgedehnt und auf 2,8 m gekürzt werden kann. Nur bei ganz kleinen Lokomotiven sind kürzere Rohre unvermeidlich.

Die Teilung von F_2 in $F_r = q \cdot F_2$ und $F_s = (1 - q)\, F_2$ würde selbst bei gleichmäßig verteiltem Unterdruck in der Rauchkammer noch nicht die Verteilung des Heizgasgewichtes Q kg/h in die Teile $Q_r = q \cdot Q$ und $Q_s = (1 - q)\, Q$ bewirken, weil ja die Widerstände in den Heiz- und Rauchrohren verschieden sind. Nach der schon erwähnten THOMASchen Formel (8) ist der Druckverlust $\Delta h = \frac{\alpha_1 \cdot H \cdot w_2}{c_p \cdot g \cdot F_2 \cdot 3600}$ oder mit den hier passenden Bezeichnungen genau genug $\Delta h = \frac{\alpha_1 \cdot \mathfrak{H}_i \cdot w_2}{c_p \cdot g \cdot F_2 \cdot 3600}$; er soll für Heiz- und Rauchrohre gleich groß sein. Dann wird mit den Bezeichnungen der Gl. (12) $\frac{\mathfrak{H}_i}{F_2} \cdot w_2 = \frac{\mathfrak{H}_r}{F_r} \cdot w_r$ oder, weil $\frac{l}{r}$ das Verhältnis von Rohrheizfläche zum Querschnitt ist, $\frac{w_2}{r} = \frac{w_r}{r_r}$. Das Verhältnis der Heizgasgewichte ist $q' = \frac{Q_r}{Q} = \frac{F_r}{F_2} \cdot \frac{\gamma_2}{\gamma_2} \cdot \frac{w_r}{w_2}$.

Da $\frac{F_r}{F_2} = q$ und $\frac{w_r}{w_2} = \frac{r_r}{r}$ ist, kann man schreiben

$$q' = q \cdot \frac{r_r}{r} \quad \text{und} \quad q = q' \frac{r}{r_r}. \tag{13}$$

In Abb. 13 ist die Heißdampftemperatur $t_ü$ in ihrer Abhängigkeit von q' für Dampfspannungen von 12 bis 15 atü, $A = 3$, Rauchrohrüberhitzer und für feuchten und trockenen Dampf dargestellt. Diese mit der Erfahrung gut übereinstimmende Beziehung ist nicht geschätzt, sondern gerechnet worden.

Bei Annahme einer Temperatur über dem Rost $t_1 = 1520^0$, an der Rohrwand $t_r = 1000^0$, in der Rauchkammer $t_2 = 320^0$, werden $100 \frac{1520 - 1000}{1520 - 320} = 43\%$ in der Feuerbüchse zur Verdampfung abgegeben. Ferner im Langkessel $57 \cdot (1 - q')\%$ durch die Heizrohre und $57 \cdot q' \cdot \frac{h_{r_w}}{h_r}\%$ in den Rauchrohren. $\frac{h_{r_w}}{h_r}$ liegt nach der Tabelle, S. 32, bei etwa 0,53 für Rauchrohrüberhitzer und bei 0,67 für Kleinrohrüberhitzer. Daraus läßt sich der für Dampfbildung verwandte Anteil der Wärme bestimmen. Bei $q' = 0{,}45$ beträgt er 87,9%, und demnach bleiben 12,1% zur Überhitzung frei. Da bei Wasser von 95° zur Dampfbildung $665 - 95 = 570$ kcal erforderlich sind, sind zur Überhitzung verfügbar $\frac{12{,}1}{87{,}9} \cdot 570 = 79$ kcal. Demnach beträgt die Gesamtwärme des Heißdampfes $665 + 79 = 744$ kcal, womit sich aus dem Mollierschen J—S-Diagramm die Dampftemperatur $t_ü = 337^0$ findet. Dampffeuchtigkeit setzt $t_ü$ stark herab, weil mehr Dampf gebildet wird und dieser erst getrocknet werden muß. Auch die Speisewasservorwärmung setzt durch Erhöhung der Verdampfung die Überhitzung herab. Dagegen steigt $t_ü$ mit wachsendem A, weil dann die Rohrwandtemperatur zunimmt und verhältnismäßig weniger Dampf in der Feuerbüchse erzeugt wird.

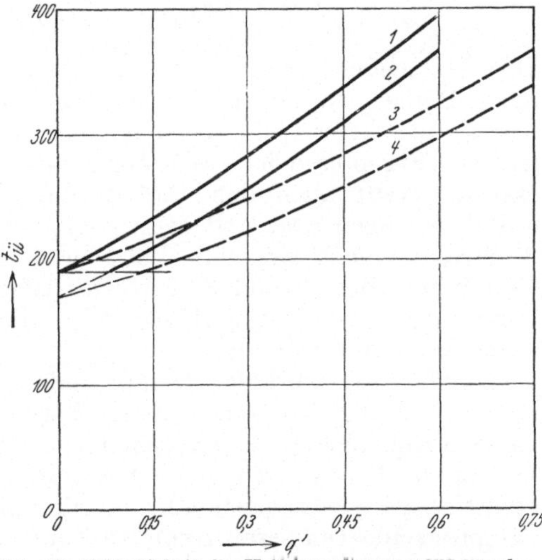

Abb. 13. Abhängigkeit der Heißdampftemperatur von den Querschnittsverhältnissen bei $A = 3$ und 12 bis 15 atü.

Für *1* ist angenähert: $t_ü = 170 + 370\,q'$,
,, *3* ,, ,, $t_ü = 170 + 260\,q'$.

1 Vierrohriger Überhitzer und trockener Dampf,
2 ,, ,, ,, Dampf von 3% Feuchtigkeit,
3 Zweirohriger ,, ,, trockener Dampf,
4 ,, ,, ,, Dampf von 3% Feuchtigkeit.

Unter Benutzung der Rohrtabellen geht die Berechnung eines Kessels sehr schnell. Es sei $R = \mathfrak{R} = 2{,}62$ m², die Rohrlänge $l = 4{,}7$ m. Gewählt werden Heizrohre 45/50 mit $r_s = 1{,}125$ und Rauchrohre 125/133 mit 38er Überhitzerrohren $r_r = 1{,}03$. Die gute Übereinstimmung von r_s mit r_r ist vorteilhaft. Bei Rauchrohrüberhitzern ist genau genug $r = \frac{r_r + r_s}{2} = 1{,}08$. Das Verhältnis $\frac{l}{r} = 4{,}7 : 1{,}08 = 4{,}35$ ist gut. Dann wird $F_2 = \frac{3{,}0 \cdot 2{,}62}{4{,}35^2} = 0{,}4150$ m², was auf einen Kesseldurchmesser von ungefähr $d_k = \sqrt{0{,}6 + 4{,}9 \cdot 0{,}4150} = 1{,}62$ m schließen läßt. Für mittelhohe Überhitzung sei gewählt $q' = 0{,}45$, was $q = 0{,}45 \cdot \frac{1{,}08}{1{,}03} = 0{,}472$ gibt. Dann wird $F_r = 0{,}472 \cdot 0{,}4150 = 0{,}1960$ m² und $F_s = 0{,}4150 - 0{,}1960 = 0{,}2190$ m². Daraus folgt die Zahl der Rauchrohre $n_r = \frac{10^4 F_r}{f_r} = \frac{1960}{77{,}36} = 25{,}4$ und die Zahl der Heizrohre $n_s = \frac{10^4 F_s}{f_s} = 138$. Demnach sind 26 Rauchrohre unterzubringen, während es auf die Zahl der Heizrohre nicht so genau ankommt.

Wenn die in Abb. 13 dargestellten Heißdampftemperaturen gut mit der Erfahrung übereinstimmen, so zeugt das noch nicht für die

Richtigkeit der Berechnungsart, sondern bedeutet nur, daß in der Gl. (12) der Koeffizient 0,81 gut gewählt ist. Tatsächlich ist er auch von STRAHL aus Versuchsergebnissen bestimmt worden. Als Mangel wird noch empfunden, daß der Abstand der Überhitzerrohre von der Feuerbüchse nicht in der Rechnung erscheint.

Einen Einblick in den wahren Temperaturverlauf gibt erst die Berechnung von BARSKE[1], dem es dank einiger sich in zulässigen Grenzen haltender Vereinfachungen der verwickelten Zusammenhänge zwischen Rohrdurchmesser, Heizgasgeschwindigkeit, Wärmeübergangszahl usw. gelingt, für den Naßdampfkessel eine einfache Beziehung der Temperaturabnahme über der Siederohrlänge l zu finden:

$$l = 24{,}5\left(\frac{d_s}{1000}\right)^{0{,}74}\left(\frac{Q}{n_s}\right)^{0{,}21}\cdot \lg\frac{t_r - t_k}{t_2 - t_k}\ \mathrm{m}.$$

Den Wärmeaustausch in den Rauchrohren kann er aber nur mittels einer Reihe von Hilfsgrößen und nomographischer Rechentafeln erfassen, mit deren Hilfe aber das Verfahren ganz bequem durchführbar ist. Die Ergebnisse der Rechnung stimmen mit Messungen gut überein. BARSKE stellt auch den Verlauf der Heißdampftemperatur in den 4 Rohrsträngen dar, und zeigt, daß die vorderen Enden des 2. und 3. Stranges noch wertvoll sind, der 4. Strang aber nutzlos ist. Die Verkürzung des 2. und 3. Stranges erhöht demnach nur durch Verminderung des Heizgaswiderstandes die Heißdampftemperatur, wie schon vermutet worden war.

Im Regler wird der Dampf gedrosselt. Drosselung ist eine Zustandsänderung bei konstantem Wärmeinhalt, die deshalb aus den J—S Tafeln leicht zu übersehen ist. Man findet daraus z. B., daß Dampf von 12 ata und 1% Feuchtigkeit bei Drosselung auf 7 ata trocken gesättigt wird. Dagegen fällt bei der gleichen Drosselung des Heißdampfes seine Temperatur von 320° auf 315°, während die Überhitzung von $320 - 190{,}6 = 129{,}4^0$ auf $315 - 164 = 151{,}0^0$ steigt. Das T—S-Diagramm (Abb. 14) zeigt durch die Darstellung des Wärmeinhaltes als Fläche den thermodynamischen Schaden der Drosselung. Wird aus Speisewasser von 95° Heißdampf von 16 ata und 370° erzeugt, so verläuft im T—S-Diagramm die Zustandsänderung nach der starken Linie mit dem Endpunkt A; die aufgewandte Wärme wird dargestellt durch die Fläche unterhalb der starken Linie bis zur absoluten Nulllinie. Wird dieser Heißdampf auf 10 ata gedrosselt, so erhält man aus der MOLLIERschen J—S-Tafel ohne weiteres seine Temperatur zu 365°, Punkt B. Hätte man diesen Dampfzustand unmittelbar erzeugen wollen, so wäre die aufzuwendende Wärme gleich der Fläche zwischen der Nullinie und der gestrichelten Linie gewesen. Die Fläche zwischen der starken und der gestrichelten Linie stellt also den Mehraufwand an Wärme dar, dem aber eine Vergrößerung des Arbeitsvermögens des Dampfes entspricht, die durch die unter A—B liegende eingerahmte Fläche wiedergegeben ist. Da die eingerahmte Fläche bis zur Nullinie

[1] BARSKE: Rechnerische Untersuchung der Wärmeübertragung im Lokomotiv-Langkessel. Hanomag-Nachrichten-Verlag 1930.

gleich der zwischen der starken und der gestrichelten Linie liegenden Fläche ist, wäre die Drosselung verlustlos. Ausnutzbar ist die gewonnene Arbeit aber nur bis zur Atmosphärenlinie, das ist also der schraffierte Teil, und deshalb stellt der unter dem schraffierten liegende Teil der eingerahmten Fläche den Verlust der Drosselung dar.

Dem Drosselverlust stehen aber wieder Vorteile gegenüber: Zunächst die Dampftrocknung oder Erhöhung der Überhitzung, wodurch der Flächenschaden der Dampfmaschine vermindert wird. Ferner die Vermeidung ungünstiger kleiner Füllungen und der leichtere Lauf des Triebwerkes. Diese Vorteile waren bei Naßdampflokomotiven so groß,

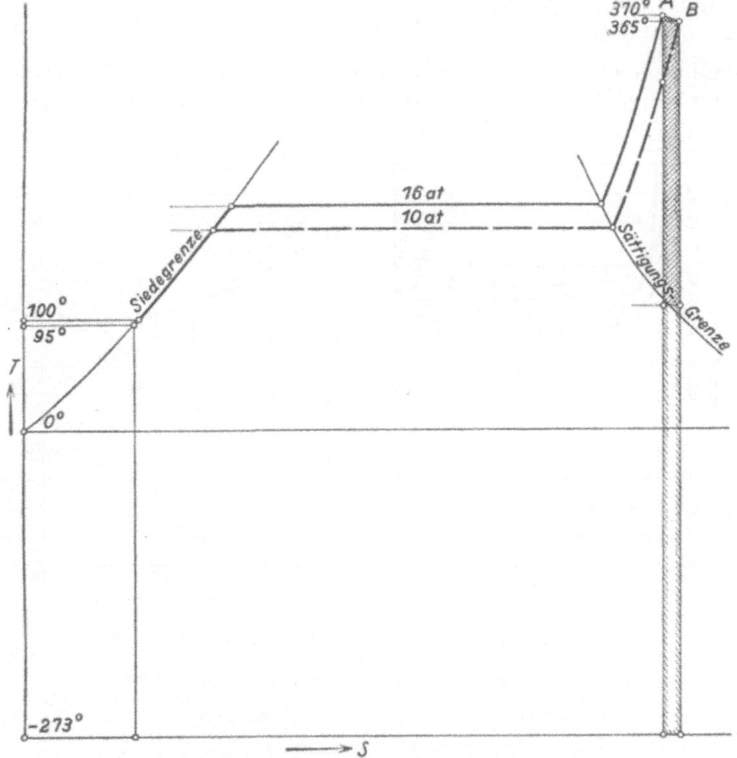

Abb. 14. Drosselvorgang im $T-S$-Diagramm.

daß stets mit starker Drosselung gefahren wurde; aber auch bei Heißdampflokomotiven bringt sie keinen Schaden, wie aus LOMONOSSOFFS[1] Versuchen hervorgeht, denen die Abb. 15 entnommen ist. Nur bei großen Leistungen ist es demnach vorteilhaft, den Regler voll zu öffnen, im übrigen genügt die Hälfte der sonst üblichen Querschnitte. Das entspricht einer alten Konstruktionsregel, die verlangt: kleine Regler, weite Einströmrohre, große Schieberkästen. Die kleinen Regler sind leichter, billiger und lassen sich bequemer unterbringen.

[1] Lokomotivversuche in Rußland. Berlin: VDI-Verlag 1926.

Der Reglerquerschnitt f_R wird bestimmt aus der Gleichung $C = f_R \cdot \gamma_k \cdot w_R \cdot \frac{3600}{10000}$ (C = stündliche Dampferzeugung, γ_k = spez. Gewicht des Dampfes kg/m³, w_R-Dampfgeschwindigkeit im Regler m/sec). Der Druckverlust Δp wird für kleine Druckunterschiede berechnet aus der Gleichung

$$w_R = \varphi \sqrt{2gh} = \varphi \sqrt{2g10^4 \frac{\Delta p}{\gamma_k}} = \varphi \sqrt{\frac{\Delta p}{p} \cdot \frac{p}{\gamma_k} \cdot 2g \cdot 10^4} \text{ m/sec,*} \quad (14)$$

in der φ den Kontraktionsverlust berücksichtigt. Da es zweckmäßig ist, den Druckverlust Δp in ein bestimmtes Verhältnis zum Kesseldruck p zu setzen, und weil $\frac{p+1}{\gamma}$ fast unveränderlich bei Naßdampf ungefähr gleich 2 ist, ergibt sich eine vom Dampfdruck unabhängige Geschwindigkeit w_R, die für eine mittlere Kesselanstrengung zu etwa

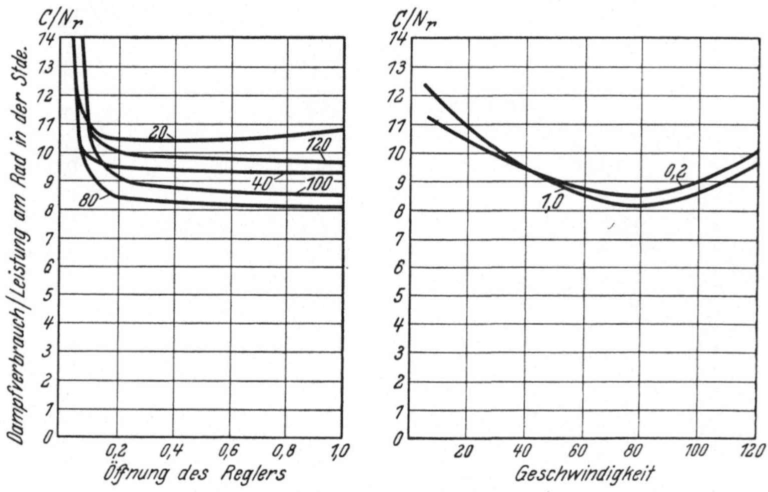

Abb. 15. Einfluß der Drosselung auf den Dampfverbrauch.
2C-h2-Lokomotive.

Zylinderdurchmesser	55 cm	Kesseldruck 13 atü	
Kolbenhub	70 ,,	Regleröffnung 1,0 = 90,5 cm	
Treibraddurchmesser	183 ,,	Füllung 0,3	

25 m/sec gewählt werden kann. Aus der Gleichung $C = f_R \cdot \gamma_k \cdot w_R \cdot \frac{3600}{10000}$ wird dann, wenn f_R in cm² ausgedrückt wird,

$$f_R = \frac{10000}{3600} \cdot \frac{2}{p+1} \cdot \frac{C}{w_R} = 5{,}5 \frac{C}{(p+1)\,w_R}.$$

Im Einströmrohr vor dem Überhitzer nimmt man w_R etwa zu 15 m/sec. Für das Einströmrohr hinter dem Überhitzer und einen im Heißdampf liegenden Regler gilt die Beziehung $\frac{p+1}{\gamma} = \sim 2$ nicht mehr. Man müßte also auf die Grundgleichung zurückgehen, γ_k aus der J—S-Tafel

* h hier in mWS, Δp in at.

entnehmen und dann w_R so bestimmen, daß $\frac{\Delta p}{p}$ den gleichen Wert wie bei Sattdampf annimmt. Man wird dann aber finden, daß $\frac{\Delta p}{p}$ so klein ist, daß es gar keine Rolle spielt, und erkennen, daß der erfahrungsgemäß auftretende Spannungsverlust zwischen Kessel und Schieberkasten von etwa 1 at nicht vom Regler, sondern von der Wandreibung im Überhitzer und den dort so häufigen Richtungswechseln des Dampfstromes herrührt. Deshalb kann man, solange keine außergewöhnlichen Fälle vorliegen, den Regler und die Dampfrohre so berechnen, als ob sie Sattdampf führten.

Ob der Regler vor oder hinter dem Überhitzer liegt, hat auf die Endtemperatur des gedrosselten Dampfes keinen Einfluß. Liegt der Regler hinter dem Überhitzer, so bietet das einige praktische Vorteile. Man kann alle Hilfsmaschinen mit Heißdampf betreiben, und der Regler wirkt schneller, weil nur eine kleine Dampfmenge zwischen Regler und Schieber sich befindet; man braucht aber ein besonderes Ventil, um den Überhitzer vom Kessel absperren zu können.

Sehr wichtig und schwierig ist die Entnahme trockenen Dampfes aus dem Kessel. Nach R. P. WAGNER[1] soll die stündliche Verdampfung auf einen Quadratmeter des Wasserspiegels 108 m^3 nicht übersteigen. Die bei den alten niedrigen Lokomotiven möglichen hohen Dome waren sehr vorteilhaft. Die Stellung des Domes vorn oder hinten auf dem Kessel ist ohne Bedeutung; ebenso haben sich alle Wasserabscheider als wenig wirksam erwiesen, weil selbst dann, wenn es gelungen war, die Wassertropfen auszuschleudern, es nicht gelang, sie wieder in den Kessel zurückzuführen, in dem notwendigerweise ein um so stärkerer Unterdruck gegen den Kessel bestand, in je heftigere Strömung man den Dampf zum Zweck der Wasserabscheidung versetzt hatte. Auf großen Lokomotiven ist kaum Platz für einen Dom, geschweige denn für einen Wasserabscheider. Viele Bahnen wenden nie einen Dom an. Es hat sich nicht als schädlich erwiesen. Dagegen hat sich ein dicht unter dem Kesselfirst liegendes langes Entnahmerohr, das oben mit langen schmalen Entnahmeschlitzen versehen ist, vielfach bewährt.

D. Zugerzeugung.

Schon 1863 hat ZEUNER[2] eine auf Versuche gestützte Blasrohrtheorie aufgestellt. Er behandelte zunächst nur den zylindrischen Schornstein und hat erst später, nachdem PRÜSSMANNS Erfolge mit Kegelschornsteinen vorlagen, die Theorie auf diese ausgedehnt. Trotzdem ist seine Theorie unbeachtet geblieben, weil keine Zahlenwerte zur Berechnung vorlagen. Deshalb hat sich die Praxis mit empirischen Formeln begnügen müssen, wobei Mißerfolge gelegentlich nicht ausgeblieben sind. STRAHL[3] hat das Verdienst, die ZEUNERsche Theorie

[1] Z. V. d. I. **73**, 1221 (1929). [2] Das Lokomotivenblasrohr. Zürich 1863.
[3] Untersuchung und Berechnung der Blasrohre und Schornsteine von Lokomotiven. Org. f. d. Fortschr. d. Eisenbahnw. **48**, 321 (1911).

durch Bestimmung der Widerstandsziffern brauchbar gemacht zu haben. Da die Dampferzeugung vom Kesselwirkungsgrad und der Feueranfachung abhängt, ist die Blasrohrtheorie sehr wichtig. Ich bringe in Anlehnung an die Entwicklung VON JHERINGS[1] zunächst die ZEUNERsche Formel und dann ihre Umgestaltung durch STRAHL. Es ist nötig, die Ableitung wenigstens in den wichtigsten Abschnitten vorzuführen, weil daraus erhellt, wie gerade mit wenigen Vernachlässigungen sich alle Erscheinungen erklären lassen.

Im folgenden bezeichnet F cm² Querschnitt, γ spezifisches Gewicht, w Geschwindigkeit und p Blasrohrdruck. Die Indizes sind aus Abb. 16 ersichtlich. Das Dampfgewicht ist $C = \frac{3600 F \cdot \gamma \cdot w}{10\,000}$, das Heizgasgewicht $Q = 3600\, F_2 \gamma_2 \cdot w_2$ und das Gemisch

$$Q + C = Q_0 = \frac{3600 F_0 \gamma_0 w_0}{10\,000} = \frac{3600}{10\,000} F_0 \cdot \gamma_1 \cdot w_0 \text{ kg/h},$$

weil genau genug $\gamma_1 = \gamma_0$ ist, wegen der fast unveränderten Zustandsbedingungen. Schreibt man $F_0 \cdot w_0 \cdot \gamma_1 = F \cdot w \cdot \gamma + F_2 w_2 \gamma_2 = F_1 w_1 \gamma_1$, teilt durch F und setzt $\frac{F_1}{F} = m$ und $\frac{F_2}{F} = n$, so erhält man

$$m w_1 \gamma_1 = w \cdot \gamma + n w_2 \gamma_2. \quad (*)$$

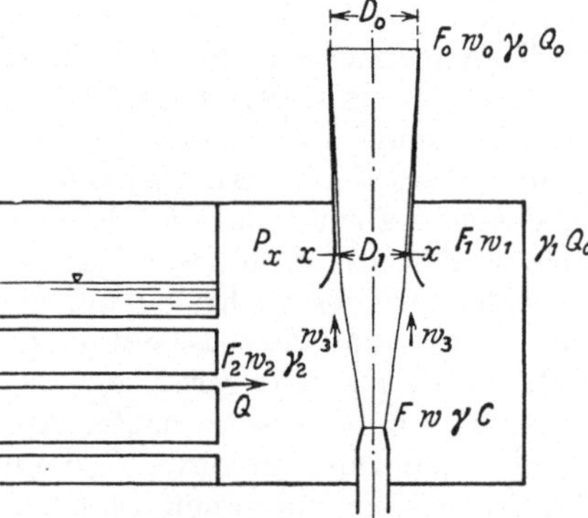

Abb. 16. Schema des Schornsteins mit Blasrohr. $\lambda = \frac{1}{2}\left[1 + \left(\frac{F_1}{F_0}\right)^2\right]$; $m = \frac{F_1}{F}$; $n = \frac{F_2}{F}$; $m' = \frac{m}{\lambda}$.

Diese Stetigkeitsgleichung ist der eine Ausgangspunkt; der andere ist nach dem Satz vom Antrieb die Gleichung

$$3600\, P_1 = F_1 \cdot p_x \cdot 3600 + \frac{C}{g}(w - w_1) + \frac{Q}{g}(w_3 - w_1),$$

d. h. der Druck P_1 in der Mischungsstelle x besteht aus dem dort herrschenden Flächendruck $F_1 \cdot p_x$ kg, zuzüglich der Kraft, um der Masse $\frac{C}{g}$ bzw. $\frac{Q}{g}$ in der Zeiteinheit (3600 sec) eine Geschwindigkeitszunahme $(w - w_1)$ bzw. $(w_3 - w_1)$ zu erteilen. Die Leistung $P_1 \cdot w_1$ wird dazu verwendet, die Masse $\frac{Q_0}{g}$ von w_0 auf w_1 zu beschleunigen und den äußeren Luftdruck $F_0 \cdot p_0$ mit der Geschwindigkeit w_0 zu überwinden. Demnach ist

$$w_1 \left[F_1 \cdot p_x \cdot 3600 + \frac{C}{g}(w - w_1) + \frac{Q}{g}(w_3 - w_1)\right] = \frac{Q_0}{g} \frac{w_0^2 - w_1^2}{2} + F_0\, p_0 \cdot w_0 \cdot 3600. \quad (**)$$

Mit Hilfe der Gln. (*) und (**) können die beiden Unbekannten F und F_1

[1] Die Gebläse. 3. Aufl., S. 722. Berlin: Julius Springer 1913.

gefunden werden. Zunächst wird jedoch nur mit Querschnittsverhältnissen gerechnet, und nach einer Reihe algebraischer Umformungen entsteht die Gleichung

$$10^4 \cdot 2\,g\,(p_0 - p_x) = \frac{2\gamma}{m} \cdot w^2 + 2\,\frac{\gamma_2 \cdot n}{m} \cdot w_2 w_3 - \gamma_1 (w_0^2 + w_1^2),$$

an der drei wichtige Veränderungen vorgenommen werden. Zunächst wird $w_3 = 0$ gesetzt. Mit dieser ungünstigen Annahme gleicht man z. T. den Fehler aus, daß der Reibungswiderstand des Gemisches im Schornstein vernachlässigt worden ist. Zur Erzeugung der Geschwindigkeit w_2 ist eine Druckhöhe $\frac{w_2^2}{2g}$ erforderlich; da aber auch Strömungswiderstände zu überwinden sind, muß die Druckhöhe auf $h = (1 + \zeta_2)\,\frac{w_2^2}{2g}$ vergrößert werden. Der Druck $\gamma_2 h$ ist gleich dem Druckunterschied im Schornstein oben und unten, d. h. gleich dem Unterdruck in der Rauchkammer, nämlich $(p_0 - p_x)$. Daraus folgt

$$\frac{w_2^2}{2g}(1 + \zeta_2) = \frac{p_0 - p_x}{\gamma_2}\,10^4 \quad \text{und} \quad 10^4 (p_0 - p_x) = \frac{w_2^2}{2g}(1 + \zeta_2)\,\gamma_2.$$

Drittens schreibt man

$$w_0^2 + w_1^2 = w_1^2\left[1 + \left(\frac{w_0}{w_1}\right)^2\right] = 2\,w_1^2 \cdot \frac{1}{2}\left[1 + \left(\frac{w_0}{w_1}\right)^2\right]$$

und bezeichnet

$$\lambda = \frac{1}{2}\left[1 + \left(\frac{w_0}{w_1}\right)^2\right] = \frac{1}{2}\left[1 + \left(\frac{F_1}{F_0}\right)^2\right]. \tag{15}$$

Also wird

$$w_0^2 + w_1^2 = 2\,w_1^2\,\lambda.$$

Durch Einführung dieser Umwandlungen entsteht aus der Gleichung

$$10^4\,2\,g\,(p_0 - p_x) = \frac{2\gamma}{m} \cdot w^2 + \frac{2\,\gamma_2\,n}{m} \cdot w_2 w_3 - \gamma_1 (w_0^2 + w_1^2)$$

die folgende:

$$w_2^2 (1 + \zeta_2)\,\gamma_2 = \frac{2\gamma}{m}\,w^2 - 2\,\gamma_1\,\lambda \cdot w_1^2.$$

$\frac{w_2}{w}$ ist gesucht, w_1 wird fortgeschafft, indem es aus der ursprünglichen Mengengleichung, (*) S. 40, ersetzt wird.

Im Laufe weiterer Umwandlungen wird zur Vereinfachung der Schreibweise gesetzt

$$\alpha = \frac{2\,\gamma_1}{\gamma_2 (1 + \zeta_2)} \quad \text{und} \quad \beta = \frac{2\,\gamma}{\gamma_2 (1 + \zeta_2)},$$

das heißt:

$$\alpha = \frac{\gamma_1}{\gamma}\,\beta,$$

und schließlich kommt man zu der Gleichung

$$\left(\frac{w_2}{w}\right)^2\left[m^2 + \alpha \cdot \lambda \left(\frac{\gamma_2}{\gamma_1} \cdot n\right)^2\right] + 2\,\alpha \cdot \lambda\,\frac{\gamma \cdot \gamma_2}{\gamma_1^2} \cdot n\,\frac{w_2}{w} = m\,\beta - \alpha\,\lambda\left(\frac{\gamma}{\gamma_1}\right)^2.$$

Hier ist zu bemerken, daß bei JHERING das letzte Glied der Gleichung nicht im Quadrat steht. Ferner wird das letzte Glied der linken Seite gegenüber dem ersten Gliede vernachlässigt. Im ersten Gliede erscheinen m^2 und n^2 etwa von der Größe 150 bzw. 900, gegen n im zweiten Gliede; der Fehler ist also wohl zulässig. Dann erhält man nach vielen Umformungen die einfachere Gleichung

$$\frac{w_2}{w} = \sqrt{\frac{\beta\left(m - \lambda\frac{\gamma}{\gamma_1}\right)}{m^2\left(1 + \beta\lambda\frac{n^2}{m^2}\frac{\gamma_2^2}{\gamma\cdot\gamma_1}\right)}}.$$

Nun muß man einführen:

$$\frac{Q}{C} = \frac{F_2}{F}\cdot\frac{\gamma_2}{\gamma}\cdot\frac{w_2}{w}$$

und erhält nach weiteren Umformungen

$$\frac{Q}{C} = \sqrt{\frac{m - \lambda\frac{\gamma}{\gamma_1}}{\frac{m^2}{n^2}\left(\frac{\gamma}{\gamma_2}\right)^2\frac{1}{\beta} + \lambda\frac{\gamma}{\gamma_1}}}.$$

Hier wird nun die Widerstandszahl $\mu = \frac{\gamma^2}{\gamma_2^2\,\beta}$ eingeführt, in der durch $\beta = \frac{2\gamma}{\gamma_2(1+\zeta_2)}$ die Widerstandszahl ζ_2 neben den spezifischen Gewichten enthalten ist. Es ist nämlich $\mu = \frac{1}{2}\frac{\gamma}{\gamma_2}(1+\zeta_2)$. Auf diese Weise erhält man schließlich

$$\frac{Q}{C} = \sqrt{\frac{\frac{F_1}{\gamma\cdot F} - \frac{\lambda}{\gamma_1}}{\frac{\lambda}{\gamma_1} + \frac{\mu}{\gamma}\left(\frac{F_1}{F_2}\right)^2}}. \tag{16}$$

Mit einigen nicht unwesentlichen Vernachlässigungen war ZEUNER zu der Gleichung

$$\frac{L}{D} = \sqrt{\frac{\frac{F_1}{F} - \lambda}{\lambda + \mu\left(\frac{F_1}{F_2}\right)^2}} \tag{17}$$

gekommen, in der L kg/h das Heizgasgewicht und D kg/h das Dampfgewicht bezeichnete. Beide Formeln (16) und (17) unterscheiden sich nur dadurch, daß in Gl. (16) noch die spezifischen Gewichte enthalten sind und sie deshalb genauer ist. Sie ist aber praktisch unbrauchbar, und deshalb muß durch Annahme von Zahlenwerten der ziffernmäßige Zusammenhang zwischen dem feststehenden Wert $\frac{Q}{C}$ und dem noch unbekannten $\frac{L}{D}$ gefunden werden. Vorher aber soll die Gl. (16) noch auf eine Form gebracht werden, die sie der STRAHLschen Formel

$$\frac{L}{D} = \sqrt{\frac{\frac{F_1}{F} - \lambda}{\lambda + 5\varkappa\left(\frac{F_1}{\Re}\right)^2}} \tag{18}$$

näher bringt. STRAHL führt die Widerstandszahl $\varkappa$ für den Unterdruck in der Rauchkammer

$$h = \varkappa\left(\frac{Q}{3600\,\Re}\right)^2 \text{ mWS} \tag{19}$$

ein. Ferner ist nach früherem $h = (1 + \zeta_2)\frac{w_2^2}{2g}$ und $\mu = \frac{1}{2}\frac{\gamma}{\gamma_2}(1 + \zeta_2)$. Aus den beiden letzten Gleichungen folgt zunächst

$$h = \mu \cdot \frac{2 \cdot \gamma_2}{\gamma} \cdot \frac{w_2^2}{2g}$$

und durch Vereinigung mit Gl. (19)

$$\mu \cdot \frac{2\gamma_2}{\gamma} \cdot \frac{w_2^2}{2g} = \varkappa\left(\frac{Q}{3600\,\Re}\right)^2 = \varkappa\left(\frac{F_2 w_2 \gamma_2}{\Re}\right)^2,$$

daraus

$$\frac{\mu}{\gamma} = \gamma_2 \cdot g \cdot \varkappa\left(\frac{F_2}{\Re}\right)^2 \quad \text{und} \quad \frac{\mu}{\gamma}\left(\frac{F_1}{F_2}\right)^2 = \gamma_2 \cdot g \cdot \varkappa\left(\frac{F_1}{\Re}\right)^2.$$

Nimmt man nun für starke Kesselanstrengung die Abgastemperatur zu 390^0 C an, so berechnet man γ_2 aus der Zustandsgleichung der Gase

$$pv = RT \quad (R = 29{,}2 \text{ Gaskonstante}, \quad T = \text{abs. Temperatur},$$
$$p = \text{Druck}, \quad v = \text{spez. Volumen})$$

zu

$$\gamma_2 = \frac{p}{RT} = \frac{9850 \text{ kg/m}^2 \, *}{29{,}2\,(390 + 273)} = 0{,}51 \text{ kg/m}^3,$$

so daß $\gamma_2 \cdot g = 0{,}5 \cdot 9{,}81 = 5$ wird. Dann geht Gl. (16) über in

$$\frac{Q}{C} = \sqrt{\frac{\frac{F_1}{\gamma F} - \frac{\lambda}{\gamma_1}}{\frac{\lambda}{\gamma_1} + 5\varkappa\left(\frac{F_1}{\Re}\right)^2}}. \tag{16a}$$

Um nun diese richtige Gleichung mit der STRAHLschen Formel (18) vergleichen zu können, wird als Mittelwert angenommen:

$$\frac{F_1}{F} = 10, \quad \lambda = 0{,}8 \quad \text{und} \quad 5\varkappa\left(\frac{F_1}{\Re}\right)^2 = 0{,}7\,.$$

Dann sind noch die spezifischen Gewichte zu bestimmen.

Das spezifische Gewicht des Dampfes von 1 ata läßt sich theoretisch nicht bestimmen, weil der Verlauf der Zustandsänderungen vom Zylinder bis zum Blasrohr nicht bekannt ist. Man weiß aber, daß bei Heißdampflokomotiven der Dampf mit etwa 135^0 C ausströmt, während der Naßdampf etwa 10 % Feuchtigkeit enthält. Dann ergibt sich γ zu 0,52 bzw.

* Bei 150 mm WS Unterdruck.

0,65. Das spezifische Gewicht γ_1 der Mischung wird aus $\frac{Q}{\gamma_2} + \frac{C}{\gamma} = \frac{Q+C}{\gamma_1}$ zu $\gamma_1 = \frac{1 + \frac{Q}{C}}{\frac{1}{\gamma} + \frac{Q}{C}\gamma_2}$ berechnet. Während $\gamma_2 = 0{,}51$ bekannt ist, muß $\frac{Q}{C}$ vorher aus der Gl. (5) $\frac{Q}{C} = 1{,}4\,\alpha\,\frac{i - t_w}{1000\,\eta_k}$ bestimmt werden. Setzt man $\alpha = 1{,}6$, $\eta_k = 0{,}59$ für $A = 4$ und für Heiß- bzw. Sattdampf den Wert $(i - t_w) = 735$ bzw. 650, so erhält man für

$$\text{Heißdampf } \frac{Q}{C} = 2{,}8,$$

$$\text{Sattdampf } \frac{Q}{C} = 2{,}48.$$

Diese Werte verlangt der Kessel, während das Blasrohr ein $\frac{Q}{C}$ liefert, das durch Gl. (16a) ausgedrückt wird. Nun kann γ_1 zu 0,515 bzw. 0,54 berechnet werden, und nach Gl. (16a) ist dann für

$$\text{Heißdampf } \frac{Q}{C} = 2{,}8,$$

$$\text{Sattdampf } \frac{Q}{C} = 2{,}53.$$

Die gute Übereinstimmung der beiden Werte ist bemerkenswert. Nach Gl. (18) ist in beiden Fällen

$$\frac{L}{D} = \sqrt{\frac{\frac{F_1}{F} - \lambda}{\lambda + 5\varkappa\left(\frac{F_1}{\mathfrak{R}}\right)^2}} = \sqrt{\frac{10 - 0{,}8}{0{,}8 + 0{,}7}} = 2{,}47.$$

Praktisch ist es aber fast unmöglich, mindestens eine Qual für die Mannschaft, mit einer Lokomotive zu fahren, deren Blasrohr nur $\frac{L}{D} = 2{,}47$ liefert. Abgesehen davon, daß für die Heizung Dampf gebraucht wird, der dem Kessel entzogen wird, würde jede Unregelmäßigkeit, wie Undichtheiten aller Art, schlechte Kohle, ungeschickte Feuerbedienung zu Dampfmangel führen und zu dauernder Benutzung des Bläsers nötigen. Deshalb muß das Blasrohr so weit verengt werden, daß

$$\frac{L}{D} = 2{,}6$$

wird; dann hat man erfahrungsgemäß genügenden Überschuß an Dampferzeugung, so daß der Kessel sich bald wieder erholt. Es stimmt mit der Erfahrung überein, daß beim Umbau einer Lokomotive von Naß- auf Heißdampf das Blasrohr nicht geändert zu werden braucht. Das erklärt sich daraus, daß der spezifisch leichtere Auspuff des Heißdampfes eine größere Geschwindigkeit annimmt, und deshalb trotz geringeren Gewichtes das gleiche Heizgasgewicht ansaugen kann.

Die Gl. (16) enthält das Gesetz von der Selbstregelung der Feueranfachung, indem um so mehr Heizgase abgesaugt werden, je mehr

Dampf erzeugt wird. Demnach könnte nie Dampfmangel eintreten, was der Erfahrung widerspricht. Dampfmangel tritt aber ein, wenn der aus den Schornstein- und Kesselabmessungen nach Gl. (16) errechnete Wert $\frac{Q}{C}$ kleiner ist, als der zum Betriebe des Kessels erforderliche, aus der Gl. (5) $\frac{Q}{C} = 1{,}4\,\alpha\frac{i - t_w}{1000 \cdot \eta_k}$ bedingte. Schließen der Aschklappen, Verschlacken des Rostes, Verstopfen der Siede- und Rauchrohre vergrößert $\varkappa$ und vermindert das $\frac{Q}{C}$ des Schornsteins. Andererseits steigert ungeschickte Feuerbedienung den Luftüberschuß, und undichte Rauchkammertüren vergrößern Q. Die Blasrohrabmessungen reichen nur für eine bestimmte Kesselanstrengung mit einem bestimmten η_k aus. Man kann aber durch Verengung des Blasrohrs $\frac{Q}{C}$ so steigern, daß der Kessel auch bei großer Anstrengung im Beharrungszustande bleibt.

Die Gl. (16) beweist dann noch die bekannte Überlegenheit des Kegelschornsteins über den zylindrischen, weil er als Diffusor Strömungsenergie in Pressungsenergie umwandelt. Der Umstand, daß ein falsch berechneter Kegelschornstein schlechter Dampf gemacht hat als ein richtig bemessener zylindrischer, beweist nicht das Gegenteil.

Oben ist gezeigt worden, daß der gleiche Schornstein mit Blasrohr für Naß- und Heißdampf paßt. Diese Unempfindlichkeit geht noch weiter: Bei Ölfeuerung wird für den Betrieb des Brenners Dampf gebraucht, der nicht anfachend wirkt, sondern selbst wieder abgesaugt werden muß. $\frac{Q}{C}$ wird also größer. Der geringere Luftüberschuß in Verbindung mit dem Fortfall der Widerstände in der Brennschicht und dem Funkenfänger bewirkt aber, daß auch hier nichts an dem Blasrohr zu ändern ist. Wird der Kessel mit Vorwärmer ausgerüstet, so würde bei gleicher Feueranfachung die Dampferzeugung zunehmen, im gleichen Verhältnis geht aber auch weniger Dampf durch das Blasrohr und schwächt die Feueranfachung, so daß es nicht geändert zu werden braucht. Nur dort, wo durch heiß ablaufendes Niederschlagswasser ein Wärmeverlust entsteht, müßte das Blasrohr etwas verengt werden.

Strahl hat aus Versuchen die Widerstandszahl $\varkappa$ bestimmt: $\varkappa = \alpha_1\left(\frac{\mathfrak{R}}{F_a}\right)^2 + \alpha_2 + \beta\left(\frac{\mathfrak{R}}{F_2}\right)^2$. Das erste Glied berücksichtigt mit $\alpha_1 = 0{,}075$ die Fläche F_a m² der Aschkastenklappen; nimmt man $\frac{\mathfrak{R}}{F_a} = 6{,}8$, so wird das erste Glied $= 3{,}5$. Das zweite Glied bezieht sich auf die Widerstände in der Brennschicht, durch den Feuerschirm und den Funkenfänger; Strahl setzt dafür $\alpha_2 = 20$. Da $\varkappa$ etwa $= 36$ beträgt, muß also fast die Hälfte seines Wertes geschätzt werden, was als Mangel empfunden wird. Das dritte Glied stellt den Widerstand im Rohrbündel dar. Strahl schrieb $\beta = \frac{0{,}08 + \frac{l}{d}}{2}$ bei Naßdampf (l m $=$ Rohrlänge, d cm $=$ lichter Rohrdurchmesser) und nahm $^2/_3$ dieses Wertes bei Heißdampfkesseln. Die Größe r aus der Gl. (13) $q = q' \frac{r}{r_r}$ berücksichtigt die Widerstände besser; da bei glatten Rohren $d = 4r$ ist, schreibt man für Heißdampfkessel $\beta = \frac{0{,}32 + \frac{l}{r}}{12}$.

Zur Berechnung des Blasrohrquerschnittes F führt STRAHL die Größe $a = \frac{F}{\mathfrak{R}} \sqrt{\varkappa \lambda}$ ein, so daß

$$F = \frac{a\,\mathfrak{R}}{\sqrt{\varkappa \lambda}} \text{ cm}^2 \tag{20}$$

wird. Um a zu bestimmen, wird $m = m'\lambda$ eingeführt, wodurch nach einigen Umformungen aus Gl. (18) entsteht $\frac{L}{D} = \sqrt{\frac{m' - 1}{1 + 5a^2 m'^2}}$ und sich ergibt $a = \frac{1}{m' \frac{L}{D}} \sqrt{\frac{m' - 1 - \left(\frac{L}{D}\right)^2}{5}}$. Die Größe a als Funktion von m' hat ein Maximum bei $m' = 2\left[1 + \left(\frac{L}{D}\right)^2\right]$; mit $\frac{L}{D} = 2{,}6$ wird $m' = 15{,}5$ und der größte Wert von a ist hierfür 0,0307. Wie Abb. 17 zeigt, verläuft die Kurve $a = f(m')$ in ihrem Scheitel aber so flach, daß ohne merklichen Schaden m' bis auf 12,5 vermindert werden kann; dann beträgt immer noch $a = 0{,}03$. Wird F in cm² und $\mathfrak{R}$ in m² ausgedrückt, so wird

$$F = \frac{300\,\mathfrak{R}}{\sqrt{\varkappa \lambda}}.$$

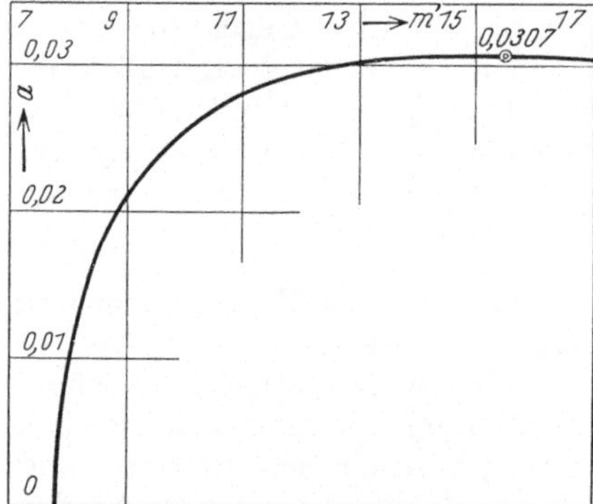

Abb. 17. Diagramm zur Ermittlung des günstigsten Schornsteinquerschnittes.

Den Bestwert zu überschreiten wird kaum möglich sein, weil dazu sehr weite Schornsteine gehören. Physikalisch erklärt sich das Optimum des Schornsteindurchmessers daraus, daß bei zu kleinem oberen Durchmesser der Austrittsverlust zu groß wird, während bei zu kleinem unteren Durchmesser der Stoßverlust bei der Mischung des Dampfes mit den Heizgasen zu viel schadet. Früher nahm man sehr enge Schornsteine, z. B. zylindrische mit $m = m' = 10$, oder Kegelschornsteine mit $m = 9$, $\lambda = 0{,}8$, $m' = 11{,}2$. Jetzt strebt man die Bestwerte mit $m' = 12{,}5$ bis 15,5 an, um weite Blasrohre mit geringem Gegendruck zu erhalten; weil etwa die Hälfte des Gegendrucks im Zylinder gebraucht wird, um die Austrittsgeschwindigkeit w zu erzeugen. Ihr Mittelwert wird berechnet aus $C = 0{,}36\,F\gamma w$ kg/h zu $w = \frac{C}{0{,}36\,F\gamma}$ m/sec. Nach Gl. (3) ist $C = \frac{A\,\mathfrak{R}\,10^6}{i - t_w}\eta_k$ und nach Gl. (20) $F = \frac{a\,\mathfrak{R}}{\sqrt{\varkappa\lambda}}$; daraus folgt:

$$w = \frac{A\,\mathfrak{R}\,10^6\,\eta_k \sqrt{\varkappa\lambda}}{(i - t_w)\,\gamma\,a\,\mathfrak{R}\,0{,}36} = \frac{10^6\,\eta_k \sqrt{\varkappa\lambda}}{(i - t_w)\,\gamma\,a \cdot 0{,}36} A.$$

Hier ist für $A = 3$ nach früheren Annahmen für Heißdampflokomotiven einzusetzen $\eta_k = 0{,}65$, $i - t_w = 735$, $\gamma = 0{,}52$, $a = 0{,}03$; ferner sei $\sqrt{\varkappa \lambda} = \sqrt{36 \cdot 0{,}8} = 5{,}45$. Dann erhält man $w = 255$ m/sec. Diese Geschwindigkeit wird durch einen Dampfüberdruck erzeugt, der nach der bekannten Ausflußformel für geringe Druckunterschiede $w = \sqrt{2g \frac{\Delta p}{\gamma}}$ zu $\Delta p = \frac{w^2}{2g} \gamma$ berechnet wird und im vorliegenden Falle

$$\Delta p = \frac{255^2}{2 \cdot 9{,}81} \cdot 0{,}52 = 1720 \text{ kg/m}^2 = 0{,}172 \text{ at}$$

beträgt. Durch Reibung und Wirbelung vergrößert sich dieser Überdruck im Zylinder oft bis auf das Doppelte. Möglichst glatte und schlanke Dampfwege sind deshalb anzustreben.

Der durch Manometer oder Wassersäulen dicht unterhalb des Blasrohrkopfes gemessene Druck hat keine Beziehung zu dem oben errechneten Druckabfall, obwohl er ihm häufig gleicht. Der Druck in der Blasrohrmündung ist nämlich gleich Null, solange die Schallgeschwindigkeit $w_k = \sim 500$ m/sec mit dem kritischen Druckverhältnis nicht erreicht wird, das bei Heißdampf 1,832 beträgt. Zwischen Meßstelle und Blasrohrmündung wird der Dampf nur wenig beschleunigt und findet nur geringen Widerstand. Der dort gemessene Druck ist ein Mittelwert aus dem Widerstand und dem Blasrohrüberdruck, der beim Überschreiten der Schallgeschwindigkeit entsteht.

Unterhalb dieser Grenze gilt die ZEUNERsche Blasrohrtheorie genau, weil hinter dem Blasrohr keine Dehnung mehr eintritt. Wird das kritische Druckverhältnis überschritten, so behält der Dampfstrahl noch einen Überdruck in der Mündung, dehnt sich in der Rauchkammer aus und ZEUNERS Voraussetzungen gelten nicht mehr. Der Unterdruck in der Rauchkammer vermindert[1] sich dann etwas, was mit der Erfahrung übereinstimmt, daß es bei schwerem, langsamem Schleppen schwieriger ist, den Dampfdruck zu halten, als bei flotter Fahrt. Das kritische Druckverhältnis wird um so eher erreicht, je ungleichmäßiger der Auspuff, je geringer die Dehnung und die Windkesselwirkung der Ausströmleitung ist. Deshalb leiden zweizylindrige Verbundlokomotiven besonders stark, Drillingslokomotiven aber sehr wenig unter der oben bezeichneten ungünstigen Arbeitslage. Eine schnellfahrende Lokomotive wird noch durch den Fahrwind begünstigt, der die Luft unter den Rost treibt.

Dies sind die theoretischen Gründe für ein veränderliches Blasrohr, zu denen noch ein praktischer tritt. Nach langen Fahrten mit stark schlackender Kohle kann der Widerstand in der Feuerschicht und damit $\varkappa$ zu groß werden, so daß zum Ausgleich F vermindert werden muß (Gl. 20). Andererseits gibt ein veränderliches Blasrohr eine Prämie auf ungeschickte Feuerbedienung, weil $\frac{L}{D}$ gesteigert werden kann, wenn

[1] LOEWENBERG: Untersuchungen über die Möglichkeiten mechanischer Vakuumerzeugung bei Kolbenkraftmaschinen. Doktor-Dissertation Berlin 1924.

$\frac{Q}{C}$ durch zu großen Luftüberschuß α (Gl. 5) stark gewachsen ist. Veränderliche Blasrohre werden deshalb nur selten angewandt.

Der gewünschte Schornsteindurchmesser kann nur ausgeführt werden, wenn die erforderliche Schornsteinhöhe h (Abb. 18) verfügbar ist. Man weiß noch nichts über die Ausbreitung eines aus einer Düse tretenden Dampfstrahls, hat aber aus der Erfahrung die Form eines fiktiven Dampfstrahlkegels gefunden, der den Schornsteineinlauf nicht treffen soll, aber die Schornsteinmündung sicher ausfüllen muß. Im ersten Falle entsteht ein Stoßverlust (weshalb der Einlauf recht lang und schlank sein soll), im zweiten Falle strömt von außen Luft in den Schornstein und zerstört z. T. den Unterdruck. In dem Fall hat der austretende Strahl eine eigentümlich zerrissene Oberfläche. Unbedingt muß also $d_0 > D_0$ sein, so daß der Kegel den Schornstein etwa 100 bis 150 mm unter der Oberkante trifft. Für d_0 cm gibt es verschiedene empirische Formeln, z. B.

$$d_0 = 0{,}140\,h + 1{,}8\,d \qquad \text{nach Goss,}$$
$$d_0 = 0{,}167\,h + d + 8{,}5\,\text{cm} \qquad \text{,, Strahl}$$

oder besser

$$d_0 = 0{,}167\,h + 1{,}67\,d.$$

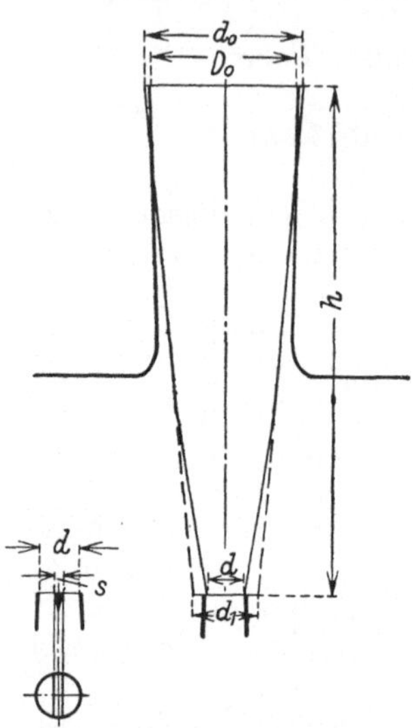

Abb. 18. Stellung des Blasrohrs zum Schornstein.
Die Neigung des Dampfstrahlkegels kann weder theoretisch noch durch Versuche ermittelt werden. Seine Annahme ist eine Fiktion. Vorteilhafte Neigung des Schornsteinkegels $^1/_{10}$ bis $^1/_{15}$. Vorteilhafte freie Länge des Schornsteinkegels etwa $^1/_2\,h$. Die Nebenabbildung zeigt ein Blasrohr mit Steg.

Langjährige Erfahrung hat mir Vertrauen zu dieser Berechnung gegeben; es braucht auch nicht immer fehl zu schlagen, wenn man d_0 größer nimmt, aber man geht sicherer mit diesen Formeln. Je genauer das Blasrohr zum Schornstein ausgerichtet ist, desto mehr kann man d_0 an D_0 nähern.

Aus kurzen Kreuzrohren tritt der Dampf nicht als Kreiskegel aus, sondern er erhält etwa elliptischen Querschnitt mit der großen Achse quer zur Lokomotivachse und streut in dieser Richtung. Nur in diesem Falle ist ein Steg von der Breite s cm vorteilhaft, der aus der Ellipse wieder angenähert einen Kreis macht. Nach Strahl ist dann die Neigung des Dampfkegels nicht $^1/_6$, sondern $1:6\,\frac{d-s}{d}$, und man kann dann annehmen $d_0 = 0{,}167\,\frac{d}{d-s}\cdot h + 1{,}67\,d$. Der Blasrohrquerschnitt ist dann natürlich bestimmt durch $F = \frac{d^2\,\pi}{4} - d\cdot s$, d. h. um das nötige F zu erzielen, ist d größer auszuführen.

Die freie Länge des Dampfkegels soll recht groß, etwa gleich der Hälfte von h sein, weil dann auf natürliche Weise die erforderliche große Oberfläche des Dampfstrahls entsteht, dessen Reibung die

Heizgase mitnimmt. Eine künstliche Vergrößerung dieser Oberfläche (etwa durch ringförmige Blasrohre) ist entbehrlich und wegen der Vergrößerung der Dampfreibung im Blasrohr auch schädlich. Noch schlimmer sind Zwischendüsen, weil sie obendrein die wirksame Dampfstrahloberfläche verkleinern.

Wenn beim Standversuch der Dampf vom Regler gedrosselt ohne Arbeitsleistung zum Blasrohr tritt, wird er sehr trocken und sein spez. Gewicht hoch. Er macht also etwas besser Dampf als auf der arbeitenden Maschine. Das geht nicht aus ZEUNERS Gl. (17), wohl aber aus Gl. (16) hervor.

E. Festigkeitsberechnungen.

Die Beanspruchung der Queranker[1] ist statisch nicht bestimmbar; der Stehkesselmantel ist ähnlich beansprucht wie ein Balken mit gleichförmiger Last auf vielen Stützen. Zu einer angenäherten Vorstellung von der Belastung der Queranker kommt man mit der Annahme, daß jeder Decken- und Seitenstehbolzen so viel Last aufnimmt, wie der Größe und dem Dampfdruck des ihn umgebenden Feldes entspricht. Demnach sind in Abb. 19 (linke Hälfte) durch die strichpunktierte Linie die Felder der letzten Stehbolzen abgeteilt. Für den Queranker bleibt das Feld von der Länge *1* bis *2* und der Breite *b* der Querankerteilung. In radialer Richtung entsteht dann die Kraft $R = p \cdot \overline{1-2} \cdot b$. Die waagerechte Komponente von R, nämlich W, wird vom Queranker aufgenommen. Zeichnerisch läßt sich das alles sehr schnell ermitteln: Bewährte Ausführungen weisen Zugspannungen im Gewindekern bis 1200 kg/cm² auf. Was wird nun aus der senkrechten Komponente S? Sie erzeugt eine Zugspannung im Mantelblech des Stehkessels, findet z. T. einen Gegendruck im Dampfdruck auf den Bodenring und ruft eine Druckspannung im Mantelblech der Feuerbüchse hervor. Dieser Druckspannung entspricht die senkrechte Komponente des Dampfdruckes auf den Umbug des Feuerbüchsmantels.

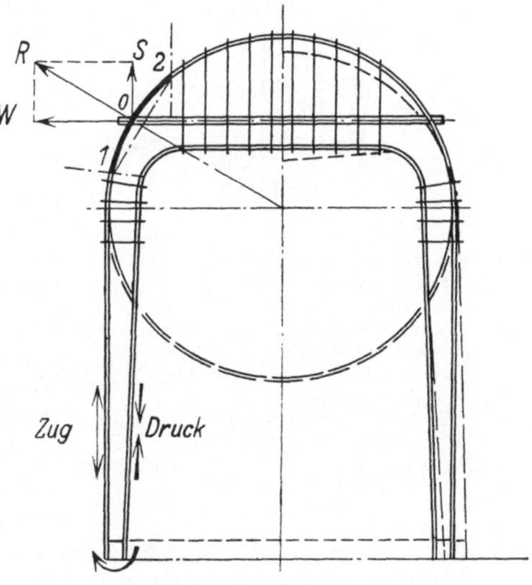

Abb. 19. Querankerbeanspruchung.
$R = p \cdot \overline{1-2} \cdot b$,
W = Kraft im Queranker,
b = Feldbreite der Ankerteilung,
p = Dampfdruck.
Wirkung der Komponente S gestrichelt.

Dieser Kraftfluß erzeugt Formänderung, die stark übertrieben in der rechten Hälfte der Abb. 19 dargestellt ist. Das Ganze erinnert stark an die

[1] Siehe auch: LEITZMANN u. v. BORRIES: Theoretisches Lehrbuch des Lokomotivbaues. S. 644, Abb. 431. Berlin: Julius Springer 1911.

Formänderung eines Röhrenfedermanometers. Der untere Teil des Hinterkessels kann natürlich nur bei sehr langen Feuerbüchsen, wenn die Hinterwände nicht mehr versteifend wirken, aufklaffen. Die Durchbiegung der Feuerbüchsdecke kann immer, diejenige der Stehkesseldecke bei der Belpairebauart mit Hilfe eines Lineals leicht beobachtet werden. Die Durchbiegung beansprucht die äußersten Reihen der Decken- und Seitenstehbolzen stark auf Biegen, so daß Brüche vorgekommen sind. Zur Verhütung der Durchbiegung der Stehkesseldecke wird sie häufig durch senkrechte Blechanker versteift.

Die amerikanischen Feuerbüchsen haben gewölbte Decken, auf denen die Stehbolzen senkrecht stehen. Seiten- und Deckenstehbolzen gehen ineinander über und Queranker fehlen. Auch dabei entstehen die gleichen Druck- und Zugspannungen in den Mantelblechen, mit dem Bestreben, den Hinterkessel aufzurollen, wie aus der Abb. 20 ersichtlich ist.

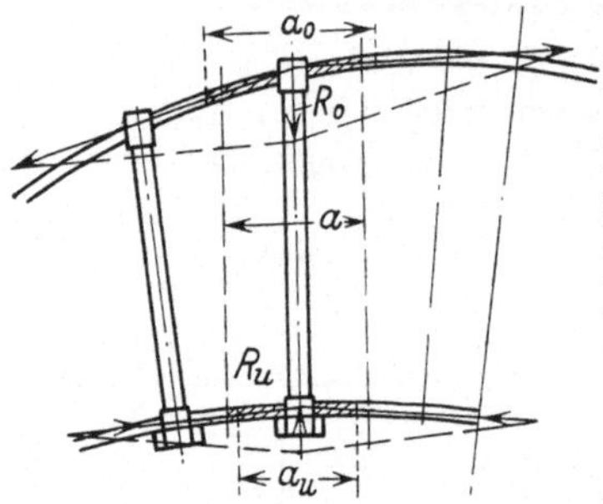

Abb. 20. Spannungsverteilung durch radiale Stehbolzen. b=Feldbreite der Stehbolzenteilung, p=Dampfdruck, Zugspannungen im Mantelblech erzeugen die Resultante $R_0 = (a_0 - a)\cdot b\cdot p$, Druckspannungen im Mantelblech erzeugen die Resultante $-R_u = (a_u - a)\cdot b\cdot p$.

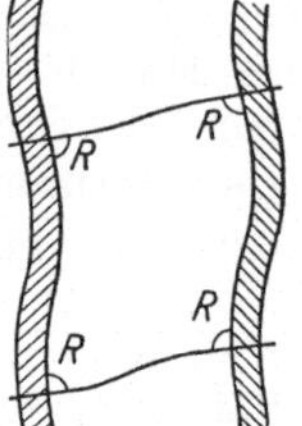

Abb. 21. Verformung der Stehkesselwände und Stehbolzen. An den Einspannstellen be R rechte Winkel.

Die zulässige Beanspruchung der **Stehbolzen** auf Zug ist so gering, daß ihr häufiger Bruch durch diese Belastung allein nicht erklärt werden kann. Der Bruch ist eine Folge von Biegespannungen, die bei der Verschiebung zwischen Stehkessel und Feuerbüchse entstehen. Je kleiner die Zugspannung genommen wird, um so größer wird der Durchmesser der Stehbolzen und um so höher die Biegespannung. Die Verschiebung der Wände ist eine Folge ihrer verschiedenen Wärmedehnung und des Dampfdruckes, wie oben erläutert. BARKHAUSEN[1] hat die Größe der Verschiebung der Wände mit Rücksicht auf deren Durchbiegung zu etwa 1,1 bis 1,2 mm berechnet (Abb. 21) und SCHILHANSL[2] auch die Beanspruchung der Wände an der Einspannstelle des Stehbolzens. Aus beiden Berechnungen ergibt sich eine Beanspruchung, die selbst bei kupfernen Stehbolzen bis dicht an die Streckgrenze des Materials geht und sie an einigen örtlich eng begrenzten Stellen sogar überschreitet. Die beweglichen Stehbolzen nach TATE sind nur an einem Ende fest eingespannt, und ihre Biegungslinie hat keinen Wendepunkt. Die Beanspruchung ist wesentlich geringer, allerdings ist zugleich auch ihr Widerstand gegen die Verschiebung der Wände kleiner. Tatsächlich bleibt dann aber eine Wand von der welligen Ausbiegung (Abb. 21) verschont, und die Verschiebung der Wände wird größer. Dadurch wird

[1] Org. f. d. Fortschr. d. Eisenbahnw. **58**, 277 (1921); **59**, 240 (1922).
[2] Glasers Annalen **100**, 170 (1927).

die Spannung des Stehbolzens wieder erhöht, so daß der Erfolg den Erwartungen nicht ganz entspricht. Zur Verminderung der Bruchgefahr ist ein Baustoff von großer Dehnung anzuwenden, und die Stehbolzen sollen möglichst kleinen Durchmesser bei großer Länge haben. Dies steht auch im Einklang mit der Forderung nach großem Wasserraum zwischen den Wänden des Hinterkessels.

Neben den gebrochenen und undichten Stehbolzen bereiten leckende Siederohre dem Betriebe die meisten Schwierigkeiten: Die verschiedene Erwärmung der Rohrwand und des Rohres ist auch hier die Ursache. Durch das Aufwalzen wird die Streckgrenze des Rohres über-

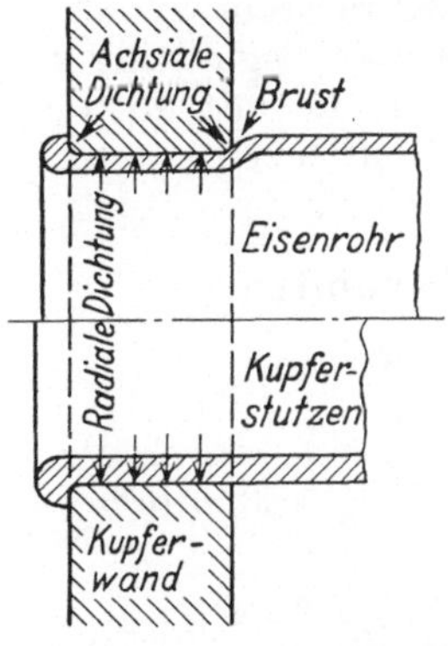

Abb. 22. Dichtung der Siederohre. Beim Eisenrohr ist im Gegensatz zum Kupferrohr die axiale Dichtung nötig als Ersatz für die radiale Dichtung, die bei Erwärmung verschwindet, weil die Kupferwand sich stärker weitet als das Eisenrohr.

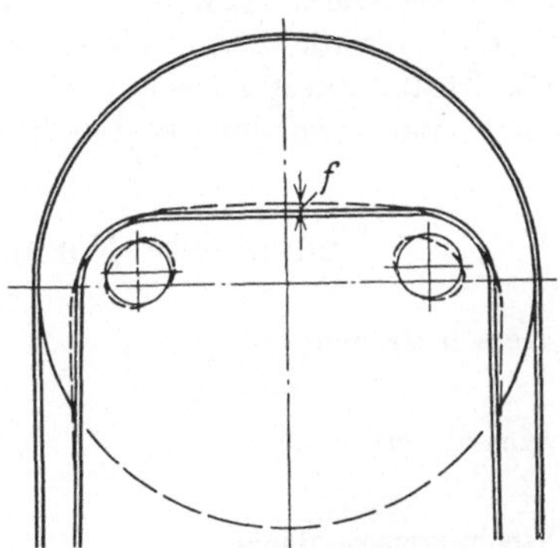

Abb. 23. Verformung der Rohrwand durch das Aufwalzen der Rohre. Die großen Rauchrohre schwächen die Ecken so stark, daß ihre Löcher unrund werden. Dichtung ist dann nicht mehr möglich. Deshalb dürfen Rauchrohre nicht in die Ecken gesetzt werden. Die Pfeilhöhe f ist durch das Aufwalzen schon beim neuen Kessel vorhanden; sie wird durch jedes Aufwalzen größer.

schritten, so daß eine Druckspannung im Rohre und eine radiale Dichtung an der Rohrwand erreicht wird. Ferner wird in Verbindung mit der Brust (Abb. 22) des Rohres durch das Bördeln eine axiale Dichtung hergestellt; deshalb ist es eine gute Vorschrift, daß die Rohre beim Einziehen in den Kessel durch einen Hammerschlag mit der Brust fest gegen die Rohrwand gelegt werden. Durch das Aufwalzen wird auch die Streckgrenze der Rohrwand überschritten; die Rohrwandfläche wird also größer. Ihr Umfang kann aber nicht nachgeben, weil Rohrwandflächen und Mantelblech zu stark sind. Die Rohrwand nimmt deshalb die in Abb. 23 angedeutete Form an. HAFFNER[1] hat schon bei neuen Lokomotiven durch das erste Aufwalzen das Maß $f = 5$ mm gefunden. Die Rauchrohrlöcher werden elliptisch und sind deshalb in der Ecke zu vermeiden. MESSERSCHMIDT[2] hat durch Rechnung gezeigt, wie die Vorspannung durch die ungleiche Erwärmung bei verschiedenen Baustoffen von Rohr und Wand sich ändert. Man erkennt, daß mit steigender

[1] Z. V. d. I. **65**, 156 (1921); Rev. gén. des Chem. de Fer. Okt. 1920.
[2] Glasers Annalen **85**, 58 (1919).

Rohrwandtemperatur die radiale Vorspannung verlorengeht und dafür die axiale helfend entsteht, und man sieht, daß Kupferrohre in Kupferwand keiner Brust bedürfen. Die Wandstärke der Rauchrohre ist so klein im Verhältnis zu ihrem Durchmesser, daß durch die Druckspannung allein die nötige radiale Vorspannung nicht erreicht werden kann. Deshalb werden diese Rohre an der Einwalzstelle mit Rillen versehen, die sich in das weichere Kupfer der Rohrwand eindrücken und auf diese Weise eine Art axialer Dichtung herstellen.

Sowohl bei den Stehbolzen wie bei Kesselrohren treten infolge der Wärmedehnungen Bewegungen gegenüber den Kesselwandungen auf, die das Eindringen von Kesselwasser und Kesselstein zwischen die Dichtflächen ermöglichen. Kesselsteinfreies Wasser begünstigt deshalb sehr die Haltbarkeit dieser Dichtungen. Kessel, die mit destilliertem Wasser gespeist werden, leiden kaum unter Rohrlecken.

Numerierte Formeln zu Abschnitt I.

(1) Kesselwirkungsgrad . . . . . . $\eta_k = \frac{C(i - t_w)}{B \cdot h_u}\ \%$

(2) Kesselanstrengung . . . . $A = \frac{B \cdot h_u}{\mathfrak{R} \cdot 10^6}$ kcal/m²10⁶h

(3) Rechnungsrostfläche . . . . . . $\mathfrak{R} = \frac{C(i - t_w)}{A \cdot 10^6 \cdot \eta_k}\ \mathrm{m}^2$

(4) Heizgasgewicht . . . . $Q = A\ 1400\ \alpha\ \mathfrak{R}$ kg/h

(5) Heizgasgewicht . . . . $Q = 1{,}4\ \alpha \frac{i - t_w}{1000\ \eta_k} \cdot C$ kg/h

(6) Wärmeabgabe in den Siederohren $-dt\,Q\,c_p = dH\,(t - t_k)\,k$ kcal/h

(7) Äquivalentes Heizflächenverhältnis $\frac{\mathfrak{H}}{\mathfrak{R}} = \left(\varphi \frac{H_d}{\mathfrak{R}} + \psi \frac{H_i}{\mathfrak{R}}\right) \sqrt{\frac{3}{A}}$

(8) Druckverlust beim Durchströmen der Siederohre . . . . $\Delta h = \frac{\alpha_1 H w_2}{3600 F_2 g c_p}\ \mathrm{kg/m^2}$

(9) Feuerraumbelastung . . . . . . $K = 10^6 \frac{\mathfrak{R}}{J_f} \cdot A$ kcal/m³h

(10) Feuerraumbelastung . . . . . . $K = \frac{6{,}8 \cdot 10^8}{T \cdot z_f}$ kcal/m³h

(11) Rechnungsheizfläche . . . . . . $\mathfrak{H} = \varphi H_d + \psi (H_i + 0{,}81\ H_ü)\ \mathrm{m}^2$

(12) Freier Heizgasquerschnitt im Langkessel . . . . $F_2 = \frac{\left(\frac{\mathfrak{H}_i}{\mathfrak{R}}\right)^2 \cdot r^2 \cdot \mathfrak{R}}{1260 \cdot l^2}\ \mathrm{m}^2$

(13) Verhältnis des durch die Überhitzerrohre ziehenden Heizgasgewichtes zum ganzen . . . . . $q' = q \frac{r_r}{r}$

(14) Dampfgeschwindigkeit im Regler $w_R = \varphi \sqrt{\frac{\Delta p}{p} \frac{p}{\gamma_k} 2\,g\,10^4}$ m/sec

(15) Diffusorverhältnis des Schornsteins $\lambda = \frac{1}{2}\left[1 + \left(\frac{F_1}{F_0}\right)^2\right]$

(16) Verhältnis des angesaugten zum saugenden Gasgewicht des Schornsteins . . . .
$$\frac{Q}{C} = \sqrt{\frac{\frac{F_1}{\gamma F} - \frac{\lambda}{\gamma_1}}{\frac{\lambda}{\gamma_1} + \frac{\mu}{\gamma}\left(\frac{F_1}{F_2}\right)^2}}$$

(17) ZEUNERS Schornsteinformel . .
$$\frac{L}{D} = \sqrt{\frac{\frac{F_1}{F} - \lambda}{\lambda + \mu\left(\frac{F_1}{F_2}\right)^2}}$$

(18) STRAHLS Schornsteinformel . . .
$$\frac{L}{D} = \sqrt{\frac{\frac{F_1}{F} - \lambda}{\lambda + 5\varkappa\left(\frac{F_1}{\mathfrak{R}}\right)^2}}$$

(19) Unterdruck in der Rauchkammer $h = \varkappa\left(\frac{Q}{3600\,\mathfrak{R}}\right)^2$ mWS

(20) Blasrohrquerschnitt . . . . . . $F = \frac{a\,\mathfrak{R}}{\sqrt{\varkappa\lambda}}$ cm²

Häufig gebrauchte Formelzeichen zu Abschnitt I.

A Kesselanstrengung kcal/m²10⁶h
B stündlicher Brennstoffverbrauch kg/h
C stündlicher Gesamtdampfverbrauch kg/h
C_0 Nebenverbrauch kg/h
C_i stündlicher Dampfverbrauch der Maschine kg/h
D_0 Schornsteindurchmesser an der Oberkante cm
E durch Strahlung übertragene Wärmemenge kcal/h
F Blasrohrquerschnitt cm²
F_0 oberer Schornsteinquerschnitt cm²
F_1 engster Schornsteinquerschnitt cm²
F_2 freier Rohrquerschnitt m²
F_a Fläche der Aschkastenklappe m²
F_r freier Querschnitt aller Rauchrohre cm²
F_s freier Querschnitt aller Siederohre cm²
H Heizfläche m²
H_d Feuerbüchsheizfläche m²
H_i Rohrheizfläche m²
$H_ü$ Überhitzerfläche m²
J Feuerbüchsinhalt m³
J_f freier Feuerbüchsinhalt m³
K Feuerraumbelastung kcal/m³h
K_E Wärmeübergangszahl in der Feuerbüchse kcal/m³h °C
L wirklich zugeführte Verbrennungsluft kg/h
L/D bedeutet in ZEUNERS Formel dasselbe wie $\frac{Q}{C}$ in Gl. (16), jedoch ist $\frac{L}{D}$ durch Fortfall der spez. Gewichte kein Gewichtsverhältnis, sondern ein Raumverhältnis
L_{th} theoretischer Luftbedarf kg/h
N_i indizierte Leistung PS_i
P Kraft kg
P_1 Druck des Auspuff-Gemisches an der Mischungsstelle kg
Q Heizgasgewicht kg/h
Q_0 Gemischgewicht im Schornstein kg/h
Q_r Heizgasgewicht in den Rauchrohren kg/h
Q_s Heizgasgewicht in den Siederohren kg/h
R wirkliche Rostfläche m²
T absolute mittlere Brenngastemperatur °C
V (S. 11) Fahrgeschwindigkeit km/h
V (S. 26) Heizgasvolumen m³/h
W übertragene Wärmemenge kcal/h
Z_i indizierte Zugkraft kg

a Konstantes Glied der Wärmeübergangszahl der Feuerbüchse kcal/m²h °C
b (S. 19) Temperaturfaktor kcal/m²h °C²
b (S. 49) Breite der Querankerteilung cm
c_i spezifischer Dampfverbrauch kg/PS$_i$h
c_p spezifische Wärme der Heizgase kcal/kg °C
c_{p_l} spezifische Wärme der Verbrennungsluft kcal/kg °C
d (S. 45, 46) Rohrdurchmesser mm
d (S. 48) Blasrohrdurchmesser cm
d_0 theoretischer Auspuffstrahldurchmesser an Schornsteinoberkante cm
d_k mittlerer innerer Kesseldurchmesser m
d_r Rauchrohrdurchmesser mm
d_s Siederohrdurchmesser mm
$d_ü$ äußerer Durchmesser des Überhitzerrohres mm
e Basis des natürlichen Logarithmus
f freier Rohrquerschnitt cm²
f_R Reglerquerschnitt cm²
f_r freier Querschnitt eines Rauchrohres cm²
f_s freier Querschnitt eines Siederohres cm²
g Erdbeschleunigung msec^{-2}
h (S. 32, 34) innerer Umfang eines Rohres cm
h (S. 38, 41, 43) Druckhöhe mWS
h (S. 48) Schornsteinhöhe cm
h_r gesamte Heizfläche eines Rauchrohres je cm Rohrlänge cm
h_{r_w} wasserberührte Heizfläche eines Rauchrohres je cm Rohrlänge cm
h_s Heizfläche eines Siederohres je cm Rohrlänge cm
h_u unterer Heizwert des Brennstoffes kcal/kg
$h_ü$ Heizfläche der Überhitzerstränge eines Rauchrohres je cm Rauchrohrlänge cm
Δh Druckunterschied kg/m²
i Wärmeinhalt des Heißdampfes kcal/kg
i'' Wärmeinhalt des Sattdampfes kcal/kg
k Wärmeübergangszahl in den Rohren kcal/m²h °C
l Rohrlänge m
$l_ü$ Länge eines Überhitzerelementes m
m (S. 21) Masse kgsec²/m
m (S. 40, 41, 42, 46) $m = F_1 : F$
m' $m' = m\lambda$
n (S. 32, 34) Anzahl der Rohre
n (S. 40, 41, 42) $n = F_2 : F$
n_r Anzahl der Rauchrohre
n_s Anzahl der Siederohre
p Kesseldruck atü
p_0 Druck der Außenluft ata
p_x Druck an der Mischungsstelle von Dampf und Rauchgasen ata
Δp Druckverlust at
q Querschnittsverhältnis im Langkessel
q' Heizgasgewichtsverhältnis im Langkessel
q_1 Verlust durch Unverbranntes kcal/h
q_2 Verlust durch unvollkommene Verbrennung kcal/h
q_3 Schornsteinverlust kcal/h
q_4 Verlust durch Kesselausstrahlung kcal/h
q_5 Nebenverbrauch kcal/h
r hydraulischer Radius cm
r_r hydraulischer Radius des Rauchrohres cm
r_s hydraulischer Radius des Siederohres cm
s Blasrohrstegbreite cm
t Heizgastemperatur °C
t_0 Temperatur der zugeführten Verbrennungsluft °C
t_1 Heizgastemperatur über dem Rost °C
t_2 Heizgastemperatur in der Rauchkammer °C
t_k Sattdampftemperatur °C
t_r Heizgastemperatur an der Feuerbüchsrohrwand °C
$t_ü$ Heißdampftemperatur °C
t_w Temperatur des vorgewärmten Speisewassers °C
Δt Temperaturänderung °C
v spezifisches Volumen des Dampfes in der Blasrohrmündung m³/kg
v_1 spezifisches Volumen des Gemisches im Schornstein m³/kg
w Geschwindigkeit des austretenden Dampfes m/sec
w_0 Geschwindigkeit bei Austritt Schornstein m/sec
w_1 Geschwindigkeit im engsten Schornsteinquerschnitt m/sec
w_2 Geschwindigkeit der Heizgase im Langkessel m/sec
w_3 Geschwindigkeit in der Rauchkammer m/sec
w_R Dampfgeschwindigkeit im Regler m/sec

w_k Schallgeschwindigkeit m/sec
w_l Luftgeschwindigkeit m/sec
w_r Heizgasgeschwindigkeit in den Rauchrohren m/sec
z Zeit sec
z_b Verbrennungsdauer sec
z_f Aufenthaltszeit der Heizgase in der Feuerbüchse sec

$\mathfrak{H}$ Rechnungsheizfläche m^2
$\mathfrak{H}_d$ Rechnungsheizfläche der Feuerbüchse m^2
$\mathfrak{H}_i$ Rechnungsheizfläche, indirekte m^2
$\mathfrak{H}_r$ Rechnungsheizfläche der Rauchrohre m^2
$\mathfrak{R}$ Rechnungsrostfläche m^2

$\mathfrak{a}$ konstantes Glied der Wärmeübergangszahl der Feuerbüchse kcal/m^2h °C
$\mathfrak{b}$ Temperaturfaktor der Wärmeübergangszahl der Feuerbüchse kcal/m^2h °C^2

α Luftüberschußzahl
α_1 (S. 21, 22, 34) Wärmeübergangszahl kcal/m^2h °C
α_1 (S. 45) Widerstandszahl
α_2 Widerstandszahl
β Widerstandszahl
γ spezifisches Gewicht des Auspuffdampfes kg/m^3
γ_0 spezifisches Gewicht des Gemisches bei Austritt Schornstein kg/m^3
γ_1 spezifisches Gewicht des Gemisches bei Eintritt Schornstein kg/m^3
γ_2 spezifisches Gewicht der Heizgase kg/m^3
γ_k spezifisches Gewicht des Sattdampfes kg/m^3
γ_l spezifisches Gewicht der Verbrennungsluft kg/m^3
γ_t spezifisches Gewicht der Heizgase bei mittlerer Feuerbüchstemperatur kg/m^3
ζ Widerstandszahl
ζ_2 Widerstandszahl
η_k Kesselwirkungsgrad
η_f, η_l, η_0, η_t, η_u Teilwirkungsgrade des Kesselwirkungsgrades
ϑ Temperaturunterschied zwischen Heizgas und Kesselwasser °C
ϑ_1 Temperaturunterschied zwischen Heizgas und Kesselwasser auf dem Rost °C
ϑ_2 Temperaturunterschied zwischen Heizgas und Kesselwasser an der Rauchkammerrohrwand °C
ϑ_r Temperaturunterschied zwischen Heizgas und Kesselwasser an der Feuerbüchsrohrwand °C
$\varkappa$ Widerstandszahl
λ Diffusorverhältnis des Schornsteins
μ Widerstandszahl
ϱ Rostflächenverhältnis
τ mittlerer Temperaturunterschied zwischen Dampf und Rauchgas °C
φ (S. 19, 20, 32) Quotient der Wärmeübergangszahlen von Feuerbüchsen zu Rohren
φ (S. 38) Verlustfaktor
ψ Querschnittsfaktor

II. Triebwerk.

A. Zylinderabmessungen.

Die Zugkraft einer Lokomotive wird beschränkt durch die Größe der Zylinder, das Reibgewicht und die Dampferzeugung des Kessels. Die Kunst des Entwerfens besteht darin, diese drei Größen so miteinander in Einklang zu bringen, daß in möglichst weiten Grenzen Harmonie besteht, d. h. also keine der drei für den verlangten Dienst unnötig groß oder unzulänglich ist.

Zugkraft aus den Zylindern. Bei einer Umdrehung der Treibräder werde an ihrem Umfang die mittlere Zugkraft Z_i kg geleistet; dieser Mittelwert wird von einem reibungslosen Triebwerk geliefert, wenn in den Zylindern der mittlere indizierte Dampfdruck $p_i = \alpha_i \cdot p$ at

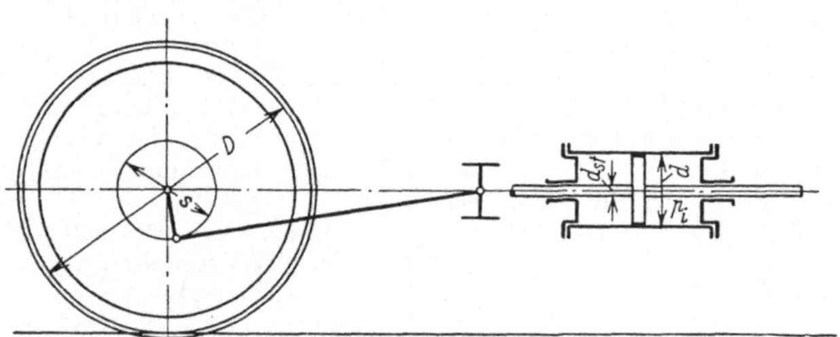

Abb. 24. Triebwerk-Schema.
p = Überdruck im Kessel. i = Anzahl der Zylinder.
$Z_i = \frac{d^2 s \alpha p i}{2 D}$.

wirkt (p = Überdruck im Kessel). Mit den Bezeichnungen der Abb. 24 gilt die Arbeitsgleichung bei i doppeltwirkenden Zylindern:

$$D\pi \cdot Z_i = (d^2 - d_{st}^2)\,\frac{\pi}{4} \cdot \alpha_i \cdot p \cdot s \cdot i \cdot 2.$$

Setzt man $\alpha_i\left(1 - \frac{d_{st}^2}{d^2}\right) = \alpha$, so wird

$$Z_i = \frac{d^2 \cdot s \cdot \alpha \cdot p \cdot i}{2 D} \text{ kg.} \qquad (1)$$

Weil bei Verbundmaschinen α auf den Niederdruckzylinder bezogen wird, gilt $i = 1$ bei zweizylindrigen, $i = 2$ bei drei- und vierzylindrigen Verbundmaschinen.

Da Z_i und α sehr verschiedene Werte annehmen, ist es zweckmäßig, α zu entfernen und zu setzen: $Z_i = \alpha \cdot Z_m$, worin Z_m der Zugkraftmodul

$$Z_m = \frac{d^2 \cdot s \cdot p \cdot i}{2D} \text{ kg}. \tag{2}$$

Über die Wahl des Treibraddurchmessers D cm gibt es Bestimmungen der Eisenbahn-Bau- und Betriebsordnung und der Technischen Vereinbarungen in Verbindung mit der höchsten zulässigen Fahrgeschwindigkeit $V_{\max}$ km/h. Die sekundliche Drehzahl ist $u = 88{,}5\frac{V}{D}$ und die Winkelgeschwindigkeit $\omega = 55{,}5\frac{V}{D}$. Bei $D = 2V_{\max}$ wird $u_{\max} = 4{,}425$, was als erster Anhalt dienen mag und in vielen Fällen zulässig ist. Eine empirische Formel lautet: $D = 80 + (1{,}0 \div 1{,}2)\,V_{\max}$, wobei der Konstrukteur mehr für den kleineren Wert von D stimmt, weil die Lokomotive dadurch leichter wird, während der Betriebsmann der Heißläufer wegen mehr die hohen Räder schätzt.

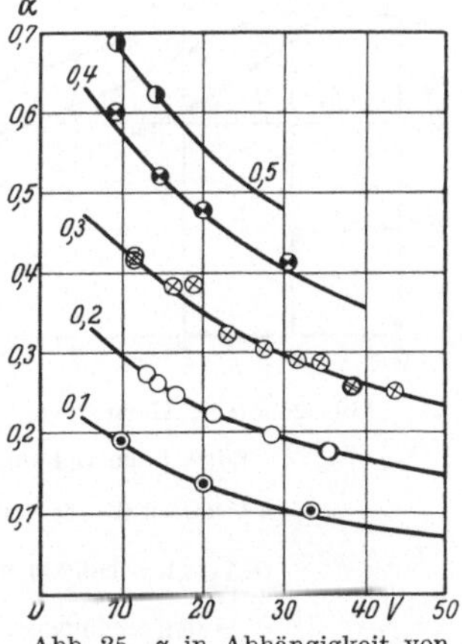

Abb. 25. α in Abhängigkeit von Füllung und Geschwindigkeit. Die Ziffern an den Kurven bedeuten die Füllung.

Zu beachten ist auch, daß sehr kleine Räder konstruktive Schwierigkeiten wegen der dicken Achsen, Zapfen und schweren Gegengewichte bereiten, weshalb zu empfehlen ist

$$D \geqq 1{,}3\sqrt{Q} \quad (Q = \text{Raddruck in kg}).$$

Alle diese Überlegungen gelten aber nur für den sehr seltenen Fall, daß der Treibraddurchmesser frei gewählt werden kann. In den meisten Fällen muß man sich nach Normen oder vorhandenen Modellen richten.

Diese Rücksicht entscheidet dann auch gleich mit über den Kolbenhub s cm. Kann man ihn frei wählen, so nimmt man meistens

$s : D = 0{,}55 \div 0{,}5 \div 0{,}45$ bei G-Lokomotiven,
$0{,}40 \div 0{,}35$ „ P- „
$0{,}35 \div 0{,}30$ „ S- „

Ferner soll aber der Hub nicht zu kurz im Verhältnis zum Kolbendruck sein, weil dann die verhältnismäßig dicken Zapfen und Achsschenkel schweren Lauf (schlechten mechanischen Wirkungsgrad) hervorbringen. Man wählt etwa $s \geqq \sqrt{0{,}1 \cdot P}$ (P = Kolbendruck in kg).

Die Wahl des Dampfdruckes und der Zylinderzahl bleibt späteren Erörterungen vorbehalten (Abschnitt IV).

Das Verhältnis α des mittleren indizierten Druckes zum Kesseldruck ist eine sehr komplizierte Funktion der Füllung ε und der Geschwindigkeit V. Von Einfluß ist die Bauart der Schieber, die Weite und Gestalt der Kanäle, der Dampfzustand, der schädliche Raum, Abkühlungs- und Lässigkeitsverluste. Die Abb. 25[1] zeigt den typischen

[1] LOMONOSSOFF: Lokomotivversuche in Rußland. S. 84. Berlin: VDI 1926.

Verlauf des Wertes α in Abhängigkeit von ε und V; aus der gleichen Quelle stammt die Abb. 26. Sie zeigt bei $u = 1$ (einer sekundlichen Radumdrehung) und $\varepsilon = 0{,}5$ (50% Füllung) bei drei Zwillingslokomotiven übereinstimmend $\alpha = 0{,}63$. Die von da steil abfallenden Kurven gehören zu Lokomotiven mit einfachen Schiebern, während die andere

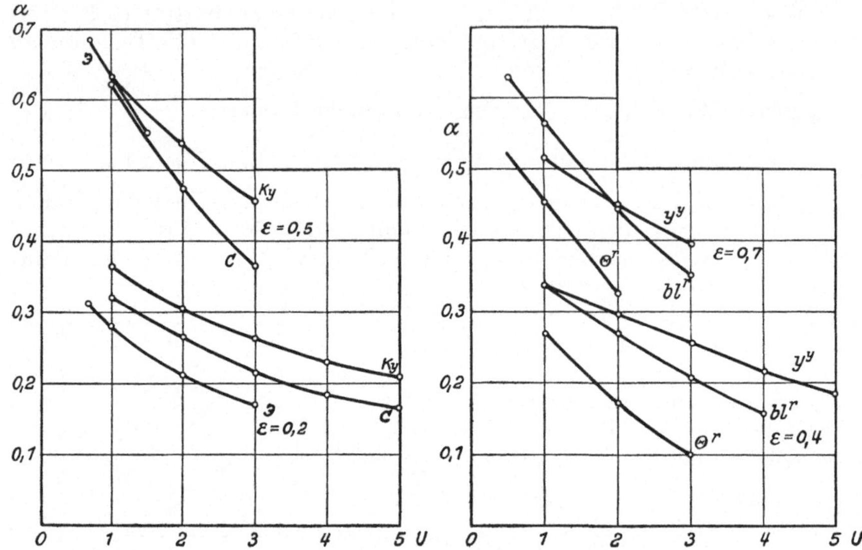

Abb. 26. α in Abhängigkeit von der Drehzahl bei einstufiger und zweistufiger Dehnung.

Einstufige Dehnung:	Zweistufige Dehnung:
K^y: 2 Ch 2 575/650/1900,	y^y: 2 Ch 4 v $\frac{410}{580}$ 650/1700 $m = 1:2{,}0$,
C: 1 C 1 h 2 550/700/1830,	bl^r: Dh 2 v $\frac{550}{790}$ 650/1200 $m = 1:2{,}06$.
Э: Eh 2 630/700/1320.	Θ^r: C+Ch 4 v $\frac{510}{770}$ 650/1230 $m = 1:2{,}28$.

(K^y) Trickkanal hat. Bei 0,2 Füllung zeigt sich noch deutlicher der Einfluß des Trickkanals. Die Lokomotive C hat als Schnellzuglokomotive ein weit größeres α als die Güterlokomotive Э. Als höchster Wert kann bei $u = 1{,}0$ und 80% Füllung $\alpha = 0{,}8$ gelten. Für Lokomotiven mit einfachen Schiebern kann näherungsweise angenommen werden

ε	α
0,4	$0{,}68 - 1{,}0\,\frac{V}{D}$
0,5	$0{,}79 - 1{,}33\,\frac{V}{D}$

Bei den Verbundmaschinen fällt die α-Kurve noch steiler und innerhalb der Grenzen $u = 1$ bis 2 fast geradlinig ab. In diesem Bereiche kann man auf Grund vieler Versuche als Höchstwert von α — nämlich bei 70% Füllung im Hochdruckzylinder — etwa annehmen: $\alpha = \alpha_0 - 1{,}1\,\frac{V}{D}$, wobei α_0 aus folgender Zahlentafel genommen werden kann; das Raumverhältnis $1:m$ der Zylinder ist von großem Einfluß.

Die so errechneten Werte enthalten nur geringe Sicherheiten, weil 70% Füllung schon fast die Grenze darstellen, während man sich bei den Maschinen einstufiger Dehnung im Interesse sparsamer Dampfausnutzung auf $\varepsilon = 0{,}50$ mit $\alpha = 0{,}63$ beschränkt. Auch in den Vereinigten Staaten sucht man das Fahren mit voll ausgelegter Steuerung in der Steigung zu verhüten, kann das aber bei der alten Gewohnheit und ohne Vergrößerung der Zylinder nicht leicht erreichen. Deshalb hat man dort der Steuerung häufig eine größte Füllung von 60 bis 65% gegeben und sichert das Anziehen durch besondere Hilfseinrichtungen.

α_0	Naßdampf m	Heißdampf m
0,70	2,12	2,0
0,65	2,25	2,12
0,60	2,42	2,28
0,55	2,60	2,46

Zugkraft und Reibgewicht. Es sei $f_i = Z_i : G_r$. Man kann Z_i nicht so ohne weiteres mit dem Reibgewicht G_r t in Verbindung bringen, weil Z_i ein Mittelwert ist, während es des Schleuderns wegen doch auf

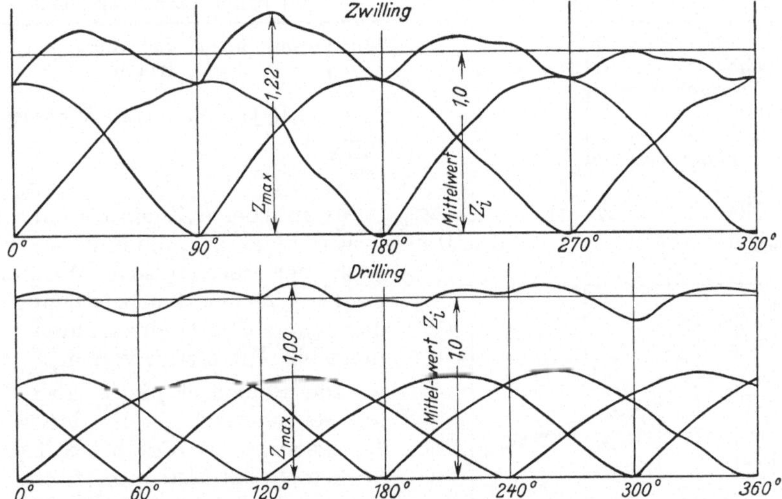

Abb. 27. Schwankungen der Zugkraft bei 75% Füllung und kleiner Geschwindigkeit mit Berücksichtigung der endlichen Treibstangenlänge.

den Höchstwert ankommt und weil Z_i am Zylinder, aber nicht am Radumfang gemessen ist. Die Ungleichförmigkeit des Drehmoments bei Zwillings- und Drillingslokomotiven unter Annahme gleicher Leistung in allen Zylindern, großer Füllung und kleiner Geschwindigkeiten (also den Umständen, unter denen die Reibung voll ausgenutzt werden muß) zeigt Abb. 27. Die Vernachlässigung der endlichen Stangenlänge würde ein ganz falsches Bild geben. Demnach wäre das Verhältnis der größten Zugkraft zur mittleren $\delta = Z_{\max} : Z_i$ beim Zwilling 1,22, beim Drilling 1,09. In Wirklichkeit verteilt sich die Arbeit bei Drillingslokomotiven niemals gleichmäßig auf die drei Zylinder infolge von Unvollkommenheiten der Steuerung. Die Vierlingslokomotive ist der Zwillingslokomotive gleichzusetzen. Die Vierzylinderverbundlokomotive ist dem Zwilling und Vierling wegen der größeren Füllungen etwas überlegen. Die dreizylindrige Verbundlokomotive ist wärmetechnisch am besten, wenn die Arbeit auf beide Stufen sich etwa gleichmäßig verteilt. Dann leistet aber der eine Hochdruckzylinder soviel wie die beiden Niederdruckzylinder, was sehr ungünstige Drehmomentschwankungen zur Folge hat. Die Dreizylinderverbundlokomotive neigt also zum Schleudern und bewährt sich nur dort, wo ein Überschuß an Reibgewicht vorliegt. Bei Elektromotiven und Diesellokomotiven mit großen Schwungmassen oder elektrischem Antrieb ist $\delta = 1{,}0$ zu erwarten. Bei diesen Lokomotivarten gibt es aber große umlaufende Massen, die in Verbindung mit der Elastizität der Federn im Zughaken oder im Triebwerk Schwingungen hervorrufen können, die in empfindlicher Weise den gleichförmigen Antrieb stören können. Deshalb ist hier der Wert $\delta = 1{,}0$ nur bedingt anwendbar.

Angenäherte Werte von $\delta = Z_{\max} : Z_i$	für große Füllungen und kleine Geschwindigkeit
Elektromotiven	1,0 } wenn keine Schwingungen auftreten
Diesellokomotiven mit Schwungrad	1,0 } wenn keine Schwingungen auftreten
Zwilling und Vierling	1,22
Drilling	1,10 ÷ 1,15 je nach d. Güte d. Steuerung
Dreizylinder-Verbund	1,5
Vierzylinder-Verbund	1,20

Ebenso wie Z_i stellt auch $Z_{\max}$ eine indizierte Zugkraft dar; um $Z_{\max}$ am Radumfang zu erhalten — worauf es ja ankommt —, wäre noch der mechanische Wirkungsgrad η_m in der Kurbelstellung, in der $Z_{\max}$ auftritt, einzuführen, aber nicht ein Mittelwert von η_m.

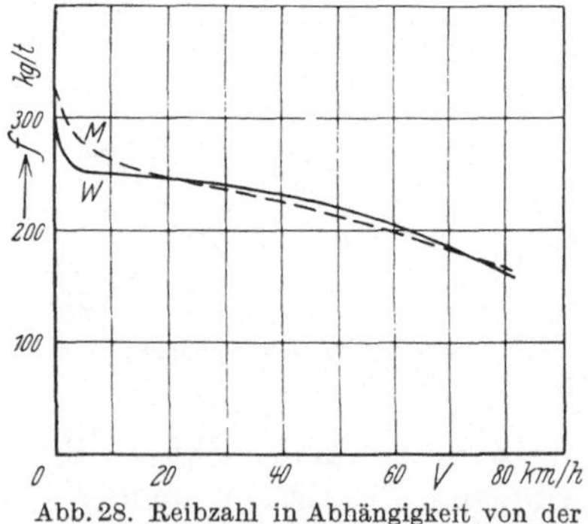

Abb. 28. Reibzahl in Abhängigkeit von der Geschwindigkeit nach WICHERT (*W*) und MÜLLER (*M*).

Die Reibziffer f kg/t, also $Z_{\max}$ am Radumfang, geteilt durch das Reibgewicht, beträgt bei Stillstand höchstens 333 und nimmt mit zunehmender Fahrgeschwindigkeit ab, was theoretisch nicht begründet erscheint. Offenbar wirken hier die Erschütterungen mit, die bei großer Geschwindigkeit auftreten. WICHERT[1] und MÜLLER[2] stellen die Abhängigkeit des f von V in guter Übereinstimmung dar (Abb. 28), aus der die empirische Formel abgeleitet werden kann

$$f\,\text{kg/t} = 250 - 1{,}5\left(\frac{V}{10}\right)^2. \qquad (3)$$

[1] El. Bahnen **1927**, 90. [2] Zentralbl. elektr. Zugbetrieb **1928**, 63.

Quirchmeyer[1] hat daraus unabhängig von mir abgeleitet:

$$f = 250 - 1{,}4\left(\frac{V}{10}\right)^2.$$

Diese Höchstwerte gelten nur für ganz reine oder gesandete Schienen; sie können auf schlüpfrigen Schienen bis auf das 0,4fache und noch tiefer fallen. Deshalb muß noch ein Sicherheitszuschlag ψ eingeführt werden in der Weise, daß $\psi = 1{,}0$ die Schleudergrenze bei trockenen, reinen, nicht gesandeten Schienen bedeutet. Je größer ψ ist, um so seltener muß der Sandstreuer benutzt werden. In dem Maße, wie die Sandstreuer verbessert und der Sand gepflegt wird, kann man ψ erniedrigen. Deshalb ist die Reibzahl f im Laufe der Entwicklung stark gesteigert worden, um die Schleppleistung der Lokomotive zu erhöhen. Nach dem Gesagten ist $f_i = \frac{Z_i}{G_r}$ und $f = \frac{Z_{max}}{G_r} \cdot \eta_m$, woraus folgt: $f = f_i \cdot \delta \cdot \eta_m$, und mit Berücksichtigung des Sicherheitsfaktors ψ wird dann

$$f = f_i \cdot \delta \cdot \eta_m \cdot \psi \;\text{kg/t} \tag{4}$$

und $f_i = f : \delta \cdot \eta_m \cdot \psi$. Für eine Zwillingslokomotive kann man etwa setzen: $\delta = 1{,}22$, η_m 0,93, $\psi = 1{,}1$ und erhält dann

$$f_i = 0{,}8 f = 200 \mp 1{,}2\left(\frac{V}{10}\right)^2.$$

Schließlich hat man den Sandstreuer nicht nur benutzt, um den zufällig gesunkenen Wert f wieder auf die rechnungsmäßige Höhe zu bringen, sondern gründet die Schleppleistung von vornherein auf einen durch starkes Sanden erreichbaren hohen Wert von f. Nordmann[2] beschreibt, wie auf diese Weise der Ersatz der Zahnlokomotiven durch Reibungslokomotiven möglich geworden ist. Freilich ist man auch im Steilrampenbetrieb allmählich etwas vorsichtiger geworden und nimmt das Reibgewicht der Lokomotive zu 1/210mal Schwerkraftkomponente des ganzen Zuges.

Zusammenfassend sieht man: der Höchstwert von f ist schwankend; dem Streben, f möglichst hoch zu nehmen, steht die Sorge um die Wirksamkeit des Sandstreuers entgegen; andererseits war aber auch die Wahl von $\alpha = \frac{Z_i}{Z_m}$ dem Urteil des Konstrukteurs überlassen. Es zeigt sich, daß man festeren Boden gewinnt, wenn man nicht f und α getrennt betrachtet, sondern $f : \alpha$. Aus $Z_i = \alpha \cdot Z_m$ und $Z_i = f_i \cdot G_r$ folgt

$$\frac{f_i}{\alpha} = \frac{Z_m}{G_r}.$$

Für den Wert $\frac{f_i}{\alpha}$ haben sich folgende Werte herausgebildet, die nur für Güterlokomotiven Bedeutung haben.

	f_i	ψ	α	$Z_m : G_r$
Nordamerika	230÷255*	1,0÷0,9*	0,85	270÷300
Regel	190÷210	1,15÷1,05	0,63	300÷333
Steilrampen	210÷225	1,05÷1,0	0,63	333÷360

[1] Z. d. Ö. I. A. V. 82, 74 (1930).

[2] Org. f. d. Fortschr. d. Eisenbahnw. **61.** 70 (1924). * Nur mit Sand erreichbar.

Bei Tenderlokomotiven ist das Reibgewicht für halbvolle Vorratsbehälter zu rechnen. Bei P- und S-Lokomotiven ist die volle Ausnutzung der Reibung nicht wesentlich, vielmehr kommt in Verbindung mit der Geschwindigkeit bei ihnen vor allem die Leistung in Betracht. Die Zylinderabmessungen werden deshalb bestimmt nach dem Gesichtspunkt des folgenden Abschnittes.

Zugkraft und Kesselleistung. Die Ausübung der Zugkraft Z_i bei der Geschwindigkeit V erfordert die indizierte Leistung $N_i = \frac{Z_i V}{270}$ PS. Ist der Kessel imstande, bei einer bestimmten Beanspruchung stündlich C_i kg/h Dampf in die Zylinder zu liefern, und beträgt der Dampfverbrauch für 1 PS_i stündlich c_i kg/PS_ih, so ist dadurch die Leistung auf $N_i = \frac{C_i}{c_i}$ beschränkt. Da c_i wieder eine Funktion von Z_i und V ist, muß erst diese bekannt sein.

Nach STUMPF[1] unterscheidet man sieben Schäden der Dampfmaschine, von denen sechs die Zylinderverluste und einer die Triebwerksreibung betrifft. Letzterer kann ausfallen, weil die Betrachtungen sich auf die indizierte Leistung beziehen. Von den sechs Schäden sind drei im Diagramm sichtbar und rechnungsmäßig leicht zu bestimmen. Die sichtbaren Schäden entstehen durch

1. unvollständige Dehnung,
2. Drosselung,
3. schädlichen Raum.

Die unsichtbaren Schäden drücken sich im Diagramm nicht aus und vermehren den theoretischen Dampfverbrauch. Es sind

4. Flächenschaden,
5. äußere Abkühlung,
6. Undichtheiten.

Diese Schäden werden nun in bezug auf ihre Veränderung mit zunehmender Geschwindigkeit betrachtet:

Die Dehnung ist um so unvollständiger, je größer die Zugkraft ist; dieser Schaden nimmt ab. Drosselung entsteht in der Regel bei der Einströmung und ist in der Ausströmung unbedingt sehr schädlich. Bei kleinen Zugkräften muß der Regler etwas geschlossen oder die Füllung stark vermindert werden, so daß die Auslaßkanäle sich nicht mehr voll öffnen. In beiden Fällen entstehen Drosselverluste, die also zunehmen.

Der Raumschaden ändert sich mit abnehmender Füllung nur sehr wenig, weil bei den Kulissensteuerungen gleichzeitig die Kompression zunimmt und damit die Forderungen des STUMPFschen Kompressionsgesetzes angenähert erfüllt sind.

Der Flächenschaden wächst mit abnehmender Füllung, aber er nimmt mit steigender Geschwindigkeit ab; im ganzen ändert er sich wenig und hat eher die Neigung, mit zunehmender Geschwindigkeit abzunehmen.

---

[1] Die Gleichstrom-Dampfmaschine. München: Oldenbourg 1921.

Die Verluste durch **äußere Abkühlung** nehmen mit wachsender Geschwindigkeit zu, weil die Wärmeübergangszahl dabei steigt.

Die **Verluste durch Undichtheit** nehmen ab, weil die Zeit je Umdrehung abnimmt.

Man sieht, daß mit zunehmender Geschwindigkeit ein Teil der Verluste ab- und ein anderer zunimmt. Man kann daraus schon vermuten, daß es eine **günstigste Geschwindigkeit** V' für jede Leistung gibt, bei der die Summe der Verluste am geringsten und deshalb der spez. Dampfverbrauch am kleinsten $= c'$ ist. Das Verhältnis des mittleren indizierten zum Kesseldruck hierbei sei $=\alpha'$; diese drei Veränderlichen V', α', c' hängen wieder vom Dampfverbrauch und der Leistung ab. Das vom Kessel gelieferte Dampfgewicht C wird zu einem

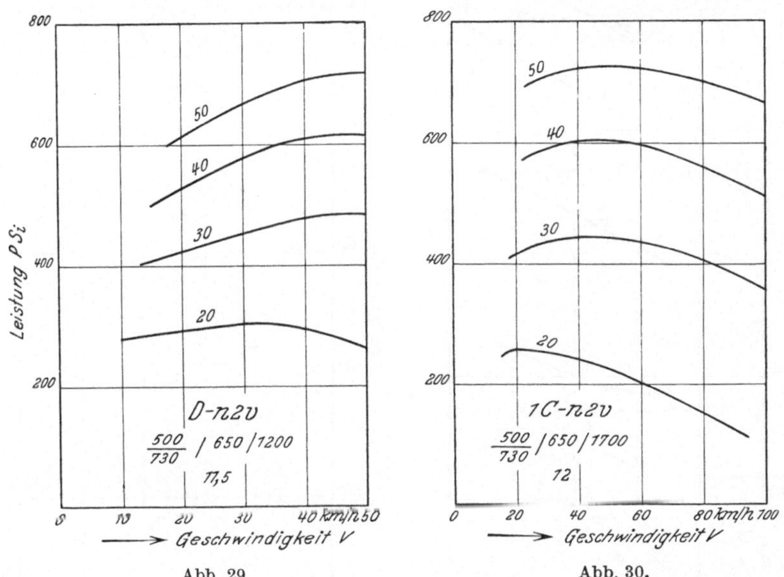

Abb. 29. Abb. 30.

Abb. 29 bis 36: Indizierte Leistung (gemessen) in Abhängigkeit von Kesselanstrengung und Geschwindigkeit. Die Ziffern an den Kurven bedeuten die Kesselanstrengung in kg Dampf je m² Verdampfungs-Heizfläche.

Teil C_i der Maschine zugeführt, ein anderer Teil C_0 wird für Hilfseinrichtungen, wie Heizung, Luftpumpe usw. verbraucht. $C = C_i + C_0$, wofür man schreiben kann $C_i = C\left(1 - \frac{C_0}{C}\right) = \xi\, C$. ξ beträgt bei gewöhnlichen Kolbendampflokomotiven etwa 0,97. Aus der Gl. (1), Abschn. I $C = \frac{\Re A \cdot 10^6}{i - t_w} \cdot \eta_k$ kg/h wird dann

$$C_i = \xi \frac{\Re A \cdot 10^6}{i - t_w} \cdot \eta_k \quad \text{und} \quad N' = \frac{C_i}{c'} = \frac{V' \alpha' \cdot Z_m}{270}.$$

Daraus folgt

$$V' = \frac{270}{\alpha' c'} \cdot \frac{C_i}{Z_m}\,\text{km/h}. \tag{5}$$

Um die Leistung der Lokomotive in allen Arbeitslagen zu bestimmen, müssen nicht nur α' und c' bekannt sein, sondern auch die Werte α und c_i als Funktion der Geschwindigkeit und Kesselanstrengung. Diese Abhängigkeit $N_i = f(A, V)$ hat zuerst LOMONOSSOFF[1] ausführlich durch Versuche festgestellt. Eine Auswahl der Diagramme ist in den Abb. 29 bis 36 dargestellt. Abb. 29: Zweizylinderverbund-Güterlokomotive mittelguter Bauart. Abb. 30: Personenlokomotive mit starker Austritts-

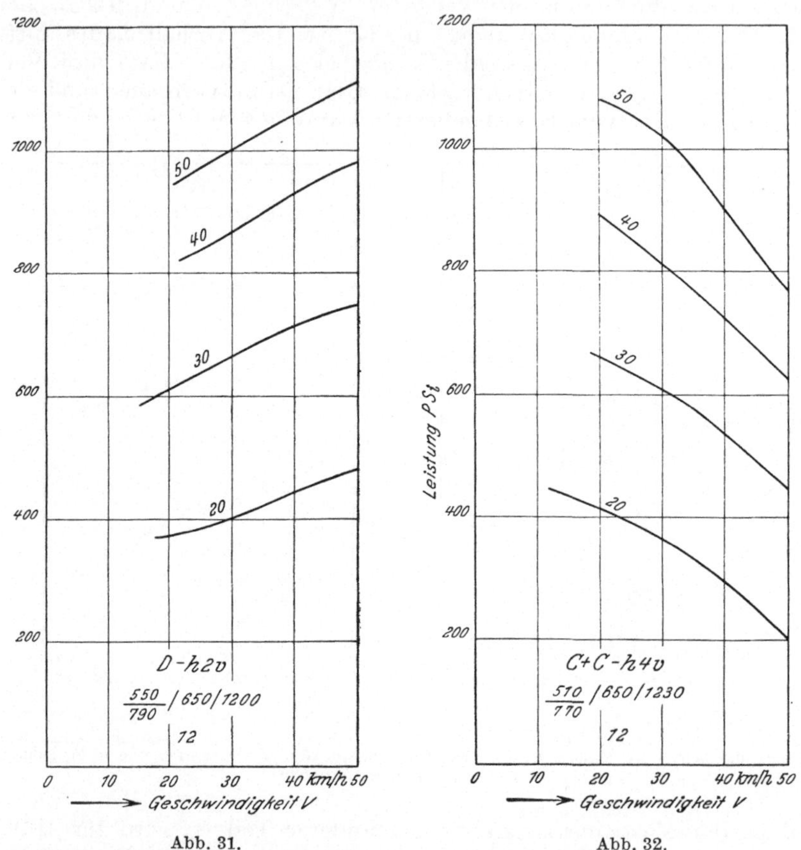

Abb. 31. Abb. 32.

drosselung im Niederdruckschieberkasten, wodurch die günstigste Geschwindigkeit nicht höher als bei der Güterlokomotive liegt. Abb. 31: Zweizylinderverbundlokomotive mit sehr hoher Überhitzung, $c' = 6{,}0$; deshalb liegt die günstigste Geschwindigkeit über der zulässigen. Abb. 32: Heißdampf-Mallet-Lokomotive; nachträgliche Vergrößerung der Niederdruckzylinder von 710 auf 770 mm hat die günstigste Geschwindigkeit noch tiefer gelegt. Die Lokomotive eignet sich nur für Nachschub. Abb. 33

[1] Lokomotivversuche in Rußland. VDI-Verlag 1926. Die Versuche stammen aus den Jahren 1905 bis 1924, sind also z. T. älter als die von SANZIN, auf die sich STRAHL stützt.

und 34: Heißdampfzwillingslokomotiven guter Ausführung. Abb. 35: Heißdampfgleichstromlokomotive mit Ventilsteuerung ohne Saugauspuff; bei großer Füllung verzehrt die Kompression zuviel Arbeit, so daß bei kleiner Geschwindigkeit die Kurven stark abfallen. Abb. 36: Heißdampfgleichstromlokomotive mit Kolbenschieber und Saugauspuff: durch Senken der Kompressionsanfangsspannung mittels Absaugen durch die Energie des bei großen Füllungen noch hoch gespannten Abdampfes ist die Kompressionsarbeit so stark vermindert worden, daß die Gleichstromlokomotive bei großer Füllung nicht mehr unterlegen,

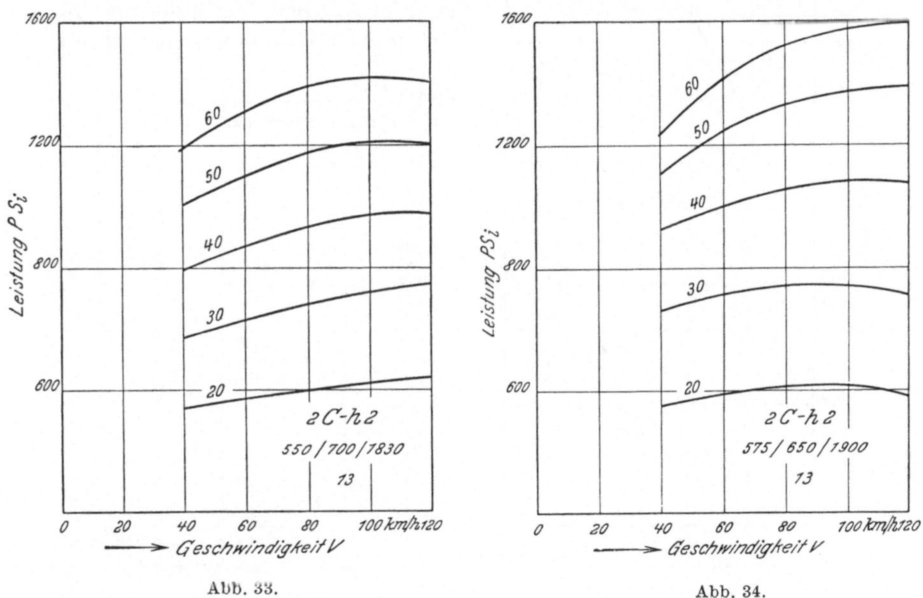

Abb. 33. Abb. 34.

bei kleiner Füllung und Leistung der gewöhnlichen Maschine etwas überlegen ist.

Diese Diagramme zeigen so verschiedenen Charakter, daß es zunächst aussichtslos erscheint, ihren Verlauf in eine Formel zu bringen. Von wichtigem Einfluß ist: Dampfdruck und -temperatur, Art der Dampfdehnung; Inhalt, Querschnitt, Oberfläche und Gestalt der Dampfkanäle; Schieber und Steuerung; Größe der schädlichen Flächen und des schädlichen Raumes, Wärmeschutz, Trennung von kalten und heißen Räumen, Zustand der Schieber und Kolben und vieles andere. Beschränkt man sich jedoch auf Maschinen, die nach bewährten Regeln gebaut sind, wie z. B. in Abb. 33 u. 34, so verschwinden die krassen Unterschiede. Deshalb konnte STRAHL[1] mit einiger Berechtigung folgende Abhängigkeit der Leistung N_i im Verhältnis zu N' für Ge-

[1] Die Anstrengung der Dampflokomotive. Org. f. d. Fortschr. d. Eisenbahnw. **45**, 339 (1908).

schwindigkeiten unterhalb der günstigsten aufstellen:

$$N_i : N' = 0{,}6\left(2 - \frac{V}{V'}\right)\frac{V}{V'} + 0{,}4.$$

STRAHLS Zahlen sollten etwa für $A = 3$ gelten. Bei anderen Belastungen entstehen die Fragen: wie verläuft die Kurve? und wo liegt ihr Scheitel? Durch Versuche lassen sich diese Fragen nur mit großem Zeitaufwand und hohen Kosten ermitteln und mit Fehlern, die vom Messen und der allmählichen Veränderung im Zustande der Lokomotive herrühren.

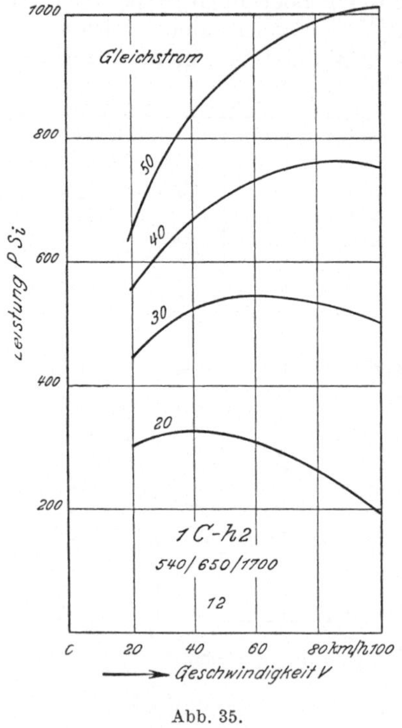

Abb. 35.

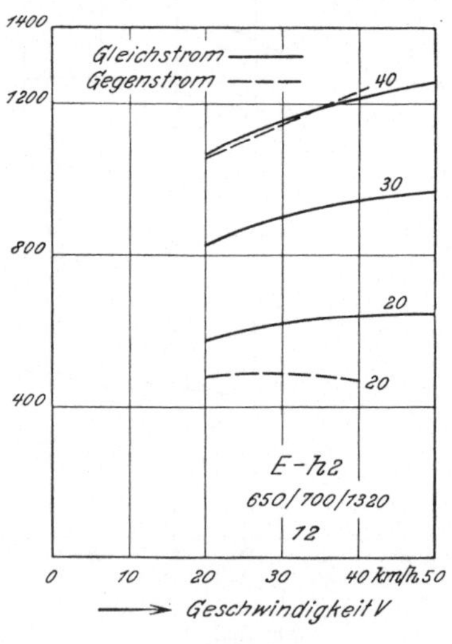

Abb. 36.

Den spez. Dampfverbrauch in seiner Abhängigkeit von Kesselanstrengung und Geschwindigkeit durch Rechnung zu finden, scheint zunächst der großen Mühe nicht wert zu sein, weil die Ergebnisse vielleicht zu stark von der Wirklichkeit abweichen. Nachdem ACHTERBERG[1] auf meine Veranlassung dieses Thema als Doktorarbeit gewählt und Zahlenwerte erhalten hat, die der Wirklichkeit erstaunlich nahekommen, erfordern die Ergebnisse doch mehr Beachtung. ACHTERBERG hat sich auf Heißdampflokomotiven einstufiger Dehnung beschränkt; dann hat MUETHEN das gleiche Verfahren in seiner Diplomarbeit auf Naßdampflokomotiven angewandt.

Berechnung der 6 Verluste. Das Verfahren besteht in folgendem: man wählt eine Anzahl Füllungen und Geschwindigkeiten und zeichnet dafür die Dampfdrucklinien. Die Steuerungsabschnitte werden

[1] Glasers Annalen **107**, 109ff. (1930).

als bekannt vorausgesetzt; sie unterliegen nur geringen Schwankungen bei gegebener Füllung. Der Druckabfall bei der Einströmung wird nach STRAHLS[1] Formel

$$\frac{\Delta p}{p_s} = \frac{4\,\varepsilon(1-\varepsilon)}{2\,\varepsilon(1-\varepsilon) + \sqrt[3]{400\,C\left[\frac{(\varepsilon_0+\varepsilon)(\mathfrak{v}+2\,e\,\varepsilon)}{0{,}71+1{,}5\,\varepsilon}\left(\frac{b\,\mu}{J\cdot u\,\pi}\right)\right]^2}} \qquad (6)$$

berechnet. Zur Kontrolle ihrer Zuverlässigkeit habe ich die Einströmlinie auch punktweise berechnen lassen, wobei sich sehr gute Übereinstimmung des Druckabfalles mit der Formel gezeigt hat. Der Gegendruck der Ausströmung wurde ebenfalls nach STRAHL berechnet. Dann liegt die Dampfdrucklinie und mit ihr die drei sichtbaren Schäden fest. Aus ihr wird $\alpha = f(\varepsilon, V)$, wie in Abb. 25 dargestellt, abgeleitet und der theoretische Dampfverbrauch, der die unsichtbaren Schäden nicht enthält, berechnet. Auf die unsichtbaren Schäden haben die absolute Größe der Zylinder und sehr viele bauliche Einzelheiten Einfluß.

Von diesen Schäden sei zunächst die Dampflässigkeit der Schieber und Kolben erwähnt. Auch hier leisteten LOMONOSSOFFS Versuche gute Dienste. Zugrunde gelegt wurde die russische E-Güterlokomotive, von der 700 Stück in Deutschland gebaut wurden[2] und die sowohl in russischer als auch in deutscher Ausführung[3] untersucht worden ist. Die russischen Maschinen hatten Schieber mit zwei breiten Ringen, während die untersuchte deutsche solche nach der Regelbauart der preußischen Staatsbahn, nämlich mit je vier schmalen Dichtungsringen, erhielt. Der Erfolg war für die deutsche Ausführung glänzend, indem sich die Kolben als fast völlig dicht erwiesen, während die Schieber nur $^1/_4$ des Verlustes zeigten. Die Verluste steigen mit der verfügbaren Zeit und dem Umfang der Dichtflächen, nehmen aber mit ihrer Breite ab. Der allgemeinen Brauchbarkeit wegen wurde im Gegensatz zu LOMONOSSOFF nicht die Fahrgeschwindigkeit, sondern die sekundliche Drehzahl zugrunde gelegt.

Die äußere Abkühlung ist sehr gering bei Heißdampfmaschinen. Sie wurde auf Grund von Arbeiten BRÜCKMANNS[4] und SYROMJATNIKOFFS[5] berechnet. Naßdampfzylinder sind gegen Abkühlung sehr empfindlich. Die Erfahrung hat gezeigt, daß Maschinen mit äußeren Schiebern mehr Dampf als solche mit inneren brauchen und diese wieder

[1] Der Einfluß der Steuerung usw. Hanomag **1924**, 9.

ε = Füllung in Teilen des Hubes	J = Zylinderinhalt in dcm³
ε_0 = schädlicher Raum in Teilen des Hubes	e = Deckung des Schiebers in cm
	$\mathfrak{v}$ = lineares Voreilen d. Schiebers in cm
p_s = Schieberkastendruck ata	b = Breite des Schiebers in cm
v = spez. Volumen des Dampfes	$C = 2\,g\cdot v\cdot p_s$
u = sek. Drehzahl	μ = 0,6 Kontraktionszahl

[2] Org. f. d. Fortschr. d. Eisenbahnw. **59**, 329 (1922).

[3] Diese Versuche hatte LOMONOSSOFF in Eßlingen gemacht, um einen Vergleich mit der dort gebauten Diesellokomotive zu ermöglichen.

[4] Heißdampflokomotiven mit einfacher Dehnung des Dampfes, Eisenbahntechnik der Gegenwart, S. 893. Berlin 1920.

[5] Issledovanije rabotschewo prozessa parowosnawo kotlaw. Berlin 1923.

mehr als Maschinen mit Innenzylindern. Das war auch ein Grund für DE GLEHN, die Niederdruckzylinder nach innen zu legen.

Der größte und am schwersten zu bestimmende Verlust, der Flächenschaden, rührt von der Abkühlung und Kondensation des eintretenden Dampfes her. Der Wärmeübergang hängt ab von der Fläche, der Zeit, dem Temperaturunterschied und der Wärmeübergangszahl; die beiden letzteren sind nicht bekannt. Aus Dampfverbrauchsversuchen lassen sie sich nur schwer, nämlich aus dem Restglied zwischen theoretischem und wirklichem Verbrauch bestimmen, und dieses Restglied enthält die beiden erstgenannten Verluste schon. Man ist also auf empirische Formeln und Versuche von HRABÁK[1], GRASSMANN[2] und SANZIN[3] angewiesen. Die einzelnen Verluste erscheinen danach verschieden. Zur Ausrechnung wurden für Naßdampf die HRABÁKschen Tabellen benutzt, nach denen man die beste Annäherung an SANZINS Versuche erhält. Auf die Heißdampflokomotive waren aber die Arbeiten keiner der drei obigen Forscher anwendbar, weil keine Versuche vorlagen. STRAHLS Verfahren, alle Verluste in einem konstanten Zuschlag zum theoretischen Verbrauch zusammenzufassen, erschien zu roh. Nun gibt GRASSMANN für den Flächenschaden eine Formel mit einer Konstanten M, die für ortsfeste Auspuffmaschinen gilt.

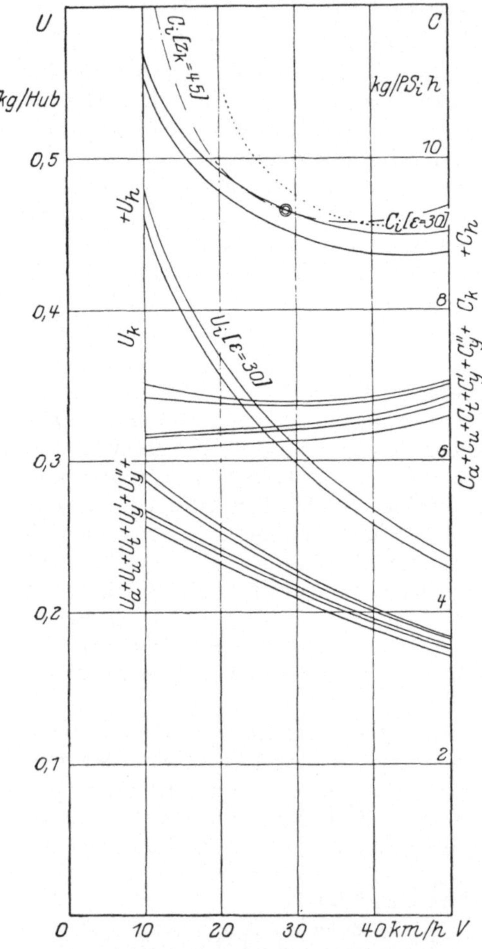

Abb. 37. Verteilung der Dampfverluste, gerechnet.

ACHTERBERG hat diesen Wert M auf Grund von Versuchen mit der preußischen T 16, über die BRÜCKMANN[4] berichtet, für Heißdampf-

[1] Hilfsbuch für Dampfmaschinen-Techniker 2, 185. Berlin: Julius Springer 1906.

[2] Anleitung zur Berechnung einer Dampfmaschine. 4. Aufl., Anhang 18. Berlin: Julius Springer 1924.

[3] Forsch.-Arb. d. Ingenieurwesens 150/151.

[4] Heißdampflokomotiven, Eisenbahntechnik der Gegenwart, S. 889. Berlin 1920.

lokomotiven bestimmt und zu $M = 1900$ gefunden. Aus den Versuchen des Reichsbahnzentralamtes ergab sich für die sehr sparsame Lokomotive Reihe 64 der M-Wert zu 1800, während er bei ortsfesten Maschinen nach GRASSMANN 1200÷1600 beträgt. Der Unterschied in der Größe von M kann aus der Bauart der Zylinder so erklärt werden, daß scharfe Trennung von heißen und kalten Räumen die Wärmeleitung vermindert. Bei den erwähnten Lokomotiven sind Ein- und Ausströmung nur durch eine Wand getrennt, so daß der Auspuffdampf unnötigerweise mit Frischdampf geheizt wird. Der Auspuff sollte überhaupt nicht durch das Zylindergußstück geleitet werden, sondern von den Auspuffkästen unmittelbar zum Kreuzrohre an der Rauchkammer geführt werden. Auch die vorderen Deckelflanschen und Muttern müssen vor der starken Abkühlung durch den Fahrwind geschützt werden. Da der Flächenschaden etwa $^1/_4$ des ganzen Verbrauches ausmacht und M von 1800 auf 1500 verkleinert werden kann, sollte es möglich sein, ihn auf $\frac{1500}{1800}\,^1/_4 = \sim {}^1/_5$ zu vermindern und dadurch den Gesamtverbrauch um etwa 5% zu ermäßigen.

In der angedeuteten Weise wurde nun für die erwähnte russische E-Güterlokomotive zu verschiedenen Kombinationen von Füllungen und Geschwindigkeiten der Dampfverbrauch unter Annahme von $M = 1900$ berechnet. Die Abb. 37 zeigt die Verteilung der Verluste.

Auswahl der Maschinenart. Die Werte des Dampfverbrauches müssen nun auch nach gleichem Gesamtdampfverbrauch, d. h. für bestimmte Kesselanstrengungen $\frac{C_i}{H}$ kg/m²h geordnet werden. Dazu bedient man sich des LOMONOSSOFFschen Verfahrens[1]. Man kennt aus der vorhergegangenen Berechnung für ε und V den Dampfverbrauch je Hub, der in Abb. 37 mit u bezeichnet ist und trägt ihn über V auf. Das Produkt $u \cdot V$ muß konstant und dem Gesamtdampfverbrauch C_i verhältnisgleich sein. Die gestrichelte Linie in Abb. 38 zeigt als Hyperbel die Füllung, die einem bestimmten Werte C_i zugeordnet ist. Jetzt kann für die mit einem Kreis versehene Kombination von ε und V sowohl die Zugkraft wie die Leistung berechnet werden. Das Ergebnis ist eine Schar Kurven $N_i = f(V)$ für verschiedene Grade der Kesselanstrengung (Abb. 39).

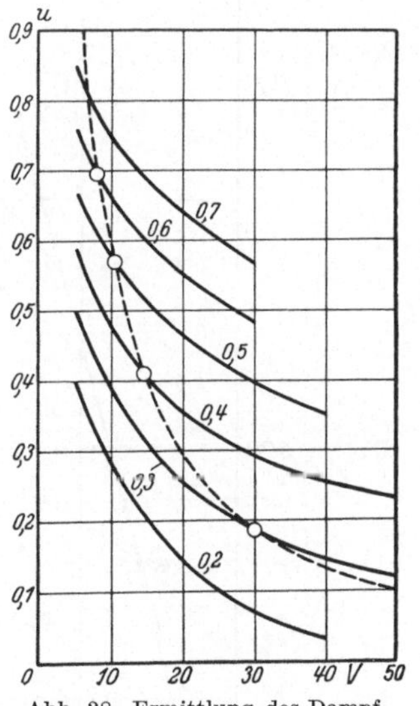

Abb. 38. Ermittlung des Dampfverbrauchs je Hub für konstantes C_i.

Damit ist zunächst einmal für eine gegebene Lokomotive die gesuchte Beziehung gefunden, die in Abb. 40 mit der STRAHLschen zusammengestellt ist. Man kann daraus und aus den von MUETHEN für

[1] Lokomotivversuche in Rußland, S. 34. VDI-Verlag 1926.

Naßdampf gefundenen Werten zusammenstellen

$\frac{V}{V'}$	0,4	0,6	0,8	1,0	1,2	1,4
Heißdampf $\frac{N_i}{N'}$ . . .	0,86	0,95	0,99	1,0	0,99	0,96
Naßdampf $\frac{N_i}{N'}$ . . .	0,83	0,93	0,98	1,0	0,99	—

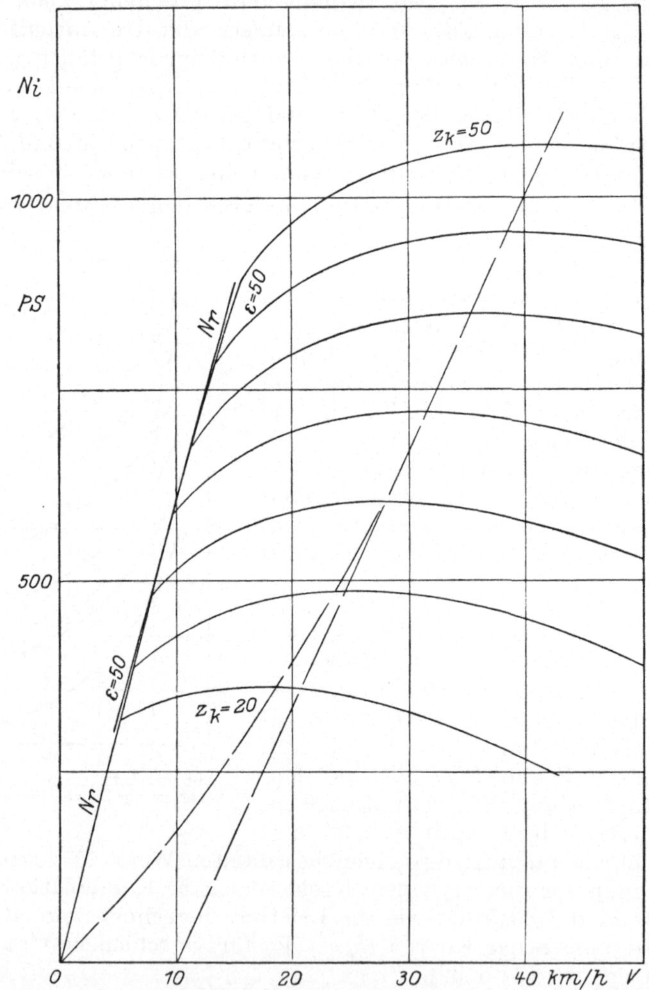

Abb. 39. Indizierte Leistung in Abhängigkeit von Kesselanstrengung und Geschwindigkeit, gerechnet. z_k = Kesselanstrengung in kg/m² Verdampfungsheizfläche. N_r = Leistung an der Reibungsgrenze.

Strahls Werte liegen nach Abb. 40 tiefer. Das steht im Einklang mit neueren Versuchen und der Tatsache, daß dem durchgerechneten

Beispiel eine Lokomotive mittelguter Bauart ($M = 1900$), aber sehr guten Zustandes zugrunde gelegen hat. Jedenfalls ermutigte das Ergebnis zur Erweiterung der Frage nach dem Einfluß von Dampfdruck-, -temperatur und Zylinderzahl.

Verdoppelt man die Zahl der Zylinder, so vermindert sich ihr Durchmesser 1,0 auf $1:\sqrt{2}$, ihr Umfang vergrößert sich aber auf $\sqrt{2}$. Zugleich nehmen die schädlichen Flächen und die Längen der Dichtkanten zu. Daß Drilling und Vierling mehr Dampf als der Zwilling gebrauchen werden, ist ohne weiteres verständlich. Zur Berechnung mußten Drillings- und Vierlingszylinder gleichen Gesamtinhaltes entworfen werden. Der Drilling verbraucht 5%, der Vierling 8,5% mehr Dampf als der Zwilling. Der Einfluß der Dampftemperatur war rechnerisch ohne weiteres zu erfassen, während der des Kesseldruckes eine Umrechnung

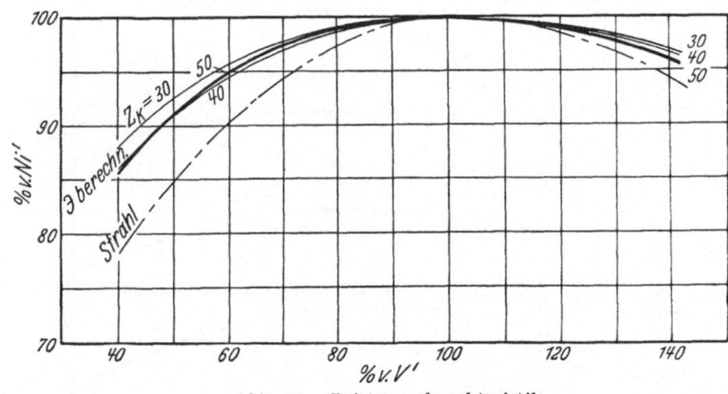

Abb. 40. Leistungscharakteristik.
z_k = Kesselanstrengung kg/m².

erfordert. Wenn man nämlich die Zylinderabmessungen beibehält, so verändert sich Z_m und damit die Lage der günstigsten Geschwindigkeit. Der Zugkraftmodul Z_m muß aber unverändert bleiben, um richtige Vergleichswerte zu erhalten. Deshalb wurden zwar die Zylinderabmessungen beibehalten, in den Hyperbeln des Dampfverbrauchs aber C_i im Verhältnis des Kesseldrucks geändert. Die Abb. 41 u. 42 stellen den Einfluß des Dampfdruckes und der Temperatur dar.

Der Einfluß der Maschinengröße geht aus der Abb. 43 hervor. Die Kurve für die 1000pferdige Vierlingsmaschine entspricht der einer Zwillingslokomotive von 500 PS. Für noch kleinere Maschinen müßten die Kurven neu berechnet werden.

Für die der Ermittlung zugrunde gelegte Lokomotive könnten empirische Werte für die in Gl. (5) gebrauchten Größen c' und α' abgeleitet werden. Diese würden aber nicht allgemein gültig sein, wenn nicht die Größe der schädlichen Flächen berücksichtigt würde, deren Einfluß auch bei Heißdampf ganz überwiegend groß ist. Man kann rechnerisch angenähert diesen Einfluß durch Berücksichtigung des Zylinderdurchmessers erfassen, muß sich aber bewußt bleiben, daß stark gekrümmte Schieberkanäle, das Verhältnis von Kolbenhub zum Durchmesser, Undichtheit und sonstige Einzelheiten den Dampfverbrauch um mehrere Prozent steigern können. Man kann für Heiß-

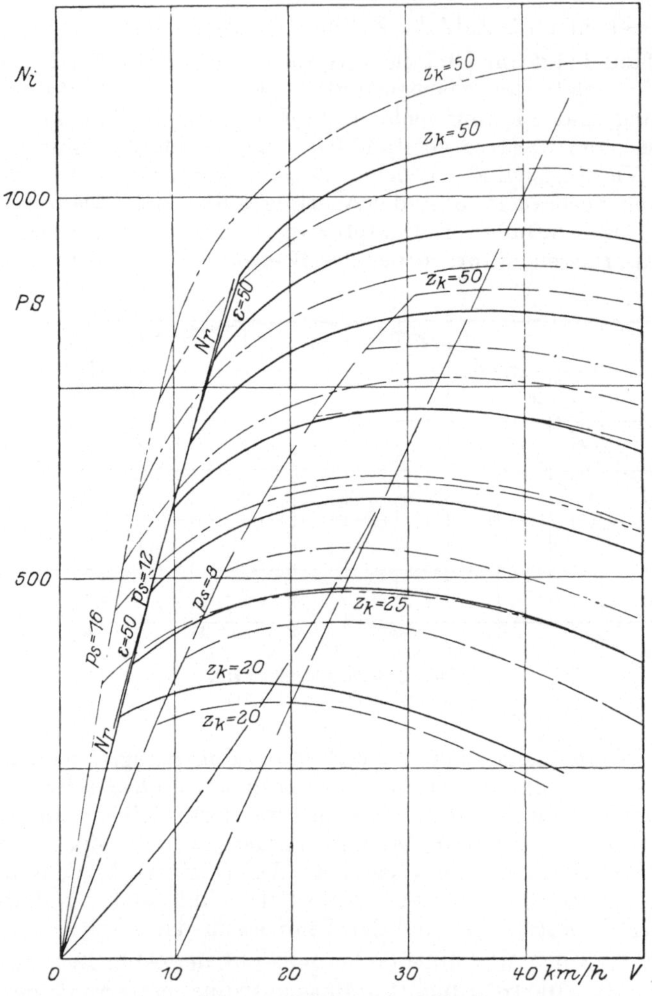

Abb. 41. Einfluß des Dampfdruckes.
z_k = Kesselanstrengung kg/m². N_r = Leistung an der Reibungsgrenze.

dampflokomotiven folgende Formel ableiten:

$$c' = \left(a - \frac{t_ü}{b}\right)\left(1{,}22 - \frac{d}{215}\right) \text{kg/PS}_i\text{h}. \qquad (7)$$

In dieser Gleichung bedeutet: p = Kesseldruck in atü, $t_ü$ = Heißdampftemperatur, d = Zylinderdurchmesser in cm. α', a und b hängen vom Kesseldruck ab nach nachstehender Zusammenstellung:

p	a	b	α'
12	14,25	55,0	0,270
14	13,65	58,3	0,255
16	13,30	60,0	0,235

Für Naßdampf kann gelten bei 12 atü:

$$c' = 13{,}4 - \frac{d}{31{,}5} \quad \text{und} \quad \alpha' = 0{,}30.$$

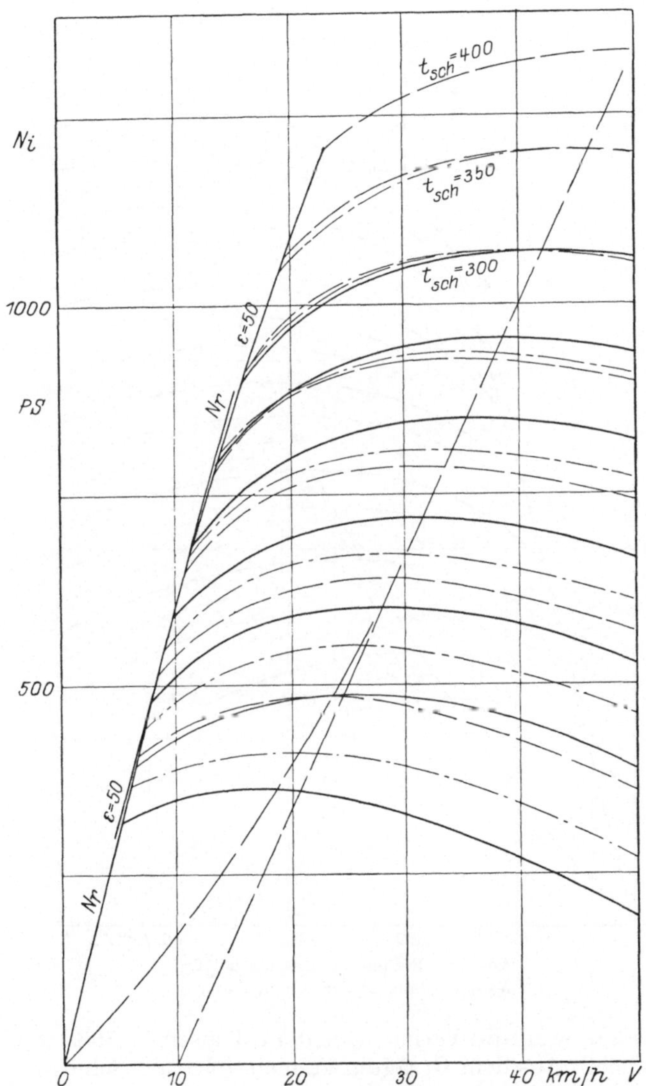

Abb. 42. Einfluß der Dampftemperatur.
t_{sch} = Dampftemperatur bei Eintritt Schieberkasten, N_r = Leistung an der Reibungsgrenze.

Wenn aus Gl. (5) und V' der Zugkraftmodul Z_m kg bestimmt werden soll, ist d noch nicht bekannt und wird zunächst aus $Z_m = 300\,G_r$ geschätzt. Beim Vergleich der aus Gl. (7) ermittelten Dampfverbrauchswerte mit den bei Versuchen gewonnenen muß berücksichtigt werden, daß sie für $A = 3$ gelten und bei höherer Kesselanstrengung c' noch etwas

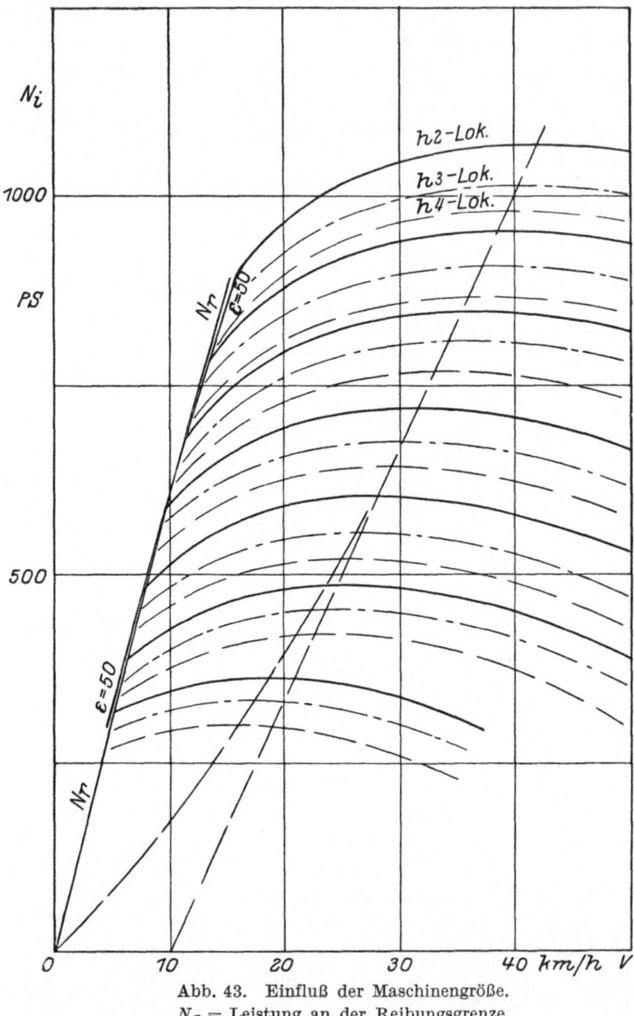

Abb. 43. Einfluß der Maschinengröße.
N_r = Leistung an der Reibungsgrenze.

kleiner ausfällt, weil die Verluste nicht in demselben Maß steigen wie der Verbrauch. Aus dem Gesagten können folgende Schlüsse gezogen werden:

Der Vierling bietet in keiner Weise Vorzüge, weil er mehr Dampf verbraucht und das Reibgewicht nicht besser ausnutzt. Sollen aus besonderen Gründen 4 Zylinder angeordnet werden, so ist eine Verbundmaschine zu wählen.

Der **Drilling** verbraucht auch mehr Dampf, nutzt aber die Reibung besser aus (vorausgesetzt, daß die Steuerung gleiche Arbeitsleistung in allen Zylindern sichert). Vorteilhaft kann der Drilling mit Rücksicht auf den Dampfverbrauch nur auf Strecken sein, wo steile Steigungen mit Gefällen wechseln und ebene Strecken fast fehlen. Vergrößert man dann noch die Zylinder so, daß die höhere Zugkraft ohne Vergrößerung der Füllung erreicht wird, so erniedrigt sich gleichzeitig die günstigste Geschwindigkeit V', was gut zu einer Gebirgsmaschine paßt. Das Diagramm Abb. 44 erläutert das.

Demnach bleibt die **Zwillingsmaschine** als **einfachste** und wirtschaftlichste allgemein verwendbare Maschine bestehen, soweit nicht die Rücksicht auf die Massenwirkungen des Triebwerks andere Bauarten als geeigneter erscheinen läßt. Alles hier Gesagte gilt nur für den Beharrungszustand, der schätzungsweise bei Heißdampflokomotiven nach etwa halbstündiger Fahrzeit eintritt. Versuche darüber fehlen noch. Es ist möglich, daß für Lokomotiven im Rangier-, Vorort- oder Personenzugdienst andere Grundsätze richtig sind.

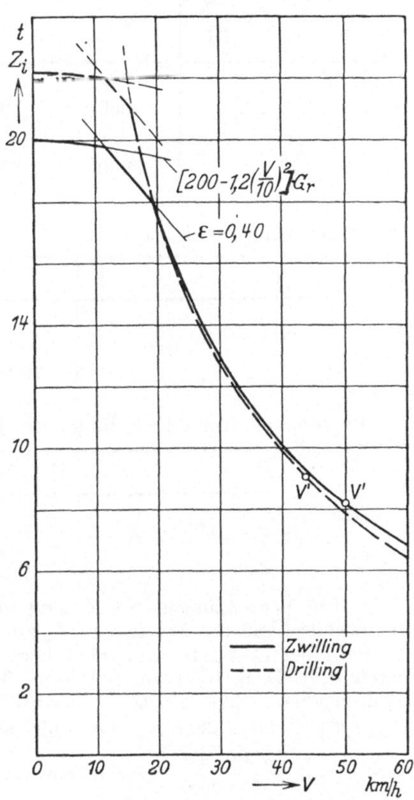

Abb. 44. ZV-Diagramm zum Vergleich von Zwilling mit Drilling.
Zwilling: $Z_m = 33000$, $V' = 50$.
Drilling: $Z_m = 37000$, $V' = 44$.
Die Kesselleistungsgrenze gilt für $A = 3$.

Die folgenden Beispiele sind mit einer Kesselanstrengung $A = 3$ durchgeführt worden und eignen sich deshalb nicht für die Berechnung der kürzesten Fahrzeiten, für die $A = 4$ maßgebend wäre. Sowohl für den Kesselwirkungsgrad wie für den spezifischen Dampfverbrauch findet man bei Versuchen mit wohlvorbereiteten Lokomotiven, die von ausgesuchten Mannschaften bedient werden, bessere als die angegebenen Werte. Im praktischen Betrieb kann aber mit den Bestwerten nicht gerechnet werden.

Beispiel für die Berechnung: In Abschn. I war die Dampferzeugung der Lokomotive, Reihe 38 der DRG. ermittelt zu $C = 8000$ kg/h bei $A = 3$. Diese Lokomotive hat $G_r = 52$ t, $Z_m = \frac{57^2 \cdot 63 \cdot 12}{175} = 15300$ kg, $p = 12$ atü, $t_ü = 330^0$. Dann ist

$$c' = \left(14{,}25 - \frac{330}{55}\right)\left(1{,}22 - \frac{57}{215}\right) = 7{,}86 \text{ kg/PS}_i\text{h},$$

$\alpha' = 0{,}27$. Ferner war $C = 8000$; es sei $C_i = 7860$ kg/h.

Daraus folgt

$$N' = \frac{7860}{7,86} = 1000 \text{ PS}_i .$$

Die günstigste Geschwindigkeit liegt für $A = 3$ bei

$$V' = \frac{270 \cdot C_i}{\alpha' c' Z_m} = \frac{270 \cdot 7860}{0,27 \cdot 7,86 \cdot 15\,300} = 65 \text{ km/h}.$$

Nach S. 70 erhält man für

$\frac{V}{V'}$	0,4	0,6	0,8	1,0	1,2
V km/h	26	39	52	65	78
N_i PS_i	860	950	990	1000	990
$Z_i = 270 \frac{N_i}{V}$ kg . .	8900	6560	5140	4150	3430

Die Begrenzung durch die Reibung liefert die Werte

V	0	20	30 km/h
$f = 200 - 1,2 \left(\frac{V}{10}\right)^2$ . .	200	195,2	189,2 kg/t
Z_i	10400	10300	9850 kg

Die Begrenzung durch die Zylinder gibt bei einer Füllung $\varepsilon = 0,4$

V	17,5	35 km/h
$\alpha = 0,68 - \frac{V}{D}$ . . .	0,58	0,48
Z_i	8900	7350 kg

Diese drei Begrenzungen von Z_i sind über der Geschwindigkeit aufzutragen und die jeweils kleinsten Werte von Z_i zur Aufstellung des Fahrplans zu benutzen.

Bei einer Güterlokomotive liegt G_r als wesentlichste Größe stets von vornherein fest. Z. B. 100 t auf 5 Achsen, $Z_m : G_r$ ist maßgebend; etwa 333 bei einer Zwillingslokomotive. Mit $Q = 10$ t wird der kleinste noch gut ausführbare Raddrm $D \geq 1,3 \sqrt{10000} = 130,0$ cm. Gewählt sei zunächst $s = 65,0$ cm, $p = 14$ at; dann wird $d = \sqrt{\frac{33300 \cdot 130,0}{14 \cdot 65,0}} = 69,0$ cm und $P = 69^2 \frac{\pi}{4} \cdot 14 = 52600$ kg. Empfehlenswert ist aber $s > \sqrt{0,1 \cdot 52600} = 72,5$ cm. Deshalb wird verbessert angenommen: $D = 140,0$, $s = 72,0$, so daß sich ergibt $d = 68,0$, $P = 51000$, $s \geq 71,1$. Wird nur große Schleppleistung verlangt, so wird die Lokomotive mit fünf gekuppelten Achsen ausgeführt und der Kessel so groß gemacht, wie erfahrungsgemäß[1] mit $G_d = 100$ t möglich ist. Wenn aber auch schnell gefahren werden soll, so muß mit Rücksicht auf ruhigen Lauf eine Laufachse zugefügt werden. Dadurch ist ein größerer Kessel möglich, dessen Dampfleistung nach weiteren Forderungen des Leistungsprogramms bestimmt wird.

Verbundmaschinen. Zweck der zweistufigen Dehnung ist die Teilung des ganzen Temperaturgefälles, um den Flächenschaden und die Lässigkeitsverluste zu vermindern. Die Drosselverluste in der Steuerung

[1] Siehe Zusammenstellung in Abschnitt IV.

werden der großen Füllungen wegen auch geringer, was aber vielfach durch Drosselverluste im Verbinder wieder ausgeglichen wird. Bei Naßdampfmaschinen ist die gleiche Teilung des Temperaturgefälles am wichtigsten; hat die Maschine aber nur zwei Zylinder, so ist gleiche Arbeitsverteilung wichtiger. Jetzt kommen nur noch Heißdampfverbundmaschinen in Frage, wenn die Lokomotive aus besonderen Gründen vier Zylinder haben soll. Auf gleiche Arbeitsverteilung kommt es dann nicht mehr an. Zur Schonung der Kurbelachse sollten die Innenzylinder weniger als die halbe Arbeit leisten. Die z. T. im Naßdampfgebiet arbeitenden Niederdruckzylinder erhalten deshalb besser das kleinere Druck- und Wärmegefälle. Aus beiden Gründen folgt, daß innenliegenden Niederdruckzylindern der Vorzug zu geben ist, aber leider ist bei großen regelspurigen Maschinen zwischen den Rahmen meistens kein Platz für sie.

Die Arbeitsverteilung hängt im wesentlichen vom Zylinderraumverhältnis, dem Füllungsverhältnis und der Größe des Verbinders ab. Nimmt man unendlich großen Verbinder an, so gilt das Diagramm Abb. 45. Es zeigt, daß die Vergrößerung der Füllung oder des Inhaltes eines Zylinders seine Leistung vermindert. Getrennte Steuerungen (nach DE GLEHN) geben einem aufmerksamen Führer die Möglichkeit, zu jeder Arbeitslage die besten Füllungen zu wählen und am sparsamsten zu fahren. Gemeinsame Steuerungen sind auch dann, wenn die Schieber gesondert sind, einfacher und verhüten die Einstellung ganz verkehrter Füllungen.

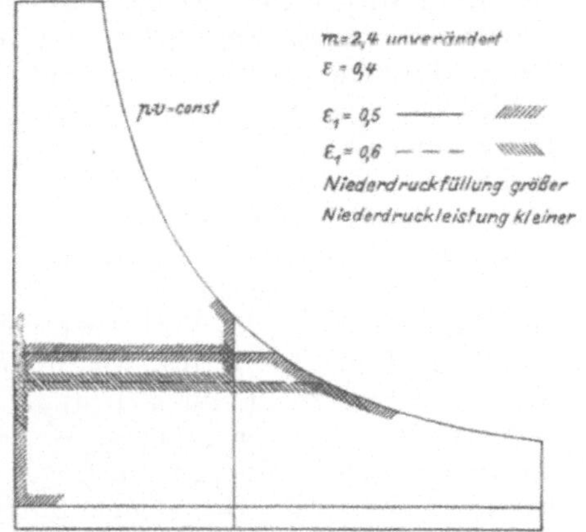

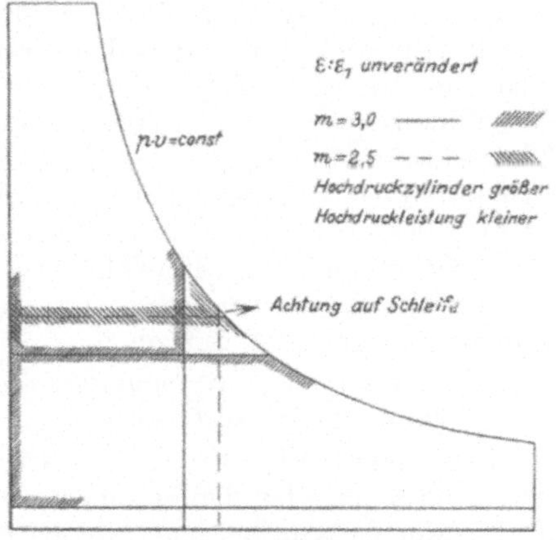

Abb. 45. Theoretisches Diagramm der Verbundmaschine.

Um so sorgfältiger müssen aber die Steuerungsverhältnisse ermittelt werden. KÖLSCH[1] und GRASSMANN[2] haben neben anderen das Aufzeichnen des Raumdiagramms beschrieben. Die Tafel I dient als Beispiel

[1] Org. f. d. Fortschr. d. Eisenbahnw. **50**, 197 (1913).

[2] Anleitung zur Berechnung einer Dampfmaschine, 4. Aufl., Anhang 17. Berlin: Julius Springer 1924.

zur Nachprüfung, nachdem alle einzelnen Maße bekannt geworden sind. In der Dampfdrucklinie des Niederdruckzylinders erhält man den Punkt *2* durch Berechnung des Druckabfalles nach STRAHLS Formel (6). Damit man im weiteren Verlauf jederzeit zu einem gegebenen Volumen den zugehörigen Druck abgreifen kann, zeichnet man nach der MOLLIERschen Dampftafel ein pv-Diagramm und wählt den Maßstab des spez. Volumens so, daß $V_2 = \varepsilon + V_{0H}$, aber im pv- und im Dampfdruckdiagramm gleich groß ist. In beiden Diagrammen tragen zugehörige Punkte gleiche Nummern. Die Punkte *3* und *4* sind dann leicht gefunden. Die Dampfdrucklinie des Hochdruckzylinders kann nun nicht weiter gezeichnet werden, weil in Punkt *4* die Mischung mit dem Dampfinhalt des Verbinders beginnt. Man geht deshalb erst an den Punkt *5* des Niederdruckdiagramms, der festliegt, weil hier wieder das gleiche Dampfgewicht wie bei der Einströmung des Niederdruckzylinders wirkt. Der Punkt *6* liegt dann auch fest, während die Ausströmlinie zwar willkürlich, aber mit weiser Überlegung eingetragen werden muß. Wenn der Dampf ohne Druckverluste in den Niederdruckzylinder einströmen könnte, würde die gestrichelte Linie *11*—*5* als Dehnungslinie des Dampfes aus dem Verbinder gelten. Der Druckabfall drückt sich durch die Linie *5*—*7a* aus, was im Diagramm dadurch berücksichtigt wird, daß man die Füllung nicht in Punkt *5*, sondern schon in *8a* beendet denkt. (In der gleichen Weise gilt für den Hochdruckzylinder die theoretische Füllung ε' im Gegensatz zur Steuerungsfüllung ε.) Der weitere Verlauf der Diagramme dürfte dann leicht erklärlich sein.

Je kleiner der Verbinder ist, um so steiler verläuft die Linie *8a*—*10* und um so größer wird die Niederdruckleistung auf Kosten des Hochdruckzylinders. Man wähle den Verbinder mindestens gleich dem Inhalt des Niederdruckzylinders, und es ist gut, die Verbinder beider Maschinenseiten durch weite Rohre zu vereinigen. Der Entwurf des Raumdiagramms wird dann freilich recht umständlich. Die Niederdruckschieber erhalten meistens äußere Einströmung und sind dann nicht mehr entlastet, weil der Verbinderdruck auf die Stirnflächen der Schieberkolben heftig schwankt. Das ruft unruhigen Gang der Steuerung hervor, der vermieden wird, wenn die Niederdruckschieber als Rohrschieber ausgebildet werden.

Die Anfahrvorrichtungen der Verbundmaschinen sind ausführlich von HOPPE[1] dargestellt worden.

Die Dreizylinderverbundmaschine leidet unter starken Schwankungen des Drehmoments, wenn der Hochdruckzylinder die Hälfte der Gesamtleistung auf sich nimmt, wie es bei der Vierverbundmaschine richtig ist. Die Hochdruckleistung muß durch große Füllung vermindert werden, wobei aber nach Abb. 45 auch ein großes Zylinderraumverhältnis angewandt werden muß, damit am Hochdruckdiagramm Schleifen infolge zu großen Gegendruckes vermieden werden. Mit Rücksicht auf gleichmäßige Feueranfachung werden die Niederdruckkurbeln unter 90° gesetzt. Das verschlechtert wieder das Drehmoment,

---

[1] Glasers Annalen 78, 85 (1916).

zumal der Niederdruckzylinder, der nach dem Auspuff des Hochdruckzylinders zuerst gefüllt wird, höheren Druck erhält. Die Dreizylinderverbundmaschine kann also nur dort mit Vorteil angewandt werden, wo das Reibgewicht reichlich groß ist.

Der Dampfverbrauch gut entworfener Verbundlokomotiven kann 5 bis 6% geringer sein als bei einstufiger Dehnung unter sonst gleichen

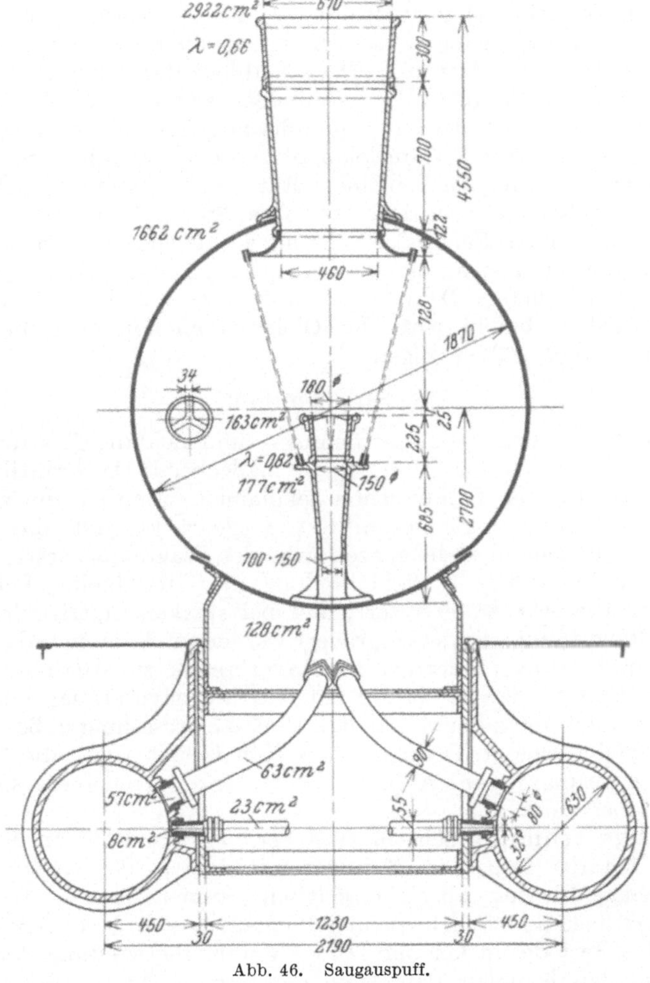

Abb. 46. Saugauspuff.

Verhältnissen. α' liegt etwa um den gleichen Betrag tiefer. Die Kurve $\frac{N_i}{N'}$ über der Geschwindigkeit kann — ehe man Besseres weiß — wie bei einstufiger Dehnung angenommen werden.

Die Gleichstrommaschine wurde auf Stumpfs Vorschlag im Jahre 1907 von Noltein auf einer D-Heißdampflokomotive der

Moskau—Kasaner Eisenbahn angewandt[1]. Aus der starken Verminderung des Flächenschadens konnte eine nennenswerte Dampfersparnis erwartet werden, die bei kleinen Füllungen auch eingetreten ist. Bei großen Füllungen entsprach die hohe Kompression aber nicht den Forderungen des STUMPFschen Kompressionsgesetzes; oder mit anderen Worten: die Kompression verzehrte zuviel Arbeit. Dieser Mangel wurde zugleich mit dem harten Auspuff durch STUMPFS Saugauspuff[2] vermieden. Die Abb. 46 zeigt das Wesen der Einrichtung, mit der bei großer Füllung und kleiner Geschwindigkeit ein Kompressionsanfangsdruck bis 0,7 ata erreicht wurde. Der schädliche Raum konnte bei 12 atü Kesseldruck von 17 auf 12% vermindert werden. Mit Saugauspuff sind eine G 10-Lokomotive der preußischen Staatsbahn mit Ventilsteuerung und 2 Stück E-Güterlokomotiven der russischen Staatsbahn mit Schiebersteuerung nach meinem Entwurf bei Nydqvist & Holm in Trollhättan gebaut worden. Die Abb. 35 u. 36 zeigen den Erfolg dieser beiden Lokomotiven. Bei großer Leistung ist die Gleichstromlokomotive der gewöhnlichen gleich, bei kleiner Leistung stark überlegen. Erst bei noch viel höherem Dampfdruck und starker Dehnung bis in das Sättigungsgebiet hinein wird die Gleichstromlokomotive ihre Überlegenheit in allen Fällen zeigen.

B. Steuerungen.

Innere Steuerung. Die Ausströmung — und nicht die Einströmung — ist für die Bemessung der Dampfkanäle maßgebend. Der Praktiker sagt: „Hinein will ich den Dampf schon bekommen, wenn ich ihn nur auch wieder herausbekomme?“ Damit ist ausgedrückt, daß die Auslaßdrosselung, die sich über die ganze Länge des Diagramms erstreckt, viel schadet, während die Einlaßdrosselung nur eine kleine Ecke wegschneidet. Die Abb. 47 erläutert, daß bei starker Eintrittsdrosselung nur die Steuerfüllung etwas vergrößert werden muß, um fast das gleiche Diagramm bei unverändertem Dampfverbrauch zu erhalten. STRAHL hat dem Einfluß der Steuerung auf den Dampfverbrauch ein ganzes Buch gewidmet, um zu beweisen, daß Eintrittsdrosselung in bestimmten Grenzen nicht schadet. Der TRICKsche Kanalschieber läßt die Maschine durch Steigerung von α, Abb. 25, zwar stärker erscheinen, sparsamer wird sie aber nicht.

Die Ausströmung geht in zwei Perioden vor sich: In der ersten gleicht sich der Druck im Zylinder mit dem in der Außenluft aus. Das Druckgefälle liegt über dem kritischen von 1,832; der Dampf tritt mit Überdruck und Schallwirkung (Schlag) aus (Abb. 47). Dann folgt die zweite Periode, in der der Dampf unter Überwindung der Widerstände in den Kanälen, den Ausströmrohren und dem Blasrohr ausgeschoben wird. Während der zweiten Periode hängen die Widerstände hauptsächlich vom Quadrat der Ausströmgeschwindigkeit ab. Da die Ausströmkanäle selbst bei Füllungen bis herab zu 30% fast ganz ge-

[1] Sitzungsbericht Nr. 7 des Internationalen Eisenbahn-Kongreß-Verbandes, S. VI 404. Bern 1910.

[2] MEINEKE: Doktor-Dissertation Berlin 1921.

öffnet sind und vernünftigerweise die Ausströmrohre so weit wie diese Kanäle gemacht werden, muß nur dafür gesorgt werden, daß die Ausschubgeschwindigkeit w_a des Dampfes bei der günstigsten Geschwindigkeit der Lokomotive einen erfahrungsgemäß als wirtschaftlich erkannten Wert nicht überschreitet. Da bei der Fahrgeschwindigkeit V' die größte Kolbengeschwindigkeit gleich $\frac{V'}{3,6} \cdot \frac{s}{D}$ ist und a und b die Länge und Breite der Kanalöffnung bedeuten, so kann man schreiben

$$(a \cdot b)\, w_a = \frac{V'}{3,6} \cdot \frac{s}{D} \cdot \frac{d^2 \pi}{4}. \tag{8}$$

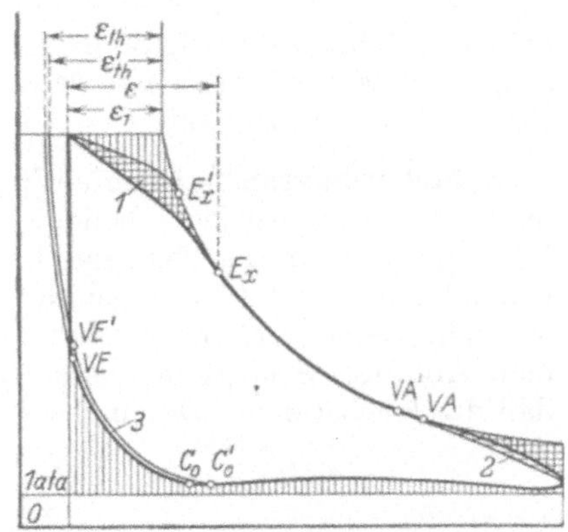

Abb. 47. Indikatordiagramme nahezu gleicher Fläche bei gleichem theoretischen Dampfverbrauch und einer der Verschiedenheit der Eintrittsdrosselung entsprechenden Steuerungsfüllung. Die Verlustflächen *2* und *3* und die Gewinnfläche *1* gleichen sich aus.

Bzgl. der Bezeichnungen VE, E_x, VA, C_0 vgl. Abb. 50.

Für die Wahl von w_a ist der Druckabfall Δp zur Erzeugung dieser Geschwindigkeit zu beachten, weil auch die Verluste durch Stoß und Reibung von w_a^2 abhängen.

Im Abschnitt I war beim Regler die Gleichung für w genannt worden (S. 38), hier heißt sie

$$w_a = \varphi_1 \sqrt{2 g \frac{\Delta p}{\gamma} 10^2} \text{ m/sec},$$

woraus folgt:

$$\Delta p = \frac{w_a^2}{2 g} \cdot \gamma \cdot \frac{0,01}{\varphi_1^2} \text{ at}.$$

Wenn Δp einen bestimmten Wert nicht überschreiten soll, muß $w_a^2 \gamma$ konstant sein. Darauf ist zu achten, weil bei Heißdampf und Naßdampf γ verschiedene Werte hat, wie bei der Blasrohrberechnung S. 44 schon erläutert worden war. Nimmt man empirisch an: $\gamma \cdot w_a^2 = 3000$ und setzt γ mit Rücksicht auf den im Schieberkanal herrschenden höheren Druck um $^1/_{10}$ größer ein, nämlich bei Naßdampf und Heißdampf bzw. $\gamma = 0,71$ und $0,57 \text{ kg/m}^3$, so wird bzw. $w_a = 65,0$ und $73,0$.

Führt man diese Zahlen in Gl. (8) ein, so erhält man für

$$\text{Naßdampf} \quad a \cdot b = \frac{V'}{D} \cdot \frac{s\, d^2}{300} \text{ cm}^2, \tag{9}$$

$$\text{Heißdampf} \quad a \cdot b = \frac{V'}{D} \cdot \frac{s\, d^2}{335} \text{ cm}^2. \tag{10}$$

Diese Gleichungen sind auch für die Hochdruckzylinder der Verbundmaschinen brauchbar, weil dort ein zwar absolut höherer, im Verhältnis zum Gegendruck aber gleicher Druckabfall zugelassen werden kann.

Der Querschnitt $a \cdot b$ gilt für die Schieberspiegel; im Kanal ist er mit Rücksicht auf Gußfehler und Wandrauhigkeit um 5 ÷ 10% zu vergrößern. Die Kanäle sollen möglichst kurz und gerade sein und nicht mehr Versteifungsrippen enthalten, als dringend nötig ist, damit die Oberfläche, die einen großen Teil des Flächenschadens hervorruft, möglichst klein sei. Die Außenkanten der Schieberbüchsen müssen stark abgefast sein, um den Kontraktionsverlust φ_1 klein zu halten. Weite Einströmrohre, etwa mit dem Querschnitt $(0{,}5 \div 0{,}6)\,(a \cdot b)$ vermindern ebenso wie geräumige Schieberkästen den Druckabfall bei der Einströmung. Da bei Kolbenschiebern der freie Querschnitt in der Schieberbüchse durch die Stege verengt ist, kann man in erster Annäherung den wirksamen Umfang b anstatt mit $d_s \pi$ (d_s cm = Kolbenschieberdurchmesser) mit $b = 2 d_s$ berechnen.

Schieberdiagramm. Um die Wirkung des Schiebers zu erkennen, muß man seine Lage bei jeder beliebigen Kurbelstellung darstellen können. Ich benutze dafür das ZEUNERsche Diagramm, weil es für die später zu behandelnden Umsteuerungen am übersichtlichsten ist. Der Mangel, daß sehr kleine Deckungen nicht scharf hervortreten, ist nicht beträchtlich (Abb. 48). Schlägt man um ein Exzenter einen Kreis (Abb. 49) so, daß die Kurbel einen Durchmesser $\mathfrak{r}$ bildet, so schneidet der Kreis aus

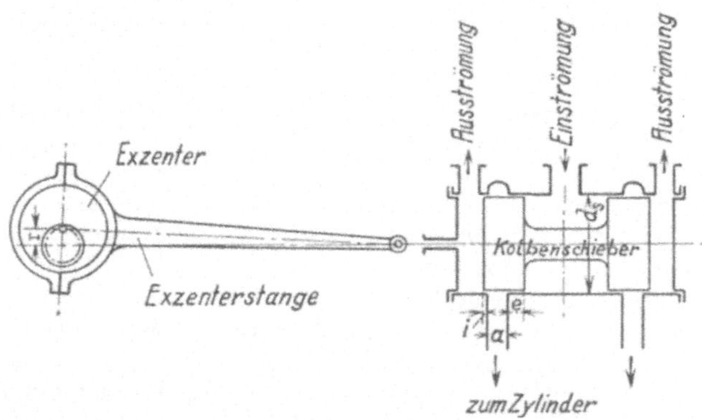

Abb. 48. Schema der Steuerung für innere Einströmung.
Bei äußerer Einströmung steht die Kurbel in Abb. 49 und 50 um 180° versetzt.

der Steuerungsachse $X - X$ ein Stück x heraus, das bei unendlich langer Exzenterstange so groß ist wie die Entfernung des Schiebers aus seiner Mittellage bei der angenommenen Schieberkurbelstellung α. Es ist $x = \mathfrak{r} \cdot \cos \alpha$. Dabei ist angenommen, daß die Maschinenachse mit der Steuerungsachse zusammenfällt, so daß demnach die Exzentermitte um den „Voreilwinkel" δ gegenüber der y-Achse in der Drehrichtung versetzt ist. Will man die Schieberstellung nach einer Drehung der Kurbel um den Winkel φ wissen, so müßte auch der Exzenterkreis um den gleichen Winkel φ gedreht und dann sein Abschnitt x_1 auf der x-Achse abgegriffen werden. Weil das zu umständlich ist, läßt man den Exzenterkreis liegen und dreht die Kurbel um den Winkel φ, aber, da es sich um eine Relativbewegung handelt, nun entgegengesetzt der

Fahrrichtung, und greift auf dem um φ gedrehten Strahl $O-K_1$ die gleichlange Strecke x_1 ab. Aus dieser Relativbewegung der Kurbel ist

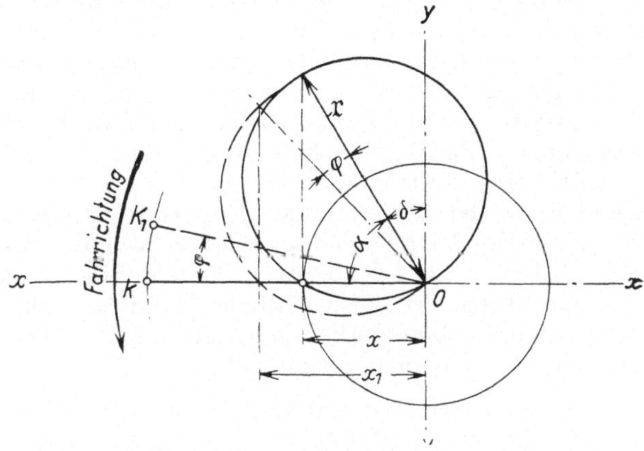

Abb. 49. Erläuterung des ZEUNERschen Schieberdiagramms.
Die wirkliche Drehung des Exzenters r um den Winkel φ wird ersetzt durch eine entgegengesetzte Drehung der x-Achse um den gleichen Winkel φ. In beiden Fällen wird das gleiche Stück x auf der x-Achse abgeschnitten.

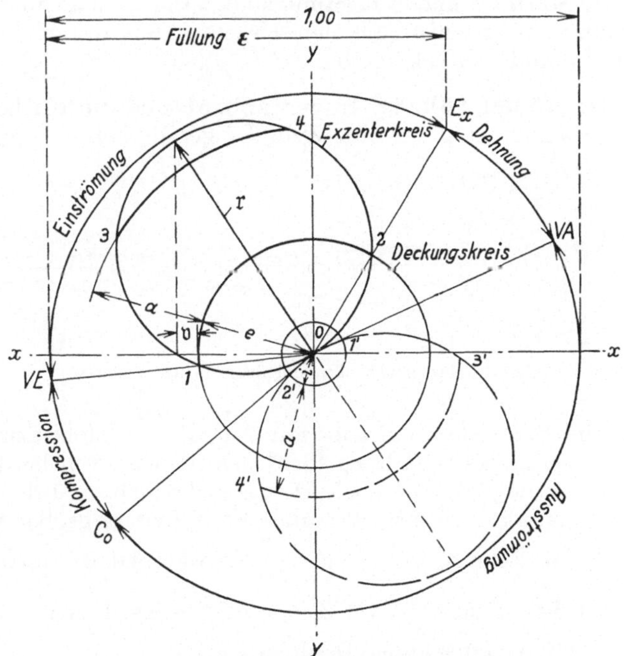

Abb. 50. Schieberdiagramm (nach ZEUNER).
Von *1* bis *2* ist die Einströmung geöffnet, von *3* bis *4* voll geöffnet.
Von *1'* bis *2'* ist die Ausströmung geöffnet, von *3'* bis *4'* voll geöffnet.

es zu erklären, daß der „Voreilwinkel" im Zeuner-Diagramm entgegengesetzt der Fahrrichtung aufgetragen wird. Sobald der Schieber um das

Maß der Einlaßdeckung e (Abb. 50) aus der Mitte gegangen ist, beginnt das Öffnen des Einlaßkanales. Ein Kreis mit dem Halbmesser e um den Mittelpunkt O schneidet den Exzenterkreis in den Punkten *1* und *2*, nach welchen die Kurbelstellungen des Öffnens und Schließens der Einströmung festzulegen sind. Die Auslaßdeckung i wird in der gezeichneten Lage als positiv bezeichnet, obgleich sie in entgegengesetzter Richtung zu e steht. Zum Ausgleich wird noch ein negativer Exzenterkreis, der in Abb. 50 gestrichelt ist, zugefügt. Der Schnittpunkt des i-Kreises mit diesem gestrichelten Kreis liefert die Kurbelstellungen für Beginn und Ende der Ausströmung. Nur dann, wenn i negativ ist und beide Kanäle in der Mittellage des Schiebers nach der Ausströmung geöffnet sind, wird auch für i der positive Exzenterkreis benutzt.

Damit bis zum Totpunkt der schädliche Raum mit Dampf gefüllt ist, muß der Schieber schon vorher geöffnet werden. Man wählt für Dampfdrucke von 12 ÷ 16 atü zweckmäßig

$$e = 0{,}8\,a\,, \quad \mathfrak{v} = 0{,}6\,a\,, \quad i = 0{,}1\,a\,.$$

Bei Verbundmaschinen muß i aus dem Raumdiagramm so bestimmt werden, daß die Kompression nicht zu hoch wird; häufig wird im Hochdruckschieber $i = -a\,(0{,}15 \div 0{,}2)$, im Niederdruckschieber $i = 0$ bis $-0{,}1\,a$. Sobald e und $\mathfrak{v}$ bekannt sind, braucht man nur noch die größte Füllung zu kennen, um den Exzenterkreis durch *1—0—2* zu legen und so δ und $\mathfrak{r}$ zu bekommen.

Wahl der größten Füllung. In der Abb. 51 sind die Kurbeln in der Stellung gezeichnet, daß der eine Zylinder gerade keinen Dampf mehr

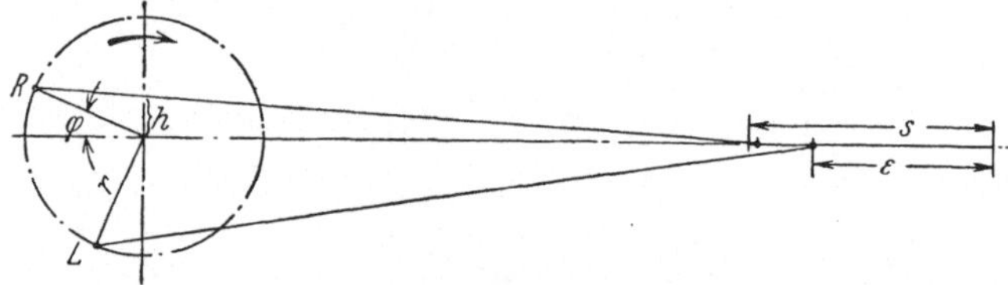

Abb. 51. Ungünstigste Kurbelstellung für das Anziehen.

bekommt und der andere Zylinder mit dem kleinen Hebelarm h wirkt. Das ist die ungünstigste Stellung für das Anziehen, weil bei kleinerem Winkel φ der eine Zylinder noch Dampf bekommen würde, während bei größerem φ der Hebelarm des anderen Zylinders größer wäre. Die Anzugskraft ist dann $Z_a = \frac{d^2\pi}{4} \cdot p \cdot h \cdot \frac{2}{D}$ kg, während die mittlere Zugkraft bei der Fahrt nach Gl. (1) $Z_i = \frac{d^2\,\alpha \cdot p \cdot s}{D}$ ist. Das Verhältnis der Zugkräfte $Z_a : Z_i$ sei ζ genannt. Dann ist

$$\zeta = \frac{Z_a}{Z_i} = \frac{\pi \cdot h\,2}{4\,\alpha\,s} \tag{11}$$

und mit $s = 2\,r$ wird $h : r = \frac{4}{\pi} \cdot \alpha \cdot \zeta$.

Man kann für eine Güterlokomotive, die einerseits in der Steigung mit großer Füllung fährt, aber einen nur schlaff gekuppelten Zug anzuziehen hat, annehmen: $\alpha = 0{,}63$, $\zeta = 0{,}75$. Dagegen fährt die Schnellzugslokomotive mit $\alpha = 0{,}52$, hat aber eine größere Schwierigkeit, den straff gekuppelten Zug anzuziehen; also sei $\zeta = 0{,}9$. In beiden Fällen erhält man

$$\frac{h}{r} = \frac{4}{\pi} \cdot 0{,}63 \cdot 0{,}75 = \frac{4}{\pi} \cdot 0{,}5 \cdot 0{,}9 = 0{,}6 .$$

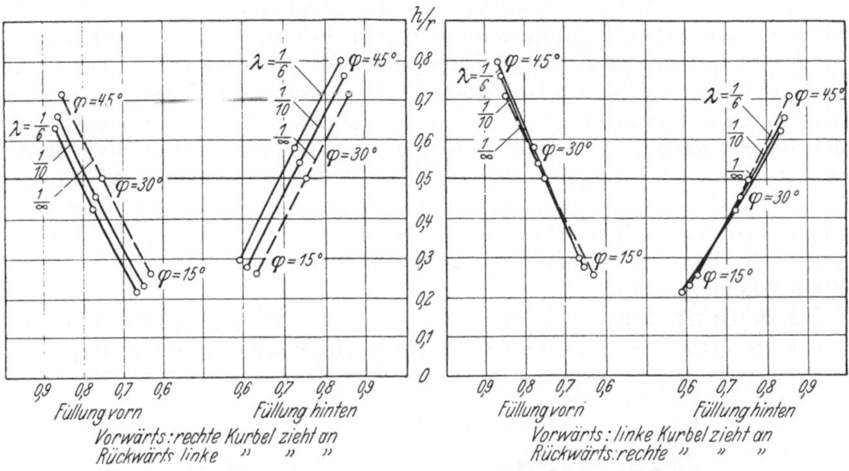

Abb. 52. Zusammenhang zwischen Anzugskraft und Füllung.

Wenn die Treibstangen nicht die Länge l hätten, sondern das Stangenverhältnis $r:l = \lambda = 0$ wäre, könnte man ohne weiteres feststellen: $h = r \cdot \sin\varphi$ und $\varepsilon = \frac{r(1+\sin\varphi)}{2r}$, woraus folgt: $\frac{h}{r} = 2\varepsilon - 1$. Demnach bedeutet $\frac{h}{r} = 0{,}6$ schon eine Füllung von $\varepsilon = 0{,}8$, was die Grenze des praktisch Erreichbaren darstellt. Die endliche Stangenlänge hat aber einen recht bedeutenden Einfluß, wie das graphisch ermittelte Diagramm Abb. 52 zeigt. Wenn bei Vorwärtsfahrt die rechte Kurbel anziehen muß, was in Abb. 51 gezeichnet ist, muß die Füllung vorn etwa 85%, hinten aber nur etwa 75% betragen. Aber selbst dann, wenn man durch die anschließend erwähnten Nachfüllschieber die Füllung so vergrößern würde, daß $\zeta = 1$ erreicht wird, wäre das Anziehen straff gekuppelter Züge mit durchgehender Zugstange doch nicht gesichert, weil ihr Widerstand zu Beginn der Bewegung so sehr groß ist. Der Führer hilft sich durch Zurückdrücken, wobei nicht nur die Kurbeln in eine günstigere Stellung kommen, sondern auch die zusammengedrückten Puffer das Anfahren unterstützen. Wählt man die Füllung $\varepsilon = 0{,}8$, so wird $\mathfrak{r} = 1{,}88\,a$; dann kann das Zeunerdiagramm gezeichnet werden.

Nachfüllschieber. Der bei 80% Füllung erforderliche große Schieberhub mit $\mathfrak{r} = 1{,}88\,a$ ist konstruktiv oft unbequem. Gölsdorf und Lindner haben bei den Anfahrvorrichtungen ihrer Verbundmaschinen dadurch sehr große Füllungen erreicht, daß sie aus dem Schieberspiegel eine Kerbe ausgeschnitten haben, die eine gewisse Breite b_1 und Tiefe a_1 hatte. Dadurch wurde die Deckung e auf $e' = e - a_1$ vermindert und die Füllung vergrößert. Wählt man z. B. $e' = a_1 = \frac{e}{2}$, so wird bei einer Hauptfüllung $\varepsilon = 0{,}75$ eine Nachfüllung bis 0,83 erreicht, und gleichzeitig der Schieberhub vermindert: $\mathfrak{r} = 1{,}68\,a$. Die Breite b_1 genügt mit $^1/_{20}$ der Kanalbreite b oder $^1/_8 \div {}^1/_{10}$ des Schieberdurchmessers. Dieser kleine Querschnitt von etwa $^1/_{40}$ des Schieberkanals hat bei mehr als einer sekundlichen Radumdrehung keinen erkennbaren Einfluß mehr. Gleichzeitig mit der Füllung nimmt die Vorausströmung zu, was beim Anfahren zu schädlichem Gegendampf führt, wenn die Kerbe noch tiefer als empfohlen gemacht wird. Bei Drillingslokomotiven darf wegen der Kurbelversetzung von 120^0 auf keinen Fall eine Kerbe ausgespart werden, weil der Gegendampf den Nutzen der verlängerten Füllung wieder aufheben würde; hier genügt aber $\varepsilon = 0{,}75$ für das Anfahren. Durch Nachfüllschieber kann die Höchstfüllung vergrößert werden unter gleichzeitiger Verminderung des Schieberhubes und Verbesserung aller Querschnitte[1].

Äußere Steuerung. STEPHENSONsche Kulisse. Die ersten Lokomotiven hatten für jede Fahrrichtung je ein Exzenter mit Stange, die

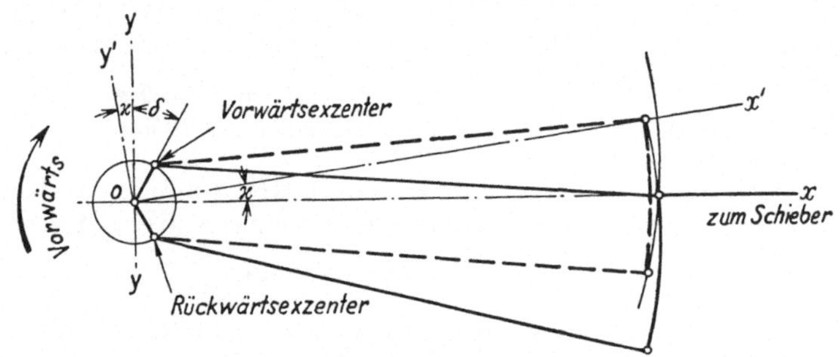

Abb. 53. STEPHENSON-Steuerung.
Der Voreilwinkel ist von der Senkrechten auf die Exzenterstangenrichtung ab zu messen. In der Mittellage der Kulisse (gestrichelt) ist o—x' die Exzenterstangenrichtung, o—y' die Senkrechte darauf und $(\delta + \varkappa)$ der wirksame Voreilwinkel.

abwechselnd — mittels Gabeln — in die Schieberstange geklinkt werden konnten. Diese Gabelsteuerung ermöglichte nur die Anwendung der größten Füllung. Die Ingenieure WILLIAMS und HOWE von R. STEPHENSONS Lokomotivfabrik verwirklichten den Gedanken, die Enden der beiden Exzenterstangen durch einen Schleifbogen — auch Kulisse oder Schwinge genannt — zu verbinden, und so entstand die STEPHENSONsche Kulissensteuerung, die in Abb. 53 schematisch dargestellt ist. Bei der größten Füllung wirkt der Voreilwinkel δ; in der Mittellage der Schwinge arbeitet die Schwingenstange in der Richtung $0 - x'$, so daß der Voreilwinkel $\delta + \varkappa$ ist. Die Bewegung des Schiebers setzt sich dann aus der Bewegung der beiden Schwingenstangen, von denen jede zur Hälfte

[1] Glasers Annalen **54**, 39 (1931).

wirkt, zusammen. Als Resultierende erhält man ein Ersatzexzenter $\mathfrak{r}_0$ (s. Abb. 54). Die dazwischen liegenden Punkte für die Größe und den Voreilwinkel des Ersatzexzenters können graphisch leicht gefunden werden (Abb. 54). Der geometrische Ort dieser Punkte heißt Scheitelkurve. Betrachtet man die Abb. 49 und 50, so sieht man, daß das Maß $e + \mathfrak{v} = x$ ist. Dieses Maß x ist in der Abb. 54 veränderlich und für 3 Schwingenlagen mit x_1, x_2, $\mathfrak{r}_0$ bezeichnet. Daraus geht hervor, daß bei der STEPHENSON-Steuerung das lineare Voreilen veränderlich ist, und zwar nimmt $\mathfrak{v}$ mit abnehmender Füllung zu, wenn — wie gezeichnet — die Kulisse für Vorwärtsfahrt gesenkt wird. Sind die Schwingenstangen jedoch so angeordnet, daß bei Vorwärtsfahrt die Schwinge gehoben wird, so wird bei abnehmender Füllung der Voreilwinkel δ verkleinert, und das lineare Voreilen nimmt ab.

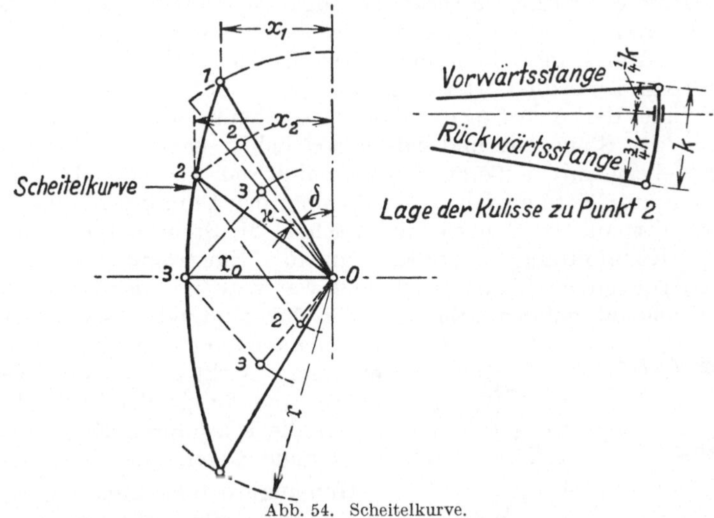

Abb. 54. Scheitelkurve.

Punkt	Vorwärts-exzenter	Rückwärts-exzenter	Ersatz-exzenter	Voreil-winkel	Schieberweg im Totpunkt
1	voll wirksam	unwirksam	0—1	δ	$x_1 = \mathfrak{r} \sin \delta$
2	3/4 „	1/4 wirksam	0—2	$\delta + \frac{\varkappa}{2}$	—
3	1/2 „	1/2 „	$0—3 = \mathfrak{r}_0$	$\delta + \varkappa$	$\mathfrak{r}_0 = \mathfrak{r} \sin (\delta + \varkappa)$

Die in Abb. 53 dargestellte Anordnung nennt man auch „offene Stangen“, sie ist für die Lokomotive das richtige. Bei großer Geschwindigkeit braucht man viel Voreinströmung, dann ist aber die Füllung klein und $\mathfrak{v}$ bei offenen Stangen groß. Beim Anfahren mit größter Füllung kann $\mathfrak{v} = 0$ sein, was bei offenen Stangen auch meistens gemacht wird. Wenn die Stangen nicht gar zu kurz sind, d. h. $\varkappa$ nicht zu groß ist, gibt die STEPHENSON-Steuerung mit offenen Stangen die beste Dampfverteilung.

Es gab aber auch Theoretiker, die behaupteten, daß das lineare Voreilen unveränderlich sein müsse, und deshalb entwarf GOOCH[1] eine Steue-

[1] GRASSMANN: Geometrie und Maßbestimmung der Kulissensteuerungen, 2. Aufl., S. 22. Berlin: Julius Springer 1927.

rung, bei der nicht die Schwinge, sondern der Schwingenstein senkrecht bewegt wird. Die Steuerung ist schlechter und hat mehr Teile als die von STEPHENSON.

Die Herstellung der gekrümmten Schwinge war bei der Werkstatttechnik vergangener Zeiten teuer. Deshalb entwarfen unabhängig voneinander TRICK und ALLAN eine Steuerung, die als Kombination von STEPHENSON und GOOCH anzusehen ist und eine gerade Schwinge hat. Ihr lineares Voreilen ist weniger veränderlich als bei STEPHENSON; in ihrer gewöhnlichen Ausführung wird die Schwinge bei Vorwärtsfahrt aber gehoben, und deshalb wird das Voreilen gerade im ungünstigen Sinne verändert.

Die Nachteile der drei erwähnten Steuerungen, bei denen die Exzenter für beide Fahrrichtungen vorhanden sind, bestehen in folgendem: Da die Steuerung der besseren Zugänglichkeit halber jetzt außen liegt, ist ihre Achse geneigt, so daß das Federspiel Einfluß hat. Ferner ist der Abstand der Steuerungsmitte beider Maschinenseiten etwa doppelt so groß wie die Entfernung von Mitte zu Mitte Achslager. Waagerechtes Spiel der Achse in den Lagern erscheint deshalb in doppelter Größe in der Steuerung und ruft große Fehler hervor. Bei den alten Flachschiebern mit äußerer Einströmung war es möglich, mit der Steuerung auf Mitte zu fahren, weil, wenn der Dampfdruck die Treibachse im Totpunkt z. B. nach hinten schob, die Steuerung mit Schieber vorn die Kanalöffnung vergrößerte und die Einströmung verlängerte. Die Steuerungen von TRICK und GOOCH waren auch in der Querrichtung nicht genügend geführt, was bei den fortwährenden seitlichen Bewegungen der Lokomotive starke Abnutzung bewirkte. Die schwere Gegenkurbel und die großen toten Lasten durch die schwereren Exzenter sind auch nicht angenehm.

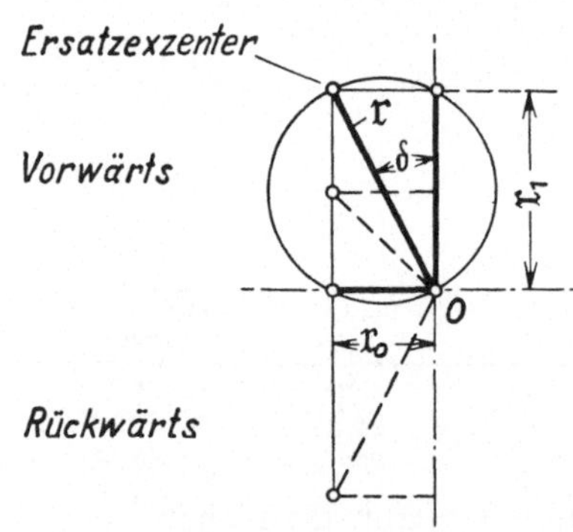

Abb. 55. Ersatzexzenter $\mathfrak{r}$ bei Vorwärtsgang für k und $\frac{k}{2}$, bei Rückwärtsgang für k. k aus Abb. 56.
$\mathfrak{r}_0 = e + \mathfrak{v}$, $\mathfrak{r}_1 = \sqrt{\mathfrak{r}^2 - \mathfrak{r}_0^2}$,
r_1 kann aus dem Diagramm abgemessen werden, δ wird nicht gebraucht.

Heusinger-Steuerung. Das Ersatzexzenter braucht nicht aus zwei wirklichen Exzentern mit den Voreilwinkeln δ gebildet zu werden, sondern es kann auch aus zwei um 90^0 versetzten Kurbeln entstehen. Die eine Kurbel, Abb. 55, ist unveränderlich, läuft mit der Maschinenkurbel in Phase und ist mit $\mathfrak{r}_0$ bezeichnet; sie steuert die Voreilbewegung: $\mathfrak{r}_0 = e + \mathfrak{v} = \text{const}$. Die andere Kurbel $\mathfrak{r}_1$ steht senkrecht zur Maschinenkurbel und ist von $+\mathfrak{r}_1$ durch 0 bis $-\mathfrak{r}_1$ veränderlich; sie steuert die Abschlußbewegung. Nach diesem Plane entwarf zuerst WALSCHAERT und 2 Jahre darauf unabhängig von ihm HEUSINGER VON WALDEGG eine Steuerung (Abb. 56). Die Voreilbewegung wird unmittelbar vom Kreuzkopf abgeleitet. Bei innerer Einströmung greift die Schieberstange zwischen Schieberschubstange und Lenkerstange, bei äußerer Einströmung aber außerhalb an. Es ist $\mathfrak{r}_0 = e + \mathfrak{v} = \frac{c_1}{c_2} \cdot \frac{s}{2}$ cm. Man wähle $c_2 > s$. Damit ist die Voreilbewegung erledigt. Zur Ermittlung der Ab-

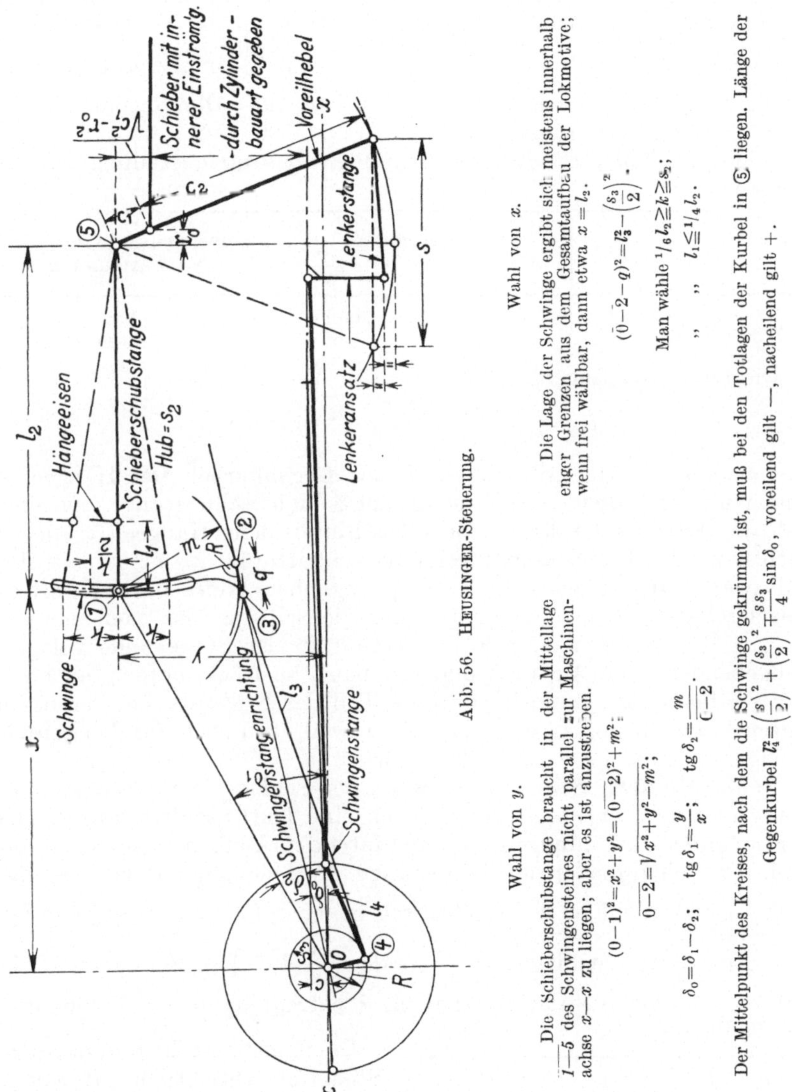

Abb. 56. HEUSINGER-Steuerung.

Wahl von y.

Die Schieberschubstange braucht in der Mittellage $\overline{1-5}$ des Schwingensteines nicht parallel zur Maschinenachse $x-x$ zu liegen; aber es ist anzustreben.

$$(\overline{0-1})^2 = x^2 + y^2 = (\overline{0-2})^2 + m^2;$$

$$\overline{0-2} = \sqrt{x^2 + y^2 - m^2};$$

$$\delta_0 = \delta_1 - \delta_2; \quad \operatorname{tg} \delta_1 = \frac{y}{x}; \quad \operatorname{tg} \delta_2 = \frac{m}{\overline{0-2}}.$$

Wahl von x.

Die Lage der Schwinge ergibt sich meistens innerhalb enger Grenzen aus dem Gesamtaufbau der Lokmotive; wenn frei wählbar, dann etwa $x = l_2$.

$$(\overline{0-2} - q)^2 = l_3^2 - \left(\frac{s_3}{2}\right)^2.$$

Man wähle $\frac{1}{6} l_2 \geqq k \geqq s_2$;

„ „ $l_1 \leqq \frac{1}{4} l_2$.

Der Mittelpunkt des Kreises, nach dem die Schwinge gekrümmt ist, muß bei den Totlagen der Kurbel in ⑤ liegen. Länge der Gegenkurbel $l_4^2 = \left(\frac{s}{2}\right)^2 + \left(\frac{s_3}{2}\right)^2 \mp \frac{s\,s_3}{4} \sin \delta_0$, voreilend gilt —, nacheilend gilt +.

schlußbewegung wird der Kreuzkopf stillstehend gedacht. Der Abschlußhub $s_1 = 2\mathfrak{r}_1$ beträgt in der Schieberschubstange $s_2 = s_1 \frac{c_2}{c_1 + c_2}$ bzw. $s_2 = s_1 \frac{c_2}{c_1 - c_2}$ cm für äußere und innere Einströmung. Dann ist der stärkste Ausschlag des Steines in der Kulisse zu wählen, und zwar erfahrungsgemäß $k \leqq {}^1/_6 l$ und $k \geqq s_2$. Auch das Maß m ist frei zu wählen, aber so, daß $m - k$ noch gut ausführbar ist. Je kleiner m, um so stärker geneigt ist die Schwingenstangenrichtung, die eine Tangente von 0 an den Kreis mit dem Halbmesser m um den Schwingenmittelpunkt ist, und um so größer wird der Einfluß des Federspiels. Nach Wahl von m und k wird der Hub der Gegenkurbel $s_3 = s_2 \frac{m}{k}$; man wählt für s_3 ein rundes Maß, weil k noch berichtigt werden muß. Die Gegenkurbel ist gegenüber dem Treibzapfen um den Winkel $90 - \delta_0$ versetzt. Ob sie vor- oder nacheilt, ist aus der folgenden Zusammenstellung zu entnehmen:

	Einströmung		Schwingenstein liegt bei Vorwärtsfahren
	innen	außen	
Gegenkurbel eilt	vor nach	nach vor	oben unten

Die Länge der Gegenkurbel l_4 ist nach Abb. 56

$$l_4^2 = \left(\frac{s}{2}\right)^2 + \left(\frac{s_3}{2}\right)^2 \mp \frac{s \cdot s_3}{2} \sin\gamma \text{ cm}^2.$$

Das obere Vorzeichen gilt für voreilende Gegenkurbel. Das Hängeeisen kann vor oder hinter der Kulisse an der Schieberschubstange angreifen, und die Steuerwelle kann vor oder hinter dem Hängeeisen liegen. Auch kann das Hängeeisen durch eine Schleifenführung ersetzt werden, und zwar liegt entweder in der ursprünglichen Weise nach KUHN die Steuerwelle hinter der Schwinge, oder die Schwinge ist nach der Ausführung der Maschinenfabrik Winterthur in der Steuerwelle gelagert. Maßgebend für die Auswahl sind nur bauliche Rücksichten; jedoch ist es vorteilhaft, den Stein im unteren Teil der Schwinge bei der bevorzugten Fahrrichtung arbeiten zu lassen, weil der Druck auf das Schwingenlager und der tote Gang kleiner wird.

Fehlerglieder. Selbst dann, wenn der Schieber sich so regelmäßig bewegte, als ob er unmittelbar durch eine Kurbelschleife angetrieben wäre, würden die Füllungen vor und hinter dem Kolben verschieden sein, dank der Fehlerglieder der Treibstange. In Abhängigkeit vom Kurbelwinkel φ ist nämlich der Kolbenweg gleich $\frac{s}{2}(1 - \cos\varphi \pm \frac{1}{2}\lambda\sin^2\varphi)$, also mit $\varphi = 90^0$ nicht gleich $\frac{s}{2}$, sondern $\frac{s}{2}(1 \pm \frac{1}{2}\lambda)$. Bei dem im Lokomotivbau üblichen Stangenverhältnis λ beträgt dann der Fehler in % des Kolbenhubs

λ	$^1/_6$	$^1/_8$	$^1/_{10}$
$\frac{100\,\lambda}{4}$ %	4,17	3,1	2,5

Die Kunst besteht nun darin, die Steuerung absichtlich mit solchen Fehlergliedern zu behaften, daß sie den Fehler der Treibstange ausgleichen. Das kann nicht vorausberechnet werden, weil es zu viele Fehlerglieder gibt, sondern muß am Modell oder Reißbrett ausgeprobt werden, wobei man aber schon vorher darüber klar sein muß, in welcher Richtung eine geplante Änderung wirken wird. Es gibt zwei Mittel, um die Schieberbewegung zu beeinflussen: Veränderung der Lage des Steines in der Schwinge und Hebelversetzung.

Das Steinspiel ist an sich ein Mangel, weil die Schwinge stark abgenutzt wird. Wenn im Laufe der Bewegung das Maß k (Abb. 56) sich verändert, so wird die Steuerung sozusagen auf veränderliche Füllung gestellt. Will man z. B. mit Rücksicht auf die Abb. 52 die Füllung vorn vergrößern, so muß der Stein in der zum Dampfabschneiden gehörenden Stellung der Schwinge ein größeres Maß k erreichen. So läßt man z. B. bei der STEPHENSON-Steuerung häufig die Schwingenstangen nicht in der Mittellinie der Schwinge angreifen, sondern ein Maß q vorher, was auch den Vorteil bietet, daß die ganze Länge der Schwinge für den Stein ausgenutzt werden kann. Die Abb. 57 deutet das an und zeigt, daß auch

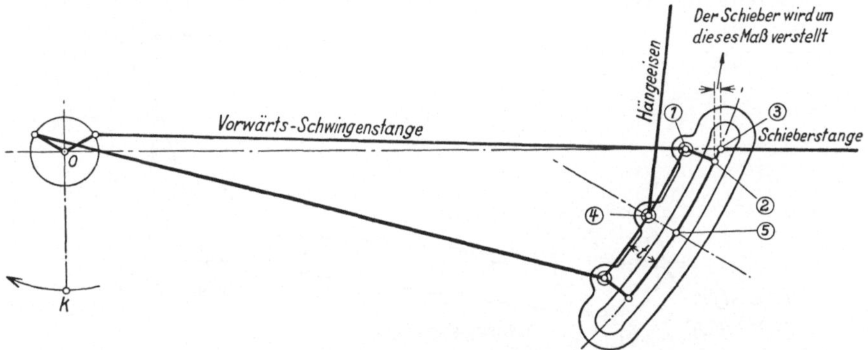

Abb. 57. STEPHENSONsche Kulisse mit versetzten Angriffspunkten.

Die Mitte des Schleifbogens ist um die Strecke $\overline{1-2}$ verschoben worden, um das gleiche Stück ist die Schieberstange verkürzt worden. Der Schwingenstein steht aber nicht im Punkte ②, sondern in ③, folglich wird der Schieber nach vorn geschoben. Verlegt man den Angriffspunkt des Hängeeisens von ④ nach ⑤, so wird die Schwinge etwas gehoben und das Steinspiel $\overline{2-3}$ wieder vermindert. Der Erfolg jeder dieser Veränderungen kann qualitativ leicht verfolgt werden; quantitativ wird er beim Ablehren bestimmt.

die Aufhängung der Schwinge in gleichem Sinne wirkt. Bei der HEUSINGER-Steuerung beeinflußt man das Steinspiel durch Neigung des Hängeeisens. Zu demselben Zwecke setzt man auch die Aufwurfhebel nicht parallel zur Maschinenachse auf die Steuerwelle, sondern so, daß ihre Mittellinie nach der Schieberstangenführung zu geneigt ist. Die KUHNsche und Winterthursche Schleife gibt keine Möglichkeit, das Steinspiel zu verändern. Man sollte auf diesen wirksamsten Einfluß auf die Schieberbewegung nur dann verzichten, wenn alle Stangen sehr lang und die Fehler deshalb gering sind, so daß man mit dem anderen Mittel, der Hebelversetzung, allein auskommen kann.

Als Beispiel der Hebelversetzung sei der Angriff der Schwingenstange an der Schwinge gewählt (Abb. 58). Die Schwingenstange erzeugt in Verbindung mit der Gegenkurbel ein Fehlerglied, um das der Ausschlagwinkel β der Schwinge vorn größer, hinten kleiner wäre. Verlegt man aber den Angriffspunkt der Schwingenstange von Punkt *2* um das

Maß q nach Punkt *3*, so kann man durch diese Hebelversetzung den Fehler der Schwingenstange ausgleichen, so daß $\beta_1 = \beta_2$ wird. Ob das für den Ausgleich der zahlreichen anderen Fehlerglieder der Steuerung und des Triebwerkes gut ist, kann nicht ohne weiteres gesagt werden. Es kommt vor, daß $\beta_1 \gtrless \beta_2$ sein muß und $q = 0$ oder sogar negativ besser ist. Deshalb hat es auch keinen Wert, q rechnerisch so zu bestimmen, daß $\beta_1 = \beta_2$ wird, worüber es eine zahlreiche Literatur[1] gibt. Von Fall zu Fall muß überlegt werden, ob zum Ausgleich der Füllungsgrade β_1 oder β_2 größer sein muß.

Die Hebelversetzung wird sehr viel benutzt, besonders auch bei der Bewegungsübertragung von den Außenschiebern auf die Innenschieber der drei- und vierzylindrigen Lokomotiven. Bei letzteren sind die Kurbeln einer Seite um 180° versetzt, so daß die beiden Schieber in gleicher Phase laufen können, wenn der eine innere Einströmung, der andere aber äußere hat. Wenn die Steuerung für die Außenzylinder aber gut ist,

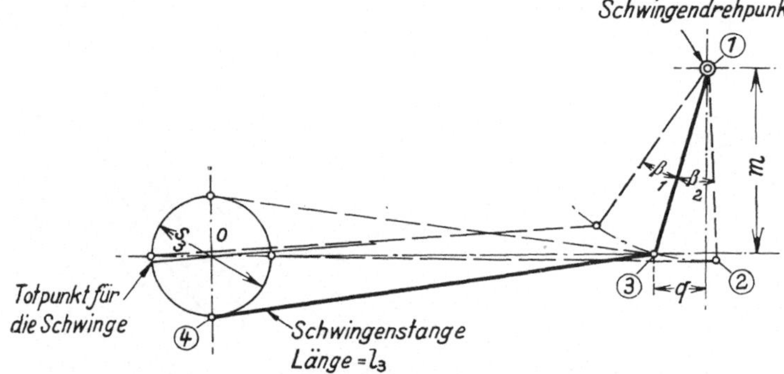

Abb. 58. Schwinge mit versetztem Angriffspunkt der Schwingenstange. Bezeichnungen wie in Abb. 56.

Je größer $q:m$ gewählt wird, um so größer wird β_1 gegenüber β_2. $\beta_1 = \beta_2$ sichert die richtige End- u. Mittellage der Schwinge; im übrigen ist die Bewegung unregelmäßig, was schon aus der Versetzung der Totpunkte hervorgeht.

so tritt das Fehlerglied der Treibstangen für den Innenzylinder verdoppelt auf. Durch Hebelversetzung kann man diesen Fehler mildern. Mit Rücksicht auf Wärmedehnung und leichte Zugänglichkeit der Schieber soll man die Übertragungshebel hinter die Zylinder legen.

Die Voreilbewegung der Heusingersteuerung ist fast fehlerfrei, wenn man sie nach Abb. 56 anordnet, weil das Fehlerglied der Treibstange durch die direkte Verbindung des Schiebers mit dem Kolben ausgeschaltet ist. Darin liegt einer der Hauptvorzüge dieser Steuerung. Bei Füllungen von etwa 30% beträgt $\mathfrak{r}_1$ etwa nur die Hälfte von $\mathfrak{r}_0$, und in demselben Maße vermindert sich die Wirkung der Fehlerglieder der Abschlußbewegung. Auch der Einfluß des Federspieles ist sehr gering, weil bei kleinen Füllungen der Ausschlag k des Schwingensteines nur etwa gleich ¼ m ist und die senkrechte Komponente des Federspiels nur in diesem Verhältnis wirkt.

[1] Monitsch: Ermittlung der Länge der Gegenkurbelstange in der Heusinger-Steuerung. Org. f. d. Fortschr. d. Eisenbahnw. 61, 383 (1924).

Unter dem Ablehren der Steuerung versteht man die genaue Festlegung aller oben erwähnten kleinen Abweichungen vom ersten Entwurf. Dafür gibt es zwei Verfahren: 1. am Modell, 2. am Reißbrett. Holzmodelle sind ungenau, solche aus Metall sehr teuer. Alle Metallteile müssen durch Schlitze das Verschieben der Zapfen gestatten; nur die Schwinge wird aus Holz gemacht. Mit dem Modell kann eine Vorrichtung, ähnlich einem Indikator, verbunden werden, um den Schieberhub in seiner Abhängigkeit vom Kolbenhub aufzutragen. Die Schieberkurve wäre eine Ellipse, wenn es keine Fehlerglieder gäbe; sie zeigt dem erfahrenen Konstrukteur an, welche Teile des Schieberweges er noch verbessern muß. Wer die Mittel zur Beeinflussung der Schieberkurve kennt, kommt dann einigermaßen rasch zum Ziele. Es ist aber sehr

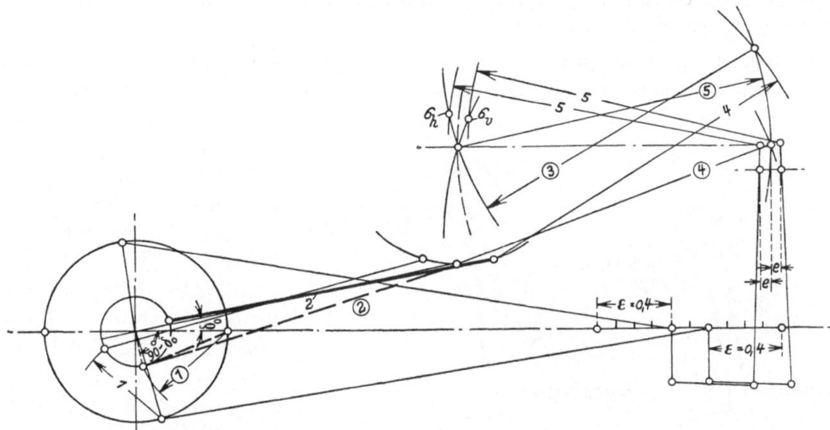

Abb. 59. Ablehren der HEUSINGER-Steuerung (nach WESTRÉN-DOLL). Mit vollen Linien sind die Lagen für $\varepsilon = 0{,}4$ gezeichnet. Gestrichelt sind die Mittellagen gezeichnet. Die Maße sind in der Reihenfolge ihres Gebrauches numeriert. Die Maße in Kreisen sind gegeben.

schwer, die Wirkung einer Veränderung der Steuerungsteile vorauszusehen.

Dieser Nachteil entfällt beim Ablehren auf dem Reißbrett, das von AUCHINCLOSS-MÜLLER[1] für die STEPHENSON-Steuerung und von WESTRÉN-DOLL[2] für die HEUSINGER-Steuerung beschrieben worden ist. Die Steuerung wird in halber Größe aufgezeichnet; außer einem großen Brett ist auch sehr scharfes Zeichnen nötig. Man teilt den Kolbenlauf in 10 gleiche Teile, und erhält so 20 Punkte auf dem Kurbelkreis. Nun kann weiter die Lage der Schwinge sowohl als die des Voreilhebels aufgezeichnet werden, wenn man den Schieber in der Abschlußstellung annimmt. Dann fehlt noch die Lage des Schwingensteins und der Schieberschubstange. In der Abb. 59 seien diese Teile in der Stellung für $\varepsilon = 0{,}40$ vor und hinter dem Kolben dargestellt. Die zugehörige Lage

---

[1] AUCHINCLOSS-MÜLLER: Die praktische Anwendung der Schieber- und Kulissensteuerungen. Berlin 1886. [2] Glasers Annalen **67**, 107 (1910).

des Schwingensteins wird gefunden, indem man mit der Länge der Schieberschubstange (Maß *5*) um ihren Drehpunkt im Voreilhebel einen Kreis schlägt, der die Mittellinie der Schwinge in der gesuchten Lage des Schwingensteins schneidet. Punkt 6_v und 6_h. Die Lage des Hängeeisens muß nun so gewählt werden, daß diese Punkte auch wirklich erreicht werden, was aber nicht bei allen Füllungen möglich ist. Wenn der Stein zu stark springen müßte oder die idealen Lagen der unteren Endpunkte des Hängeeisens nicht erreicht werden können, muß die Steuerung durch die oben erwähnten Mittel der Hebelversetzung verbessert werden. Wo das Hängeeisen durch eine Schleife ersetzt ist, kann das Verfahren nicht angewandt werden, weil die Bewegung des Schwingensteins unabänderlich ist. Das Verfahren ist übersichtlich, spart Zeit (weil kein Modell aufzubauen ist) und ist genauer, als man vermuten möchte; ich habe es gern benutzt.

Steuerung von Marshall. Die Vorzüge der Heusinger-Steuerung sind so groß, daß sie bei äußerer Lage der Schieber fast allgemein angewendet wird. Ihre Vorteile sind: große Genauigkeit, sehr geringer Einfluß des Federspiels, geringe Unterhaltungskosten. Ihre Mängel sind: Die Gegenkurbel muß bei innerer Lage der Steuerung durch ein sehr großes Exzenter ersetzt werden, während bei äußerer Lage die Gegenkurbel zum Abnehmen der Treibstange entfernt werden muß, wenn man nicht die teueren und schweren offenen Stangenköpfe nimmt. Die Gegenkurbeln sind ebenso wie die Schwingen teure Stücke. Die große Anzahl verschiedener Arten der Schieberstangenführung weist darauf hin, daß auch da bauliche Schwierigkeiten liegen. Zur Vermeidung dieser Mängel sind viele andere Steuerungen geschaffen worden. Die Erläuterungen seien mit der Steuerung von Marshall begonnen, die auch auf die Steuerung von Hackworth und Klug ohne weiteres übertragen werden können (Abb. 60). Die Gegenkurbelstange *1—2—3* ist mit dem Punkte *2* gerade geführt; an ihrem oberen Ende greift die Schieberstange an, mit ihrem unteren wird sie von

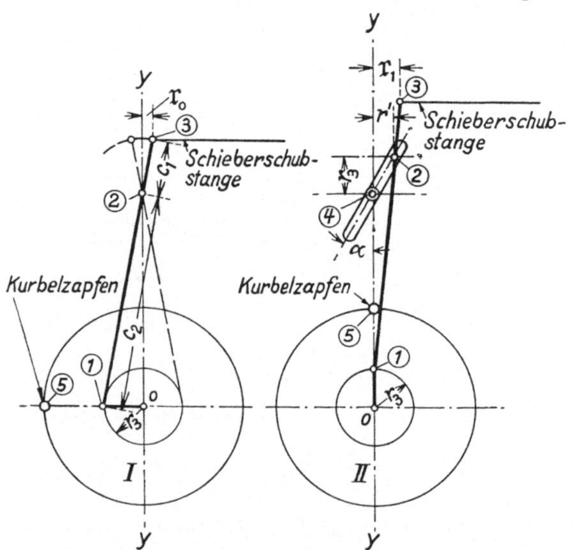

Abb. 60. Marshall-Steuerung, für äußere Einströmung gezeichnet.

$\mathfrak{r}_0 = r_3 \frac{c_1}{c_2}$ Voreilbewegung, im linken Bild dargestellt.

$\mathfrak{r}_1 = r_3 \frac{c_1 \pm c_2}{c_2} \operatorname{tg} \alpha$ Abschlußbewegung, im rechten Bild dargestellt.

Das untere Vorzeichen gilt dann, wenn die Schieberstange zwischen ① und ② angreift.

dem Gegenkurbelzapfen *1* bewegt. Dieser steht gleichzeitig mit der Hauptkurbel *5* im toten Punkt. Die in der Maschinenachse liegende Komponente der Kreisbewegung mit dem Halbmesser r_3 um *0* steuert die Voreilbewegung $\mathfrak{r}_0$; aus der Lage *I* in Abb. 60 geht hervor, daß $\mathfrak{r}_0 = r_3 \frac{c_1}{c_2}$ ist. Die Abschlußbewegung (Lage *II*) kann man so entstanden denken, daß der Punkt *1* sich nur senkrecht zur Maschinenachse in der y-Richtung bewegt. Die Schleife sei mit dem Winkel α um den Punkt *4* gedreht, so daß der Punkt *2* nach der Hebung um das Maß r_3 in der x-Richtung sich um das Maß r' bewegt. Es ist $\operatorname{tg}\alpha = \frac{r'}{r_3}$. Der Ausschlag r' des Punktes *3* vergrößert sich auf das Maß $\mathfrak{r}_1 = r' \cdot \frac{c_1 \pm c_2}{c_2}$, und daraus folgt $\mathfrak{r}_1 = r_3 \frac{c_1 \pm c_2}{c_2} \operatorname{tg}\alpha$ oder $\operatorname{tg}\alpha = \frac{\mathfrak{r}_1}{r_3} \cdot \frac{c_1}{c_1 \pm c_2}$. Das untere Vorzeichen gilt für die Lage des Angriffspunktes der Schieberstange zwischen dem Punkte *1* und *2*. Durch Veränderung des Ausschlagwinkels α der Schleife wird die Füllung geändert.

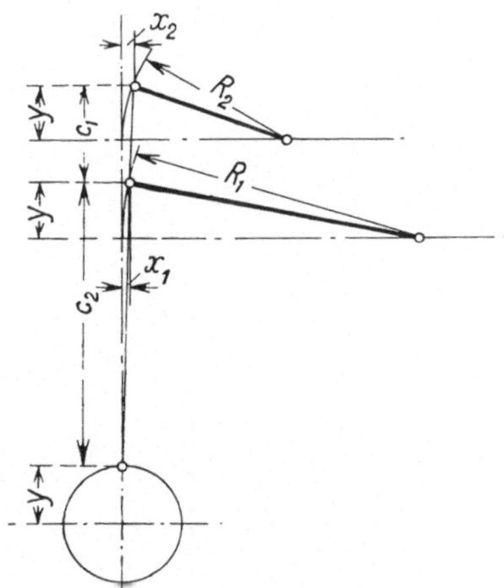

Abb. 61. Krümmung des Schleifbogens.

Bisher waren alle Stangen unendlich lang angenommen worden. Das Fehlerglied der Schieberschubstange wird aber dadurch beseitigt, daß auch die Schleife gekrümmt wird. Die Abb. 61 zeigt dies mit den allgemein gültigen Bezeichnungen x, y und R für den Halbmesser. Es ist $(R_1 - x_1)^2 + y^2 = R_1^2$ und daraus

$$R_1^2 - 2R_1 x_1 + x_1^2 + y^2 = R_1^2.$$

Wird x_1 gegenüber $2R_1$ vernachlässigt, so erhält man

$$y^2 = 2R_1 x_1 \text{ cm}^2. \tag{12}$$

Diese Gleichung stellt dank der Vernachlässigung eine Parabel mit dem Parameter $2R_1$ dar. Sie wird noch bei verschiedenen Gelegenheiten gebraucht werden. Ebenso gilt für Abb. 61

$$y^2 = 2R_2 x_2.$$

Ferner verhält sich $x_1 : x_2 = c_2 : (c_2 + c_1)$, und folglich wird

$$\frac{x_1}{x_2} = \frac{R_2}{R_1} = \frac{c_2}{c_2 + c_1}.$$

Wenn die Schleife aber gekrümmt ist, kann sie durch einen Lenker ersetzt werden, und damit ist der teuere Schleifbogen vermieden. Da es erwünscht ist, daß die Schieberschubstange lang, der Lenker aber kurz sei, legt man die erstere meist nach unten (R_2 in Abb. 61) und den Lenker nach oben. Nun gehört nach Abb. 60 innere Einströmung zu einer Gegenkurbel, die nach dem Kurbelzapfen zu gerichtet ist; äußere Einströmung erfordert dann eine sehr lange entgegengesetzt gerichtete Gegenkurbel. Ein störendes Fehlerglied bildet die Gegenkurbelstange, da die Strecke *1—2* größer als *0—2* ist und der Punkt *2* zu hoch steigt. Der Schleifenbogen oder der Lenker behält beim Ablehren der Steuerung auch selten die berechnete Länge. Das Federspiel würde die Abschlußbewegung so stark stören, daß die Steuerung unbrauchbar wäre, wenn Orenstein & Koppel nicht das Schwingenlager (*4*) in feste Verbindung mit der Achse *0* gebracht hätten. Die MARSHALL-Steuerung ist einfach und nicht kostspielig; sie wird für kleine Lokomotiven häufig angewandt. Der Gegenkurbel wegen ist sie für Innensteuerung unbrauchbar; für diesen Zweck ist viel angewandt worden die

Steuerung von JOY. Von der MARSHALL-Steuerung unterscheidet sie sich dadurch, daß sie nicht von einer Gegenkurbel, sondern von der Treibstange angetrieben wird. Die Abb. 62 zeigt, daß der Punkt *1* eine

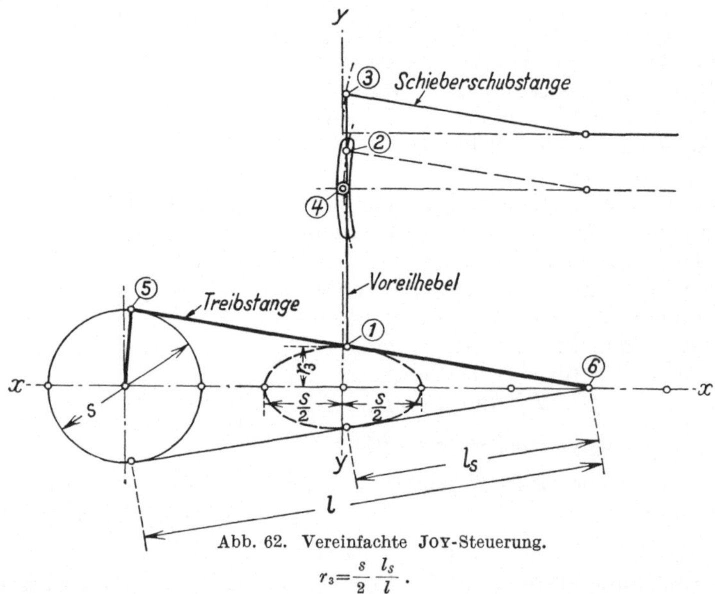

Abb. 62. Vereinfachte JOY-Steuerung. $r_3 = \frac{s}{2} \frac{l_s}{l}$.

eiförmige Bahn beschreibt. Man könnte die für die MARSHALL-Steuerung gültigen Gleichungen auch hier anwenden, wenn man das Maß r_3 für die Abschlußbewegung durch $\frac{s}{2}$ ersetzen würde. In dieser einfachen Form ist die JOY-Steuerung aber nicht brauchbar, weil die Voreilbewegung mit einem zu großen Fehlergliede behaftet wäre. Die Voreilbewegung muß zustande kommen durch die Bewegung des Punktes *1* auf der x-Achse und zwar so, daß der Punkt *2* des Voreilhebels im Mittelpunkt *4* des Schleifbogens liegen bleibt; nur in diesem Falle ist der Schieberweg dem Kolbenweg proportional. Sobald der Punkt *2* aber eine senkrechte Bewegung vollführt, tritt bei einer Neigung des Schleifbogens eine waagerechte Komponente auf, die fehlerhaft ist. Schon bei der MARSHALL-Steuerung störte dieser Fehler, wenn auch in geringem Grade, weil r_3 viel kleiner als $\frac{s}{2}$ ist. Deshalb muß die JOY-Steuerung noch durch ein

Getriebe vervollständigt werden, das bei einer geradlinigen Bewegung des Punktes *1* dem unteren Gelenkpunkt des Voreilhebels eine Kreisbewegung um den Punkt *4* ermöglicht. Dafür gibt es 4 Konstruktionen. Abb. 63 bis 66. 63 ist die ursprüngliche Bauart, 64 stammt von Winterthur, 65 ist von WEBB (London & Northwestern R.) entworfen, sie

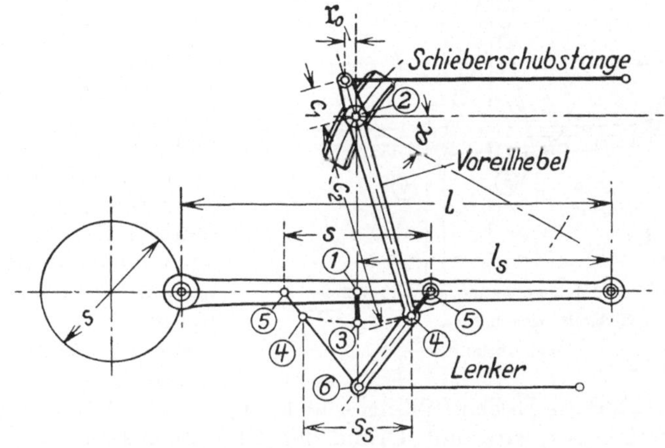

Abb. 63. JOY-Steuerung, ursprüngliche Bauart.
Geradführung des Punktes ⑥ wird durch Lenker ersetzt. Aus ② Kreisbogen mit c_2.
$\overline{1-3} = \overline{4-5}$. $\overline{4-5}$ bis zum Schnittpunkt ⑥ verlängern. $r_0 = \frac{s_s}{2} \cdot \frac{c_1}{c_2}$.
$r_1 = \frac{s}{2} \frac{l_s}{l} \frac{c_1+c_2}{c_2} \operatorname{tg}\alpha$ entsprechend $r_3 \frac{c_1+c_2}{c_2} \operatorname{tg}\alpha$ bei der MARSHALL-Steuerung, s. Abb. 60.

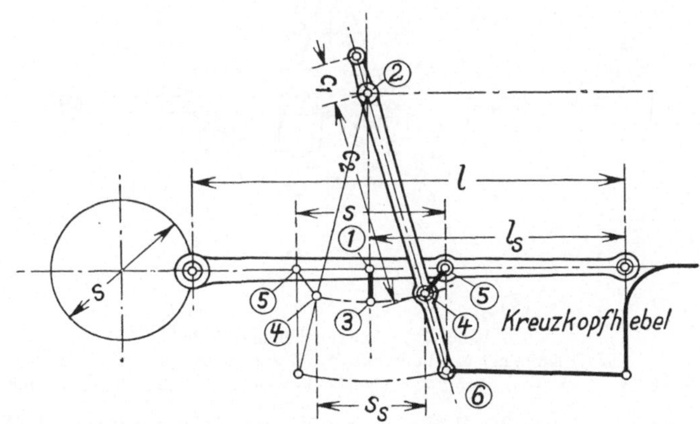

Abb. 64. JOY-Steuerung, Bauart Winterthur.
Aus ② Kreisbogen mit c_2. $\overline{1-3} = \overline{4-5}$. $\overline{2-4}$ verlängern, bis Hub s erreicht ist.

benötigt wieder eine Gegenkurbel, erfordert aber weniger Bauhöhe, die bei kleinrädriger Lokomotive sehr beschränkt ist; 66 baut auch niedrig und braucht keine Gegenkurbel. Sie rührt von KLOSE her unter Benützung des ROBERTSschen Lenkers. Während sich bei den ersten drei Arten die Maße der Lenker durch Aufzeichnen und Probieren schnell finden lassen, muß bei der KLOSEschen Bauart der Satz von BOBILLIER[1] zu Hilfe genommen werden. In allen 4 Abbildungen sind die Buchstaben so gewählt, daß gilt:

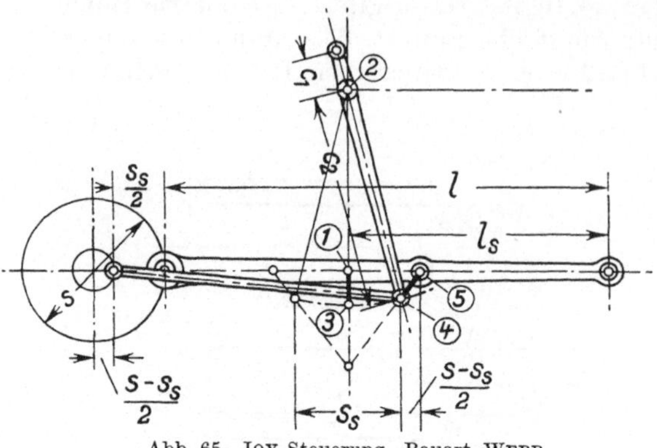

Abb. 65. JOY-Steuerung, Bauart WEBB. Aus ② Kreisbogen mit c_2. $\overline{1-3} = \overline{4-5}$. Gegenkurbelhub $= \frac{s-s_s}{2}$.

$$\mathfrak{r}_0 = \frac{s_s}{2} \cdot \frac{c_1}{c_2} \text{ cm},$$

$$\mathfrak{r}_1 = \frac{s}{2} \cdot \frac{l_s}{l} \cdot \frac{c_1 + c_2}{c_2} \operatorname{tg} \alpha \text{ cm}.$$

Letztere Gleichung gilt für die gezeichnete Anordnung mit Angriff der Schieberschubstange jenseits des Schleifbogens, also für äußere Einströmung. Bei innerer Einströmung würde statt $c_1 + c_2$ gelten $c_2 - c_1$, und dann wäre $\mathfrak{r}_1$ so klein, daß bei einem nicht gut überschreitbaren Ausschlagwinkel $\alpha = 30^0$ die Höchstfüllung sehr klein würde. Die Krümmung R_1 des Schleifbogens wird auf Grund der Gl. (12) aus der Pfeilhöhe x_1 berechnet, die sich aus der Pfeilhöhe x_2 der Schieberschubstangen

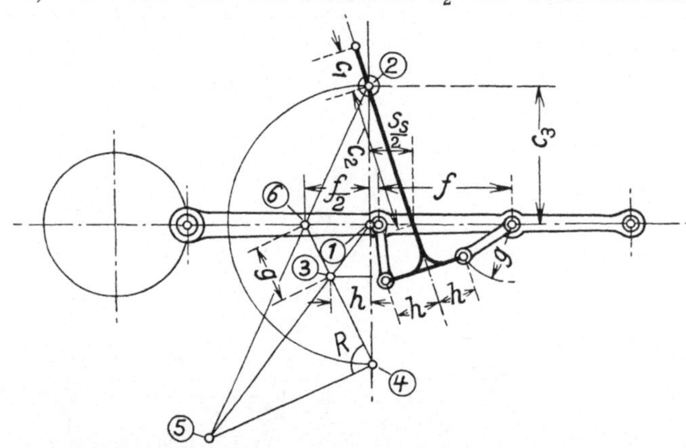

Abb. 66. JOY-Steuerung, Bauart KLOSE. Aus ① Kreis mit c_3 gibt Punkt ④, ⑥ wählen, mit ④ verbinden. $\overline{4-5}$ senkrecht zu $\overline{4-6}$, ⑤ mit ① verbunden schneidet $\overline{4-6}$ im gesuchten Punkt ③.

(Länge R_2) und der Pfeilhöhe x_s des Treibstangenpunktes *1* (Länge l_s) ergibt.

$$x_1 = \frac{y^2}{2 R_2}, \qquad x_2 = \frac{y^2}{2 R_1}, \qquad x_s = \frac{y^2}{2 l_s}, \qquad x_1 = x_2 \frac{c_1}{c_2 \pm c_1} \mp x_s.$$

Nach Umformung ist

$$R_1 = \frac{c_1}{c_2 \pm c_1} \cdot \frac{R_2 \cdot l_s}{l_s \pm R_2} \text{ cm}.$$

[1] WITTENBAUER: Graphische Dynamik, S. 45. Berlin: Julius Springer 1923.

Die unteren Zeichen gelten für die äußere Lage des Schleifbogens. Beim Ablehren der Steuerung muß man häufig von dem berechneten Wert abweichen. R_1 ist so groß, daß es nicht mehr durch einen Lenker, sondern nur durch einen Schleifbogen verwirklicht werden kann. Die Nachteile der JOY-Steuerung bestehen darin, daß das Federspiel starken Einfluß auf die Abschlußbewegung hat und bei unrichtiger Einstellung der Tragfedern die Steuerung dauernd große Füllungsunterschiede gibt und dann häufig die Lokomotive sehr schlecht anzieht. Auch die Führung des Steuersteins im Schleifbogen hat wegen schwieriger Ölung schon manche Störung gegeben. Deshalb wendet man die JOY-Steuerung nur selten und gezwungen an, dagegen ist das Getriebe mit anderen Steuerungen schon vereinigt worden.

Andere Steuerungen. Zur Vermeidung des Exzenters ist bei Innensteuerung folgende Kombination gemacht worden: Man behält den für die Genauigkeit der Dampfverteilung so wertvollen Voreilhebel bei und leitet die Abschlußbewegung von einer Schwinge ab, die einen waagerechten Hebel trägt, der an dem Punkte *2* der JOY-Steuerung (Abb. 63 bis 66) angreift, während Punkt *3* fehlt. Wenn man den Punkt *1* der MARSHALL-Steuerung (Abb. 60) nur senkrecht bewegt, so vollführt der Punkt *3* die reine Abschlußbewegung. Diese senkrechte Bewegung hat VERHOOP[1] durch Winkelhebel von dem Kreuzkopf der anderen um 90^0 versetzten Maschinenseite abgeleitet. Die gegenüberliegende Maschinenseite ist schon von WALSCHAERT benutzt worden. Bei der Hebelübertragung muß bedacht werden, daß die Maschine nicht symmetrisch ist, weil die rechte Kurbel zwar der linken voreilt, die linke aber gegenüber der rechten zurückbleibt. Deshalb muß die Hebelübertragung auch unsymmetrisch sein.

Steuerung der Drillingslokomotiven. Mit ,,Kurbelversetzung" bezeichnet man die Winkel zwischen den Kurbeln, während durch ,,Kurbelfolge" der Drehwinkel der Kurbelwelle von einem zum nächsten Durchgang einer Kurbel durch die Totpunktlage bezeichnet wird. Diese beiden Begriffe bedeuten nur dann das gleiche, wenn alle Zylinder in einer Ebene liegen; ist der Mittelzylinder aber um den Winkel v geneigt, so erreicht man gleiche Kurbelfolge nur dann, wenn die Mittelkurbel gegen die äußeren um $120+v$ und $120-v$ versetzt ist. Gleichförmigkeit des Drehmomentes und des Auspuffs erfordert gleiche Kurbelfolge. Dann kann auch die Steuerung des Mittelzylinders von der des Außenzylinders abgeleitet werden[2]; es ist nur erforderlich, daß die Bewegungen je eines Außenschiebers in gleicher Größe aber in (entgegengesetzter Richtung wirkend miteinander vereinigt werden Abb. 67). Die gebräuchlichsten Arten sind in Abb. 68 und 69 dargestellt; die erstere wird in Deutschland, die letztere in Nordamerika und England benutzt. Ein

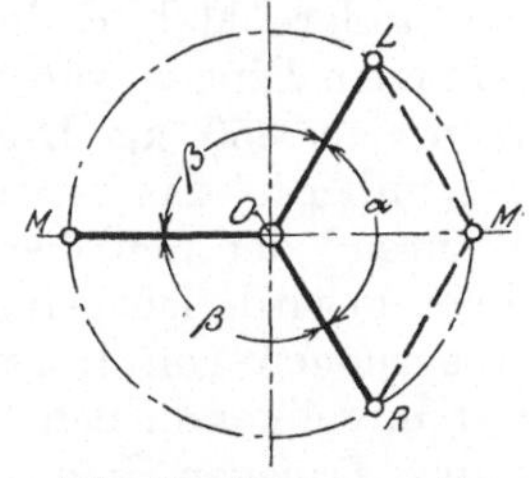

Abb. 67. Zusammensetzung der Schieberbewegungen.

[1] DUBBEL: Die Steuerungen der Dampfmaschinen, 3. Aufl., S. 309. Berlin: Julius Springer 1923. [2] Z. V. d. I. **63**, 409 (1919).

Nachteil dieser „Verbundsteuerungen" besteht in der ungenauen Dampfverteilung des Mittelzylinders infolge toten Ganges und elastischer Formänderung des Übertragungsgestänges. Bei dem fast reibungsfreien Gang der Kolbenschieber wirken die Massenkräfte im Sinne einer Vergrößerung der Füllung im Mittelzylinder. Dadurch wird seine Leistung so gesteigert, daß — um wieder gleichförmige Zugkraft zu

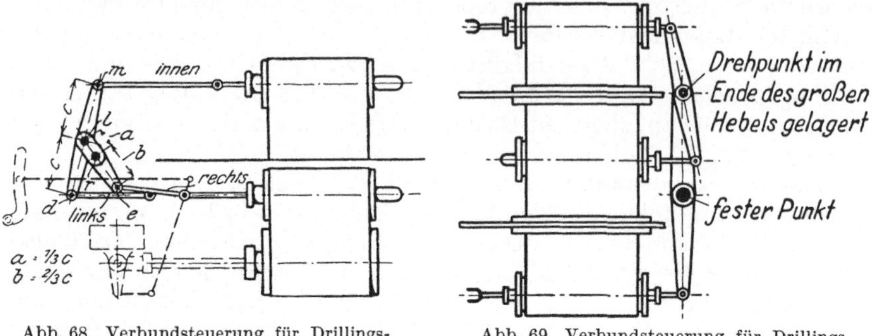

Abb. 68. Verbundsteuerung für Drillingslokomotiven.

Abb. 69. Verbundsteuerung für Drillingslokomotiven.

erhalten — in Nordamerika die Mittelzylinder mit kleinerem Kolbenhub ausgeführt werden. Viele Bahnen ziehen deshalb die vielteiligere aber genauere Einzelsteuerung vor, die auch mehr Sicherheit bietet, weil die Beschädigung einer Steuerung sich nicht auf einen anderen Zylinder überträgt.

Ventilsteuerung. Seit 20 Jahren werden auf deutschen Bahnen in steigendem Maße und jetzt ganz allgemein Kolbenschieber mit 4 schmalen Dichtringen verwendet, die sich vorzüglich bewährt haben. Im Gegensatz zu breiten Ringen können sie sich den geringsten Unebenheiten an den Schieberbüchsen anpassen. Welch großen Einfluß die Schieberbauart auf die Durchlässigkeit hat, trat bei LOMONOSSOFFS Versuchen[1] mit der russischen E-Güterlokomotive einmal in russischer, das andere Mal in deutscher Ausführung zutage. Der Schieber mit schmalen Ringen war gänzlich dicht, während der mit 2 breiten Ringen stündlich 850 kg Dampf durchließ. Einem so undichten Schieber gegenüber ist das Ventil stark im Vorteil, besonders im neuen Zustande. Während der Schieber mit schmalen Ringen im Laufe der Zeit aber dichter wird, ist beim Ventil das Umgekehrte der Fall. Die Ventilsteuerungen von LENTZ[2], CAPROTTI[3], RENAUD[4] können im Vergleich mit unvollkommenen Schiebern bezüglich Dampfverbrauch vorteilhaft sein. Dagegen kann hohe Dampftemperatur die Anwendung von Ventilen nicht rechtfertigen, weil Kolbenschieber sogar in den Hochdruckzylindern der Verbundmaschinen Temperaturen bis 420° C anstandslos vertragen. An den Steuerungen von CAPROTTI und RENAUD war es konstruktiv nicht möglich, zugleich mit der Füllung die Kompression zu ändern. Man hat diesen Mangel dadurch verdeckt, daß

[1] ACHTERBERG: Doktor-Dissertation, S. 12. Berlin 1929.
[2] Z. V. d. I. **73**, 1642 (1929). [3] Z. V. d. I. **73**, 1398 (1929).
[4] Rev. gén. des Chem. de Fer **48** II, 459 (1929).

man ihn als besonderen Vorzug hingestellt hat. Wer aber das STUMPFsche Kompressionsgesetz kennt und weiß, daß die Gleichstromlokomotiven gerade an der unveränderlichen Kompression gekrankt haben, läßt sich dadurch nicht irremachen. Eine besonders schätzenswerte Eigenschaft der gewöhnlichen Umsteuerung besteht gerade in der Einfachheit, mit der zu jeder Füllung ziemlich genau die richtige Kompression geschaffen werden kann.

Steuerungsgetriebe. Unverkennbar bieten die genannten Ventilsteuerungen aber den Vorteil, daß das ganze Getriebe in einem öldichten Kasten liegt, deshalb fast keiner Wartung bedarf und sich fast gar nicht abnutzt. Wie schon früher erwähnt, ist die Schmierung des Lokomotivtriebwerkes gezwungenermaßen altmodisch. Das Steuergetriebe kann aber öldicht eingeschlossen werden, und zwar nicht nur zum Antrieb von Ventilen, sondern auch von Schiebern.

Das Steuerungsgetriebe ist durch den Schieberwiderstand beansprucht. Bei den Flachschiebern nahm man überschlägig den Schieberwiderstand zu $^1/_6$ des Kolbendruckes an. Die Kolbenschieber gehen so leicht, daß der Widerstand hauptsächlich aus Massenkräften herrührt. Je leichter die Steuerungsteile, im besonderen die Schieber sind, um so geringer ist das Getriebe beansprucht. Wenn der Schieber sich so regelmäßig bewegte, als ob er durch eine Kurbelschleife angetrieben wäre, könnte man seinen Trägheitswiderstand einfach nach $M\mathfrak{r}\omega^2$ (M = Masse des Schiebers) berechnen; aber selbst ein Zuschlag von 20÷30% für die Unregelmäßigkeit der Schieberbewegung ist nur eine grobe Annäherung. Eine Berechnung findet sich bei DAFINGER[1] und WITTENBAUER[2] für eine HEUSINGER-JOY-Steuerung.

C. Massenausgleich.

Das Gewicht der umlaufenden Triebwerkteile eines Zylinders sei $G_u = M_u \cdot g$ kg; es erzeugt eine Fliehkraft

$$F_u = M_u \cdot r \cdot \omega^2 \text{ kg}. \tag{13}$$

M_u = Masse der umlaufenden Teile kgsec²/cm;
r = Kurbelhalbmesser in cm;
ω = Winkelgeschwindigkeit $= 55{,}5 \frac{V}{D} \text{sec}^{-1}$;
V = Geschwindigkeit in km/h;
D = Treibraddurchmesser in cm;
$g = 981 \text{ cmsec}^{-2}$.

Die Wirkung der umlaufenden Massen kann theoretisch stets durch ein Gegengewicht U_u aufgehoben werden. Sind die Räder aber sehr klein im Verhältnis zum Kolbenhub, so ist nicht immer genügend Raum zur Verwirklichung des erforderlichen Gegengewichtes U_u vorhanden.

[1] Dingler **1907**, 97.
[2] WITTENBAUER: Graphische Dynamik, S. 517. Berlin: Julius Springer 1923.

Das Gewicht der hin- und hergehenden oder schwingenden Triebwerkteile $G_s = M_s \cdot g$ kg erzeugt in der Zylinderachse die Fliehkraft

$$F_s = M_s \cdot r \cdot \omega^2 (\cos\varphi \pm \lambda \cos 2\varphi) \text{ kg}. \tag{14}$$

φ = Kurbelwinkel, vom Totpunkt aus gerechnet;
λ = Stangenverhältnis $= r : l$;
l cm = Länge der Treibstange.

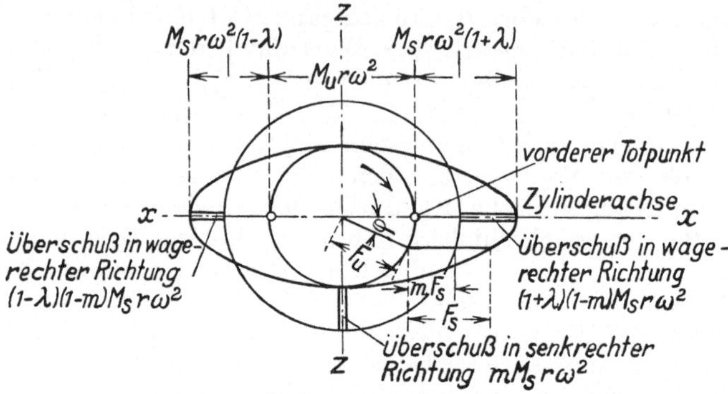

Abb. 70. Vereinigte Wirkung der in einer Ebene wirkenden schwingenden und umlaufenden Massen.

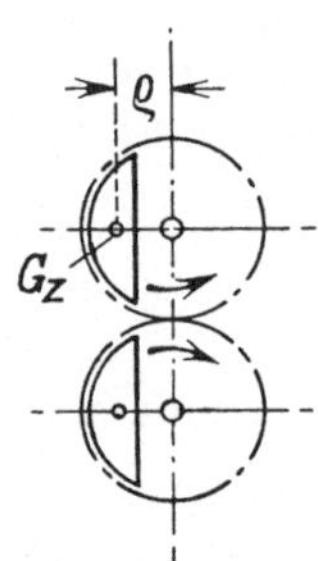

Abb. 71. Zwei gegeneinander laufende Gewichte können die Zuckkräfte z. T. aufheben. Wirkung in senkrechter Richtung = 0, Wirkung in waagerechter Richtung $= 2 \frac{G_z}{g} \varrho \omega^2$.

Die vereinigte Wirkung der beiden Fliehkräfte F_u und F_s ist in Abb. 70 dargestellt. Durch ein umlaufendes Gegengewicht kann die Wirkung F_s nicht aufgehoben werden. Dagegen wirken zwei gegeneinander rotierende Gewichte (Abb. 71) genau wie ein von einer Kurbelschleife bewegtes Gewicht, kann also den Anteil $F_s = M_s \cdot r \cdot \omega^2 \cdot \cos\varphi$ ausgleichen. Will man noch den Einfluß der endlichen Stangenlänge berücksichtigen, so ist noch ein mit doppelter Drehzahl laufendes Gegengewichtpaar anzubringen, das die Wirkung $M_s \cdot r \cdot \omega^2 \lambda \cos\varphi$ hervorzurufen hat. Von diesem schon von v. BACH[1] angewandten Ausgleich hat man auch im Automobilbau Gebrauch gemacht und kann ihn zum Bau von Diesellokomotivmotoren mit Vorteil verwenden[2]. Schwingende Massen können immer wieder durch schwingende ausgeglichen werden. Solche BOB-gewichte hat HELMHOLTZ[3] bei der 2 B 1-Lokomotive der Pfalzbahn angebracht.

Umlaufende Gewichte, die der Einfachheit halber stets angewandt werden, müssen so bemessen sein, daß weder der Überschuß in senkrechter noch der Mangel in waagerechter Richtung zu groß wird (Abb. 70).

---

[1] TOLLE: Die Regelung der Kraftmaschinen, S. 199. Berlin: Julius Springer 1905.

[2] Z. V. d. I. **73**, 1509 (1929). [3] Glasers Annalen **46**, 241 (1900).

Man gleicht also die umlaufenden Massen gänzlich und die schwingenden zu einem Teile m aus.

$$M = M_u + m \cdot M_s \quad \text{oder} \quad M \cdot g = G_u + m \cdot G_s \text{ kg} \tag{15}$$

(m schwankt zwischen 0,2 und 0,6 bei Lokomotiven mit zwei Zylindern).

Wenn das Gegengewicht in der Ebene des Triebwerks läge, so wäre sein Gewicht U_0 durch die Gl. (13) u. (14) bestimmt. Nun setzt sich aber die Masse M aus vielen Teilen zusammen, die nicht alle im Kurbelhalbmesser r wirken. Die erste Umrechnung besteht deshalb darin, daß man die nicht im Abstand r liegenden Teile auf r reduziert. So liefert ein Teil G_x im Abstande r_x den Anteil $G_x \cdot \frac{r_x}{r}$; unter $Mg = G_u + mG_s$ wird also ein schon auf den Kurbelhalbmesser r bezogenes Gewicht verstanden. Ebenso wird das Gegengewicht U_0 auf den Abstand r bezogen, und deshalb ist $U_0 = M \cdot g$ kg.

Als umlaufende Teile gelten: Kurbelzapfen, Kurbel, Gegenkurbel und ein Teil der Treibstangenmasse M_t, nämlich μM_t. Die schwingenden Teile bestehen aus: Kolben mit Stange, Kreuzkopf mit Steuerungsteilen, die an ihm befestigt sind, und dem Anteil $(1-\mu)\, M_t$ der Treibstange. Die Größe μ wird dadurch bestimmt, daß man sich die Treibstangenmasse in 2 Punkten *1* und *2* (Abb. 72) zusammengefaßt denkt, und zwar so, daß μM_t die gleiche Wirkung hat, wie die Stange selbst. Dann entsteht im Punkt *2* die Fliehkraft $F = \mu M_t r \omega^2$, die um den Punkt *1* das Moment $F \cdot l$ erzeugt (wenn das Stangenverhältnis $r:l$ sehr klein ist, kann die Stangenlänge l der Entfernung *0—1* gleichgesetzt werden). Nun ist Drehmoment = Trägheitsmoment × Winkelbeschleunigung

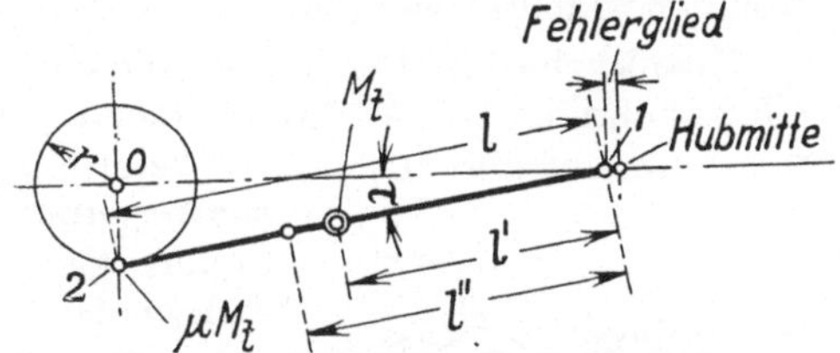

Abb. 72. Massenwirkung der Treibstange, Masse der Treibstange = M_t, zu den umlaufenden Massen rechnet der Anteil μM_t, l' = Abstand Schwerpunkt vom Kreuzkopfzapfen, l'' = Trägheitshalbmesser.

$$\mu \cdot M_t \cdot r \cdot \omega^2 \cdot l = M_t \cdot l''^2 \qquad \times\, r \cdot \omega^2 : l,$$

daraus folgt

$$\mu = \left(\frac{l''}{l}\right)^2. \tag{16}$$

Für eine prismatische Stange gilt: $l'' = \frac{2}{3} l$ und $\mu = (\frac{2}{3})^2 = 0{,}444$. Wegen der schweren Stangenenden am Treibzapfen wird praktisch $\mu = 0{,}5 \div 0{,}6$. Diese Ableitung von μ ist genau genug, aber nicht wissenschaftlich streng. Eine genaue Ableitung der Größe μ hat Parke[1] gegeben, dessen Formel Noltein etwas umgestaltet hat, weil Parke in der Anwendung der genauen Theorie annäherungsweise $l''^2 = \frac{l^2}{2}$ gesetzt hatte. Mit unseren Bezeichnungen wird nach Noltein für

[1] Railroad Gazette 38, 136 (1894).

90^0 Kurbelwinkel:

$$\mu = \frac{l''^2 + r^2 - 2\,r^2 \frac{l''}{l}}{l^2 - r^2} + \frac{r^2}{l^2 - r^2} \cdot \frac{G_s}{G_t}.$$

Vernachlässigt man r^2 gegen l^2, so wird aus dem ersten Glied $\frac{l''^2}{l^2}$ in Übereinstimmung mit Gl. (16). Das zweite Glied rührt daher, daß (infolge des Fehlergliedes bei endlicher Stangenlänge) am Kreuzkopf in der Mittelstellung des Kurbelzapfens ($\varphi = 90^0$) schon [nach Gl. (14)] die Kraft $F_s = M_s \cdot r\,\omega^2 \lambda$ wirkt und zwar durch die Auslenkung der Treibstange um den Winkel τ mit dem Anteil $M_s \cdot r \cdot \omega^2 \lambda \cdot \operatorname{tg} \tau$ in waagerechter Richtung. Durch den Versuch kann μ bestimmt werden, wenn man die Treibstange am Kreuzkopfende aufhängt, als Pendel schwingen läßt und die Zeit z einer einfachen Schwingung mißt[1]. Dann wird aus der Gleichung $z = \pi \sqrt{\frac{l''}{g}}$ gefunden: $l'' = \frac{z^2 \cdot g}{\pi^2}$ cm.

Da die Gegengewichte nicht in der Ebene der Zylinder liegen und die Wahl von m in Gl. (15) von der Anordnung und Zahl der Kurbeln abhängt, müssen von jetzt ab die verschiedenen Maschinenarten getrennt betrachtet werden.

Zweikurbelige Maschinen. Die Kurbeln stehen unter 90^0; die rechte eilt gewöhnlich vor. Während einer Umdrehung wandern die schwingenden Teile vor und zurück. Da beim Fehlen äußerer Kräfte der Gesamtschwerpunkt der ganzen Lokomotive unverändert bleiben muß, bewegt sich die ganze Lokomotive, wenn sie frei schwebend aufgehängt ist, in entgegengesetztem Sinne. Diese Bewegung heißt Zucken. Der Zuckweg x wird daraus bestimmt, daß beim Fehlen äußerer Kräfte und anfänglicher Ruhe des Systems die Summe der Bewegungsgrößen, d. h. der Impuls aller Einzelmassen nach dem Schwerpunktsatz $\sum M w = 0$ sein muß:

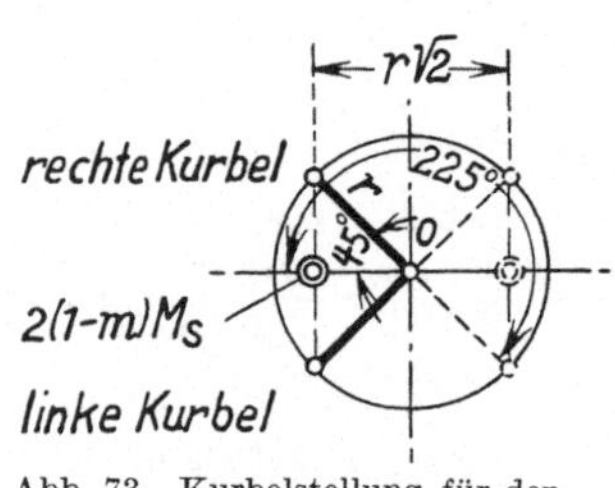

Abb. 73. Kurbelstellung für den maximalen Zuckweg. Kolbenhub $s = 2\,r$.

$$(1 - m)\,\frac{G_s}{g}\,r\,\omega\,[\sin(\omega z) - \cos(\omega z)] - \frac{G_d - 2\,G_s}{g}\,\frac{d\,x}{d\,z} = 0.\,*$$

Durch Integration folgt daraus

$$(1 - m)\,\frac{G_s}{g}\,r\,(-\cos\varphi - \sin\varphi) = \frac{G_d - 2\,G_s}{g} \cdot x,$$

wo $\varphi = \omega z$. Mit dem Höchstwert (bei der größten Verlegung der Triebwerkmassen) über den Grenzen $\varphi = 45$ bis $\varphi = 225^0$ (siehe Abb. 73) und Vernachlässigung der $2\,G_s$** gegen das G_d gibt das

$$x = \frac{(1 - m)\,G_s}{G_d}\,2\,r\,\sqrt{2} = \frac{(1 - m)\,G_s}{G_d}\,s\,\sqrt{2}\ \text{cm}. \tag{17}$$

[1] LOMONOSSOFF: Glasers Annalen **105**, 92 (1929).

* Bei Annahme unendlicher Stangenlänge.

** Wird in der Ableitung die Relativbewegung berücksichtigt, so vermindert sich dieser Fehler von $2\,G_s$ auf $m\,G_s$.

Wählt man beispielsweise $(1 - m)\,G_s = \frac{1}{400}\,G_d$, $s = 65{,}0$ cm, so erhält man den Zuckweg $x = 1{,}41 \cdot 65{,}0 \cdot \frac{1}{400} = 0{,}23$ cm. Da die Bewegung der Lokomotive in der Längsrichtung kaum gehemmt ist, kommt dieser Zuckweg voll zur Wirkung. Man kann ihn verkleinern, indem man den Tender so straff kuppelt, daß er am Zucken teilnimmt. Das ist auch notwendig, weil andernfalls beide Kuppelkästen zerrüttet werden. Die nötige Vorspannung der Hauptkupplungsfeder sei Z_t kg genannt; G_d kg = Lokomotivgewicht, G_T kg = Dienstgewicht des Tenders. Die größte Zuckkraft ist

$$Z_k = (1 - m)\,\frac{G_s}{g} \cdot r \cdot \sqrt{2}\,\omega^2 = (1 - m)\,G_s \cdot s\,2{,}2\left(\frac{V}{D}\right)^2 \text{ kg}. \tag{18}$$

Die Zuckkraft verteilt sich im Verhältnis der Massen auf die Lokomotive und den Tender; folglich wirkt auf den Tender ein die Kraft: $Z_T = Z_k \frac{G_T}{G_d + G_T}$. Wegen der endlichen Stangenlänge wird die Zuckkraft noch etwas größer. Die Zuckbewegung ist zwar unschädlich für die Sicherheit der Fahrt, wirkt aber zerstörend auf die Festigkeit des Rahmens. Deshalb ist auch GARBES Versuch, $m = 0$ zu machen, gescheitert. Der Zuckweg ist von der Geschwindigkeit unabhängig, weil mit wachsender Geschwindigkeit die Kräfte zwar zunehmen, die Zeitdauer ihrer Einwirkung aber abnimmt. Die ganze Lokomotive gerät bei hoher Drehzahl in heftiges Zittern, das nicht nur sehr unangenehm für die Mannschaft ist, sondern auch alle Verbindungen lockert.

Wie eben bei dem Fortschreiten der (rechten) Kurbel von $\varphi = 45$ bis $\varphi = 225^0$, also der linearen Verlagerung der beiden Kurbeln um $r\sqrt{2}$ von vorn nach hinten und umgekehrt, das Zucken entstand, so entsteht bei dem Fortschreiten der Kurbel von $\varphi = 135$ bis $\varphi = 315^0$, d. h. Vorwandern der rechten Massen und Zurückwandern der linken Massen um den maximalen Weg $r\sqrt{2}$ und umgekehrt, das Drehen der frei schwebend aufgehängten Lokomotive um ihre senkrechte Schwerpunktsachse, da die Hauptmasse nach dem Flächensatz wieder die entgegengesetzte Bewegung ausführt wie die Triebwerkmassen. Nach dem Flächensatz ist bei fehlenden äußeren Kräften und anfänglicher Ruhe des ganzen Systems der Drall $\sum J_i \frac{d\xi_i}{dz} = 0$, $J_1 \frac{d\xi_1}{dz} + J_2 \frac{d\xi_2}{dz} - J_3 \frac{d\xi_3}{dz} = 0$, wo der Index 1 der Hauptmasse, die Indizes 2 und 3 den Triebwerkmassen zugehören, vgl. Abb. 74. ξ_1 ist gesucht, $\frac{d\xi_2}{dz}$ und $\frac{d\xi_3}{dz}$ werden aus der Kolbengeschwindigkeit berechnet. Bei 90^0 Kurbelversetzung ist $\frac{d\xi_2}{dz} = \frac{r\,\omega \sin(\omega z)}{a}$ und $\frac{d\xi_3}{dz} = \frac{-r\,\omega \cos(\omega z)}{a}$, weiter $J_2 = J_3$, damit wird

$$J_1 \frac{d\xi_1}{dz} + J_2 \frac{r}{a}\,\omega\,[\sin(\omega z) + \cos(\omega z)] = 0.$$

Für J_2 angenähert $(1 - m)\,\frac{G_s}{g}\,a^2$ gesetzt und integriert, folgt daraus

$J_1 \xi_1 = -(1-m)\frac{G_s}{g} r a [-\cos(\omega z) + \sin(\omega z)]$. Zwischen den oben angegebenen Grenzen $(\omega z) = \varphi = 135$ und $\varphi = 315^0$ und mit $J_1 \sim \frac{G_d}{g}\frac{d^2}{12}$ cmkgsec² wird $\xi_1 = \frac{+2(1-m) G_s 12 a r \sqrt{2}}{G_d d^2}$, damit der Ausschlag in den Endpunkten der Diagonale (Abb. 74):

$$y_d = \xi_1 \frac{d}{2} = (1-m)\frac{G_s}{G_d}\frac{a r}{d} 12 \sqrt{2} \text{ cm}. \tag{19}$$

Setzt man wieder

$$(1-m)\frac{G_s}{G_d} = \frac{1}{400}, \quad r = 32{,}5 \text{ cm}, \quad a = 105{,}0 \text{ cm}, \quad d = 1000 \text{ cm},$$

so erhält man:

$$y_d = \frac{12}{400} \cdot \frac{32{,}5 \cdot 105{,}0}{1000} \sqrt{2} = 0{,}145 \text{ cm}.$$

Diese Berechnung der Zuck- und Drehausschläge aus dem Satz von der Erhaltung des Schwerpunktes bildet nur eine Annäherung. Eine ausführliche Darstellung hat CLOSTERHALFEN[1] gegeben. Die Hauptsache ist die Erkenntnis der Schädlichkeit dieser Bewegungen, über die noch einiges zu sagen ist.

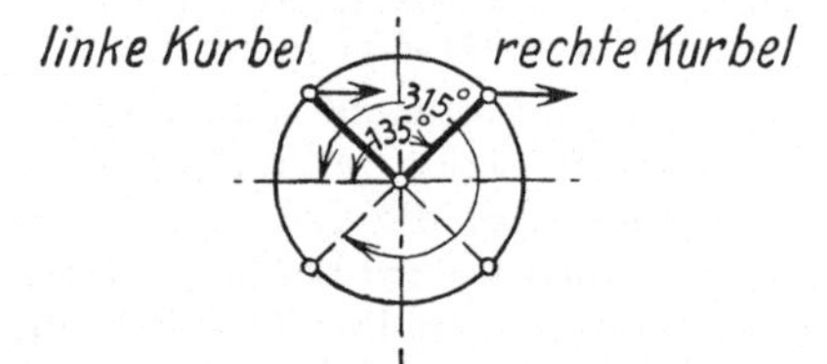

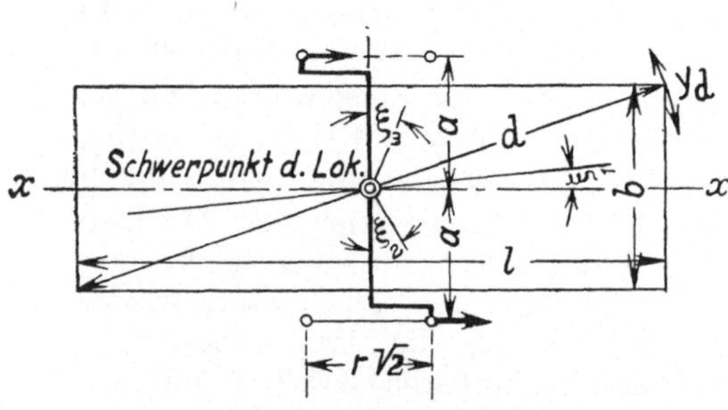

Abb. 74. Kurbelstellung der größten Drehkräfte. Die Pfeile stellen hier nicht Kräfte sondern Geschwindigkeiten dar.

Während der Zuckweg durch die Mitwirkung der Tendermasse sich verkleinert, wird der Drehausschlag durch Nebenumstände stark vergrößert. Bildete die Lokomotive mit den Rädern ein starres Ganzes, so käme zwar dank der Reibung der Räder auf den Schienen überhaupt kein Drehen zustande; tatsächlich haben aber die Achslager seitliches Spiel, das oft des Bogenlaufes wegen sehr groß ist, und die Drehgestelle gestatten nur schwach gehemmte Ausschläge, ferner wird das Kesselwasser die Schwingungen nur teilweise mitmachen. Infolgedessen bleiben die Räder auf den Schienen von der Schwingung unberührt, und statt des wahren Lokomotivgewichtes müßte ein viel kleineres eingesetzt werden. Aber selbst dann, wenn man die Hälfte nimmt, erreicht der Ausschlag nur etwa 3 mm, ist also ganz ungefährlich.

Die vielfach beobachteten größeren Ausschläge rühren von den Kolbenkräften und dem Schlingern her. Die Drehausschläge sind auch weniger ihrer absoluten Größe wegen zu fürchten, sondern als Erreger

[1] Hanomag-Nachrichten **11**, 13ff. (1924).

von Schlingerbewegungen, falls die Lokomotive ihrer Bauart nach dazu neigt. Die Zuck- und Drehbewegungen vereinigen sich zu einer gemeinsamen. Dies zeigt Abb. 75, die auf einem ortsfesten Prüfstand aufgenommen worden ist[1]. Innenzylinderlokomotiven zeigen wegen des kleinen Zylinderabstandes fast gar kein Drehen.

Je stärker die schwingenden Massen ausgeglichen sind — d. h. je größer m ist — um so geringer ist das Zucken und Drehen, um so stärker ist aber die **überschüssige Fliehkraft** in senkrechter Richtung, nach Abb. 70 nämlich: $m M_s \cdot r \cdot \omega^2$. Lokomotiven mit kurzem Achsstand und viel Überhang neigen ihrer Bauart nach stark zum Schlingern. Die Erregung der Schlingerbewegungen soll möglichst gering sein, deshalb wählt man dort m recht groß, nämlich zu 0,5 bis 0,6. Zeitgemäße Lokomotiven sind aber immer gut geführt, so daß ein so starker Ausgleich nicht mehr angewandt wird. Dagegen schreibt die deutsche Eisenbahnbau- und Betriebsordnung vor, daß die überschüssigen Fliehkräfte bei der Höchstgeschwindigkeit das Maß von 15% des ruhenden Achsdrucks nicht überschreiten dürfen. Diese Vorschrift beschränkt bei schnellaufenden Lokomotiven die Größe von m so stark, daß das Zucken nicht genügend vermindert wird. Die Begrenzung der überschüssigen Fliehkräfte auf 15% stammt aus einer Zeit, als man anfing, den Achsdruckveränderungen mehr Beachtung zu schenken und noch nicht erkannt hatte, daß Treibstangenkraft, Federspiel, Bremswirkung und Bogenlauf noch viel stärkere Veränderungen des Achsdruckes ohne irgendwelche Nachteile hervorrufen. Man sollte deshalb die Begrenzung auf 15% fallen lassen und 20% bei der doch immerhin seltenen Höchstgeschwindigkeit zulassen.

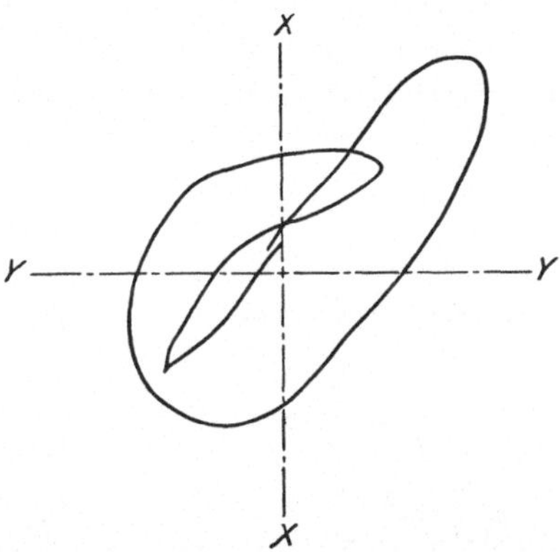

Abb. 75. Vereinigtes Zuck- und Drehdiagramm, aufgenommen im Maßstab 5:1 an der E-Güterlokomotive der Russischen Staatsbahn auf dem Prüfstande zur Untersuchung der Diesellokomotive in Eßlingen.

Das Gewicht $m G_s$ wird auf die Treibräder möglichst gleichförmig verteilt (kleine Treibräder ermöglichen oft noch nicht einmal den Ausgleich der umlaufenden Massen), so daß der Anteil der Räder $m_1 + m_2 + \cdots = m$ ist. Das **zusätzliche Gewicht** $m_1 G_s$ wirkt nun nach Abb. 76 nicht in der Ebene der Schienen, sondern belastet in der gezeichneten Stellung die ihm zugekehrte Schiene mit der Kraft $\varDelta Q_1$ und entlastet die gegenüberliegende mit $\varDelta Q_2$, so daß $\varDelta Q_1 = m_1 G_s \frac{a + \frac{S}{2}}{S}$ und $\varDelta Q_2 = m_1 G_s \frac{a - \frac{S}{2}}{S}$ kg. Jede Schiene steht also unter Einwirkung

[1] Lomonossoff: Die dieselelektrische Lokomotive, S. 169. Berlin: VDI-Verlag 1924.

zweier um 90° gegeneinander versetzten Fliehkräfte, die sich zu einer Resultierenden vereinigen. Ihre Größe ist $\Delta Q = \sqrt{\Delta Q_1^2 + \Delta Q_2^2}$. Durch Einsetzen der Werte von ΔQ_1 und ΔQ_2 und Umformung erhält man

$$\Delta Q = \frac{m_1 G_s}{g} \cdot r \cdot \omega^2 \cdot 0{,}707 \sqrt{1 + \left(\frac{2a}{S}\right)^2} \text{ kg}. \tag{20}$$

Führt man ferner noch ein $\omega = 55{,}5 \frac{V}{D}$ und zieht alle Zahlenwerte zusammen, so erhält man

$$m_1 G_s = \Delta Q : 1{,}1 \left(\frac{V}{D}\right)^2 \cdot \sqrt{1 + \left(\frac{2a}{S}\right)^2} \cdot s \text{ kg}. \tag{21}$$

Es ist beachtenswert, daß die größte Wirkung auf die Schiene nicht mit der senkrechten Lage der Kurbel zusammenfällt. Der Wert der Wurzel beträgt bei Regelspur und Außenzylindern etwa 1,72. Bei Innenzylindern

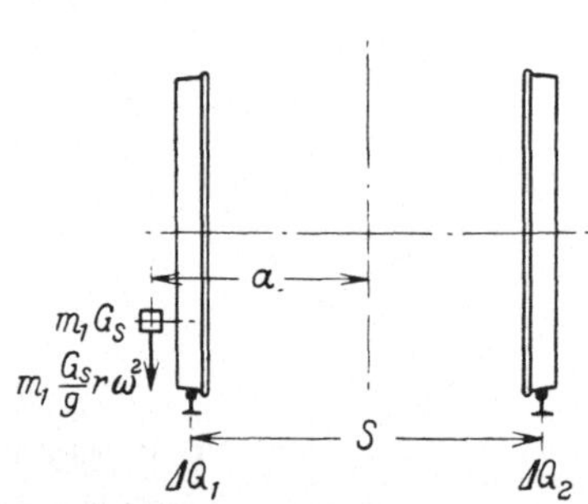

Abb. 76. Wirkung des zusätzlichen Gegengewichtes (zum Ausgleich von $m_1 G_S$) auf die Schiene.

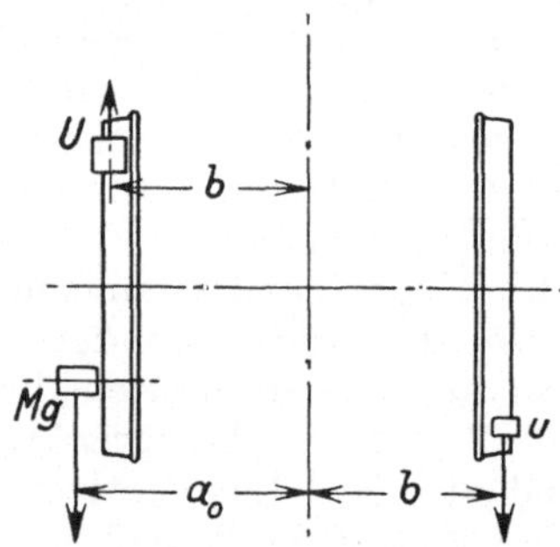

Abb. 77. Verteilung des Gegengewichts auf beide Räder.

etwa 1,22. Bei gleicher Einwirkung auf die Schiene ermöglichen also Innenzylinderlokomotiven 1,77 : 1,22 = 1,4 mal stärkeren Ausgleich der schwingenden Massen.

Sobald m_1 und die Gewichte der schwingenden und umlaufenden Teile sowie die Lage ihrer Ebenen bekannt ist, kann mit **Bestimmung der Gegengewichte** begonnen werden. Außer der ersten Reduktion der Gewichte auf den Kurbelkreis muß noch eine zweite Reduktion auf die Ebene der Gegengewichte vorgenommen werden. Jedes einzelne Gewicht $M \cdot g$ im Abstande a_0 erfordert zum Ausgleich zwei Gegengewichte: ein großes U im eigenen Rade und ein kleines u im gegenüberliegenden. Nach Abb. 77 und den Gleichgewichtsbedingungen ist:

$$-U + M \cdot g + u = 0 \quad \text{und} \quad M \cdot g\,(a_0 + b) - U \cdot 2b = 0,$$

daraus folgt:

$$U = M \cdot g \cdot \frac{a_0 + b}{2b} \text{ kg}$$

und

$$u = M \cdot g \cdot \frac{a_0 - b}{2b} \text{ kg}.$$

U liegt der Masse M gegenüber, u liegt ihr zugekehrt. Daraus folgt nach Abb. 78 die Zusammensetzung und Lage des Gegengewichtes

$$U_1 = \sqrt{U^2 + u^2} \quad \text{und} \quad \operatorname{tg}\gamma = \frac{u}{U} = \frac{a_0 - b}{a_0 + b}.$$

Zur Durchführung der Berechnung ist $M \cdot g$ als die Summe aller Einzelgewichte und a_0 als ihr mittlerer Abstand einzuführen. Man vergesse nicht, auch bei den Kuppelachsen das Gewicht $m_1 G_s$ in der Zylinderebene, also dem Abstand a, und im Kurbelkreis anzubringen. Bei Außenzylindern neigt nach Abb. 78 das Gegengewicht der anderen Kurbel zu, bei Innenzylindern nach Abb. 79 von ihr fort.

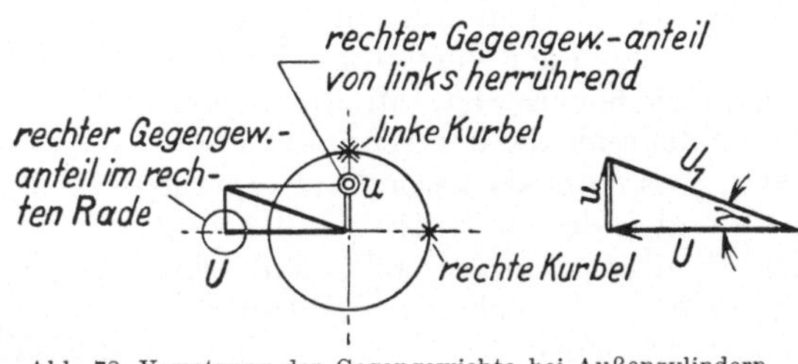

Abb. 78. Versetzung der Gegengewichte bei Außenzylindern.

Die Gegengewichte der Innenzylinderlokomotiven werden sehr leicht, weil die Kuppelzapfen dem Treibzapfen um 180⁰ gegenüberliegen, also selbst ausgleichend wirken, und beide Gegengewichte der Treibkurbel ebenfalls gegenüberliegen. Solange die Innenzylinder waagerecht liegen, kann man eine Berechnung, die nach dem angeführten Beispiel sinngemäß anzustellen ist, noch durchführen. Liegen die Zylinder aber geneigt, so empfiehlt sich eine graphische Berechnung, die bei Vierzylinderlokomotiven unumgänglich ist. Die Berücksichtigung der Neigung der Gegenkurbel nötigt zu graphischer Berechnung, ist eine unnötige Spitzfindigkeit und führt zu unsymmetrischen Radsätzen.

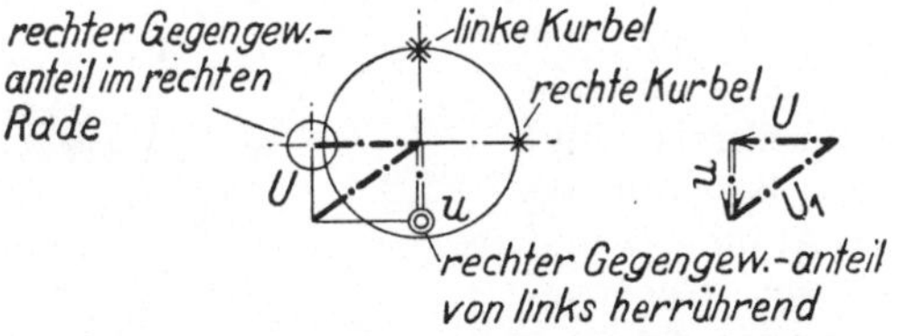

Abb. 79. Versetzung der Gegengewichte bei Innenzylindern. Weil bei Innenzylindermaschinen beide Massen zwischen den Gegengewichten liegen, müssen für jede Seite beide Anteilmassen den zugehörigen Kurbeln gegenüberliegen. Die Kuppelzapfen sind gegen die Kurbelzapfen um 180⁰ versetzt, folglich wirken die Kuppelzapfen und -stangen schon als Gegengewicht, und folglich wird U hier klein.

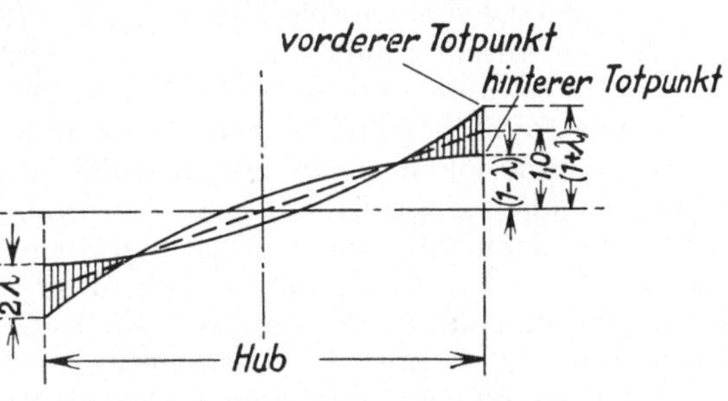

Abb. 80. Massenbeschleunigungskräfte $F_s = M_s r \omega^2 2\lambda$

Vierzylinderlokomotiven bedürfen keines Ausgleiches der schwingenden Massen, falls die Kurbeln einer Maschinenseite gleichzeitig in entgegengesetzten Totpunkten stehen (Kurbelfolge 180⁰). Liegen die Zylinder in einer Ebene oder in zwei parallelen Ebenen, so bedeutet das eine Kurbelversetzung von 180⁰.

Folgen die Kurbeln einer Seite unter 180° und sind die schwingenden Massen gleichgroß, so bleibt nach Gl. (16) und Abb. 80 als Zuckkraft noch übrig: $F_s = M_s \cdot r \cdot \omega^2 \cdot 2\lambda$ kg. Mit einem Stangenverhältnis $\lambda = \frac{1}{8}$ kommt das Zucken nur mit $\frac{1}{4}$ zur Wirkung, wobei noch zu beachten ist, daß wegen der Verteilung der Leistung auf 4 Zylinder jedes einzelne Triebwerk leichter ist. Mit $m = 0$ verschwindet auch die überschüssige Fliehkraft, was man als besonderen Vorzug der Vierzylinderlokomotiven hingestellt hat, weil man außer acht ließ, daß alle anderen Ursachen für Achsdruckveränderungen bestehen bleiben.

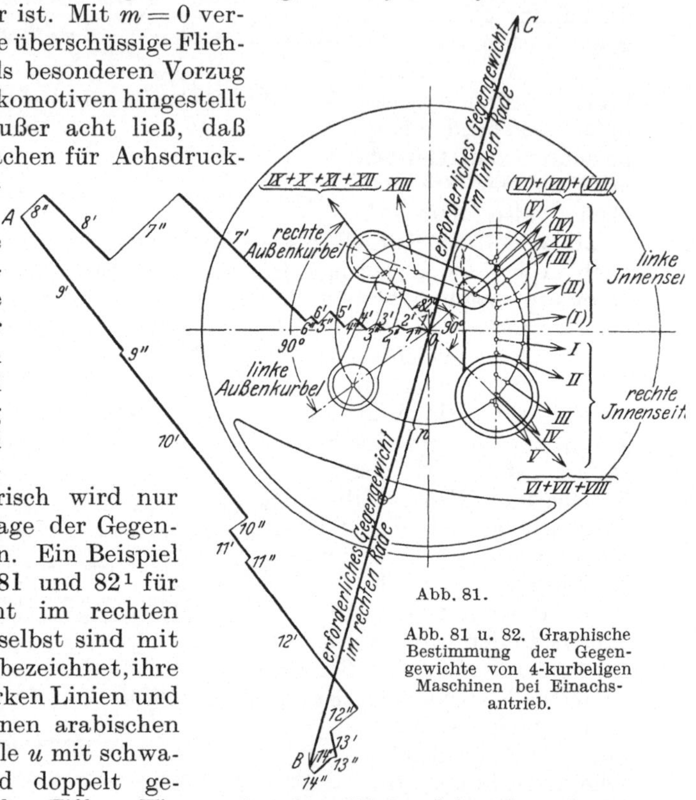

Das graphische Verfahren erfordert gleichfalls die Umrechnung der Gewichte auf den Kurbelkreis und die Bestimmung der Anteile U und u der Gegengewichte. Zeichnerisch wird nur die Größe und Lage der Gegengewichte gefunden. Ein Beispiel zeigen die Abb. 81 und 82[1] für das Gegengewicht im rechten Rade. Die Teile selbst sind mit römischen Ziffern bezeichnet, ihre Anteile U mit starken Linien und einfach gestrichenen arabischen Ziffern, die Anteile u mit schwachen Linien und doppelt gestrichenen arabischen Ziffern. Ein zweckmäßiger Maßstab ist 1 kg = 1 mm.

Abb. 81.

Abb. 81 u. 82. Graphische Bestimmung der Gegengewichte von 4-kurbeligen Maschinen bei Einachsantrieb.

Vierzylinderlokomotiven mit gegenläufigem Triebwerk zeigen sehr kleine Zuckbewegungen, während das Drehen nur wenig vermindert wird, weil die innenliegenden Massen an einem kleinen Hebelarm wirken. Es ist gut, aber in bezug auf die Ruhe des Laufs praktisch bedeutungslos, nach DE GLEHN die schweren Niederdruckkolben nach innen zu legen. Wichtig ist nur die Verminderung des Zuckens.

Kurbelstellungen, die keine Gegenläufigkeit der schwingenden Massen geben, sind unvorteilhaft. Der SCHLICKsche[2] Massenausgleich, der mit Ausnahme des Restgliedes aus der endlichen Stangenlänge sowohl freie Kräfte wie Momente vermeidet, führt bei einer Loko-

[1] Eisenbahntechnik der Gegenwart, 3. Aufl., S. 180. Wiesbaden: Kreidel 1912.

[2] SCHUBERT: Theorie des Schlickschen Massenausgleichs. Leipzig: G. J. Göschen 1901. A. FÖPPL: Vorlesungen über technische Mechanik, 6. Aufl., IV S. 157. Berlin: Teubner 1921.

motive infolge der Beschränkungen im Zylinderabstand zu so ungünstigen Kurbelstellungen, daß er hier noch nicht angewandt worden ist.

Drillingslokomotiven. Wenn die Kurbeln unter 120^0 stehen und die Zylinder in einer Ebene und gleichen Abständen a liegen, entstehen keine freien Kräfte aber ein Drehmoment von der Größe $(1-m)\frac{G_s}{g}\cdot r\cdot \omega^2\cdot \sqrt{\frac{3}{4}}\cdot a$ cmkg, während es bei der zweikurbeligen Maschine statt $\sqrt{\frac{3}{4}}$ nur $\sqrt{\frac{1}{2}}$ hieß (Abb. 83). Das Drehmoment ist aber nicht größer, weil die Zylinder und G_s kleiner sind. Außerdem haben wir erkannt, daß das Drehen ohne Bedeutung ist. Höchst wertvoll ist aber das Verschwinden des Zuckens, und deshalb sollten Drillingslokomotiven keinen Ausgleich der schwingenden Massen erhalten und $m = 0$ sein, wie bei Vierzylinderlokomotiven. Die Furcht vor den Drehschwingungen, die ganz andere Ursachen haben, führte aber dazu, die schwingenden Massen bei den Außenzylindern z. T. auszugleichen, beim Innenzylinder aber nicht, weil er kein Moment liefert. Dadurch bleibt dann die Zuckkraft dieses Zylinders übrig.

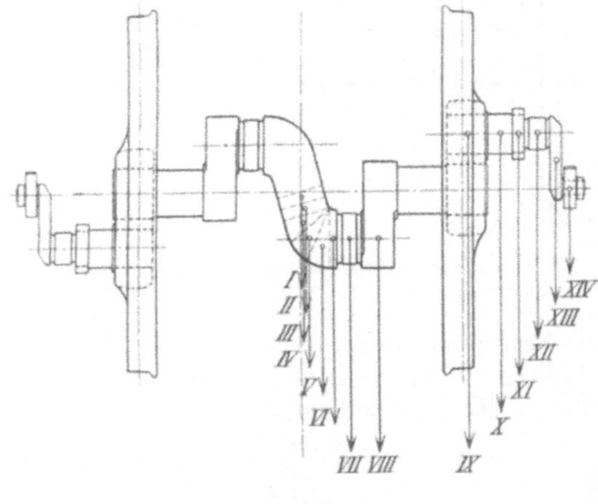

Abb. 82.

Der Nachweis, daß die Drillingslokomotive nicht nur primär (bei unendlicher Stangenlänge), sondern auch sekundär (bei endlicher Stangenlänge) ausgeglichen ist, kann durch folgende Überlegung erbracht werden. Für alle drei Triebwerke muß die Summe aller $G_s r \omega^2 (\cos\varphi \pm \lambda \cos 2\varphi)$ gleich Null sein. Nun liegt beim Drilling wie beim Vierling der Schwerpunkt aller Kurbeln in der Achsmitte. Eine Drehung kann den Schwerpunkt nicht verlegen. Die Summe aller $\cos\varphi$ ist gleich Null. Damit ist der primäre Ausgleich erwiesen. Beim Drilling ist auch die Summe aller $\cos 2\varphi$ gleich Null, weil die Verdoppelung des Winkels die gleichförmige Kurbelversetzung nicht stört. Anders beim Vierling: $\varphi = 180$ gibt mit $2\varphi = 360$ wieder die ursprüngliche Lage ($\cos\varphi = 1$), aber in dem Ausdruck $\pm\lambda\cos 2\varphi$ gilt das obere Zeichen für den vorderen, das untere für den hinteren Totpunkt. Die Differenz von $+\lambda$ und $-\lambda$ ist 2λ, was in der Abb. 80 dargestellt war. Der Vierling ist also sekundär nicht ausgeglichen.

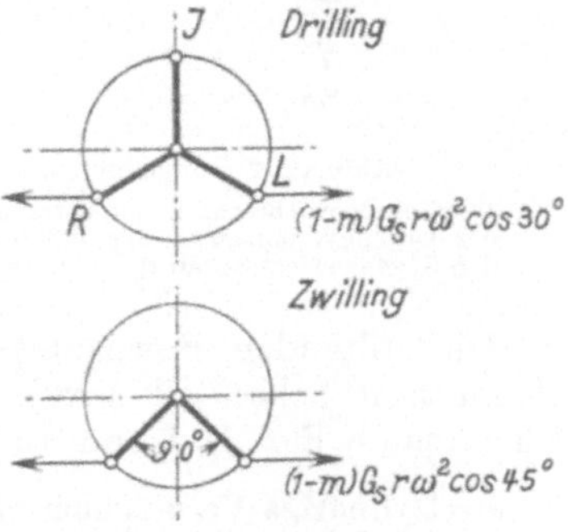

Abb. 83. Kurbelstellung für größten Drehwinkel bei Drillingslokomotiven.

Entschließt man sich aber trotz dieser Überlegungen zum Ausgleiche eines Teiles m der schwingenden Teile G_s, so findet man aus Abb. 84, daß das größte Moment in der senkrechten Querebene gleich dem

Kräftepaar $2a \cdot m_1 \frac{G_s}{g} r \cdot \omega^2\, 0{,}866$ ist, dem die Achsdruckänderung ΔQ am Hebelarm S entgegenwirkt.

Daraus folgt $\Delta Q \cdot S - 2a \cdot m_1 \frac{G_s}{g} \cdot r\omega^2 \cdot 0{,}866 = 0$ und mit den früheren Umrechnungen:

$$\Delta Q = 2{,}72\, m_1 \cdot G_s \cdot s \cdot \frac{a}{S} \cdot \left(\frac{V}{D}\right)^2 \text{ kg}. \qquad (22)$$

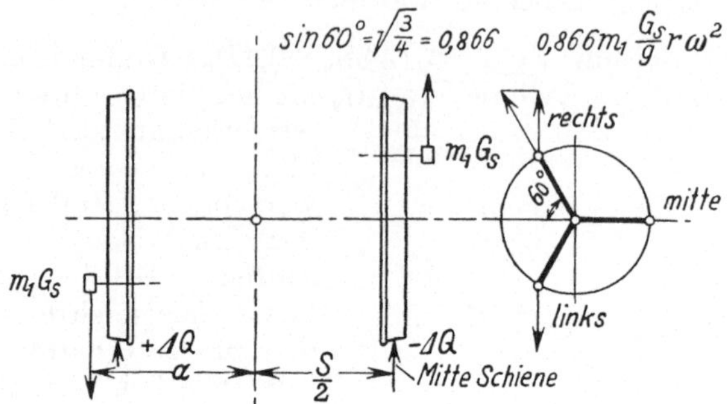

Abb. 84. Senkrechte Komponente der überschüssigen Gegengewichte bei Drillingslokomotiven.

Die Gegengewichte werden am besten zeichnerisch nach Abb. 85 ermittelt, wobei zu beachten ist, daß dem $M \cdot g$ des Innenzylinders zwei gleich große Gegengewichtsteile $2u_m = M \cdot g$ entsprechen.

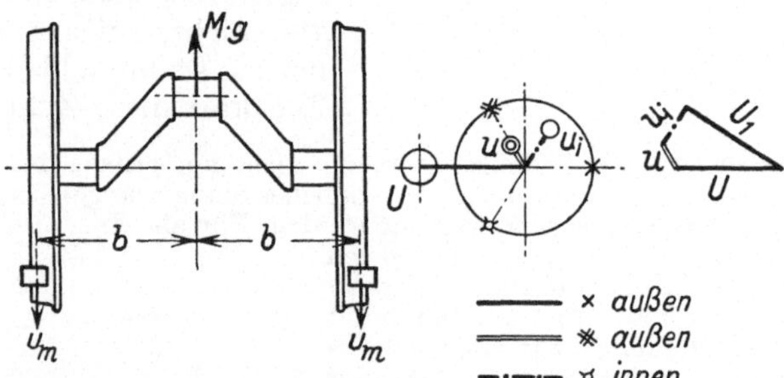

Abb. 85. Zusammensetzung der Gegengewichte bei Drillingslokomotiven.
Der Gegengewichtsanteil der betrachteten Seite liegt entgegengesetzt, der Gegengewichtsanteil der anderen Seite liegt der Kurbel gleichgerichtet, der Gegengewichtsanteil der mittleren Kurbel liegt entgegengesetzt je zur halben Größe.

Die störenden Bewegungen der Lokomotive sind ausführlich mathematisch behandelt worden von Marié in der Revue générale d. Chemins de Fer. Mai und Juni 1909.

Dreizylindrige Verbundmaschinen mit einem mittleren Hochdruckzylinder erhalten außen die Kurbelstellung von 90°, um einen gleichmäßigen Auspuff der Niederdruckzylinder zu erhalten. Das Zucken kann dann nur bis auf einen von der endlichen Stangenlänge herrührenden Rest beseitigt werden. Nach Abb. 86 muß sein $(1 - m_i)\, G_{si} = (1 - m_a)\, G_{sa} \sqrt{2}$. Setzt man $m_i = 0$, so wird der Ausgleich des äußeren Triebwerkes

$$m_a = 1 - \frac{G_{sa}}{G_{si}} \sqrt{2}.$$

Man muß also $G_{si} = 1{,}41\, G_{sa}$ machen, damit m_a nicht negativ wird. Die Achsdruckveränderung ΔQ wird aus dem Diagramm Abb. 87 ermittelt.

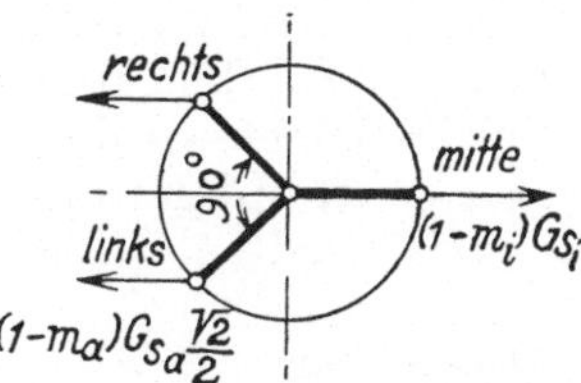

Abb. 86. Zucken bei Dreizylinderlokomotiven mit den äußeren Kurbeln unter 90°.

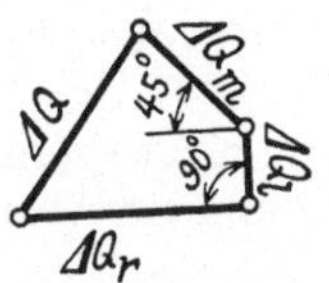

Abb. 87. Ermittlung der freien Fliehkräfte bei Dreizylinderlokomotiven mit den äußeren Kurbeln unter 90°.

$$\Delta Q_r = (1 - m_a)\, G_{s_a} \frac{a + \frac{S}{2}}{S}$$

$$\Delta Q_l = (1 - m_a)\, G_{s_a} \frac{a - \frac{S}{2}}{S}$$

$$\Delta Q_m = \frac{1}{2}(1 - m_i)\, G_{s_i}$$

Ausbildung der Gegengewichte. Wenn die Rahmen außen liegen, ist es besonders bei kleinen Rädern vorteilhaft, das Gegengewicht in der Kurbel unterzubringen und nicht in den Rädern, weil die Radebene so weit von der Zylinderebene entfernt liegt $\left(a - \frac{S}{2}\right.$ sehr groß in Abb. 76$\left.\right)$, daß die Gewichte sehr groß werden. Dagegen bringt es keinen Vorteil, die Gegengewichte der innenliegenden Zylinder an ihren Kurbeln unterzubringen, sondern es wird viel leichter, sie mit dem am größeren Halbmesser wirkenden Gegengewichte der Außenzylinder zu vereinigen. Liegen die Gegengewichte in den Radsternen (Abb. 88), so ist U_1 nach Abb. 78 im Halbmesser r bekannt und muß in einem Gewichte mit dem Schwerpunktabstand ϱ und der Fläche f verwirklicht werden.

$$U_1 \cdot r = \varrho \cdot h \cdot f \cdot \frac{\gamma}{1000}.$$

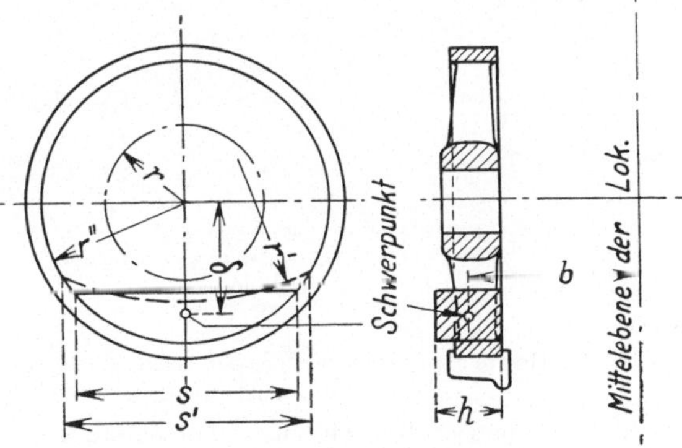

Abb. 88. Ausbildung der Gegengewichte.
Das Gegengewicht soll möglichst breit sein und b und ϱ möglichst groß. Nach außen wird das Gegengewicht durch die Kuppelstangen beschränkt.

Nun ist $\varrho = \frac{s^3}{12 f}$ cm, und deshalb wird $U_1 \cdot r = \frac{s^3 \cdot h}{12} \cdot \frac{\gamma}{1000}$ cmkg und $s = 10 \sqrt[3]{\frac{12\, U_1 r}{\gamma \cdot h}}$ cm. Will man das Gegengewicht aber als Sichel ausbilden (Abb. 88 gestrichelt), so wählt man $r' = 2r''$ und muß dann s auf s' vergrößern nach folgender Tabelle:

$s : 2r''$	0,4	0,5	0,8	0,98
$s^1 : s$	1,223	1,18	1,118	1,2

In dieser Weise kann man die Gegengewichte aber nur als erste Annäherung entwerfen, weil ja auch die Speichen abgezogen werden müssen. Völlig versagt aber die Vorausberechnung, wenn wegen Platzmangels die Gewichte nicht eben begrenzt werden können oder mit Blei ausgegossen werden. Da muß durch vieles Versuchen und Nachrechnen die Gestalt der Gegengewichte gefunden werden. Sehr störend ist es dann auch, wenn der angenommene Abstand b (Abb. 77) nicht beibehalten werden kann.

Beispiel einer Gegengewichtsberechnung.

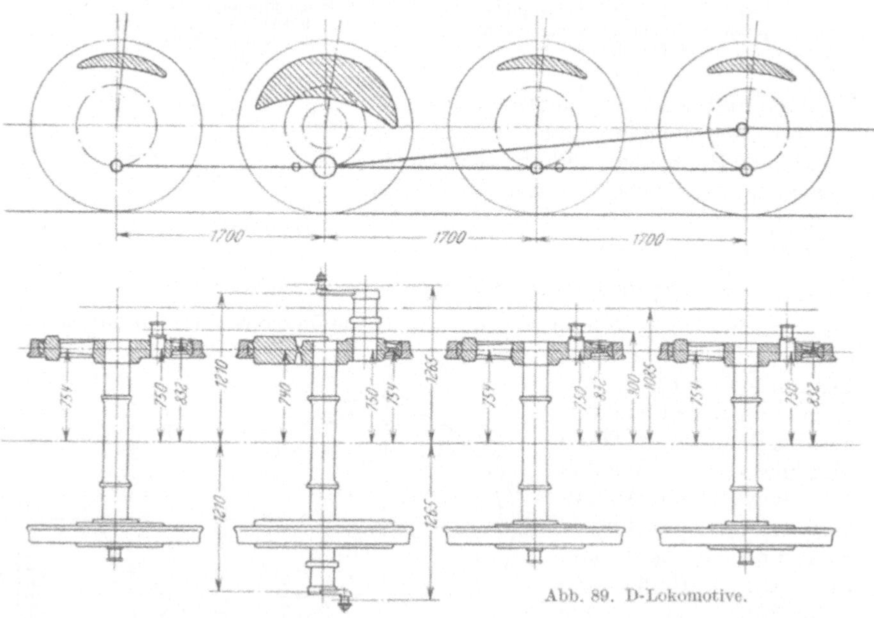

Abb. 89. D-Lokomotive.

A. Bestimmung der Maße und des ausgeglichenen Teiles der hin- und hergehenden Massen:

Raddurchmesser $D = 140$ cm, Kolbenhub $s = 66$ cm, $V_{\max} = 70$ km/h,

$$\omega = 55{,}5 \cdot \frac{70}{140} = 27{,}75, \quad \text{Raddruck } Q = 7500 \text{ kg}, \quad a = 108{,}5, \quad \frac{S}{2} = 75.$$

Zugelassene überschüssige Fliehkraft $\Delta Q = 0{,}15\,Q = 0{,}15 \cdot 7500 = 1125$ kg,

$$m_1 \cdot G_s = \Delta Q : \left[1{,}1 \left(\frac{V}{D}\right)^2 \cdot s \cdot \sqrt{1 + \left(\frac{2a}{S}\right)^2}\right] = 1125 : \left[1{,}1 \cdot \frac{1}{4} \cdot 66 \cdot \sqrt{1 + \left(\frac{108{,}5}{75}\right)^2}\right]$$

$= 35$ kg, bei 4 Achsen $4 \cdot 35 = 140$ kg.

Hin- und hergehende Massen:

Kolben mit Stange . .	242 kg
Kreuzkopf	159 „
Lenker	8 „
Treibstangenanteil[1] .	162 „
	$G_s = 571$ kg

Mit 140 kg wären also

$$m = \frac{140}{571} \cdot 100 = 24{,}5\,\% \text{ von } G_s$$

ausgeglichen.

[1] Unter B ermittelt.

B. Verteilung des Gewichts der Kuppelstangen (statisch) und der Treibstange (dynamisch):

Hintere Kuppelstange:

$$52{,}7 \cdot \frac{600}{1465} = 21{,}7, \quad 52{,}7 \cdot \frac{865}{1465} = 31 \text{ kg}.$$

Mittlere Kuppelstange:

$$\begin{array}{rl} 130{,}7 \cdot \ \ 640 = & 83600 \\ +\ 22 \ \ \cdot 1880 = & 41400 \\ \hline & 125000 \\ -\ 21{,}7 \cdot \ \ 235 = & 5100 \\ \hline & 119900 \text{ mmkg} \end{array}$$

$$119900 : 1700 = 70{,}4 \text{ kg}$$

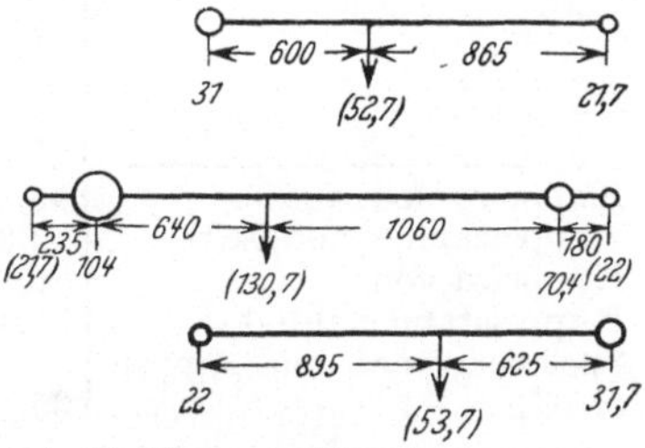

Abb. 90. Hintere, mittlere und vordere Kuppelstange.

$$\begin{array}{rl} 130{,}7 \cdot 1060 = & 138600 \\ +\ 21{,}7 \cdot 1935 = & 42000 \\ \hline & 180600 \\ -\ 22 \ \ \cdot \ \ 180 = & 3960 \\ \hline & 176640 \text{ mmkg} \end{array}$$

$$176640 : 1700 = 104 \text{ kg}.$$

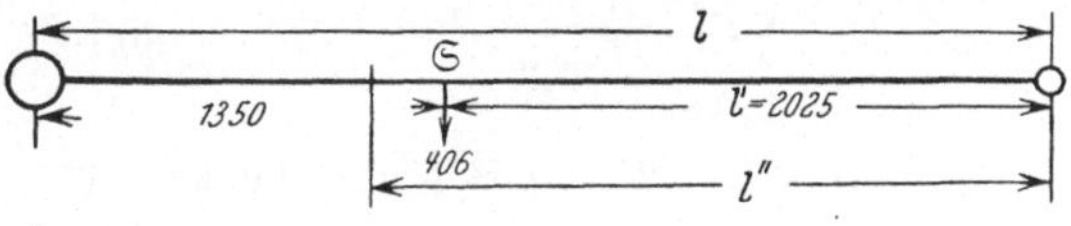

Abb. 91. Treibstange.

Vordere Kuppelstange:

$$53{,}7 \cdot \frac{895}{1520} = 31{,}7, \qquad 53{,}7 \cdot \frac{625}{1520} = 22 \text{ kg}.$$

Treibstange:

$$\mu \cdot M_t = \left(\frac{l''}{l}\right)^2 M_t. \quad \text{Mit } \mu = 0{,}6 \text{ wird } \mu \cdot M_t = 0{,}6 \cdot 406 = 244.$$

Anteil der Treibstange an den hin- und hergehenden Massen:

$$406 - 244 = 162 \text{ kg}.$$

C. Berechnung der Gegengewichte:

	G kg	Abstand Achse cm	$G' = G_{red}$ auf r kg	a_0 cm	$a_0 + b$ cm	$a_0 - b$ cm	$G' \cdot (a_0+b)$	$G' \cdot (a_0-b)$
Treibachse $b = 74$								
Treibzapfennabe	110,4	33	110,4	75	149	1	16450	110
Zapfen in Treibst.-Ebene .	66,5	„	66,5					
Treibstangenanteil	244	„	244	108,5	182,5	34,5	63000	11920
$m_1 \cdot G_s$	35	„	35					
Zapfen in Kuppst.-Ebene .	25,4	„	25,4					
Kuppelstangenanteil . . .	104	„	104	90	164	16	21220	2070
Speichenwände und Rippen			6,3	75,4	149,4	1,4	947	9
Gegenkurbel			3,1	121	195	47	604	146
Schwingenst.-Anteil			11,7	126,5	200,5	52,5	2345	614
							Σ 104566	14869*

$$U = \frac{\Sigma G' \cdot (a_0 + b)}{2b} = 706{,}8$$

$$u = \frac{\Sigma G' \cdot (a_0 - b)}{2b} = 100{,}4$$

$$\operatorname{tg} \gamma = \frac{100{,}4}{706{,}8} = 0{,}142; \quad \gamma = 8^0\, 5';$$

$$U_1 = \sqrt{U^2 + u^2} = 714 \text{ kg}; \quad \mathfrak{M}_1 = 236 \text{ mkg} = U_1 \cdot r.$$

* Daraus $U = [\Sigma G' \cdot (a_0 + b)] : 2b, \quad u = [\Sigma G' \cdot (a_0 - b)] : 2b$.

1. und 4. Kuppelachse $b = 75{,}4$ cm

	G kg	Abstand Achse cm	$G' = G_{red}$ auf r kg	a_0 cm	a_0+b cm	a_0-b cm	$G'\cdot(a_0+b)$	$G'\cdot(a_0-b)$
Kuppelzapfennabe	43,6	33	43,6	75,0	150,4	− 0,4	6 560	− 18
Kuppelzapfen vor Nabe . .	2,3	„	2,3	83,2	158,6	7,8	362	18
Kuppelzapfen	6,4	„	6,4	} 90	165,4	14,6	6 260	552
Kuppelstangenanteil . . .	31,4	„	31,4					
Speichenwände und Rippen			9,0	75,4	150,8	0	1 357	0
$m_1 \cdot G_s$	35	„	35	108,5	183,9	33,1	6 450	1 158
							Σ 20 989	1710

$$U = \frac{20989}{150{,}8} = 139{,}1 \qquad \operatorname{tg}\gamma = \frac{u}{U} = \frac{11{,}3}{139{,}1} = 0{,}0815; \quad \gamma = 4^0\,40';$$

$$u = \frac{1710}{150{,}8} = 11{,}3$$

$$U_1 = \sqrt{U^2 + u^2} = 140 \text{ kg}; \quad \mathfrak{M}_1 = 46 \text{ mkg}.$$

2. Kuppelachse $b = 75{,}4$ cm

	G kg	Abstand Achse cm	G' kg	a_0 cm	a_0+b cm	a_0-b cm	$G'\cdot(a_0+b)$	$G'\cdot(a_0-b)$
Kuppelzapfennabe	43,6	33	43,6	75,0	150,4	− 0,4	6 560	− 18
Kuppelzapfen vor Nabe . .	2,3	„	2,3	83,2	158,6	7,8	362	18
Kuppelzapfen	6,4	„	6,4	} 90	165,4	14,6	12 710	1 122
Kuppelstangenanteil . . .	70,4	„	70,4					
Speichenwände und Rippen			9,0	75,4	150,8	0	1 357	0
$m_1 \cdot G_s$	35	„	35	108,5	183,9	33,1	6 450	1 158
							Σ 27 439	2 280

$$U = 181{,}9, \qquad u = 15{,}1, \qquad U_1 \text{ müßte } 182{,}5 \text{ sein,}$$

bei gleicher Ausführung wie für die 1. und 4. Kuppelachse mit $U_1 = 140$ kg ist hier U_1 um den Anteil von $m_1 \cdot G_s$ kleiner, mithin werden insgesamt nur

$$3 \cdot 35 = 105 \text{ kg}, \quad \text{das sind } \frac{105}{571} = 18{,}4\% \text{ von } G_s, \text{ ausgeglichen.}$$

Nachrechnung der ausgeführten Gegengewichte.

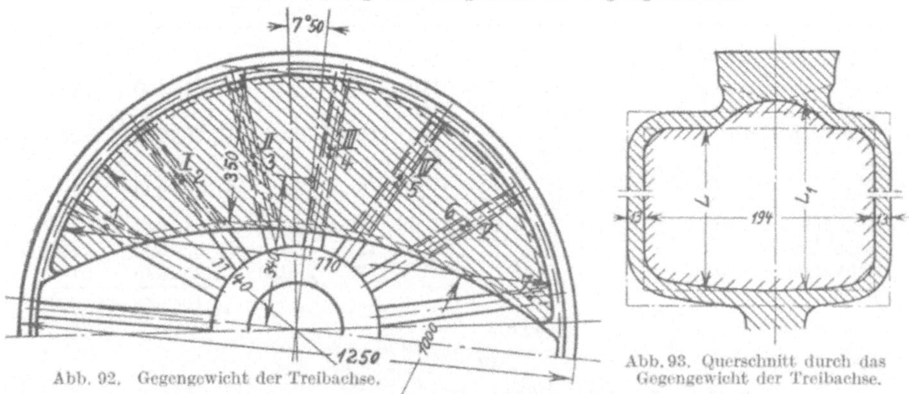

Abb. 92. Gegengewicht der Treibachse.

Abb. 93. Querschnitt durch das Gegengewicht der Treibachse.

Treibachse:

Fläche des Hohlkörpers (planimetriert) 3280 cm²,
„ „ Bleiausgusses (planimetriert) 2750 cm²,

Gewicht der Sichel mit Ausguß ohne Speichenwände:

Seitenwände $f \cdot h \cdot \gamma = 32{,}8 \cdot 0{,}26 \cdot 8$ * . . . . . . = 68,2 kg
Bleiausguß $27{,}5 \cdot 1{,}94 \cdot 11{,}4$ . . . . = 608,0 „
Obere und untere Wand $(2{,}2 \cdot 1{,}94 + 1{,}55 \cdot 1{,}94)\,8$ * = 58,2 „
Volle Sichelecken $1.55 \cdot 1{,}94 \cdot 8$ * . . . . = 24,1 „
758,5 kg

Moment der Sichel: $\mathfrak{M} = 758{,}5 \cdot 0{,}34$** . . . . . = 258 mkg

In obiger Rechnung ist der vorstehend strichpunktiert angedeutete Sichelquerschnitt zugrunde gelegt. Eine genaue Ermittlung unter Berücksichtigung der Abrundungen ergibt genügend genaue Übereinstimmung mit der obigen Annahme.

Die genaue Ermittlung ergibt: $\mathfrak{M} = 256$ mkg, $Q_1 = 745$ kg. In diesem Moment und Gewicht sind der Unterschied aus dem Blei- und Stahlgußgewicht, die Speichenwände und die überdeckten Speichen noch wie folgt zu berücksichtigen:

Speichenwände:

	I	II	III	IV	V	
Länge . . . . mm	260	312	324	300	230	
Fläche . . . . dm²	5,044	6,053	6,285	5,82	4,462	Σ
Stahlgußgewicht . . kg	10,09	12,11	12,57	11,64	8,92	55,33
Schwerpunktsabstand m	0,31	0,38	0,40	0,362	0,274	
Moment (Stahlguß) mkg	3,13	4,60	5,03	4,21	2,44	19,41

Stahlgußgewicht gesamt . . . . + 55,33 kg,

Bleigewicht gesamt $-\dfrac{55{,}33 \cdot 11{,}4}{8} =$. − 78,85 „

Moment (Stahlguß) gesamt . . . . . . + 19,41 mkg,

Moment (Blei) gesamt $-\dfrac{19{,}41 \cdot 11{,}4}{8} =$ − 27,66 „ ,

Differenz: − 23,5 kg, bzw. − 8,3 mkg.

Überdeckte Speichen:

	1	2	3	4	5	6	7	
Länge . . . . . . mm	180	300	350	360	338	270	115	
Querschnittzunahme mm²	610	1028	1199	1233	1158	925	394	
Mittl. Querschnitt . mm²	2238	2444	2529	2546	2509	2393	2127	Σ
Gewicht (Stahlguß). kg	3,22	5,86	7,07	7,33	6,78	5,17	1,96	37,4
Schwerpunktsabstand m	0,18	0,295	0,357	0,375	0,345	0,265	0,126	
Moment . . . . . mkg	0,58	1,73	2,52	2,75	2,34	1,37	0,25	11,5

Gewicht gesamt 37,4 kg, Moment gesamt 11,5 mkg.

Rippen am Übergang zwischen Gegengewicht und Nabe:
Gewicht 3,6 kg, Moment 0,6 mkg.

Wirksames Gewicht der Sichel: $745 - 23{,}5 - 37{,}4 + 3{,}6 = 687{,}7$ kg.

Wirksames Moment der Sichel: $256 - 8{,}3 - 11{,}5 + 0{,}6 = 236{,}8$ mkg.

Überschlagsrechnung:

Bei Ausführung des Gegengewichtes in der Form des Kreisabschnittes ergibt sich die Sehne aus $s = 10\sqrt[3]{\dfrac{U_1 \cdot r \cdot 12}{h \cdot \gamma}}$, wo h die Stärke des Gegengewichtes und γ bei Bleiausguß zwischen 9,5 und 10 zu wählen. Mit 9,65 ergibt sich $s = 110$ cm, was der mittleren Sehne der ausgeführten Sichel entspricht.

* γ bei Stahlguß besser mit 7,5 anzunehmen!

** Der Schwerpunktsabstand von 0,34 m wird am besten dadurch gefunden, daß man die Sichel aus Pappe schneidet und die Schwerpunktslage durch Aufspießen auf eine Nadel ermittelt.

Kuppelachse:

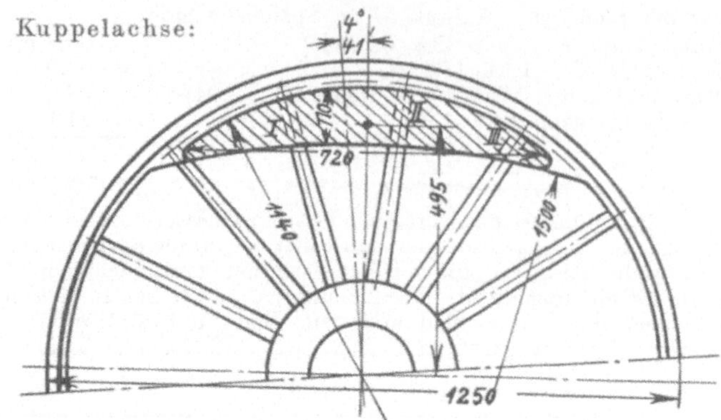

Abb. 94. Gegengewicht einer Kuppelachse.

Fläche der Sichel (planimetriert) 600,0 cm²,
Gewicht der Sichel $6{,}0 \cdot 1{,}9 \cdot 8 = 91{,}2$ kg,
Moment der Sichel $91{,}2 \cdot 0{,}495 = 45{,}0$ mkg.

Überdeckte Speichen:

		I	II	III	
Länge	mm	105	115	70	
Querschnittzunahme	mm²	360	394	240	
Mittl. Querschnitt	mm²	2110	2127	2050	Σ
Gewicht	kg	1,77	1,96	1,15	4,88
Schwerpunktsabstand	m	0,50	0,515	0,465	
Moment	mkg	0,885	1,009	0,535	2,43

Gewicht der Speichen gesamt 4,88 kg; Moment 2,43 mkg.

Ringstücke:

Gewicht $0{,}135 \cdot 7{,}65 \cdot 8 = 8{,}25$ kg, Moment $8{,}25 \cdot 0{,}52 = 4{,}29$ mkg,

Gesamtmoment der Sichel: $45 - 2{,}43 + 4{,}29 = 46{,}9$ mkg.

Überschlagsrechnung:

$$\text{Sehne des Kreisabschnittes: } s = 10 \sqrt[3]{\frac{U_1 \cdot r \cdot 12}{h \cdot \gamma}} = 10 \sqrt[3]{\frac{140 \cdot 33 \cdot 12}{19 \cdot 8}} = 72 \text{ cm}.$$

D. Festigkeitsberechnungen.

Radsterne. Die Speichen sind in der Weise auf Druck zu berechnen, daß der Raddruck Q im kleinsten Querschnitt der Speichen eine Druckspannung von 300 bis 400 kg/cm² erzeugt, wenn das Rad in Stahl gegossen ist. Ferner werden die Speichen auf Biegen an der Nabe beansprucht. Man kann annehmen, daß $^1/_4$ aller Speichen unter einem Seitenstoß mit der Kraft $0{,}4\,Q$ beansprucht wird, und läßt dann eine Spannung von $600 \div 800$ kg/cm² zu. Die Radnabe erhält außen den doppelten Achsdurchmesser und eine Länge von (0,75 bis 0,8) ihres Durchmessers. Das Rad hält auf der Nabe nur durch Reibung des Aufpreßdruckes, der aber nicht gleichförmig über den ganzen Nabensitz verteilt ist, sonst würde eine kleinere Nabenlänge genügen. Beim Aufpressen wird nur der axiale Druck gemessen (mindestens 4000 bis 7000 kg auf 1 cm Nabendurchmesser). Das Rad läßt sich schwerer abziehen als aufpressen, weil die Flächen rauh geworden sind und das Öl eingetrocknet ist. Man kann ein Rad mehrere Male mit dem vorgeschriebenen Aufpreßdruck auf- und abpressen, was aber nicht besagt, daß die Haftung gegen Drehen oder Biegen ausreicht, weil ja nur der axiale Widerstand gemessen worden ist.

Radreifen. Die Beanspruchung der Radreifen ist sehr hoch; sie verschleißen durch Zerstörung des Stahls infolge Überschreiten der Festigkeitsgrenze in der Berührungsfläche, durch das Abrollen und durch dic Spurkranzreibung.

Die Druckspannung p_0 in der Mitte der Berührungsfläche zwischen einer ebenen Platte und einem Kreiszylinder vom Halbmesser $\frac{D}{2}$ cm mit der Breite b_0 cm hat HERTZ ermittelt zu $p_0^2 = 0{,}35 \frac{2Q}{b_0 \cdot D(\alpha_1 + \alpha_2)}$. Nimmt man den Elastizitätsmodul von Rad und Schiene $\frac{1}{\alpha_1} = \frac{1}{\alpha_2} = 2\,200\,000$, so erhält man $p_0 = 620\sqrt{\frac{Q}{b_0 \cdot r}}$ kg/cm². Zweifelhaft ist zunächst noch die Breite der Berührungsfläche b; LORENZ[1] hat sie zu 1,6 cm gefunden. Nimmt man für ein Wagenrad an $\frac{D}{2} = 50$ cm, $Q = 7000$ kg, $b_0 = 1{,}6$ cm, so erhält man $p_0 = 620\sqrt{\frac{1000}{50 \cdot 1{,}6}} = 5800$ kg/cm². Diese Druckspannung p_0 ist aber noch kein Maß für die wahre Beanspruchung des Materials, das von allen Seiten eingeschlossen ist und deshalb sich nicht frei ausdehnen kann. Erst als eine Folge von Formänderungen tritt Zerstörung des Materials ein. Um ein Maß für seine Gefährdung zu haben, wird die reduzierte Spannung σ_0 eingeführt, mit dem Zusammenhang $\sigma_0 = n \cdot p_0$. FROMM[2] hat ermittelt: $n = aA \pm \mu a B + \mu^2 C$ ($a = 0{,}16$, μ = Reibziffer, A, B, C sind Hilfsfunktionen) und findet mit $\mu = 0{,}25$ und einer dementsprechenden Umfangskraft $n = 0{,}68$. Demnach wäre für ein Lokomotivrad von $r = 70$ cm, $Q = 10000$ kg, $b_0 = 1{,}6$ cm und $p_0 = 6080$ kg/cm² nur: $\sigma_0 = 4120$ kg/cm². Dazu treten dann noch Zugkräfte durch das Aufschrumpfen der Radreifen und die Fliehkraft. FROMM findet für ein gesandetes und gebremstes Rad bis zu $n = 1{,}3$ also $\sigma_0 = 1{,}3 \cdot p_0 = 7900$ kg/cm². Diese hohen, die Zerreißfestigkeit erreichenden Spannungen machen die Abnutzung schon erklärlich. Aber auch bei kleinen Beanspruchungen nutzt sich das Material infolge von Oxydation durch den Sauerstoff der Luft ab, wie FINK[3] nachgewiesen hat. In neutralem Gas trat kein Verschleiß ein. Als Folge des Verschleißens verlieren Rad und Schiene bald ihre ursprüngliche Form und werfen alle die theoretischen Ermittelungen über den Haufen, die sich auf einen bestimmten Umriß von Rad oder Schiene stützen. Viel unnütze Arbeit und Verwirrung ist daraus entstanden.

[1] Z. V. d. I. **72**, 173 (1928). [2] Z. V. d. I. **73**, 957 (1929).
[3] Org. f. d. Fortschr. d. Eisenbahnw. **84**, 405 (1929).

Achs- und Zapfenlager. Beim Entwurf müssen zunächst die Längen der Lager und Zapfen bestimmt werden, weil von ihnen die Lagermitten, die Biegemomente und die Durchmesser abhängen. Außerdem hängt die Reibungsarbeit von dem Produkt aus p (Flächendruck kg/cm²) und w (Umfangsgeschwindigkeit m/sec) ab, woraus sich die Lagerlänge l_l ohne weiteres ergibt (Abb. 95). Ganz allgemein ist $P_l = p \cdot l_l' d_a$ kg; da $w = \frac{V}{3,6} \cdot \frac{d_a}{D}$ ist, wird

$$p \cdot w = \frac{P_l}{l_l' d_a} \cdot \frac{V}{3,6} \cdot \frac{d_a}{D} \quad \text{und} \quad l_l' = \frac{P_l \cdot V}{3,6\,(p\,w)\,D}\ \text{cm}.$$

Unter l_l' ist die wirksame Lagerlänge zu verstehen, die wegen der Abrundungen kleiner als die wirkliche Lagerlänge zu rechnen ist. Das Produkt $(p \cdot w)$ kann nach folgenden Erfahrungszahlen gewählt werden, die mit Toleranzen von $\pm 10\%$ gelten. Die niederen Werte sind anzustreben, die höheren nur bei Raummangel und selten vorkommender Höchstgeschwindigkeit zu wählen.

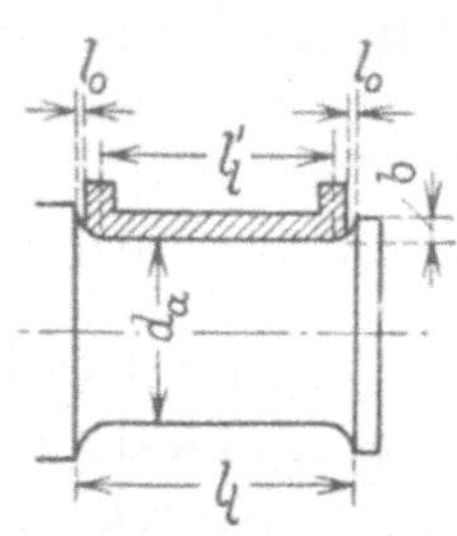

Abb. 95.
Achs- und Zapfenlager.
Mit Rücksicht auf die Abrundungen darf die Lagerlänge nicht mit l_l, sondern nur mit l_l' in Rechnung gesetzt werden.

Lagerlänge: Treib- und Kuppelachslager: $l_l = l_l' + 2,0$ cm; $p \cdot w = 45$, ziemlich niedrig, weil P_l sich nur auf den Druck der Tragfedern bezieht, während der wahre Lagerdruck die Resultierende aus Federlast P_l und Kolbenkraft ist.

Laufachslager $l_l = l_l' + 2,0$; $p \cdot w = 70$ Innenlager
$p \cdot w = 90$ Außenlager
(hier wegen der besseren Kühlung höher).

Treibzapfen (innere und äußere)

$$l_l = l_l' + 1,5, \quad l_l' = \sqrt{\frac{P}{1,1\,p}} \quad \begin{aligned} P &= \text{Kolbendruck}, \\ p &= 165\ \text{kg/cm}^2. \end{aligned}$$

Kuppelzapfen, äußere $\qquad l_l' = \sqrt{\frac{P_k}{1,1\,p}}$,

Kuppelzapfenteil des Treibzapfens $P_k = \frac{i}{2} \cdot \frac{n-1}{n} \cdot P$,

$i =$ Anzahl der Zylinder, $n =$ Anzahl der gekuppelten Achsen.

Kuppelzapfen für ausgebüchste (nicht nachstellbare) Stangenlager erhalten $l_l = 1,4\,l_l'$.

Jedes Eisenbahnfahrzeug erleidet durch das Schlingern und die Lokomotive außerdem durch das Drehen unaufhörliche Querbeschleunigungen. Die so erregten Massenkräfte müssen von dem Bunde b (Abb. 95) aufgenommen werden, der sehr groß sein muß, um die Abnutzung zu vermindern. Andernfalls wird die mit Rücksicht auf die Erwärmung des Lagers nötige Lagerluft l_0 bald zu groß.

Zapfendurchmesser. Treib- und Kuppelzapfen, die nur durch die eigene Stangenkraft auf Biegen beansprucht werden, sind fest genug, wenn $d_z = 1{,}1\, l_l'$ cm; alle anderen Zapfen und Lager müssen auf Festigkeit berechnet werden. Den folgenden Angaben über Biegemomente und zulässige Spannungen muß vorausgeschickt werden, daß sie nur rohe Annäherungen und Erfahrungszahlen darstellen. Wir können weder die wirksamen äußeren Kräfte noch die inneren Materialspannungen noch den Einfluß der Form genau berechnen, wobei besonders darauf hingewiesen sei, daß die Spannung σ aus Biegemoment $\mathfrak{M}_b$ und Widerstandsmoment W, also $\sigma = \mathfrak{M}_b : W$ nur für den geraden nicht gekerbten Balken gilt, den es in Wirklichkeit kaum gibt. Wenn man alle äußeren Kräfte und inneren Spannungen erfassen könnte, wäre es ja nicht nötig, mit der ausgerechneten Beanspruchung unter der Streckgrenze zu bleiben. Die Unkenntnis der wahren Verhältnisse nötigt uns aber zu Annäherungen und Sicherheitsgraden, die durch lange Erfahrungen von Fall zu Fall festgesetzt sind. Ein solches Vorgehen ist zwar nicht wissenschaftlich, aber für das Lokomotivtriebwerk ausreichend, weil immer die gleichen Arbeitsbedingungen vorliegen.

Der Treibzapfen erleidet an der Einspannstelle Abb. 96 ein Biegemoment aus den Kräften P und P_k; man läßt eine Spannung k_b von 1000 kg/cm² bei St 50* zu oder besser 0,3 × Streckgrenze.

Die Treibachse wird in waagerechter Ebene durch die Kräfte P und P_k gebogen, in senkrechter mit dem Lagerdruck P_l und einer Kraft auf dem Spurkranz, die mit 0,4 Q angesetzt werden soll. Nun wirkt ein Stoß gegen den Spurkranz zwar im allgemeinen nicht im Sinne des Pfeiles der Abb. 96, aber ein Radlenker kann auch von innen nach außen drücken. Wenn man die Kraft 0,4 Q nicht einführt, bekommt man erfahrungsgemäß zu schwache Achsen. Das Drehmoment wird nach späteren Ausführungen im allgemeinen nicht durch die Achse übertragen, sondern bleibt in der Radebene; man muß aber damit rechnen, daß das betrachtete Treibrad gleitet und das gegenüberliegende faßt (einseitiges Sanden), und dann muß das Drehmoment $(P - P_k) \cdot r$ doch durch die Achse fortgeleitet werden. Nach der GRASHOFschen Formel[1] werden die beiden senkrecht aufeinander stehenden Biegemomente zu einem resultierenden vereinigt und dieses wieder mit dem Drehmoment zusammengesetzt.

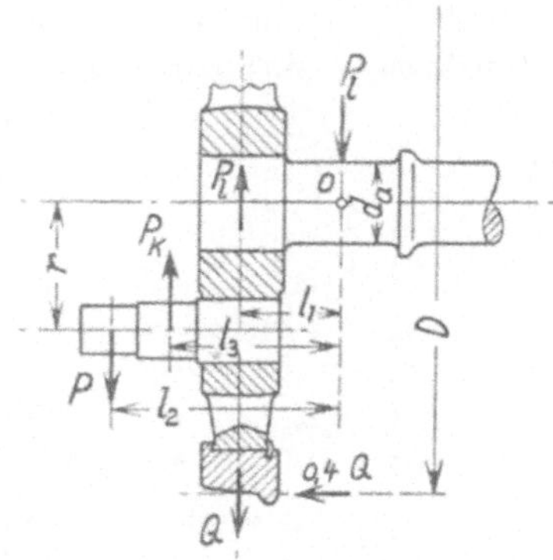

Abb. 96. Achsberechnung.
Die Momente werden auf Punkt O bezogen.
Kolbendruck $P = \frac{\pi}{4} d^2 \cdot p$,
Kuppelstangenkraft $P_k = P\,\frac{n-1}{n}$
Bei Verbundmaschinen wird mit dem vollen Kesseldruck und dem Durchmesser des Hochdruckzylinders gerechnet.

* Bezeichnung nach Dinormen.

[1] Hütte, 25. Aufl., I S. 589 u. 651.

Das geschieht am besten graphisch. Es sei:

$\mathfrak{A} = Pl_1 + \frac{D}{2} \cdot 0{,}4\, Q$ cmkg,	Moment in senkrechter Ebene, O als Bezugspunkt.
$\mathfrak{B} = Pl_2 - P_k \cdot l_3$ cmkg,	Moment in waagerechter Ebene.
$\mathfrak{D} = (P - P_k)\, r$ cmkg,	Drehmoment.

Das ideelle Biegemoment $\mathfrak{M}_i$ ist unter der Annahme, daß die zulässige Biegespannung $= 1{,}3 \times$ Drehspannung ist:

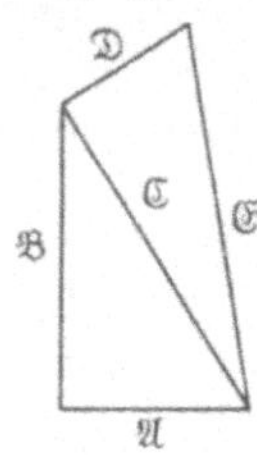

Abb. 97. Diagramm zur Achsberechnung.

$$\mathfrak{M}_i = 0{,}35\,\mathfrak{C} + 0{,}65\,\sqrt{\mathfrak{C}^2 + \mathfrak{D}^2},$$

$$\mathfrak{M}_i = 0{,}35\,\mathfrak{C} + 0{,}65\,\mathfrak{E} \text{ cmkg}.$$

Dieses Moment wird am bequemsten graphisch nach Abb. 97 gefunden.

$k_b = \mathfrak{M}_i : W = 1000$ kg/cm² oder $0{,}3 \times$ Streckgrenze.

Für aufgesteckte Kurbeln Abb. 98 gelten dieselben Gleichungen, jedoch ist das Drehmoment immer durch die Achse zu leiten, und $0{,}4\,Q$ ist ein Spurkranzdruck von außen nach innen.

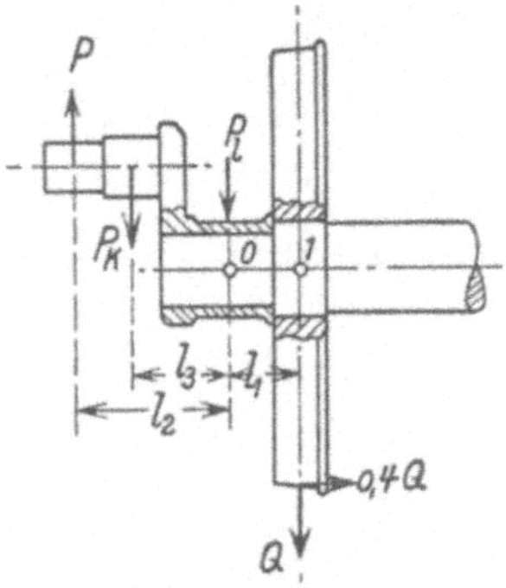

Abb. 98. Achsberechnung für Außenrahmen.

Im Querschnitt O wirken:

$\mathfrak{B} = Pl_2 - P_k \cdot l_3$, waagerecht biegend,

$\mathfrak{D} = (P - P_k)\, r$, drehend.

$$\mathfrak{M}_i = 0{,}35\,\mathfrak{B} + 0{,}65\,\sqrt{\mathfrak{B}^2 + \mathfrak{D}^2} \text{ cmkg}.$$

Der Querschnitt *1* wird nach den oben genannten Gleichungen für Achsen zu Innenrahmen berechnet. Kuppelachsen werden wie Treibachsen mit $P = 0$ und $P_k = \frac{2}{3} Q \frac{D}{s}$ (S. 127) berechnet, häufig aber so stark wie die Treibachsen ausgeführt, damit die Lager gleich werden.

Das weiter oben über Festigkeitsrechnungen Gesagte gilt in besonderem Maße für die Kurbelachsen. Schon durch die Herstellung erleiden die Achsen mit zwei unter 90° versetzten Kröpfungen so viele innere Spannungen, und der natürliche Faserverlauf wird so gründlich zerschnitten, daß ihre kurze Lebensdauer erklärlich ist. Die schrägen Kurbelarme vermeiden einige der Gefahrpunkte und die Frémontschen[1] Ausschnitte umgehen weitere Bruchgefahren. Besonders wertvoll ist in Verbindung mit den Frémont-Ausschnitten eine dünne kreisförmige Kurbel, weil sie die ganze Achse biegsamer und widerstandsfähiger gegen Stöße macht, die die zweite wichtige Ursache der vielen Ermüdungsbrüche sind. Scharfe Querschnittsänderungen vermeidet man zwar durch Zusammenbau der Kurbelachse aus einzelnen Teilen, nimmt dann aber die Gefahr in Kauf, daß die Verbindungen sich lösen. Obgleich also eine Lokomotivkurbelachse statisch völlig bestimmt ist,

[1] Z. V. d. I. **53**, 557 (1909).

gelingt es wegen dieser Umstände noch viel weniger, ihre wahre Beanspruchung zu ermitteln, als bei einer ortsfesten vielfach gelagerten Kurbelwelle.

Es erscheint deshalb auch als zwecklos, zu versuchen, alle Kräfte und Kurbelstellungen in die Rechnung einzuführen. Es genügt, eine Totpunktlage zu nehmen und in waagerechter Ebene nur die Dampfkräfte einzuführen (Moment $\mathfrak{A}$), die Kräfte in senkrechter Ebene hinzuzufügen (Moment $\mathfrak{B}$), die Drehmomente aber fortzulassen. Dann steht der Aufwand an Berechnung einigermaßen im passenden Verhältnisse zu ihrer Sicherheit. Die zulässige Beanspruchung muß dann zum Ausgleich natürlich kleiner angenommen werden. Durch gute Formen, sorgfältige Herstellung und passendes Material die unbekannten Nebenspannungen zu vermindern, ist viel wichtiger, als mit peinlicher Genauigkeit rechnerisch das ideale Biegemoment zu erfassen.

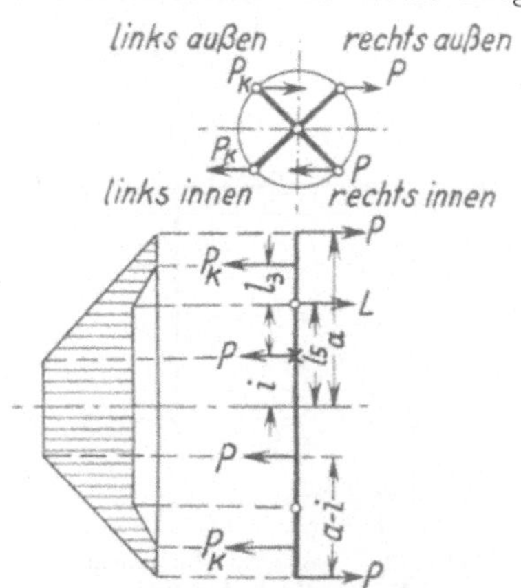

Abb. 99. Waagerechte Biegemomente. 4-Zylinder Einachsantrieb. Bezugspunkt der Momente, Lager.

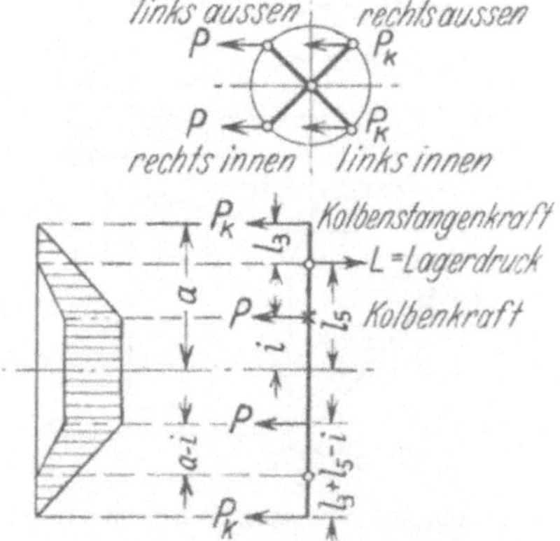

Abb. 100. Waagerechte Biegemomente. 4-Zylinder Zweiachsantrieb oder 2 Innenzylinder. Bezugspunkt der Momente, Lager.

Vierzylindermaschinen. Abb. 99, Einachsantrieb: Da die P-Kräfte sich gegenseitig aufheben, bleibt $P_k = L$ allein übrig. Es sei angenommen: $P_k = \frac{n-1}{n} \cdot P$ kg, was ungünstig ist; dann wird das waagerechte Moment

$$\mathfrak{B} = L(l_5 - i) - P_k(l_5 + l_3 - i) + P(a - i) = -P_k l_3 + P(a - i)$$

$$\mathfrak{M}_i = \sqrt{\mathfrak{A}^2 + \mathfrak{B}^2}.$$

Zwei Innenzylinder, was sinngemäß auch für Vierzylindermaschinen mit zwei Treibachsen gilt (Abb. 100): P_k dreht im entgegengesetzten Sinne wie P. Hier ist eine ungünstige Annahme: $P_k = P$. Der Lagerdruck ist: $L = P + P_k$ kg. Moment $\mathfrak{B} = + L(l_5 - i) - P_k(l_3 + l_5 - i) = P(l_5 - i) - P_k l_3$ cmkg.

Dreizylinderlokomotiven. Einachsantrieb (Abb. 101): Der Lagerdruck wird bestimmt aus der Gl. $-2P_k + P + 2L = 0$. Das Biegemoment $\mathfrak{B}$ in der Mitte der Kröpfung ist $\mathfrak{B} = P \cdot a + L \cdot l_5 - P_k(l_3 + l_5)$, es wird am größten, wenn man P_k recht klein, also $P_k = P$ annimmt. $\mathfrak{B} = P\,(a + \frac{1}{2}\,l_5 - l_3)$. Zweiachsantrieb (Abb. 102): Der Lagerdruck ist $L = P_k' + \frac{P}{2}$, und in bezug auf die Mitte der Kröpfung ist $\mathfrak{B} = -P_k\,(l_3 + l_5) + L \cdot l_5$. Mit $P_k = P$ wird $\mathfrak{B} = P\left(\frac{l_5}{2} - l_3\right)$, also kleiner als bei Einachsantrieb.

Die Beanspruchung nehme man bei St 50 zu höchstens 900 kg/cm² oder allgemein 0,27 × Streckgrenze. Die einkurbeligen Achsen können bei Regelspur und Achslasten bis 20 t mit einer ganz sanften Kröpfung ausgeführt werden. Sie leiden deshalb nicht so stark unter den Herstellungs- und Formspannungen und zeichnen sich durch lange Lebensdauer aus.

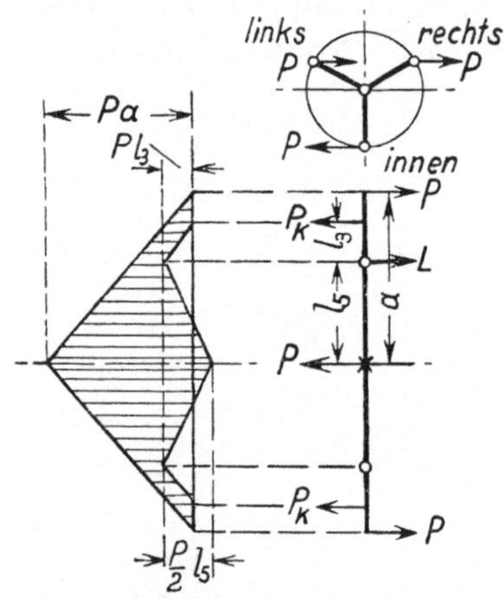

Abb. 101. Waagerechte Biegemomente. Drilling Einachsantrieb. ✱ Bezugspunkt der Momente, ○ Lager.

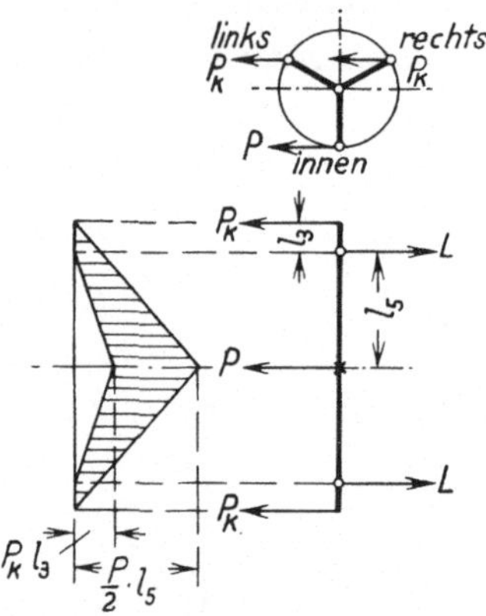

Abb. 102. Waagerechte Biegemomente. Drilling Zweiachsantrieb. ✱ Bezugspunkt der Momente, ○ Lager.

Kolben. Ebene Scheibenkolben können nach PFLEIDERER[1] berechnet werden. Den Weg zur Berechnung der kegeligen Scheibenkolben hat TELLERS[2] gewiesen. Zur Berechnung selbst fehlten aber noch Hilfskurven, die BOSSE[3] berechnet hat. Die folgenden zwei Beispiele erläutern den Gebrauch der Kurven (Tafel II).

Der kegelige Teil des Kolbens wird bei der Belastung mit p atü Radialspannungen σ_x und Tangentialspannungen σ_z unterworfen. Jede dieser setzt sich zusammen aus reinen Zugspannungen σ_0 und Biegespannungen vom Maximalwert σ_m. Wenn y die veränderliche Wandstärke ist, kann gesetzt werden: $\sigma_0 = \varphi_0 \frac{p}{y}$ und $\sigma_m = \varphi_m \frac{p}{y^2}$. Nach der Arbeit von TELLERS sind nun die φ-Kurven (Tafel II) für verschiedene d_k, bzw. r_a und $r_i : r_a$ bei gleichem r_i, $\alpha = 19^0$, b, s und d_{st} mit $\operatorname{tg}\beta = 0{,}0317$ ermittelt worden, indem nach TELLERS Kolben für

[1] Z. V. d. I. **54**, 317 (1910) und Forsch.-Arb. d. Ingenieurwesens 97.
[2] Forsch.-Arb. d. Ingenieurwesens 305. [3] Diplomarbeit an der T. H. Berlin.

$d = 40$, 50, 60, 70 durchgerechnet wurden. Die Randwerte σ_{0i}, σ_{0a}, σ_{mi}, σ_{ma} (die die Wandstärke bestimmen) können sodann für $y_i = y_{\max}$, bzw. $y_a = y_{\min}$ errechnet werden.

1. Beispiel. Überschlagsrechnung und kurze genaue Berechnung für von vornherein festgelegtes $\alpha = 19^0$, $b = 11{,}0$, $d_{st} = 10{,}0$, $r_n = 8{,}4$, $r_i = 10{,}2$, $s = 3{,}4$, $d_k - 2\,r_a = 9{,}3$, alles in cm.

Gegeben $d = 45{,}0$ cm, $d_k = 45{,}0 - 0{,}5 = 44{,}5$ cm; $p = 10$ atü. Überschlagsrechnung: $y_i = 0{,}016 \cdot d \cdot \sqrt{p} + 1{,}0 = 3{,}28$; $y_a = 0{,}7 \cdot y_i = 2{,}3$ cm.

Genaue Berechnung:

$$y_a = \sqrt{\frac{\varphi_{x\,m\,a}\,p}{\sigma_{x\,m\,a}}} - \sqrt{\frac{+72 \cdot 10}{+900}} = 0{,}89\,; \qquad y_i = \sqrt{\frac{\varphi_{x\,m\,i}\,p}{\sigma_{x\,m\,i}}} = \sqrt{\frac{-370 \cdot 10}{-900}} = 2{,}03 \text{ cm.}$$

$\varphi_{x\,m\,a} = 72$ und $\varphi_{x\,m\,i} = 370$ aus den $\varphi_{x\,m}$-Kurven für $d = 45{,}0$ interpoliert. $\sigma_{x\,m} = \sigma'_{\text{zul}} = 900$ gewählt. Die Werte von y_a und y_i zeigen, daß β größer sein darf. Mit Rücksicht auf die Herstellung sei ausgeführt: $y_i = 2{,}5$; $y_a = 1{,}5$ cm, damit werden (die φ-Werte für $d = 45{,}0$ aus den Kurven):

$$\sigma_{x\,o\,i} = \frac{\varphi_{x\,o\,i} \cdot p}{y_i} = \frac{-15 \cdot 10}{2{,}5} = -60 \text{ Druck,}$$

$$\sigma_{z\,o\,i} = \frac{\varphi_{z\,o\,i} \cdot p}{y_i} = \frac{2{,}5 \cdot 10}{2{,}5} = +10 \text{ Zug,}$$

$$\sigma_{z\,m\,i} = \frac{\varphi_{z\,m\,i} \cdot p}{y_i^2} = \frac{-140 \cdot 10}{2{,}5^2} = -224 \text{ außen Druck, auf der vertieften Seite Zug.}$$

$\sigma_{x\,m\,i}$ ebenfalls negativ, da $\varphi_{x\,m\,i}$ negativ.

$$\sigma_{x\,o\,a} = \frac{\varphi_{x\,o\,a} \cdot p}{y_a} = \frac{-4 \cdot 10}{1{,}5} = -26{,}7 \text{ Druck,}$$

$$\sigma_{z\,o\,a} = \frac{\varphi_{z\,o\,a} \cdot p}{y_a} = \frac{18 \cdot 10}{1{,}5} = +120 \text{ Zug,}$$

$$\sigma_{z\,m\,a} = \frac{\varphi_{z\,m\,a} \cdot p}{y_a^2} = \frac{-1 \cdot 10}{1{,}5^2} = -4{,}45 \text{ kg/cm}^2,$$

$\sigma_{x\,m\,a}$ positiv, also auf der vertieften Seite Druck.

2. Beispiel: Genaue Berechnung des allgemeineren Falles, in dem nur noch α festliegt.

$d = 65{,}0$ cm, $p = 14$ atü, $d_k = 64{,}5$ gegeben. Es sei $d_{st} = 11{,}0$ cm zur Ausführung bestimmt. $\frac{d_{st}}{d} = \frac{11{,}0}{65{,}0} = \frac{10{,}0}{x}$; $x = 59{,}0 = \frac{10{,}0 \cdot 65{,}0}{11{,}0}$ hat der dem gesuchten geometrisch ähnliche Kolben (mit $d_{st} = 10{,}0$) der in den φ-Kurven erfaßten Reihe als Zylinderdurchmesser. Fest liegt nur noch α, während die übrigen Werte sich durch Reduktion im Verhältnis $\frac{65{,}0}{59{,}0}$ aus dem Kolben des Zylinders 59,0 ergeben. Der Kolben 65,0 weist dann nach dem Ähnlichkeitssatze von Dubois (Dissertation Zürich 1917) in allen Teilen die gleiche Beanspruchung auf, wie der Kolben 59,0 der Ausgangsreihe. Wird wieder $\sigma_{x\,m} = \sigma'_{\text{zul}} = 900$ gewählt, so ergibt sich $y_a = \sqrt{\frac{90 \cdot 14}{900}} = 1{,}18$; $y_i = \sqrt{\frac{790 \cdot 14}{900}} = 3{,}5$ cm. Mit diesen y-Werten sind die übrigen Spannungen wie im Beispiel 1 zu kontrollieren. Die Maße des dem gesuchten Kolben ähnlichen sind also $d = 59{,}0$, $d_{st} = 10{,}0$, $b = 11{,}0$, $r_n = 8{,}4$, $s = 3{,}4$,

$r_i = 10{,}2$, $r_a = \frac{d_k - 9{,}3}{2} = \frac{58{,}5 - 9{,}3}{2} = 24{,}6$. $y_a = 1{,}5$; $y_i = 3{,}5$ cm. Diese Maße sind nun im Verhältnis $\frac{65{,}0}{59{,}0}$ zu vergrößern, damit wird: $d = 65{,}0$, $d_{st} = 11{,}0$, $b' = 12{,}0$, $r_n = 9{,}25$; $s = 3{,}75$, $r_i = 11{,}2$, $r_a = \frac{64{,}5 - 10{,}1}{2} = 27{,}2$, $y_a = 1{,}7$, $y_i = 3{,}85$ cm.

Druckringe werden zu Dom- und Zylinderdeckeln gebraucht. Sie können wie folgt berechnet werden. Abb. 103.

Die Belastung erfolgt durch $\frac{\pi}{4} d_1^2 \cdot p$ kg, wo p der Kesseldruck in atü. Sie wird aufgenommen auf einem mittleren Kreise zwischen A und B vom Durchmesser $\frac{d_2 + d_3}{2}$, so daß die Belastung je Längeneinheit wird $p = \frac{\frac{\pi}{4} \cdot d_1^2\, p_k}{\pi \cdot \frac{d_2 + d_3}{2}}$ kg/cm. Der Angriff der Belastung in A und die Aufnahme in B erzeugen ein Moment und rufen ein Aufwulsten des Ringes (Drehen des Querschnittes um Punkt C) hervor. Unter solcher Annahme gleichförmig verteilter Schraubenkraft entsteht die Beanspruchung σ_1. Dieser überlagert sich die durch nicht gleichförmig verteilte, sondern an einzelnen Stellen auftretende Schraubenkraft entstehende zusätzliche Biegungsbeanspruchung σ_2. Die Beanspruchung des Querschnittes ist also $\sigma_0 = \sigma_1 + \sigma_2$. Nach Hütte (25. Aufl., S. 600, Tafel 41, Nr. 15) bestimmt sich das Trägheitsmoment J_{x_0} cm⁴, bezogen auf die Achse x_0, sowie die Abstände e_1 und e_2 der äußeren Fasern. Das Trägheitsmoment, bezogen auf die Achse x, ist $J_x = J_{x_0} + F \cdot a^2$ cm^4, wo F der schraffierte Ringquerschnitt. Es ist $\sigma_1 = \frac{p' \cdot \frac{d_3 - d_2}{2} \cdot \frac{d_2 + d_3}{4}}{J_x} \cdot y$ mit dem absoluten (positiv gerechneten) Maximalwert für $y_1 = e_1 + a$ und dem relativen (negativ gerechneten) Maximalwert für $y_2 = e_2 - a$ cm. Bei n Schrauben ist der Abstand zweier Schrauben $l = \frac{\pi\, d_3}{n}$ cm. Mit $\mathfrak{M}_b = \frac{p' \cdot l^2}{12}$ cmkg wird $\sigma_2 = \frac{\mathfrak{M}_b}{W}$, wo $W_1 = \frac{J_{x0}}{l_1}$ (daraus $\sigma_{2,1}$ negativ zu rechnen) und $W_2 = \frac{J_{x0}}{l_2}$ cm^3 (daraus $\sigma_{2,2}$ positiv zu rechnen — diese Beanspruchungen σ_2 vermindern also σ_1 zu σ_0).

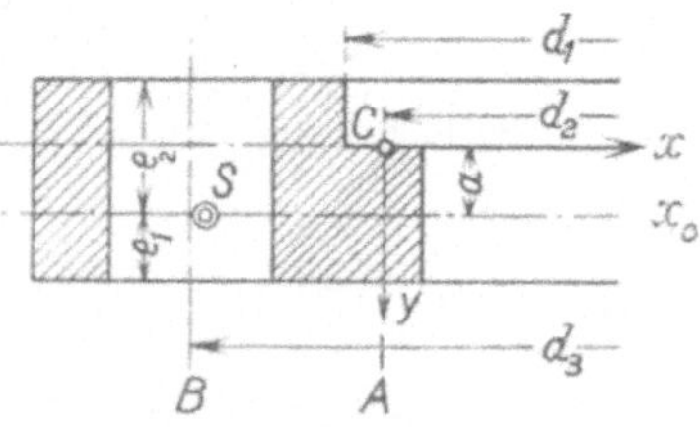

Abb. 103. Druckring.

Beispiel: 2 C-h 2-Lokomotive. $d_1 = 64$ cm, $p = 15$ atü, $d_2 = 62{,}4$, $d_3 = 69{,}6$ cm, $p' = \frac{\frac{\pi}{4}\, 64^2 \cdot 15}{\pi \cdot 66} = 233$ kg/cm; $J_{x0} = 24$; $J_x = 24 + 31{,}24 \cdot 0{,}77^2 = 42{,}52$ cm^4; $e_1 = 2{,}13$; $e_2 = 2{,}37$ cm; $e_1 + a = 2{,}9$; $e_2 - a = 1{,}6$; $l = \frac{\pi \cdot 69{,}6}{20} = 10{,}92$ cm;

$$\mathfrak{M}_b = \frac{233 \cdot 10{,}92^2}{12} = 2320 \text{ cmkg}.$$

$$\sigma_{1,1} = \frac{233 \cdot 3{,}2 \cdot 33}{42{,}52} \cdot 2{,}9 = +1678, \quad \sigma_{1,2} = -\frac{233 \cdot 3{,}2 \cdot 33}{42{,}52} \cdot 1{,}6 = -925;$$

$$\sigma_{2,1} = -\frac{2320 \cdot 2{,}13}{24} = -206, \quad \sigma_{2,2} = \frac{2320 \cdot 2{,}37}{24} = +229;$$

$$\sigma_{0,1} = \sigma_{1,1} + \sigma_{2,1} = +1472, \quad \sigma_{0,2} = \sigma_{1,2} + \sigma_{2,2} = -696 \text{ kg/cm}^2.$$

Kuppelstangen. Während der Lokomotivbau ohne Kuppelstangen nicht auskommen kann, sind sie im allgemeinen Maschinenbau ein ängstlich vermiedenes unangenehmes Maschinenelement. Dies rührt von der Unbestimmtheit ihrer Kraftwirkung her. Zur Bestimmung der Kuppelstangenkräfte und der Lagerkraft gibt es nur die zwei Gleichungen über die Summe der Momente und zweier waagerechten Kräfte. Die Kräfte werden aber ganz von den Spielräumen der Lager und elastischen Formänderungen bedingt[1]. Letztere könnte man noch berechnen, aber die Spielräume hängen von der Sorgfalt der Herstellung und Erhaltung sowie von der Erwärmung des Rahmens gegenüber den Stangen ab. Daß Fehler in den Kurbelwinkeln, Kurbellängen und Stangenlängen große Kräfte, ja sogar die gefährlichen Schüttelschwingungen[2] hervorrufen können, ist bekannt. Diese Fehler bewirken bei eng schließendem Lager schweren Gang und Heißläufer, bei losem Lager starkes Klappern und Klingen der Stangen. Daß die Kurbelversetzung von 90° günstiger ist als die bei Drillingslokomotiven übliche von 120°, leuchtet ohne weiteres ein, ohne daß im Betriebe sich daraus besondere Nachteile ergeben hätten.

Die Praxis stellt sich zu den Berechnungen der Stangenkräfte etwas skeptisch ein und rechnet in altbewährter Weise so, daß man annimmt, die letzte Kuppelachse habe keine Haftung auf einem Rade, während das andere gesandet wird. Da der Reibungswert höchstens $\frac{1}{3}$ beträgt, entsteht ein Moment $2\,Q \cdot \frac{1}{3} \cdot \frac{D}{2}$, das von einer Kuppelstange mit dem Hube s zu übertragen sei. Dann entsteht in ihr die Kraft $\frac{2}{3}\,Q\,\frac{D}{s}$. Weil das nächste Kuppelrad das gleiche Moment wie das erste liefern kann, hat die nächste Kuppelstange die doppelte Kraft zu übertragen. Niemals rechnet man aber mit einer größeren Kuppelstangenkraft als mit dem Kolbendruck $P\,\frac{i}{2}$ (i = Zahl der Zylinder), und man setzt auch nur diese Kraft zur Berechnung des Stangenschaftes und -kopfes ein. Für die Reibungsarbeit der Lager kommt der Mittelwert der übertragenen Kraft in Betracht. Der Schaft der Kuppelstangen ist wie der der Treibstangen zu berechnen: 1. auf Knicken in waagerechter Richtung

[1] Literatur über Beanspruchung der Kuppelstangen: JAHN: Z. V. d. I. **51,** 1048 (1907). KUMMER: Die Maschinenlehre der elektrischen Zugförderung, S. 979. Berlin: Julius Springer 1915. LOEWENBERG: Z.V. d.I. **73,** 1417 (1929). HOLTMEYER: Die Schwankungen des Treibraddruckes bei Lokomotiven unter Einwirkung der Treibstangenkräfte. Doktor-Dissertation. Berlin 1931.

[2] WICHERT: Schüttelschwingungen, Forsch.-Arb. d. Ingenieurwesens 266.

nach der EULERschen Formel mit einer Sicherheit von $2 \div 2{,}5$ bei ausgefrästen Stangen; bei glatten Stangen ist mehr als $1{,}2 \div 1{,}5$ kaum erreichbar; 2. auf Zug im kleinsten Querschnitt und 3. auf Biegung durch die Fliehkraft. Da die Kuppelstangenschäfte überall gleichen Querschnitt haben, ist ihr Gewicht G (von Mitte zu Mitte Zapfen gerechnet) leicht festzustellen, und das Biegemoment $\mathfrak{M}_b$ ist dann $\mathfrak{M}_b = \frac{G}{g} \cdot r \cdot \omega^2 \frac{l_k}{8}$ cmkg. Die Beanspruchung aus Zug und Biegen soll zusammen $0{,}27 \times$ Streckgrenze nicht überschreiten. Die Berechnung

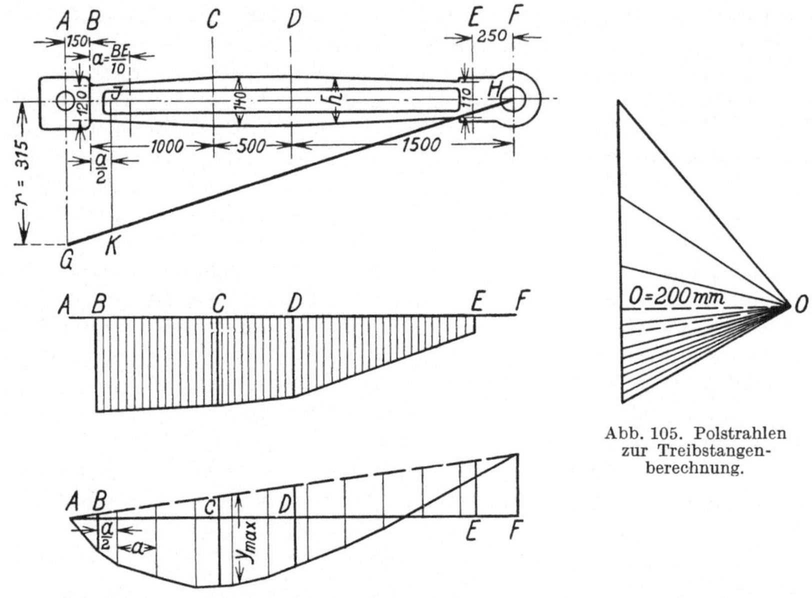

Abb. 105. Polstrahlen zur Treibstangenberechnung.

Abb. 104. Beanspruchung der Treibstange.

der Treibstangen ist etwas umständlicher, weil die Fliehkräfte veränderlich sind. Das folgende Beispiel möge den Rechnungsvorgang erläutern:

Die Beanspruchung der Treibstange setzt sich zusammen aus einer Zugbeanspruchung durch die Kolbenkraft und einer Biegebeanspruchung durch die Trägheitswiderstände ihrer beschleunigten Masse. Wir betrachten zunächst die letztere. Die Belastung erfolgt durch $M r' \omega^2$, wobei M und r' veränderlich sind. Zwischen B und C (Abb. 104) nimmt M zu und r' ab, zwischen C und D bleibt M konstant, r' nimmt ab. Zwischen D und E nehmen M und r' ab. Die Belastungsfläche wird also etwa das Bild der Abb. 104 haben, d. h. zwischen B und C hat ihre Begrenzung die schwächste, zwischen D und E die stärkste Neigung. Die Masse der innerhalb AF liegenden Stangenkopfteile ist bestrebt, die Biegebeanspruchung der Treibstange zu erhöhen. Dem wirken aber die außerhalb AF liegenden Kopfteile entgegen, so daß die Kopfmasse zu vernachlässigen und nur mit dem Schaft zu rechnen ist. Der Stangenschaft ist in mindestens 10 Teile zu teilen. Bei dieser Unterteilung können die Trapeze von der Höhe a als Rechtecke mit dem Schwerpunkt in $\frac{a}{2}$ angesehen werden. Dann ist $M = \frac{G}{g}$, wo G

das Gewicht des Teilstückes a; r' wird für das betrachtete Stück von der Länge a bei $\frac{a}{2}$ wie in Abb. 104 gezeigt als Strecke JK zwischen der Treibstangenmitte und der von $G\left(r=\frac{s}{2}\right)$ nach H gezogenen Geraden gefunden. $\omega = 55{,}5\cdot\frac{V}{D}\,\text{sec}^{-1}$. Mit $V = 100$ km/h und $D = 175$ cm wird bei unserem Beispiel $\frac{\omega^2}{g} = \frac{31{,}7^2}{981} \approx 1{,}0$. Mit konstanter Breite der Stange, Höhe und Tiefe der Ausfräsung ist das Gewicht jedes Teilstückes $G = c_1\cdot h - c_2$ kg, wo h cm die Höhe des Querschnittes bei $\frac{a}{2}$ (zur genaueren Abmessung sind nur die Längen $A \div F$ in $\frac{1}{10}$, die Höhen h dagegen in natürlicher Größe zu zeichnen!). Ist der Querschnitt durch Abb. 106 dargestellt, so ist $c_1 = b\cdot a\cdot\frac{\gamma}{1000}$ kg/cm und $c_2 = 2\,b_a\cdot h_a\cdot a\cdot\frac{\gamma}{1000}$ kg. Die Belastung der Stange erfolgt sodann durch $M\cdot r\cdot\omega^2 = \frac{G}{g}\cdot r\cdot\omega^2 = \frac{G\,\omega^2}{g}\overline{JK}$, mit $\frac{\omega^2}{g} = \text{const}$ als Maßstabsgröße (in unserem Falle $= 1{,}0$) also durch $G\cdot\overline{JK}$ kg. Die Kräfte $M\cdot r\cdot\omega^2$ werden im Maßstab 1 mm = 10 kg in Abb. 105 aneinandergereiht und mit den Polstrahlen die Biegemomentlinie Abb. 104 gezeichnet. Mit dem zugehörigen W des Stangenquerschnittes ergibt sich

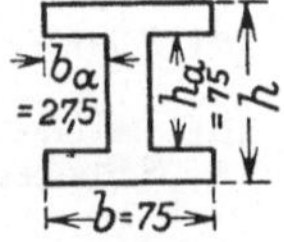

Abb. 106. Treibstangenquerschnitt.

$$\sigma_b = \frac{\mathfrak{M}_b}{W} = \frac{\mathfrak{M}_b}{\frac{b\,h^3 - 2\,b_a\cdot h_a^3}{6\,h}} \quad \text{und} \quad \sigma_{b\,\max} = \left(\frac{\mathfrak{M}_b}{W}\right)_{\max}.$$

Beim Beispiel der P 8 wird

$$\sigma_{b\,\max} = \frac{y_{\max}\cdot 10}{W}\,o = \frac{42{,}7\cdot 10}{W}\,200 = \frac{85400}{218} = 392\ \text{kg/cm}^2\ *$$

zwischen den Stellen C und D.

Die Zugbeanspruchung durch die Kolbenkraft wird dort

$$\sigma_z = \frac{P}{F} = \frac{\frac{\pi}{4}\cdot 57{,}5^2\cdot 12}{63{,}8} = 491\ \text{kg/cm}^2$$

Die maximale Gesamtbeanspruchung tritt an der Stelle E auf, wo $\sigma_b = 178{,}5$, $\sigma_{z\,\max} = 758$, also $\sigma_{\text{ges}} = 936{,}5$ kg/cm². Es ist aber zu beachten, daß $\sigma_{b\,\max}$ bei Hubmitte, $\sigma_{z\,\max}$ bei vollem P in Totlage auftritt, so daß also die wirklichen Beanspruchungen kleiner als σ_{ges} bleiben.

Knicksicherheit: $\mathfrak{S} = \frac{\pi^2\cdot E\cdot J_y}{l^2\cdot P}$ mit $\mathfrak{S} = 2{,}0\div 2{,}5$ nachzurechnen, wobei $l = \overline{AF}$.

---

* y in mm gemessen, 10 entspricht dem Kräftemaßstab 1 mm = 10 kg, o ist die Polweite in mm.

Numerierte Formeln zu Abschnitt II.

(1) Indizierte Zugkraft . . . . . . $Z_i = \frac{d^2\, s\, \alpha\, p\, i}{2\, D}$ kg

(2) Zugkraftmodul . . . . $Z_m = \frac{d^2\, s\, p\, i}{2\, D}$ kg

(3) Reibzahl . . . . $f = 250 - 1{,}5 \left(\frac{V}{10}\right)^2$ kg/t

(4) Reibzahl . . . . $f = f_i\, \delta\, \eta_m\, \psi$ kg/t

(5) Günstigste Geschwindigkeit . . $V' = \frac{270}{\alpha'\, c'} \cdot \frac{C_i}{Z_m}$ km/h

(6) Druckabfall bei der Einströmung

$$\frac{\Delta p}{p_s} = \frac{4\, \varepsilon\, (1 - \varepsilon)}{2\, \varepsilon\, (1 - \varepsilon) + \sqrt[3]{400\, C \left[\frac{(\varepsilon_0 + \varepsilon)\, (\mathfrak{v} + 2\, e\, \varepsilon)}{0{,}71 + 1{,}5\, \varepsilon} \left(\frac{b\, \mu}{J\, u\, \pi}\right)\right]^2}} \text{ at/ata}$$

(7) Kleinster Dampfverbrauch . . $c' = \left(a - \frac{t_\ddot{u}}{b}\right)\left(1{,}22 - \frac{d}{215}\right)$ kg/PS$_i$h

(8) Stetigkeitsgleichung für den Schieberkanal . . . . . . $(a \cdot b)\, w_a = \frac{V'}{3{,}6}\, \frac{s}{D}\, \frac{\pi\, d^2}{4}$ cm²m/sec

(9) Schieberkanal bei Naßdampf . . $a \cdot b = \frac{V'}{D}\, \frac{s\, d^2}{300}$ cm²

(10) Schieberkanal bei Heißdampf . $a \cdot b = \frac{V'}{D}\, \frac{s\, d^2}{335}$ cm²

(11) Anteil der Anzugskraft an der indizierten Zugkraft . . . . . $\zeta = \frac{Z_a}{Z_i} = \frac{2\, \pi\, h}{4\, \alpha\, s}$

(12) Näherungsgleichung für die Bogenpfeilhöhe . . . . $y^2 = 2\, R_1\, x_1$ cm²

(13) Fliehkraft der umlaufenden Triebwerkteile . . . . $F_u = M_u\, r\, \omega^2$ kg

(14) Fliehkraft der hin- und hergehenden Triebwerkteile . . . . . . $F_s = M_s\, r\, \omega^2 (\cos \varphi \pm \lambda \cos 2\, \varphi)$ kg

(15) Ausgeglichenes Gewicht . . . . $M \cdot g = G_u + m\, G_s$ kg

(16) Umlaufender Teil der Treibstangenmasse . . . . $\mu = \left(\frac{l''}{l}\right)^2$

(17) Zuckweg . . . . $x = \frac{(1 - m)\, G_s}{G_d}\, s \sqrt{2}$ cm

(18) Zuckkraft . . . . $Z_k = (1 - m)\, G_s\, s\, 2{,}2 \left(\frac{V}{D}\right)^2$ kg

(19) Drehausschlag infolge der Massenkräfte . . . . $y_d = (1 - m)\, \frac{G_s}{G_d}\, \frac{a\, r}{d}\, 12 \sqrt{2}$ cm

(20) Achsdruckänderung durch überschüssige Fliehkräfte bei Zwillingslokomotiven . . . . $\Delta Q = \frac{m_1\, G_s}{g}\, r\, \omega^2\, 0{,}707 \sqrt{1 + \left(\frac{2\, a}{S}\right)^2}$ kg

(21) Größe des zusätzlichen Gegengewichts . . . . $m_1\, G_s = \Delta Q : 1{,}1 \left(\frac{V}{D}\right)^2 \sqrt{1 + \left(\frac{2\, a}{S}\right)^2} \cdot s$ kg

(22) Achsdruckänderung durch überschüssige Fliehkräfte bei Drillingslokomotiven . . . . $\Delta Q = 2{,}72\, m_1\, G_s\, s\, \frac{a}{S} \left(\frac{V}{D}\right)^2$ kg

Häufig gebrauchte Formelzeichen zu Abschnitt II.

A Kesselanstrengung kcal/m² 10⁶ h

C Dampferzeugung kg/h

C_0 Nebenverbrauch kg/h

C_i stündlicher Dampfverbrauch der Maschine kg/h

D Treibraddurchmesser cm

E Elastizitätsmodul kg/cm²

F (S. 103) Fliehkraft des umlaufenden Teils der Treibstangenmasse kg

F (S.126) Querschnitt des Druckringes cm²

F (S. 129) Querschnitt der Treibstange cm²

F_s Fliehkraft der hin- und hergehenden Triebwerkteile kg

F_u Fliehkraft der umlaufenden Triebwerkteile kg

G (S. 128) Gewicht des Kuppelstangenschaftes kg

G (S. 128f.) Gewicht eines Elements des Treibstangenschaftes kg

G_T Tender-Dienstgewicht kg

G_d Lokomotiv-Dienstgewicht kg

G_r Reibgewicht t

G_s Gewicht der hin- u. hergehenden Triebwerkteile kg

G_{sa} Gewicht der hin- u. hergehenden Triebwerkteile d. Außenzylinders kg

G_{si} Gewicht der hin- u. hergehenden Triebwerkteile d. Innenzylinders kg

G_t Gewicht der Treibstange kg

G_u Gewicht d. umlaufenden Triebwerkteile kg

H verdampfende Heizfläche m²

J Hubvolumen dcm³

J_1 Trägheitsmoment der Lokomotive um die senkrechte Schwerpunktsachse cmkgsec²

J_2, J_3 Trägheitsmoment der hin- u. hergehenden Massen um die senkrechte Schwerpunktsachse der Lokomotive cmkgsec²

J_x Äquatoriales Trägheitsmoment des Druckring-Querschnittes bezogen auf Achse x cm⁴

J_{x_0} Äquatoriales Trägheitsmoment bezogen auf Schwerpunktsachse cm⁴

J_y kleinstes äquatoriales Trägheitsmoment des Treibstangenquerschnitts cm⁴

L waagerechter Lagerdruck kg

M (S. 69) konstanter Faktor des Flächenschadens

M Masse kgsec²/cm

M_s Masse der hin- u. hergehenden Triebwerkteile kgsec²/cm

M_t Treibstangenmasse kgsec²/cm

M_u Masse der umlaufenden Triebwerkteile kgsec²/cm

N' indizierte Leistung bei der günstigsten Geschwindigkeit PS_i

N_i indizierte Leistung PS_i

P Kolbenkraft kg

P_k Kuppelstangenkraft kg

P_l senkrechter Lagerdruck kg

Q Raddruck kg

ΔQ Achsdruckänderung kg

R_1, R_2 Lenkerhalbmesser cm

S Abstand der Laufkreise cm

U Gegengewichtsanteil von der eigenen Seite herrührend kg

U_0 gedachtes Gegengewicht in Triebwerksebene kg

U_1 Gegengewicht eines Rades, resultierend aus dem Anteil für die eigene Seite und dem für die Gegenseite kg

U_u Gegengewicht zum Ausgleich der umlaufenden Massen kg

V Fahrgeschwindigkeit km/h

V' günstigste Geschwindigkeit km/h

V_{0H} schädlicher Raum des Hochdruckzylinders m³

V_2 Volumen im Füllungsendpunkt des Hochdruckzylinders m³

V_{max} Höchstgeschwindigkeit km/h

W Widerstandsmoment cm³

Z_a Anzugskraft kg

Z_i indizierte Zugkraft kg

Z_k Zuckkraft kg

Z_m Zugkraftmodul = Zugkraft bei vollem Kesseldruck in den Zylindern kg

Z_{max} maximale Zugkraft kg

Z_t Vorspannung der Hauptkupplungsfeder kg

a (S. 81 bis 86) Schieberkanalweite cm

a (S. 105 bis 124) Abstand der Außenzylinder von Mitte Lokomotive cm

a (S. 126) Abstand der Schwerpunktsachse des Druckringes von Achse x cm

a (S. 128, 129) Länge eines Elementes des Treibstangenschaftes cm

a_0 Schwerpunktsabstand der auszugleichenden Gewichte von Mitte Lokomotive cm

b (S. 67, 81, 82, 86) Breite des Schieberkanals cm

b (S. 108, 109, 114 bis 116) Gegengewichtsabstand von Mitte Lokomotive cm

b (S. 124, 125, 126) Breite des Kolbens cm

c' kleinster Dampfverbrauch kg/PS$_i$ h

c_1, c_2 (S. 89) Abschnitte des Voreilhebels der Heusinger-Steuerung cm

c_1, c_2 (S. 94 bis 98) Abschnitte der Gegenkurbelstange der Marshall- und Joy-Steuerung cm

c_i indizierter Dampfverbrauch kg/PS$_i$ h

d Zylinderdurchmesser cm

d (S. 106) Diagonale des Lokomotivrahmens über Pufferträger gemessen cm

d_1, d_2, d_3 Durchmesser am Druckring cm

d_a Achsschenkeldurchmesser cm

d_k Kolbendurchmesser cm

d_s Kolbenschieberdurchmesser cm

d_{st} Kolbenstangendurchmesser cm

d_z Zapfendurchmesser cm

e Einlaßdeckung cm

f Reibzahl kg/t

f_i ideelle Reibziffer kg/t

g Erdbeschleunigung cmsec^{-2}

h (S. 84, 85) Hebelarm der Anzugskraft cm

i (S. 56, 57, 120, 127) Zylinderzahl

i (S. 63) Wärmeinhalt kcal/kg

i (S. 84) Auslaßdeckung cm

i (S. 123) Abstand der Innenzylinder cm

k Ausschlag des Kulissensteins cm

k_b Biegebeanspruchung kg/cm^2

l Länge der Treibstange cm

l'' Trägheitshalbmesser der Treibstange cm

l_1 Abstand Mitte Lager von Laufkreisebene cm

l_2 Abstand Mitte Lager von Mitte Treibzapfen cm

l_3 Abstand Mitte Lager von Mitte Kuppelzapfen cm

l_4 Länge der Gegenkurbel cm

l_5 Abstand Mitte Lager von Mitte Lokomotive cm

l_l Lagerlänge cm

m (S. 58, 59) Zylinderraumverhältnis bei Verbundmaschinen

m (S. 89, 90, 92) Länge des Schwingenantriebsarmes cm

m ausgeglichener Teil der schwingenden Masse

m_1, m_2 Anteil der Räder 1, 2 ... an der ausgeglichenen Triebwerksmasse

m_a ausgeglichener Teil der schwingenden Masse des Außenzylinders

m_i ausgeglichener Teil der schwingenden Masse des Innenzylinders

n Zahl der gekuppelten Achsen

o Polweite mm

p Kesselüberdruck atü

p (S. 120) Flächendruck im Achslager kg/cm^2

p' mittlere Druckringbelastung je cm Umfang kg/cm

p_0 Druckspannung zwischen Rad und Schiene kg/cm^2

p_i mittlerer indizierter Dampfdruck at

p_s Druck im Schieberkasten ata

Δp Druckabfall bei der Einströmung at

q Versetzung des Schwingenangriffspunktes cm

r Kurbelhalbmesser cm

r_3 Gegenkurbelhalbmesser cm

r_a äußerer Radius des Kolbenkegels cm

r_i innerer Radius des Kolbenkegels cm

s Kolbenhub cm

s (S. 124, 125, 126) Stärke der Kolbenkrempe cm

s_1 Abschlußhub in der Schieberstange cm

s_2 Abschlußhub in der Schieberschubstange cm

s_3 Hub der Gegenkurbel cm

$t_ü$ Heißdampftemperatur ^{0} C

t_w Speisewassertemperatur ^{0} C

u (S. 69) Dampfverbrauch je Hub kg/Hub
u (S. 108, 109, 110, 115, 116) Gegengewichtsanteil von der Gegenseite herrührend kg
u (S. 57, 58, 67) Drehzahl Uml/sec
u_{max} höchste Drehzahl Uml/sec
v (S. 67) spezifisches Volumen des Dampfes m³/kg
w (S. 104) Geschwindigkeit der hin- und hergehenden Massen cm/sec
w (S. 120) Umfangsgeschwindigkeit am Achsschenkel m/sec
w_a Austrittsgeschwindigkeit des Dampfes aus dem Zylinder m/sec
x (S. 82, 87) Projektion des Exzenterhalbmessers auf die Steuerungsachse cm
x (S. 95) Ordinate cm
x (S. 104, 105) Zuckweg cm
x (S. 125) Zylinderdurchmesser d. dem gesuchten ähnlichen Kolbens cm
x_1 Schieberhub beim Kurbelwinkel φ
y (S. 95, 98) Ordinate cm
y (S. 124) Wandstärke des Kolbens cm
y (S. 126) Faserabstand von der Drehachse des Druckringquerschnitts cm
y_1, y_2 Abstand der äußeren Fasern von der Achse x des Druckringquerschnitts cm
$y_a = y_{min}$ kleinste Wandstärke am Außenrand des Kolbenkegels cm
y_d Drehausschlag des von der senkrechten Lokomotiv-Schwerpunktsachse entferntesten (Diagonal-)Punktes cm
y_i Wandstärke am Innenrand des Kolbenkegels cm
y_{max} Abstand der äußersten Faser von der neutralen Achse cm
z Zeit sec

$\mathfrak{A}$ den Achsschenkel beanspruchendes Biegemoment in senkrechter Ebene cmkg
$\mathfrak{B}$ den Achsschenkel beanspruchendes Biegemoment in waagerechter Ebene cmkg
$\mathfrak{C}$ geometrische Summe der Momente $\mathfrak{A}$ und $\mathfrak{B}$ cmkg
$\mathfrak{D}$ den Achsschenkel beanspruchendes Drehmoment cmkg
$\mathfrak{E}$ geometrische Summe der Momente $\mathfrak{C}$ und $\mathfrak{D}$ cmkg
$\mathfrak{M}_b$ Biegemoment cmkg
$\mathfrak{M}_i$ ideelles Biegemoment cmkg
$\mathfrak{R}$ Rechnungsrostfläche m²
$\mathfrak{S}$ Knicksicherheit

$\mathfrak{r}$ Exzenterhalbmesser = halber Schieberweg cm
$\mathfrak{r}_0$ Ersatzexzenter der Voreilbewegung cm
$\mathfrak{r}_1$ Abschlußexzenterhalbmesser cm
$\mathfrak{v}$ lineares Voreilen

α (S. 82) Kurbelwinkel des Exzenters °
α mittlerer indizierter Druck je at Kesselüberdruck bei Vernachlässigung des Kolbenstangendurchmessers at/atü
α' Anteil des mittleren indizierten Druckes am Kesselüberdruck bei der günstigsten Geschwindigkeit at/atü
α_i mittlerer indizierter Druck je at Kesselüberdruck bei Berücksichtigung der Kolbenstange at/atü
β, β_1, β_2 Ausschlagwinkel der Schwinge
γ (S. 109, 115, 116) Winkel zwischen den Gegengewichtskomponenten U und u
γ (S. 81) spezifisches Gewicht kg/m³
γ (S. 113, 117, 118, 129) spezifisches Gewicht kg/dcm³
δ (S. 59, 60, 61) Verhältnis der maximalen zur mittleren Zugkraft
δ Voreilwinkel
δ_0 Neigungswinkel der mittleren Schwingenstangenrichtung gegen die Horizontale
ε Füllung in Teilen des Hubes
ε (S. 78) Füllungsvolumen des Hochdruckzylinders m³
ε_0 Größe des schädlichen Raumes, Teile des Hubes
ζ Verhältnis der Anzugskraft zur indizierten Zugkraft
η_k Kesselwirkungsgrad %
η_m mechanischer Wirkungsgrad %
$\varkappa$ zusätzlicher Voreilwinkel der Stephensonschen Kulissensteuerung

λ Treibstangenverhältnis

μ (S. 67) Durchflußkoeffizient

μ (S. 103, 104) umlaufender Anteil der Treibstangenmasse

ξ_1 Drehwinkel der Lokomotive um die senkrechte Schwerpunktsachse

ϱ Schwerpunktsabstand des Gegengewichts von der Achsmitte cm

σ_0 (S. 119) reduzierte Spannung zwischen Rad und Schiene kg/cm²

σ_0 (S. 124) Zugspannung im Kolben kg/cm²

σ_0 (S. 126) wirkliche Beanspruchung des Druckringes kg/cm²

$\sigma_{0,1}$ wirkliche Spannung der im Abstand e_1 liegenden Faser kg/cm²

$\sigma_{0,2}$ wirkliche Spannung der im Abstand e_2 liegenden Faser kg/cm²

σ_1 Biegespannung im Druckring bei gleichförmig verteilter Last kg/cm²

σ_2 zusätzliche Biegespannung im Druckring wegen nicht gleichförmig verteilter Last kg/cm²

σ_b Biegebeanspruchung der Treibstange kg/cm²

σ_{ges} Gesamtbeanspruchung der Treibstange kg/cm²

σ_m maximale Biegespannung im Kolben kg/cm²

σ_{0a}, σ_{ma} äußere Randwerte der Spannungen im Kolbenkegel kg/cm²

σ_{0i}, σ_{mi} innere Randwerte der Spannungen im Kolbenkegel kg/cm²

σ_x Radialspannungen im Kolbenkegel kg/cm²

σ_z (S. 124, 125) Tangentialspannungen im Kolbenkegel kg/cm²

σ_z (S. 129) Zugbeanspruchung der Treibstange kg/cm²

σ'_{zul} zulässige Biegespannung kg/cm²

τ Auslenkung der Treibstange aus der Totlage

v Neigung des Mittelzylinders bei Drillingslokomotiven

φ Kurbelwinkel der Maschine

φ_0 Zugspannungskoeffizient cm

φ_1 Kontraktions-Verlustziffer

φ_m Biegespannungskoeffizient cm²

$\varphi_{x0}, \varphi_{xm}$ Radialspannungskoeffizient cm bzw. cm²

$\varphi_{z0}, \varphi_{zm}$ Tangentialspannungskoeffizient cm bzw. cm²

ψ Sicherheitsfaktor der Reibzahl

ω Winkelgeschwindigkeit sec^{-1}

III. Rahmen.

Der Rahmen stellt den Kraftschluß des Triebwerkes her und verbindet es mit dem Kessel; außerdem trägt er noch die Lasten der Aufbauten und gegebenenfalls die Vorratbehälter. Er ist sehr verschiedenen und starken Kräften ausgesetzt, und wenn er nicht richtig gebaut ist, leidet die ganze Lokomotive. Der Rahmen der ersten Lokomotiven war aus hölzernen, mit Blech beschlagenen Balken, angesetzten Achslagerführungen und Zugstangen zusammengesetzt, aus denen sich im wesentlichen zwei Grundformen entwickelt haben.

1. der europäische Plattenrahmen, der mit seiner eigenen großen Steifigkeit in senkrechter Richtung und seinen waagerechten und senkrechten Versteifungsblechen ein festes Ganzes bildet, auf dem der Kessel nur zu ruhen braucht.

2. der amerikanische Barrenrahmen, der nur die Kolbenkräfte selbst aufnehmen kann, die waagerechten und senkrechten Kräfte aber auf den Kessel überträgt. Der Kessel gibt also die Steifigkeit, und seine Verbindung mit dem Rahmen hat eine ganz andere Bedeutung als beim Plattenrahmen. Trotz dieser Unselbständigkeit wird der Barrenrahmen in steigendem Maße angewandt, weil seine Rahmenwangen selbst so starr und durch ihre allseitige mechanische Bearbeitung so maßhaltig sind, daß er den Austauschbau ermöglicht. Außerdem bietet der Barrenrahmen durch seine geringe Höhe konstruktive Vorteile und macht ein inneres Triebwerk leicht zugänglich.

Auf den Rahmen wirken vier Arten von Kräften, die der Reihe nach behandelt werden:

Kolbenkräfte,
Spurkranzkräfte,
Feder- und Lastenkräfte,
Bremskräfte.

A. Kolbenkräfte.

Zunächst wird angenommen, daß ein Triebwerk mit dem Zughaken in einer Ebene liegt (Abb. 107). Der Kolbendruck P kg wird am Kreuzkopf in die Stangenkraft P_t und den Gleitbahndruck $-N$ zerlegt (Kräfte, die von unten nach oben wirken, erhalten negatives Vorzeichen). Wenn die Mittellinie des Triebwerkes um den Winkel v geneigt liegt, entsteht eine weitere Kraftzerlegung:

$$P_t = P : \cos\tau; \qquad N = P \cdot \operatorname{tg}\tau; \qquad N' = P \cdot \operatorname{tg}\tau \cdot \cos v.$$

Die senkrechte Komponente der Stangenkraft P_t heiße P_s

$$P_s = P_t \sin(v + \tau) = P \frac{\sin(v + \tau)}{\cos \tau} \text{ kg}. \qquad (1)$$

Die waagerechte Komponente ist $P_w = P_t \cos(v + \tau) = P \frac{\cos(v + \tau)}{\cos \tau}$. Im Achslager bewirkt die Deckelkraft P senkrecht die Kraft: $-P \cdot \sin v$ und waagerecht die Kraft: $P \cdot \cos v$.

Da die Summe aller senkrechten Kräfte gleich Null sein soll, muß $-P \sin v - P \operatorname{tg} \tau \cdot \cos v + \frac{P}{\cos \tau} \sin(v + \tau) = 0$ sein, was durch Entwicklung von $\sin(v + \tau)$ auch leicht bestätigt werden kann. In Worten heißt das: die senkrechte Komponente der Stangenkraft ist gleich der Summe der senkrechten Komponenten des Gleitbahndruckes und der Achslagerkraft.

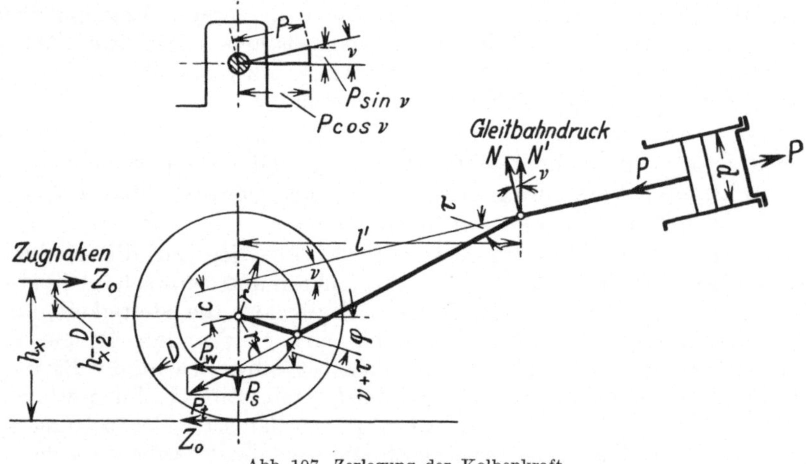

Abb. 107. Zerlegung der Kolbenkraft. Alle Kräfte in einer Ebene.

Damit die senkrechte Komponente der Stangenkraft, die genau wie die überschüssige Fliehkraft der Gegengewichte eine Achsdruckänderung bewirkt, klein bleibe, sollen die Zylinder möglichst waagerecht liegen ($v = 0$) und der Höchstwert von $\operatorname{tg} \tau = \lambda = r : l$ möglichst klein sein. Deshalb nimmt man im Lokomotivbau $l \geqq 6\,r$; selbst dann, wenn die Zylindermitte um das Stück c (Abb. 107) über der Achse liegt, darf $(c + r) : l$ nicht größer als $\frac{1}{6}$ werden. Man nehme höchstens: $c \leqq \left(\frac{1}{4} \div \frac{1}{5}\right) r$ und $\operatorname{tg} v = \frac{1}{8} \div \frac{1}{10}$.

Die Abb. 108 stellt P_s als Funktion des Kurbelwinkels bei Volldruck im Zylinder dar. Die dort erscheinende Unstetigkeit, nach der im Totpunkt schlagartig die Kraft P_s auftritt, verschwindet in Wirklichkeit durch die Kompression in den Zylindern. Liegen die Zylinder waagerecht, so ist $N = P_s = P \cdot \operatorname{tg} \tau$. Nun wechselt im Totpunkt gleichzeitig das Vorzeichen von P und $\operatorname{tg} \tau$, so daß der Gleitbahndruck bei Vorwärtsfahrt stets nach oben, bei Rückwärtsfahrt stets nach unten gerichtet ist.

Wenn zwei unter 180⁰ versetzte Triebwerke in einer Ebene liegen könnten, so fiele das Glied $P \cdot \sin v$ aus, und die senkrechte Komponente der Stangenkräfte wäre gleich der Summe der Gleitbahndrücke, wie bei waagerechter Zylinderlage. Bei gegenläufigen Triebwerken ist also die Neigung der Zylinder nicht so schädlich.

In waagerechter Richtung wirkt im Achslager nicht nur $P_w = P \frac{\cos(v+\tau)}{\cos\tau}$, sondern dazu kommt noch die Zugkraft $Z_0 = \frac{P_t \cdot r'2}{D}$ $= \frac{P}{\cos\tau} \frac{2r'}{D}$ kg, und folglich wird der waagerechte Lagerdruck, da P sein Vorzeichen wechselt, Z_0 aber nicht:

$$L = \frac{P}{\cos\tau}\left[\frac{2r'}{D} \pm \frac{\cos(v+\tau)}{\cos\tau}\right] \text{kg}. \tag{2}$$

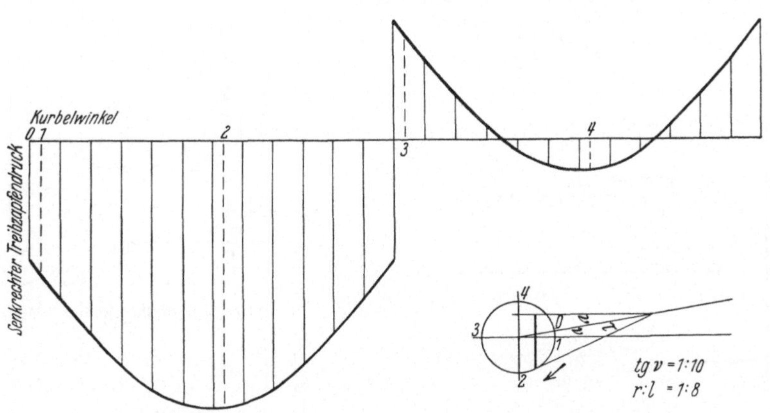

Abb. 108. Abhängigkeit des senkrechten Treibstangendrucks vom Kurbelwinkel.

In der Fahrrichtung herrscht der größere Lagerdruck, was dafür spricht, die Stellkeile, die leicht nachgearbeitet werden können, nach vorn zu legen, wo die Abnutzung größer ist. Sind mehrere treibende Achsen vorhanden, so verteilen sich L, Z_0 und P auf diese.

Nach der Betrachtung der senkrechten und waagerechten Kräfte kommen noch die Momente. Der Gleitbahndruck N liefert mit seiner Gegenkraft im Achslager ein Kräftepaar, das den Lokomotivrahmen entgegen dem Drehsinn der Räder dreht. Dasselbe Kräftepaar erscheint wieder mit Z_0 (einmal im Achslager, das andere Mal an der Berührung des Rades mit der Schiene) als $Z_0 \cdot \frac{D}{2}$. Ferner tritt aber noch ein Kräftepaar mit Z_0 am Zughaken und Z_0 im Lager als $Z_0\left(h_x - \frac{D}{2}\right)$ auf. Beide Kräftepaare zusammen geben das Moment (Abb. 107)

$$Z_0\left[\frac{D}{2} + \left(100\,h_x - \frac{D}{2}\right)\right] = Z_0 \cdot h_x \cdot 100\ *,$$

* D in cm, h_x in m.

das die Vorderachsen ent-, die Hinterachsen belastet. Deshalb sind vordere Laufachsen nützlich, hintere jedoch schädlich für die Ausnutzung des Reibgewichtes.

Wirkung der Kräfte in verschiedenen Ebenen. Die senkrechte Komponente P_s der Stangenkraft wirkt in gleicher Weise wie die Fliehkraft des überschüssigen Gegengewichtes in Abb. 76 auf beide Schienen und auf die zunächst gelegene in verstärktem Maße. Zur Bestimmung der vereinigten Wirkung von Stangen- und Triebkraft genügt es aber, die Wirkung der Stangenkraft für den Kurbelwinkel φ zu ermitteln, in dem die vereinigte Fliehkraft beider Räder am stärksten wirkt. Solche Darstellungen der vereinigten Stangen- und Fliehkräfte hat LOMONOSSOFF[1] gegeben (Abbildung 109). Bezeichnend für alle Lokomotiven und deshalb sehr bemerkenswert, ist der Umstand, daß die Stangenkraft bei kleinen Geschwindigkeiten viel größere Mehrbelastungen der Schienen hervorruft als die Fliehkraft der überschüssigen Gegengewichte und daß die vereinigte Wirkung beider sogar bei großen Geschwindigkeiten einen Mindestwert hat. Erst bei ganz hoher Geschwindigkeit überwiegt die Fliehkraft. Das rechtfertigt die weiter oben vertretene Ansicht, daß die Fliehkraft bis zu 20% des ruhenden Raddruckes gesteigert werden dürfe.

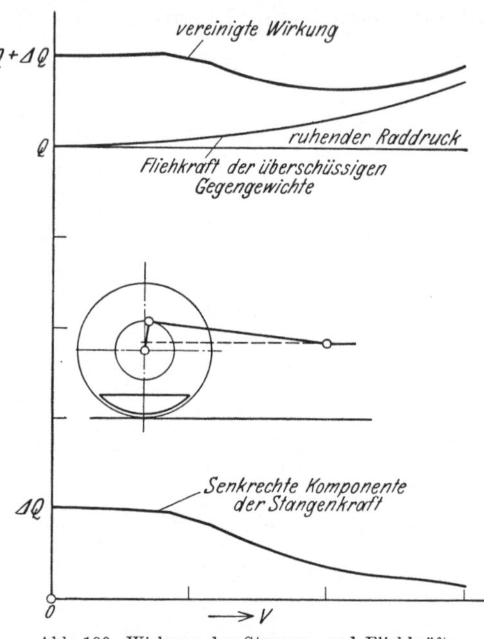

Abb. 109. Wirkung der Stangen- und Fliehkräfte auf das Gleis.
In der gezeichneten Kurbelstellung ist Raddruckzunahme am größten für Vorwärtsgang. Im Rückwärtsgang ist die Entlastung am größten bei der entgegengesetzten Kurbellage; Schränkung der Kurbel ist dann schädlich, weil Entlastungen gefährlicher als Mehrbelastungen sind.

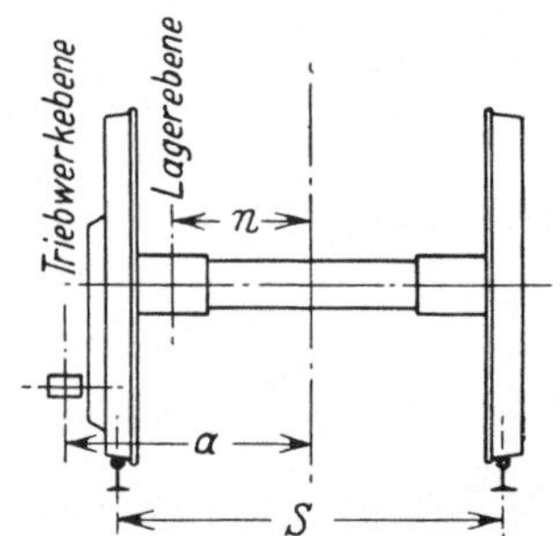

Abb. 110. Quermaße an der Treibachse.

In waagerechter Richtung ist die Wirkung der Stangenkraft P_w auf die Achslager von Belang, die in gleicher Weise wie die senkrechten Belastungsänderungen zu ermitteln ist. Wird P_w wieder als Funktion der Kolbenkraft P und des Kurbelwinkels dargestellt, also $P_w = f(P, \varphi)$, so ist der waagerechte Lagerdruck L nach Abb. 110:

[1] Glasers Annalen **105**, 97 (1929).

$$L = \frac{a+n}{2n} f[P, \varphi] - \frac{a-n}{2n} f[P, (\varphi \pm 90)] \text{ kg für Außenzylinder,}$$

$$L = \frac{i+n}{2n} f[P, \varphi] - \frac{n-i}{2n} f[P, (\varphi \pm 90)] \text{ kg für Innenzylinder.}$$

Das Diagramm Abb. 111 zeigt die Lagerdrücke, wobei beachtenswert ist, daß wegen der Unsymmetrie der Lokomotivmaschine (die rechte

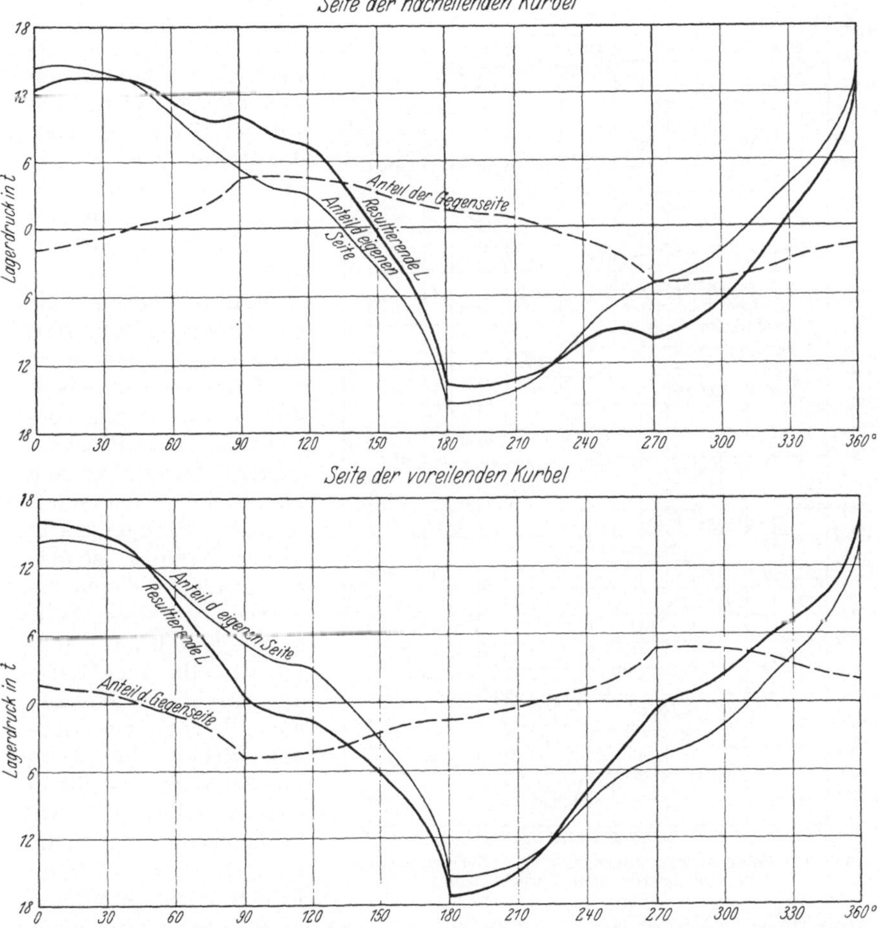

Abb. 111. Waagerechter Lagerdruck einer Zwillingslokomotive in Abhängigkeit vom Kurbelwinkel.

Kurbel eilt zwar der linken, die linke aber nicht der rechten vor) die Lagerdrücke auf der Seite der voreilenden Kurbel größer sind, worauf LOEWY[1] schon 1893 hingewiesen hat. Man braucht sich also nicht zu wundern, wenn bei voreilender rechter Kurbel öfter der rechte als der

[1] Rev. gén. Chem. de Fer **1893**, II, S. 203.

linke Rahmen bricht. JAHN[1] hat die Lagerdrücke für mehrkurbelige Lokomotiven untersucht. Seine Diagramme Abb. 112 zeigen das günstige Verhältnis der Innenzylindermaschine, das der vierzylindrigen nur wenig nachgibt. Der Drilling verursacht zwar kleinere Lagerkräfte als der Zwilling, dagegen geht seine Lagerdruckkurve ebenso heftig durch 0 (bei nacheilender Kurbel bei 75°, nach Abb. 112 sogar noch steiler). Dieser plötzliche Druckwechsel bewirkt starke Stöße und vorzeitige Abnutzung der Lager. Ganz allgemein muß bei jedem Druckwechsel die Achse sich verschieben, wobei sie auf der Schiene gleitet, der Reifen sich abnutzt und flache Stellen bekommt. So entstehen die gefürchteten Schlaglöcher.

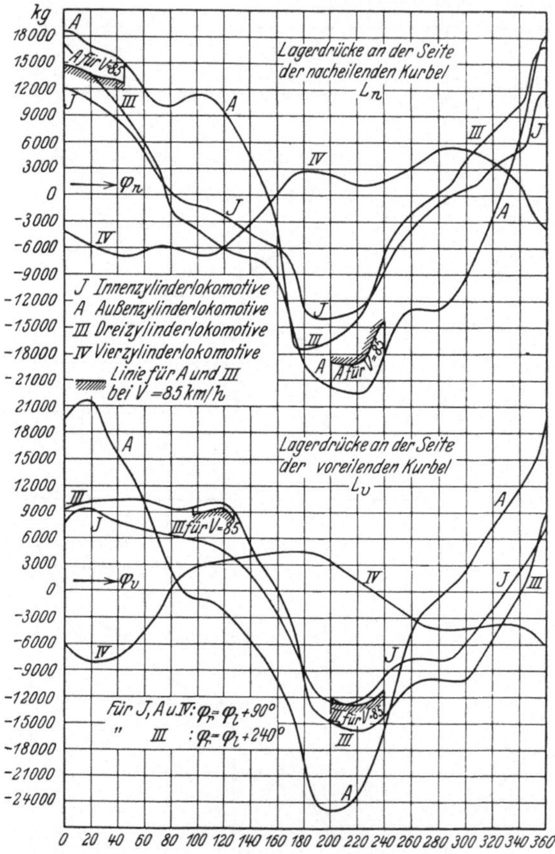

Abb. 112. Waagerechter Lagerdruck verschiedener Bauarten in Abhängigkeit vom Kurbelwinkel.

Bei Lokomotiven mit mehr als zwei Zylindern kann man eine oder zwei Achsen antreiben. JAHNS Diagramme beziehen sich auf Einachsantrieb. Da addiert sich die Wirkung der senkrechten Stangenkräfte beider Zylinder, ist also größer als bei Zweiachsantrieb, wo diese Wirkung sich auf zwei Achsen verteilt. Vier Zylinder läßt man demnach vorteilhaft auf zwei Achsen wirken. Bei Drillingslokomotiven gilt in bezug auf die senkrechte Stangenkraft das gleiche wie für vierzylindrige, jedoch in viel schwächerem Maße, weil die Höchstwerte der senkrechten Stangenkräfte nicht zusammenfallen. Auch ist nicht zu übersehen, daß bei Zweiachsantrieb der Innenzylinder eine Achse allein antreibt und durch die Kuppelstangen nicht nur über den toten Punkt, sondern sogar über die Kompression hinweggeschleppt werden muß. Das erzeugt verstärkte Reibungsarbeit und Abnutzung in den Kuppelstangen. Dagegen vermindert der Zweiachsantrieb die Lagerdrücke gegenüber Einachsantrieb, die

[1] Z. V. d. I. **51**, 1046 (1907).

von NAJORK[1] ausführlich untersucht worden sind. Viele Drillingslokomotiven treiben deshalb zwei Achsen an. Während hier nur die Kraftwirkungen betrachtet wurden, findet sich eine zusammenfassende Würdigung des Ein- und Zweiachsantriebs im vierten Abschnitt.

Man stelle sich die linke Kurbel einer Lokomotive mit zwei Außenzylindern in den toten Punkt gestellt vor und lege sich die Frage vor, ob jetzt das von der rechten Kurbel ausgeübte Drehmoment auf das linke Rad übertragen werden kann oder dieses Drehmoment allein im rechten Rade eine Zugkraft erzeugt. Daß kein Drehmoment übertragen werden kann, zeigt folgende Überlegung. Wenn man z. B. durch eine Achswelle von 200 mm auf ein Rad von 1750 mm Durchmesser, das mit 10 t belastet ist, eine Zugkraft von 2500 kg übertragen wollte, müßte diese Achse sich um einen Winkel verdrehen, der, am anderen Radumfang gemessen, 2,2 mm beträgt. Nur dann, wenn etwa durch Nachgiebigkeit des Radsternes eine solche Verdrehung möglich ist, kann das Drehmoment übertragen werden. Sollte aber die Zugkraft am rechten Rade so groß geworden sein, daß es gleitet, dann wird mit der Wellenverdrehung auch das Drehmoment an das linke Rad abgegeben werden. Die Frage der Zugkraftübertragung auf beide Räder hat mehr als theoretische Bedeutung, weil sie einige Erscheinungen in der Gangart der Lokomotiven erklärt.

Bei langsamem, schwerem Schleppen kann man (besonders auf Lokomotiven mit viel Seitenspiel der Achslager) sehr starkes Drehen beobachten, das bei wachsender Geschwindigkeit und abnehmender Zugkraft fast ganz verschwindet. Wird nämlich z. B. am rechten Rade keine Zugkraft, am linken Rade aber die Zugkraft Z_0 ausgeübt, so entsteht mit der in der Lokomotivlängsachse angreifenden Gegenkraft Z_0, die aus der Zugkraft am Haken und den Lokomotivwiderständen besteht, ein Kräftepaar $Z_0 \cdot \frac{S}{2}$, das die Lokomotive nach rechts dreht. Diesem Kräftepaar wirken nur die Reibung an den Stoßpuffern des Tenders, etwaige Reibung in Lastübertragungsflächen, von Drehgestellen usw. und die Kräfte in den Achslagerbunden entgegen. Letztere treten aber nicht auf, wenn das Spiel nach längerer Betriebszeit sehr groß geworden ist. Sobald die Zugkräfte beider Lokomotivseiten gleich sind, verschwindet das Drehmoment, das also aus der Differenz der Zugkräfte am Hebelarm $\frac{S}{2}$ gebildet wird.

Von der Größe der Drehbewegung durch die einseitig wirkenden Zugkräfte kann man sich nur durch ein Beispiel eine Vorstellung machen. Es sei angenommen eine E-Güterlokomotive G 10 der preußischen Staatsbahn mit 20 km Geschwindigkeit und 40% Füllung fahrend. Dann ist die Zugkraft am Radumfang durch die Abb. 113 dargestellt. Die Differenz der Zugkraft am Hebelarm $\frac{S}{2}$ ist in der starken Linie dargestellt und gibt den Höchstwert $Z_0 = 12500$ kg. Um rechnen zu können, muß man diese Zugkraftlinie als Sinuslinie ansehen und erhält dann für den Ausschlagwinkel ξ der Lokomotive die Gleichung $\xi = \frac{Z_0 \cdot S}{2{,}48 \cdot J_z \cdot \left(\frac{V}{D}\right)^2}$.

[1] Glasers Annalen 80, 58 (1917).

An der Drehung nimmt nicht die ganze Lokomotivmasse teil mit dem Gewicht von 76,6 t, sondern nur die gefederten Massen mit 62,7 t. Das Trägheits-

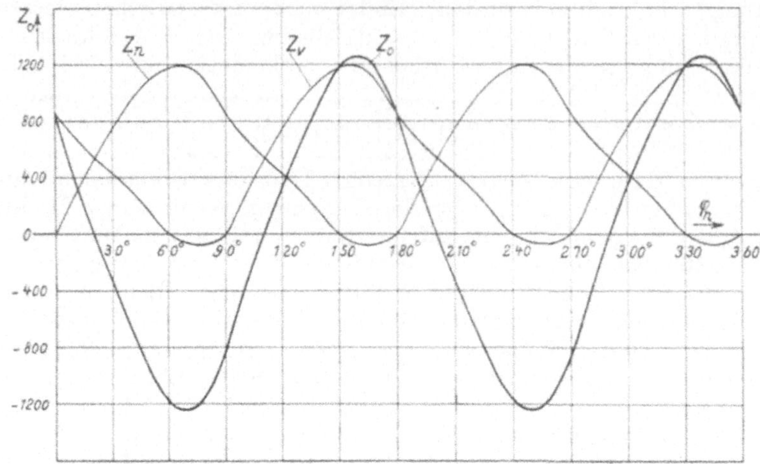

Abb. 113. Umfangskraft der Zwillingslokomotive in Abhängigkeit vom Kurbelwinkel. [Nach JAHN: Der Antriebvorgang bei Lokomotiven. Z. V. d. I. **51**, 1050, Gl. (14), (15), (1907).]

Nacheilende Seite: $Z_n = \frac{2r}{D} P'_n \sin \varphi_n$
Voreilende Seite: $Z_v = \frac{2r}{D} P'_v \cos \varphi_n$
} Zwilling, $V = 20$ und 40% Füllung,

P' = Kolbenüberdruck in kg. Nicht ausgeglichene Massen vernachlässigt.

moment ist $J_z = 48\,000$ mkgsec² und damit

$$\xi = \frac{12\,500 \cdot 1{,}5}{2{,}48 \cdot 48\,000 \cdot \left(\frac{20}{140}\right)^2} = 0{,}00077.$$

An den Enden der 10,8 m langen Lokomotive würde ein Gesamtausschlag von $0{,}00077 \cdot 10\,800 = 8{,}3$ mm entstehen. Aus den oben erwähnten Gründen wird der Ausschlag kleiner; ferner nimmt er selbst bei unveränderter Zugkraft mit V^2 ab, im Gegensatz zu dem Drehausschlag infolge der Massenkräfte, die gleichgroß bleiben.

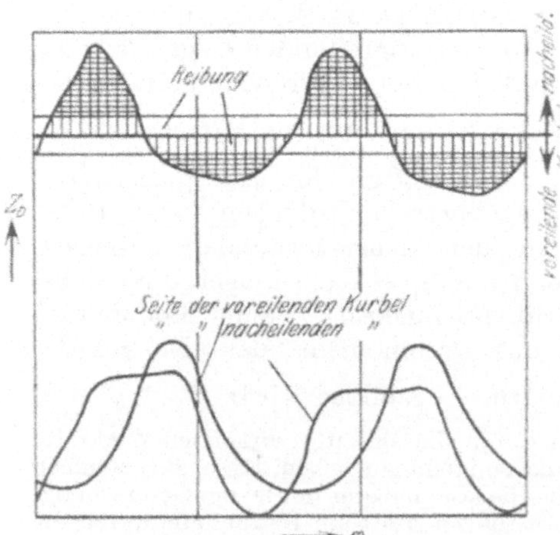

Abb. 114. Umfangskraft der Drillingslokomotive in Abhängigkeit vom Kurbelwinkel.
[Nach JAHN: Der Antriebvorgang bei Lokomotiven. Z. V. d. I. **51**, 1050, Abb. 9 (1907).]
Drilling, $V = 60$ und 20% Füllung.

Zwei Beobachtungen stützen die Erklärung des Drehens aus dem wechselnden Zugkraftmoment: Auf einer Diesellokomotive mit Kuppelstangenantrieb von einer Blindwelle aus war das Drehen auch zu bemerken, obgleich freie Massenkräfte ganz fehlten. Ferner: Die Drillingslokomotiven gieren nach der Seite der voreilenden Kurbel. Die

Umfangskräfte verlaufen unsymmetrisch, weil zu der Umfangskraft einer jeden Seite die halbe Umfangskraft der Innenzylinder, einmal vor- und das andere Mal nacheilend, hinzukommt. Aus JAHNS Diagramm, das in Abb. 114 wiedergegeben ist, geht das unten hervor. Die Differenz der Zugkräfte ist oben durch die schraffierten Flächen dargestellt, die einander gleich sind. Die der Bewegung entgegenwirkende Reibung ist als gleichbleibender Betrag abzuziehen, und übrig bleiben die doppelt schraffierten Flächen, die ein deutliches Übergewicht nach der Seite

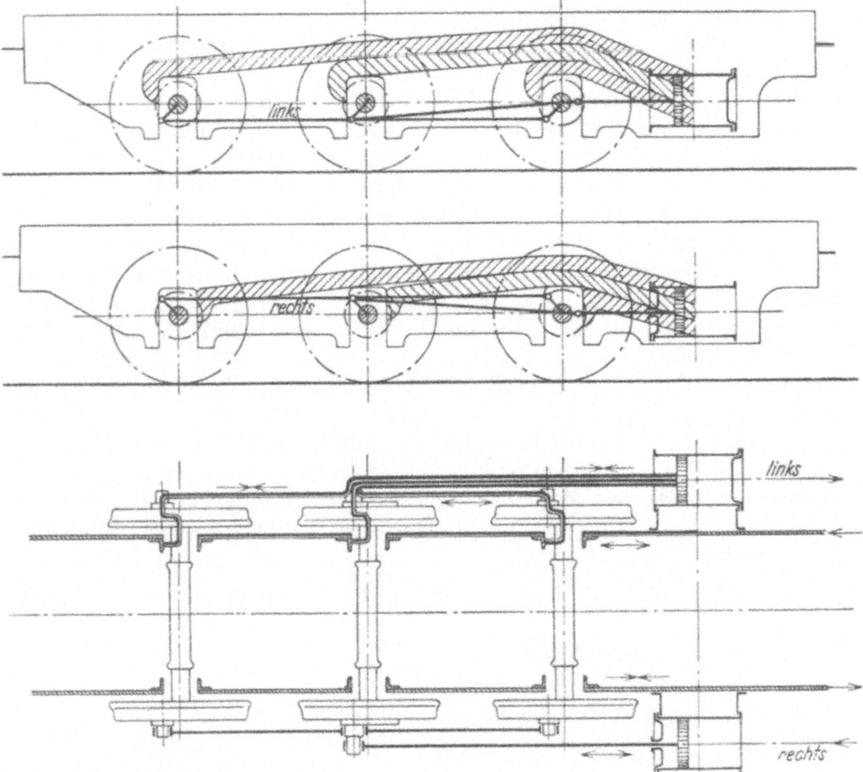

Abb. 115. Ideale Verteilung der Kolbenkraft im Rahmen und Triebwerk.

der nacheilenden Kurbel zeigen. Folglich giert die Drillingslokomotive nach der Seite der voreilenden Kurbel, und das ist bei den deutschen Drillingslokomotiven die linke.

Die soeben beschriebene störende Bewegung ist noch wenig beachtet worden. Ganz so einfach, wie sie dargestellt wurde, wird sie nicht verlaufen; hier liegt noch ein interessantes Arbeitsgebiet vor.

Verteilung der Kolbenkräfte im Rahmen. Daß die Verteilung der Kolbenkraft durch die Kuppelstangen statisch nicht bestimmbar ist, wurde schon erwähnt. Als Ideal kann die Verteilung nach Abb. 115

gelten. Im Rahmen sind nur die Kolbenkräfte eingezeichnet, zu denen noch die an jedem Radumfang entstehenden Zugkräfte treten müssen. Diese Zugkräfte sind aber selbst bei Güterlokomotiven höchstens halb so groß wie die Kolbenkräfte, so daß die größten Kräfte doch durch den Rahmenausschnitt über der ersten Achse gehen. Dort werden die Beanspruchungen besonders hoch, wenn die Lokomotive schiebt.

Im Rahmen ruft nun die Kolbenkraft P am Hebelarm q ein sehr großes Biegemoment hervor, das zunächst den Zylinder selbst von der Rahmenwange abheben will, dann aber durch die Zylinderschrauben auf den Rahmenbau übertragen wird. Besonders ungünstig wird er auf einer Seite beansprucht, wenn die Kolbenkraft gleich Null ist, was kurz vor dem Totpunkt gerade dann, wenn die andere Seite noch vollen Kolbendruck hat, der Fall ist. Dann ist ein recht großes Biegemoment von den Rahmenversteifungen aufzunehmen, die verhüten müssen, daß die Rahmenwangen sich gegeneinander verschieben. Die Zylinder amerikanischer Bauart, Abb. 116, bestehen aus zwei, in der Maschinenmittelebene verschraubten Zylindern, die so stark sein müssen, daß sie das Moment $P \cdot q$ aufnehmen können. Die Befestigungsschrauben dieses Mittelflansches sind auf alle Fälle genau so beansprucht, wie bei der europäischen Bauart, Abb. 117, jedoch sind sie von der Scherkraft P entlastet, weil sie unmittelbar durch die Paßstücke auf den Rahmen übertragen wird. Angeflanschte Zylinder werden auch gegen ein Verschieben am Rahmen gesichert, aber man verläßt sich nicht darauf und mutet den Zylinderschrauben auch die Scherspannung durch die Kolbenkraft P zu. Maßgebend für die Bemessung der Zylinderschrauben ist die Zugspannung durch das Moment $P \cdot q$, das den Zylinder um die äußerste Schraubenreihe zu kippen und vom Rahmen abzuheben sucht (Abb. 118). Es bezeichne

n_1 die Anzahl der Zylinderschrauben gleichen Abstands vom Zylinderende,

f_1 den Kernquerschnitt,

σ_1 die Zugspannung darin,

h_1 den Abstand der Schraube von der Kippebene.

Dann ist $P \cdot q = \sum (n_1 h_1 \sigma_1 f_1)$ cmkg.

Nun muß über die Veränderung der Spannung σ mit dem Abstand etwas Passendes angenommen werden. Da die Zylinderschrauben mit großer Vorspannung angezogen werden, ändert sich ihre Spannung bekanntlich nicht, solange der Flansch sich nicht von der Rahmenwange abhebt. Die Zugkraft im Bolzen (Abb. 119) ist gleich den beiden Auflagedrücken in $I + II$. Tritt im Flansch noch eine Kraft auf, so vermindert sich Kraft I um so viel, wie II zunimmt. Erst wenn die Spannung $I = 0$ geworden ist, also der Flansch sich abhebt, vergrößert sich die Spannung der Schraube. Die Annahme gleichförmiger Belastung aller Schrauben führt aber zu dem aller Erfahrung widersprechenden Schluß, daß die mittleren Schraubenreihen so wertvoll wie die äußeren seien. Deshalb muß die Annahme großer Vorspannung aufgegeben

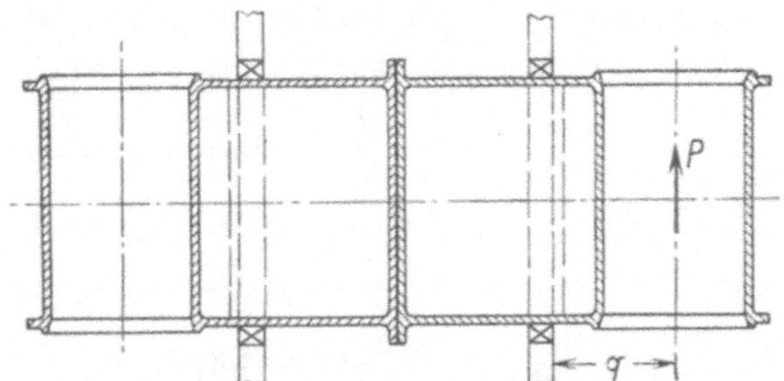

Abb. 116. Amerikanische Zylinderbauart mit einem Mittelflansch.

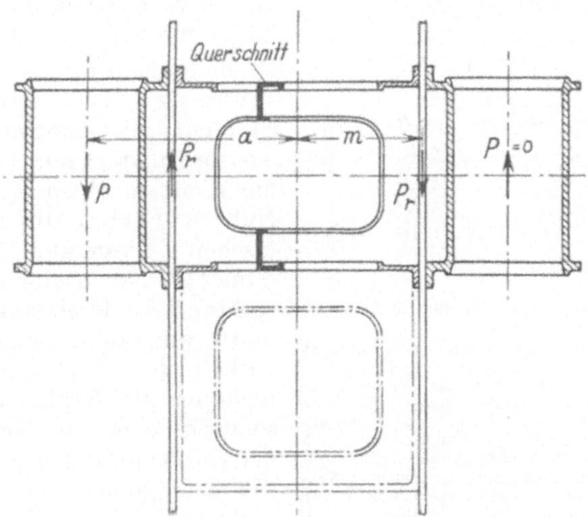

Abb. 117. Europäische Bauart mit angeflanschten Zylindern.

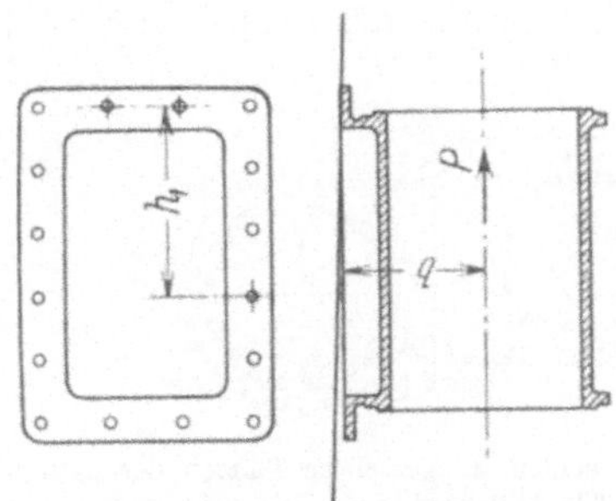

Abb. 118. Zylinderbefestigung.

Die Beanspruchung der Zylinderbefestigungsschrauben wird unter der Annahme berechnet, daß sich der Zylinder vom Rahmen abhebt.

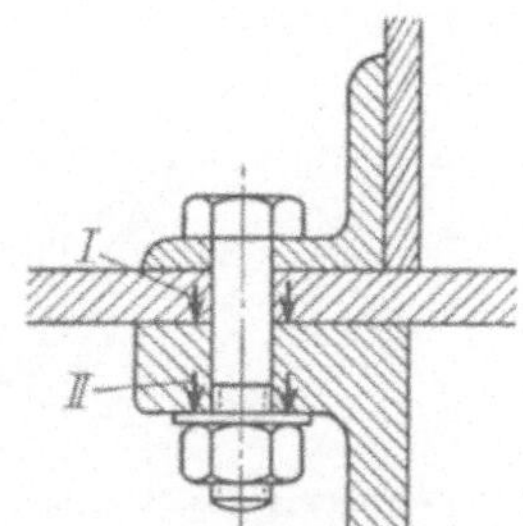

Abb. 119. Spannungsverteilung am Zylinderflansch.

So lange der Flansch sich nicht abhebt, also $I > 0$ ist, ist die Schraubenspannung $I + II = \text{const.}$

und durch die Annahme $\frac{\sigma_1}{\sigma} = \frac{h_1}{h}$ ersetzt werden; d. h., daß die Dehnung des Bolzens dem Abstande von der Kippkante verhältnisgleich ist. σ und h gelten für die äußerste Schraubenreihe. Dann ist

$$P \cdot q = \sum \left(n_1 h_1 \frac{\sigma h_1}{h} f_1\right)$$

$$= \sum (n_1 h_1^2) \frac{\sigma \cdot f_1}{h},$$

woraus folgt

$$\sigma = \frac{P \cdot q \cdot h}{\Sigma (n_1 h_1^2) f_1}.$$

Man nehme σ von 250 bis 300 und höchstens 350 kg/cm².

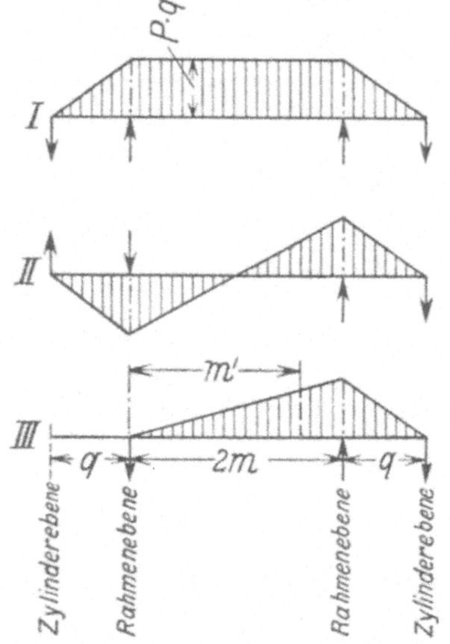

Abb. 120. Biegemomente in der Zylinderversteifung.

I Kolbenkräfte gleichgerichtet. Biegemoment $P \cdot q$ in der Zylinderversteifung. Dieser Fall ist am günstigsten, weil das Widerstandsmoment aus dem ganzen Querschnitt (siehe Abb. 117) gebildet wird, während in den anderen Fällen jeder Querschnittsteil für sich beansprucht wird (siehe Abb. 123).

II Kolbenkräfte entgegengesetzt gerichtet. Verschiebung der Rahmenwangen muß durch die Zylinderversteifung verhindert werden.

III Kolbenkraft einer Seite gleich Null. Die Momentfläche ist größer als im Fall *II*.

Die **Rahmenversteifung** zwischen den Zylindern (Abb. 117) ist einem Biegemoment ausgesetzt, das sie am stärksten belastet, wenn die Kraft in einem Zylinder gleich Null ist (Abb. 120). Die amerikanischen Zylindergußstücke (Abbildung 116) haben eine in der waagerechten Zylinderebene liegende Gußplatte, die, weil sie keine Ausschnitte enthält, innen stark genug ist, um nicht nur die Kräfte aufzunehmen, sondern auch um Verschiebungen der Rahmenwangen zu verhindern, die den ganzen Rahmenbau bald zerrütteln würden. Das gleiche kann man nicht immer von den Zylinderversteifungen, Abb. 117, sagen, deren Abmessungen rein gefühlsmäßig gewählt wurden. An sich ist ein solcher Rahmen statisch unbestimmt, wenn aber alle vier Ecken

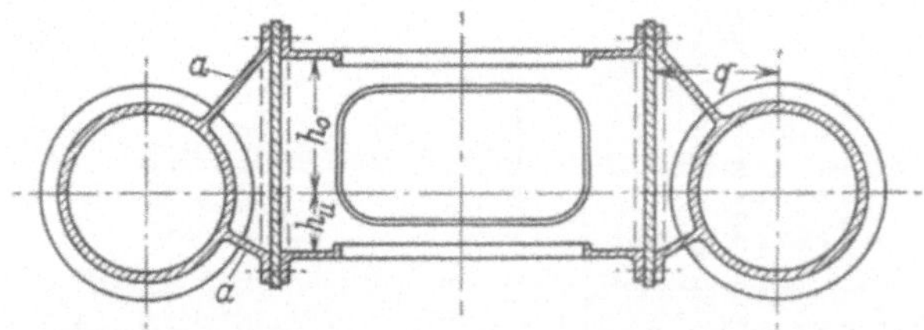

Abb. 121. Verteilung des Momentes $P \cdot q$ auf die beiden waagerechten Platten der Zylinderversteifung (siehe auch Abb. 117).

gleich stark sind, kann die Rechnung stark vereinfacht werden. Statisch nicht bestimmbar ist auch die Verteilung des Biegemomentes auf die beiden Versteifungsplatten (Abb. 121). Der ideale Fall, daß sich das

Moment im Verhältnis $\frac{h_u}{h_u + h_o}$ und $\frac{h_o}{h_u + h_o}$ verteilt, wird kaum eintreten, weil die obere Platte meist viel mehr versteift ist, dann aber auch mehr Spannung aufnimmt. In der Folge werden dann aber auch die Zylinderwände a hoch beansprucht.

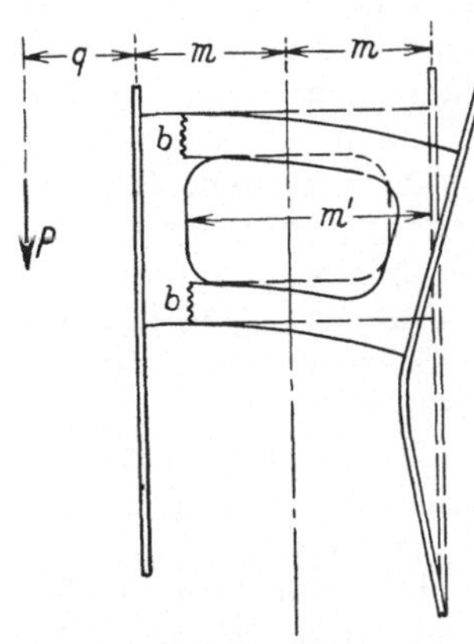

Abb. 122. Verbiegung der Zylinderversteifung.

Nach Abb. 120 ist das Biegemoment in den gefährlichen Querschnitten gleich $Pq \cdot \frac{m'}{2m}$. Das Moment verteilt sich nach Abb. 121 auf die beiden Platten und an jeder Platte zu gleichen Teilen auf die beiden Stellen b, an denen die Widerstandsmomente zu bestimmen sind.

Rechnet man nun unter Annahme dieses Idealfalles und einer Verformung der Zylinderversteifung nach Abbildung 122, nach der also nur zwei Ecken tragen, die Spannungen überschlägig nach, so findet man meistens ganz unzulässig hohe Werte, zu denen entsprechend große Formänderungen gehören. Deshalb soll man sich dem amerikanischen Vorbilde möglichst nähern und die Zylinderversteifungen so stark wie möglich machen, also nie kleine Ausschnitte aussparen. Anderenfalls muß an die Zylinderversteifung noch eine zweite gesetzt werden, die in Abb. 123 punktiert angegeben ist. Sie läßt dann nur noch eine Formänderung zu, bei der alle vier Ecken wirken und die Steifigkeit sehr groß ist. Mit Rücksicht auf die Kolbenkräfte genügt eine zweite bis zum Gleitbahnträger reichende Versteifung völlig.

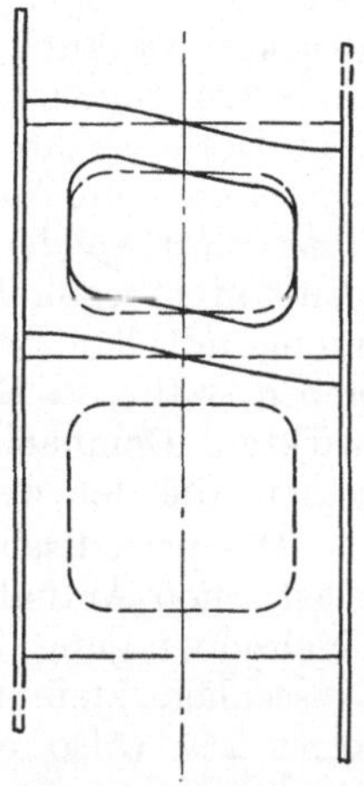

Abb. 123. Waagerechte Rahmenversteifung.

Der gestrichelte Versteifungsrahmen ist hinzuzufügen, wenn die Zylinderversteifung nach Abb. 123 nicht stark genug ist. Alle Ecken beider Versteifungen müssen dem Verbiegen widerstehen und sind deshalb sehr weit auszurunden.

Starke Verbiegungen können auch durch den Gleitbahndruck N' (Abbildung 107) entstehen, der an der Gleitbahn auf den hinteren Zylinderdeckel und den Gleitbahnträger übertragen wird. Der Bahndruck N' erzeugt am Hebel a (Abbildung 124) ein Biegemoment, dem nur durch Veränderungen ΔP_1, ΔP_2 der Federbelastung entgegengewirkt werden kann. Da im allgemeinen die Kräfte N', ΔP_1 und ΔP_2 in verschiedenen Ebenen liegen, erleidet der Rahmen zwischen diesen Ebenen das Torsionsmoment $N' \cdot a$ mkg und eine entsprechende Verwindung. Damit sie recht klein wird, sollen möglichst in der Nähe der Gleitbahn seitlich stützende Tragfedern liegen.

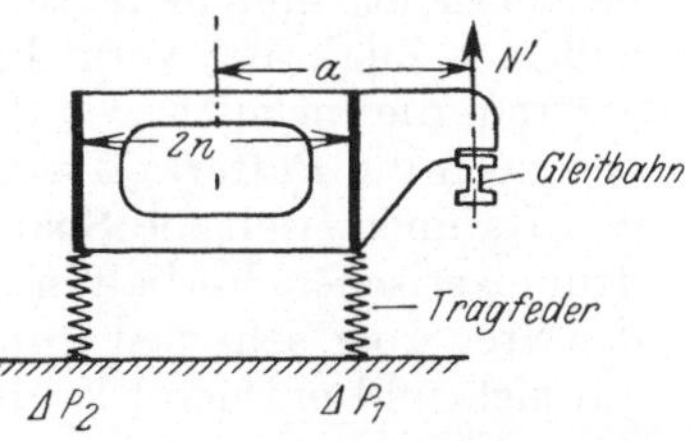

Abb. 124. Wirkung des Gleitbahndruckes.

Drehgestelle mit seitlicher Auflage des Rahmens wirken in dieser Hinsicht viel besser als solche mit belastetem Mittelzapfen. Wenn man rein statisch die Wirkung des Gleitbahndruckes auf die Tragfedern untersucht, kommt man zu sehr großen Laständerungen ΔP_1 und ΔP_2, denen ein starkes Federspiel und eine gefährliche Raddruckschwankung entsprechen müßte. Steht eine Kurbel (wie in Abb. 124 angenommen) im toten Punkt, so bewirkt das Moment $N'a$ eine Drehung der gefederten Lokomotivmasse um ihren Schwerpunkt. Erst wenn ein Ausschlag dieser Drehung entstanden ist, können die Tragfedern spielen und Achsdruckveränderungen hervorrufen. Messungen unter regelmäßigen Betriebsverhältnissen haben in Übereinstimmung mit der Beobachtung ein Federspiel von nur wenigen mm ergeben, während Gleisunebenheiten Ausschläge von etwa ± 10 mm bewirkten. Demnach lohnt es nicht, den kleinen Schwingungen nachzugehen, die der wechselnde Kreuzkopfdruck bewirkt.

Die periodisch wechselnde Kraft N' ruft in Verbindung mit ihrer elastischen Aufnahme durch die Tragfedern das Wanken, d. h. eine Drehschwingung in einer senkrechten Querebene hervor. Um diese Ausschläge klein zu halten, forderten die alten Theorien breite Federbasis $2\,n$ (also außen liegenden Rahmen) und harte Federn. Wir fürchten aber das ganz harmlose Wanken nicht mehr und sorgen nur durch Verwendung von Blattfedern, die möglichst alle zur Seitenstützung herangezogen werden, dafür, daß durch ihre innere Reibung etwa entstehende Schwingungen bald gedämpft werden.

Das gleiche gilt sinngemäß auch für das Nicken, einer Drehung in der senkrechten Mittelebene der Lokomotive. Je weiter vorn die Gleitbahn liegt und je kürzer die Treibstange ist, um so stärker wird die Lokomotive angehoben; daraus folgt, daß in bezug auf Nicken die Treibachse möglichst weit nach hinten gelegt werden soll. Das gilt auch für Tenderlokomotiven, wo die senkrechte Treibstangenkomponente das Treibrad bei Rückwärtsfahrt entlastet.

Wie aus Abb. 115 hervorgeht, sind die Rahmenwangen durch die Kolbenkräfte am stärksten über dem Ausschnitt um die erste Achse beansprucht, und zwar auf Zug und Biegung. Die an den Rädern geäußerten Zugkräfte vermehren diese Zugspannung nicht. Zu den Druckkräften, die im mittleren Bild dargestellt sind, können zwar beim Schieben noch die Pufferkräfte treten, aber die Druckkräfte gefährden nicht den Rahmen, weil die Spannungen über dem Achsausschnitt stark von dem elastischen Verhalten des Achsgabelstegs abhängen. Auf Druck ist der Steg aber sehr fest, nimmt also einen großen Teil der Kolbenkraft auf sich und entlastet so die Rahmenwange.

Nach Abb. 117 wirkt in der Rahmenwange nicht die Kolbenkraft P, sondern die Kraft $P_r = P\,\frac{a+m}{2\,m}$ kg. P_r geht zum Teil P_o durch die Rahmenwange und zum Teil P_u durch den Steg. $P_r = P_o + P_u$ (Abb. 125). P_u zu finden, ist Zweck der Untersuchung[1]. Jede dieser Kräfte dehnt

[1] Z. V. d. I. 68, 273 (1924).

den Rahmen bzw. Steg um das Maß λ_o bzw. λ_u cm und biegt ihn auf um das Maß f_o bzw. f_u cm. Alle diese Maße sind auf die Mitte des Steges zu beziehen, und sowohl für den Rahmen wie für den Steg muß dort die Summe aus Dehnung und Verbiegung gleich sein, also:

$$(\lambda_u + f_u) = (\lambda_o - f_o). \qquad (*)$$

Es ist

$$\lambda_o = \frac{P_o}{F_o} \cdot \frac{l_o}{E};$$

$$\lambda_u = \frac{P_u}{F_u} \cdot \frac{l_u}{E};$$

$$f_u = \frac{P_u}{E J} \cdot \frac{\Sigma e^3}{3} \text{ cm}.$$

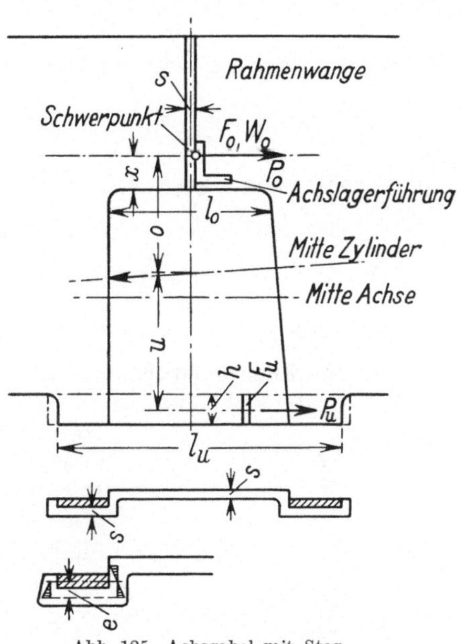

Abb. 125. Achsgabel mit Steg.

Die Abb. 125 zeigt den Steg, der aus dem gleichen Baustoff wie der Rahmen besteht, deutlicher; es gibt eine ganze Anzahl Kröpfungen des Steges, die jedesmal ein Biegemoment mit dem Hebelarm e erzeugen. Um die Summe der Durchbiegungen zu erhalten, ist die Summe der dritten Potenzen dieser verschiedenen Maße e zu nehmen. Wird der Steg aber gedrückt, so entsteht meistens eine gerade Verbindung, und die Durchbiegungen entfallen. Mit diesem günstigen Fall ist aber nicht zu rechnen. Das Trägheitsmoment J wird ausgedrückt durch $J = \frac{h s^3}{12}$ cm^4, und dann kann man schreiben:

$$\lambda_u + f_u = \frac{P_u}{E F_u}\left[l_u + \frac{\Sigma e^3}{\frac{3 h s^3}{12} \cdot \frac{1}{h \cdot s}}\right] = \frac{P_u}{E F_u}\left[l_u + \frac{4 \Sigma e^3}{s^2}\right].$$

Der Klammerausdruck wird mit $\varkappa \cdot l_u$ bezeichnet, so daß $\varkappa = 1 + \frac{4 \Sigma e^3}{s^2 \cdot l_u}$ ist und angibt, um wieviel mehr als der gerade Steg der gekröpfte Steg sich dehnt. Aus der Gl. (*) folgt dann

$$f_o = \frac{P_u}{E F_u} \cdot \varkappa l_u - \frac{P_o}{F_o} \cdot \frac{l_o}{E} \text{ cm}.$$

Wenn die Rahmenwange sich aufbiegt, so setzt sie dem ein Biegemoment $\mathfrak{M}$ entgegen, so daß die Summe der Momente um die Schwerpunktachse x (Abb. 125) lautet

$$P_u (o + u) + \mathfrak{M} - P_r \cdot o = 0 \text{ cmkg}. \qquad (**)$$

Der Rahmen krümmt sich unter dem Moment $\mathfrak{M}$ nach dem Halbmesser $\varrho = \frac{E J}{\mathfrak{M}}$ cm, und aus Abb. 126 geht hervor: $\varrho : l_o = (\varrho + o + u) : (l_o + f_o)$. Das gibt $\varrho = \frac{l_o (o + u)}{f_o} = \frac{E J}{\mathfrak{M}}$ und $\mathfrak{M} = \frac{f_o E J}{l_o (o + u)}$.

Setzt man diesen Wert für $\mathfrak{M}$ in Gl. (**) ein, so erhält man:

$$P_u(o+u) + \frac{f_o E J}{l_o(o+u)} - P_r \cdot o = 0$$

und

$$P_u \frac{o+u}{o} + f_o E \frac{J}{o \cdot l_o (o+u)} - P_r = 0.$$

Zur Vereinfachung schreibt man

$$\frac{J}{o(o+u)\, l_o} = C$$

und erhält nach einigen Umformungen

$$P_u = P_r \frac{1 + C \frac{l_o}{F_o}}{\frac{o+u}{o} + C\left(\frac{\varkappa \cdot l_u}{F_u} + \frac{l_o}{F_o}\right)} \text{ kg.} \qquad (3)$$

C ist eine lineare Größe. Sie beträgt bei Plattenrahmen etwa 0,6 bis 1,0, höchstens 2,0 cm, bei Wasserkastenrahmen infolge deren großer Höhe etwa 2 bis 4 cm. Das Maß muß aber in jedem Falle sorgfältig ermittelt werden. Bei Barrenrahmen kann ohne großen Fehler $C = 0$ gesetzt werden, weil er über der Achse so niedrig ist, daß er einer Verbiegung fast keinen Widerstand leistet. In dem Fall wird $P_u = P_r \frac{o}{o+u}$, wie in einem statisch bestimmten Fall, also z. B. so, als hätte der Rahmen über der Achse ein Gelenk. Das ist eine sehr wertvolle Eigenschaft des Barrenrahmens, die nicht dadurch zerstört werden darf, daß er über der Achse höher als nötig gemacht wird. Die große Höhe über der Achse macht den Plattenrahmen sehr empfindlich gegen losen Sitz des Steges. Das wirkt so, als ob $\varkappa\, l_u$ sehr groß wäre, entlastet den Steg und setzt den Rahmen um so mehr unter Spannung. Deshalb brechen Plattenrahmen auch häufiger als Barrenrahmen, falls letztere nicht durch innere Spannungen und Materialfehler (Lunker) geschwächt sind.

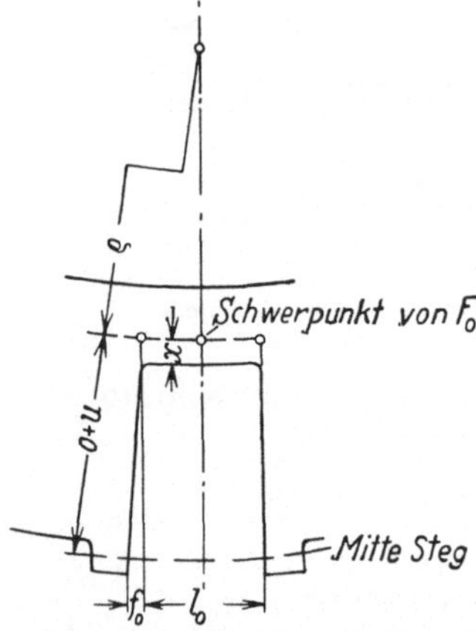

Abb. 126. Aufbiegung der Achsgabel.

Die Beanspruchungen sind nun leicht zu finden: Ist das Widerstandsmoment des Rahmens $W_o = \frac{J}{x}$, so ist $\sigma_o = \frac{\mathfrak{M}}{W_o} + \frac{P_o}{F_o}$ und, da $\mathfrak{M} = P_o o - P_u \cdot u$ ist,

$$\sigma_o = \frac{P_o \cdot o - P_u \cdot u}{W_o} + \frac{P_o}{P_o},$$

$$\sigma_u = \frac{P_u}{F_u} \text{ kg/cm}^2.$$

Man wählt erfahrungsgemäß die zulässige Spannung $k_z = \sim 600\,\text{kg/cm}^2$ bei Plattenrahmen, aber bei Barrenrahmen nur etwa $200\,\text{kg/cm}^2$, weil $C=0$ gesetzt worden ist und noch seitliche Biegemomente auftreten.

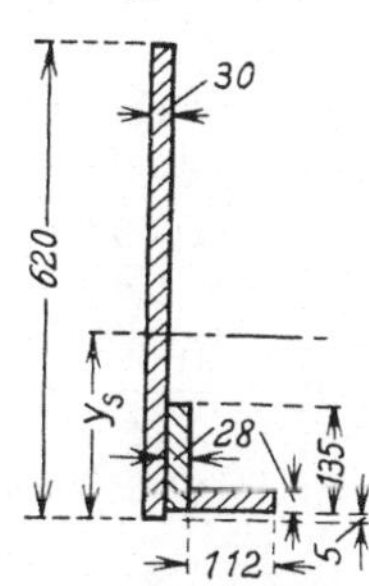

Abb. 127. Rahmenquerschnitt über der Achsgabel.

Im Steg nehme man die Zugspannung

$$k_z = \sim 600\,\text{kg/cm}^2$$

bei Plattenrahmen; bei Barrenrahmen viel weniger, etwa $400\,\text{kg/cm}^2$, weil er meist viel stärker gekröpft ist und zusätzlich viele Biegespannungen erleidet. Gerade Stege können viel höher beansprucht werden.

Beispiel: E-Güterlokomotive, ehemalige preußische G 10.

1. Bestimmung der Schwerachse x und des Trägheitsmomentes J des Rahmenquerschnittes über der Achsgabel (Abb. 127).

F cm²	y cm	$F \cdot y$ cm³	Trägheitsmoment
$62 \cdot 3 = 186{,}0$	31	5780	$\left\{ \begin{array}{l} \dfrac{38^3 \cdot 3}{3} = 54\,872 \\ \dfrac{24^3 \cdot 3}{3} = 13\,824 \end{array} \right.$
$13{,}5 \cdot 2{,}8 = 37{,}8$	7,25	273	$\dfrac{13{,}5^3 \cdot 2{,}8}{12} = 574$
$11{,}2 \cdot 2{,}8 = 31{,}1$	1,9	59	$\dfrac{11{,}2 \cdot 2{,}8^3}{12} = 20$
$\Sigma F = 255{,}0$	$\Sigma F \cdot y = 6112$		$37{,}8\,(24 - 7{,}25)^2 = 10\,600$
			$31{,}1\,(24 - 1{,}9)^2 = 15\,200$
			$J = 95\,090$ cm⁴

$$y_s = \frac{\Sigma F \cdot y}{\Sigma F} = \frac{6112}{255} = 24\ \text{cm}, \qquad W_{o\,\min} = \frac{J}{y_s} = \frac{95\,090}{24} = 3960\ \text{cm}^3.$$

2. Bestimmung von P_o und P_u

$e_1 = 3$ cm, $h = 9$ cm, $l_o = 42$ cm, $F_o = \Sigma F = 255$ cm²,

$e_2 = 3$ „, $F_u = s \cdot h = 27$ cm², $o = 49{,}5$ „, $a = 109{,}5$ cm,

$s = 3$ „, $l_u = 73$ cm, $u = 26{,}5$ „, $m = 55{,}0$ „

$$\varkappa \cdot l_u = l_u + \frac{4\,(e_1^3 + e_2^3)}{s^2} = 73 + \frac{4 \cdot 2 \cdot 3^3}{3^2} = 73 + 24 = 97\ \text{cm};$$

$$C = \frac{95\,206}{42 \cdot 76 \cdot 49{,}5} = 0{,}603\ \text{cm};$$

$$P_u = P_r \cdot \frac{1 + 0{,}603 \cdot \dfrac{42}{255}}{\dfrac{76}{49{,}5} + 0{,}603 \cdot \left(\dfrac{97}{27} + \dfrac{42}{255}\right)} = P_r \cdot \frac{1 + 0{,}0993}{1{,}535 + 0{,}603\,(3{,}69 + 0{,}1647)} = 0{,}285 \cdot P_r;$$

$$P_o = P_r - P_u = 0{,}715 \cdot P_r.$$

3. Ermittlung der Beanspruchungen.

$$P = \frac{\pi}{4} \cdot 63^2 \cdot 12 = 37500 \text{ kg}; \qquad P_r = 37500 \frac{109{,}5 + 55}{110} = 56000;$$

$$P_u = 0{,}285 \cdot 56000 = 16000; \qquad P_o = 40000;$$

$$\mathfrak{M} = 40000 \cdot 49{,}5 - 16000 \cdot 26{,}5 = 1980000 - 424000 = 1556000 \text{ cmkg};$$

$$\sigma_o = \frac{1556000}{3960} + \frac{40000}{255} = 393 + 157 = 550 \text{ kg/cm}^2;$$

$$\sigma_u = \frac{16000}{27} = 593 \text{ kg/cm}^2.$$

4. Wahre Verlängerung des Steges:

$$\varkappa \cdot \lambda_u = \frac{k \cdot l_u \cdot P_u}{E \cdot F_u} = \frac{97 \cdot 16000}{2{,}2 \cdot 10^6 \cdot 27} = 0{,}0262 \text{ cm} = 0{,}262 \text{ mm}.$$

5. Beanspruchung bei fehlendem Steg:

$$\sigma_b = \frac{P_r \cdot o}{W_o} = \frac{56000 \cdot 49{,}5}{3960} = 700;$$

$$\sigma_z = \frac{P_r}{F_o} = \frac{56000}{255} = 219{,}5;$$

$$\sigma_o = \sigma_b + \sigma_z = 919{,}5 \text{ kg/cm}^2.$$

Bei Barrenrahmen wird, wie oben gesagt, $C = 0$ gesetzt, also mit $\frac{P_u}{P_r} = \frac{o}{o + u}$ gerechnet. Dabei ergibt sich P_u um etwa 2,5% zu groß. Die Nachrechnung von Barrenrahmen ergab folgende Beanspruchungen:

	σ_o	σ_u
G 8²	120	750
G 12	185	750
P 10	195	480
1 E 1 Amerika	165	420

Die zugelassenen Rahmenbeanspruchungen sind verhältnismäßig gering, weil noch viele zusätzliche Spannungen auftreten. Der Rahmen ist über dem Achsausschnitt stark gekrümmt; in der Kehle ist deshalb die Spannung viel höher, so daß alle Rahmenbrüche dort anfangen. Die Kehle soll mit einem Halbmesser ausgerundet sein, der mindestens $\frac{1}{15}$ der Rahmenhöhe über dem Ausschnitt beträgt. Barrenrahmen können ganz große Abrundungen erhalten, weil die Höhe über dem Achsausschnitt nicht beschränkt ist.

Die Stärke s der Plattenrahmen kann empirisch gewählt werden zu s mm $= 13 + Q + \frac{1}{5} P$ (Q = Raddruck, P = Kolbendruck in t). Diese Formel leistet gute Dienste auch für Tender und Lokomotive ohne Dampfmaschine ($P = 0$). Wasserkastenrahmen erhalten die halbe Blechstärke, jedoch um den Achsausschnitt ein Verstärkungsblech von der Rahmenblechdicke. Die amerikanischen, früher geschmiedeten, jetzt meist gegossenen Barrenrahmen werden $4\,s$ stark. In Deutschland schneidet man die Barrenrahmen aus einer gewalzten Stahlplatte heraus. Hier wird die Wandstärke auf 100 mm beschränkt und bei kleineren Lokomotiven auf 70 und 60 mm.

B. Spurkranzkräfte.

Die Spurkränze führen die Fahrzeuge nicht nur im Bogen, sondern auch in der Geraden, weil sogar in einem geometrisch geraden, in einer waagerechten Ebene liegenden Gleise die Fahrzeuge selbst dann nicht geradeaus laufen, wenn die Achsen parallel stehen und die Räder einer Achse kongruent sind. Schon die Ausfahrt aus einem Bogen stellt das Fahrzeug schief in das gerade Gleis und leitet eine Schlingerbewegung ein. Weitere Veranlassungen zum Schlingern sind außer den unvermeidlichen Abweichungen von dem oben geschilderten Idealzustande die aus den inneren Kräften der Lokomotive herrührenden Eigenbewegungen. Es gibt also äußere und innere Schwingungserreger; die ersteren rufen die unregelmäßigen Schlingerbewegungen hervor, die letzteren die periodischen Drehbewegungen.

Daß die Spurkranzkräfte sich auf die Rahmen übertragen und dort große Kräfte hervorrufen, ist klar. Aber auch wenn Räder keine Spurkränze haben oder gar nicht anlaufen, sondern nur quer zur Fahrrichtung verschoben werden, erzeugt ihre Belastung Q in Verbindung mit der Reibzahl f eine Kraft $Q \cdot f$, die den Rahmen beansprucht. Alle diese Kräfte erzeugen sehr große Biegemomente im Rahmen, zu deren Aufnahme er eingerichtet sein muß.

Lauf in der Geraden. Das Fahrzeug zerfällt in die ungefederten (toten) Lasten mit der Masse M_1 und die gefederten mit der Masse $M_2 = G_2 : g$ kgsec²/m. Für die Untersuchung der Bewegungen muß der Teil M_2 des Fahrzeugs als Parallelepipedon mit den drei Hauptachsen XYZ betrachtet werden (Abb. 128). Die in den Achsrichtungen wirkenden Kräfte werden mit den gleichen Buchstaben bezeichnet. In jeder Achsrichtung gibt es Verschiebungen und Drehungen um die betreffende Achse. Sie heißen:

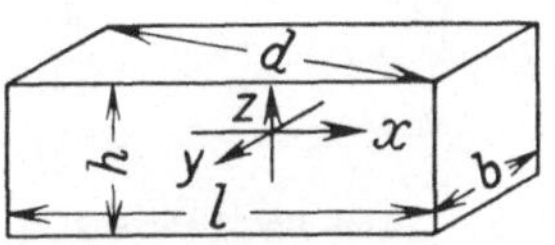

Abb. 128. Hauptachsen des Fahrzeugs.
Die x-Achse liegt in der Fahrrichtung.

Richtung	Verschiebung	Drehung
Längs X	Zucken	Wanken
Quer Y	—	Nicken
Senkrecht Z	Wogen	Drehen, Schlingern

REDTENBACHER[1] hat die Vereinigung all dieser Bewegungen das Gaukeln genannt.

Außer den Massen werden noch die Trägheitsmomente gebraucht. Es ist:

$$J_x = \frac{G_2}{g} \cdot \frac{b^2 + h^2}{12} \text{ mkgsec}^2,$$

$$J_y = \frac{G_2}{g} \cdot \frac{l^2 + h^2}{12} \quad ,,$$

$$J_z = \frac{G_2}{g} \cdot \frac{b^2 + l^2}{12} \quad ,,$$

Im Lokomotivbau rechnet man überschlägig wie folgt:

l: als $\frac{1}{2} l$ nimmt man den Abstand der vorderen Zylinderschleiffläche oder der Stehkesselhinterwand vom Lokomotivschwerpunkt, je nachdem, welches das größere Maß l gibt,

b: bei Innenzylindern über Radreifenaußenkante, bei inneren Schiebern über Zylindermitte, bei äußeren Schiebern über Steuerungsmitte, bei Tenderlokomotiven über Vorratskastenaußenwand,

[1] REDTENBACHER: Die Gesetze des Lokomotiv-Baues. Mannheim 1855.

h: von Mitte Treibachse bis zum niedrigsten Wasserstand im Kessel.

Bei Tenderlokomotiven sind die Vorratsbehälter zu berücksichtigen.

Wird durch Anlaufen eines Spurkranzes von der Schiene die Kraft Y auf das Fahrzeug ausgeübt, so wirkt sie auf die gefederten Massen M_2 ganz anders, als auf die tote Masse M_1, der nun eine Beschleunigung erteilt wird. Die gefederte Masse wird aber gar nicht in ihrem Schwerpunkt (Abb. 129) getroffen, der um das Maß H über Achsmitte liegt. Deshalb wird die gefederte Masse auch gedreht, wobei die Tragfedern mitspielen. Es ist ein wichtiger, nicht immer beachteter Grundsatz: Jeder Seitenstoß verschiebt nicht nur den Wagenkasten, sondern dreht ihn und verändert die Tragfederbelastung. Der Satz gilt auch umgekehrt: Jede einseitige Tragfederlaständerung verdreht und verschiebt den Wagenkasten. Um nun die Größe der von Y erteilten Beschleunigung zu berechnen, muß M_2 nicht mit seiner vollen Größe, sondern nur mit einem Teil eingeführt werden, und dann erhält man eine Ersatzmasse $M_y = \alpha M$, die in der Schienenoberkante gedacht ist und genau so wirkt wie die wirkliche Masse $M = M_1 + M_2$.

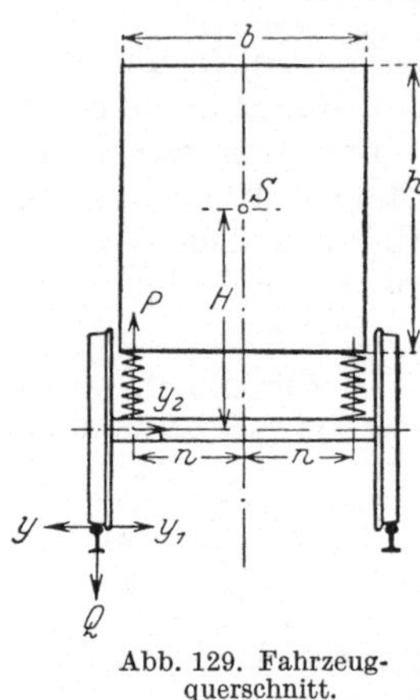

Abb. 129. Fahrzeugquerschnitt.

Für die Ersatzmasse M_y habe ich[1] die Gleichung entwickelt:

$$M_y = M_1 + M_2 : \left[1 + \frac{12\,H\left(H - 2\,n\,\frac{\Delta f}{f}\,\frac{P}{1000\,Y_2}\right)}{b^2 + h^2}\right] \text{ kgsec}^2/\text{m}. \qquad (4)$$

Hohe Schwerpunktslage H m, schmale Federbasis $2\,n$ m, weiche Tragfedern (großes f cm) vermindern M_y, also den Anlaufstoß. Die alten Theorien betrachteten nur die inneren freien Kräfte und kamen deshalb zu entgegengesetzten Forderungen.

Unter f ist die Durchbiegung (nicht die Pfeilhöhe) der Tragfedern im Ruhezustand und unter Δf die Zunahme der Durchbiegung durch den Seitenstoß Y_2 t verstanden. Es ist keine starke Vernachlässigung, $\Delta f = 0$ zu setzen und zu schreiben:

$$M_y = M_1 + M_2 : \left[1 + \frac{12\,H^2}{b^2 + h^2}\right] = \alpha\,M.$$

Auf Grund von Nachrechnungen kann man wählen:

für Lokomotiven $\alpha = 0{,}6 \div 0{,}63$, für Tender $\alpha = 0{,}55 \div 0{,}58$.

Die größeren Werte gelten für kleine Treibräder bzw. schwere Tender. Der Schwerpunkt der Lokomotiven liegt ziemlich genau in halber Höhe zwischen Kesselmitte und Zylindermitte.

Bevor das Schlingern behandelt werden kann, muß noch festgestellt werden, welcher Führungsdruck K t im Verhältnis zum Raddruck Q t zugelassen werden kann. Beim Lauf im Bogen läuft das führende Rad

[1] Org. f. d. Fortschr. d. Eisenbahnw. **80**, 49 (1925).

unter dem Winkel φ dauernd an der Schiene, beim Schlingern in der Geraden aber nur vorübergehend und stoßartig. Im Bogenlauf ist der Führungsdruck K nicht gleich der Kraft Y, die die Schiene zu kippen sucht, sondern es ist angenähert

$$K = Y + Qf \quad (f = \text{Reibziffer}).$$

Den Unterschied zwischen K und Y kann man sich so klarmachen: Ein Wagen trage ein Q t schweres Rad mit Spurkranz, das unter dem Winkel φ schrägsteht und dessen Lager viel seitliches Spiel haben (Abb. 130). Dieses Rad laufe gegen eine in dem Gleise lose liegende Schiene. Das Rad übt dann zwar den Führungsdruck Qf aus, aber keine Kraft Y, die die mittlere Schiene zu kippen sucht. Das kommt daher, daß die Kraft Qf am Spurkranz die Gegenkraft zu der gleichgroßen Reibung Qf am Schienenkopf ist und die entsteht, weil das Rad in seiner Richtung weiterlaufen will, vom Spurkranz daran gehindert und auf der Schiene gleitend verschoben werden muß. Der Kraftschluß zwischen dem Stützpunkt der Lauffläche des Rades und dem Führungspunkt des Spurkranzes (Abb. 131) geht durch das Rad und die Schiene. Eine Kraft Y kann auch deshalb nicht zustande kommen, weil ihr eine Gegenkraft im Rade fehlt, das seitlich gar nicht geführt ist.

Abb. 130. Erläuterung des Unterschiedes zwischen der Schienenkippkraft Y und dem Führungsdruck K. $K = Y \cos\varphi + Qf$. Hier ist $Y = 0$. Da φ sehr klein ist, kann $\cos\varphi = 1$ gesetzt werden, Q = Raddruck, f = Reibziffer.

Die Kraft K liegt aber mit Q nicht in einer senkrechten Ebene, sondern um das Maß b_0 (Abb. 132) davor. Die Abb. 132 zeigt auch, daß die Verlegung des Führungspunktes spurverengend wirkt. Bei den späteren Betrachtungen wird aber (ohne großen Fehler, weil φ selten größer als 1^0 ist) von diesen Feinheiten abgesehen werden, und die Kräfte K, Y und Q werden als in einer Ebene wirkend betrachtet.

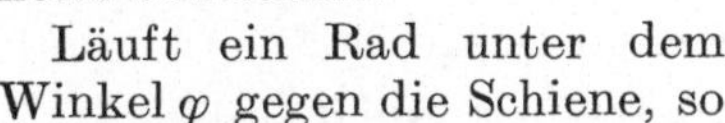

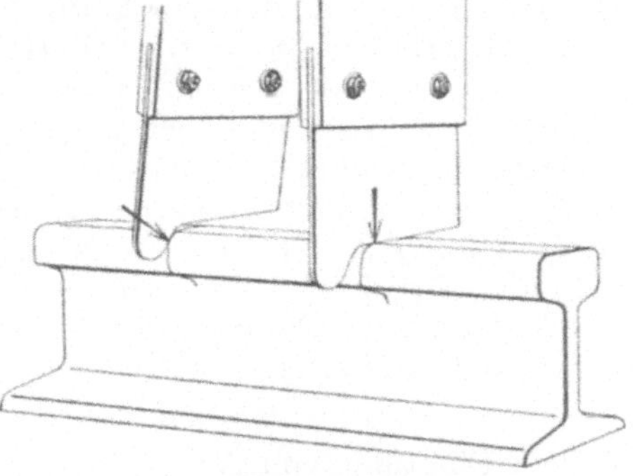
Abb. 131. Rad und Schiene. Aus dem Rade sind zwei Ebenen geschnitten, der rechte Pfeil zeigt den Raddruck, der linke Pfeil zeigt den Spurkranzdruck.

Läuft ein Rad unter dem Winkel φ gegen die Schiene, so gleitet der Führungspunkt am Schienenkopf herab und erzeugt eine nach oben gerichtete Reibkraft. Die Spurkranzreibung ist ein Teil des gesamten Bogenwiderstandes, der von BÄSELER[1] grundlegend untersucht worden

[1] Org. f. d. Fortschr. d. Eisenbahnw. **82**, 333 (1927).

ist. An einer starr gelagerten Schiene laufend, ändert sich am Rade der Führungspunkt des Rades stetig; kann das Rad aber nachgeben, so tritt eine kleine Spurerweiterung ein, das Rad kann ein Stück gerade laufen, die Reibung Qf im Stützpunkt und die waagerechte Komponente der Reibung im Führungspunkt tritt nicht auf. Einen Augenblick lang herrscht Ruhe, dann federt die Schiene aber wieder zurück, und das Gleiten setzt um so stärker ein. Deshalb wird ein nachgiebiges Gleis

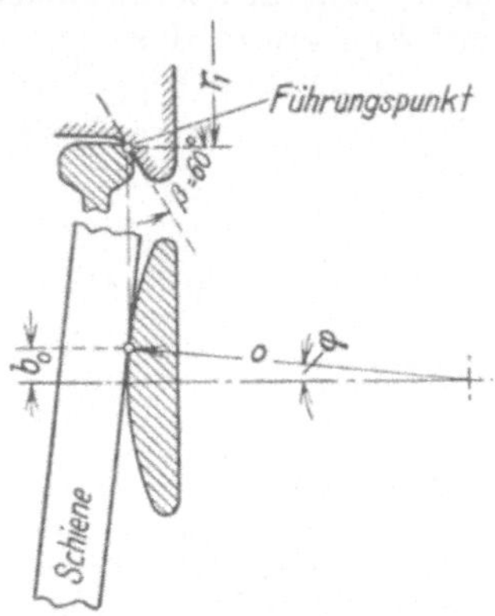

Abb. 132. Waagerechter ebener Schnitt durch den Spurkranz im Abstande r_1. Krümmungshalbmesser ϱ in der Nähe des Führungspunktes $\varrho = r_1 \cdot \operatorname{tg}\beta$.

Verlegung des Führungspunktes $b = r_1 \cdot \operatorname{tg}\beta \sin\varphi$.

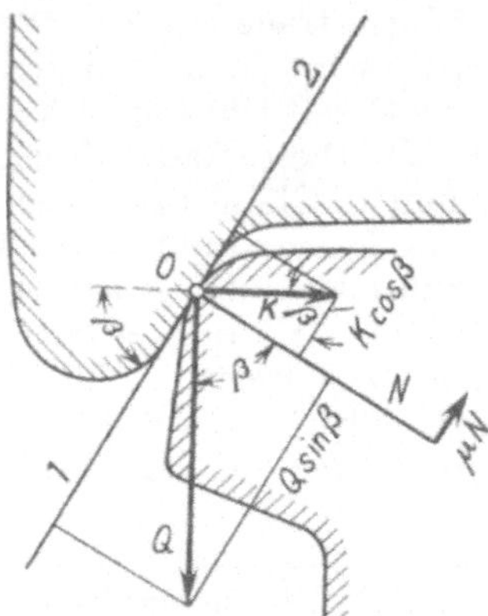

Abb. 133. Kraftzerlegung im Führungspunkt.
Q = Raddruck,
N = Spurkranzdruck,
$\mu \cdot N$ = Spurkranzreibung,
K = Führungsdruck.

unter starkem Knurren durchfahren, während bei starrem Oberbau ein Quietschen und Pfeifen durch die höhere Schwingungszahl entsteht. Damit das Rad nicht aufsteigt, darf der Führungspunkt K keine senkrechten Kräfte von der Größe hervorrufen, daß die Stützkraft Q (der Raddruck) überwunden wird. Um die Gleichgewichtsbedingungen (Summe der senkrechten und waagerechten Kräfte = 0) festzustellen, wird eine senkrechte Ebene durch den Führungspunkt O gelegt (Abb. 133). Alle Kräfte werden sowohl auf eine im Spurkranzkegel liegende Gerade *1—2* wie in den zu ihr senkrechten Spurkranzdruck N zerlegt. Dann gilt in der Richtung *1—2* (μ = Wertziffer der gleitenden Reibung)

$$-Q \cdot \sin\beta + K \cdot \cos\beta + \mu \cdot N = 0.$$

In der Richtung von N:

$$Q \cdot \cos\beta + K \cdot \sin\beta - N = 0.$$

Dieser Wert von N wird in die erste Gleichung eingeführt:

$$-Q \cdot \sin\beta + K \cdot \cos\beta + \mu Q \cdot \cos\beta + \mu K \cdot \sin\beta = 0.$$

Durch weitere Umformung entsteht die bekannte Nadalsche Gleichung für den größtzulässigen Führungsdruck

$$K = Q \frac{\operatorname{tg}\beta - \mu}{1 + \mu \operatorname{tg}\beta} \text{ t}. \tag{5}$$

Die Neigung des Spurkranzes beträgt im Bereiche des Vereines Deutscher Eisenbahnverwaltungen $\beta = 60^0$, in vielen anderen Ländern aber den günstigeren Wert 70 und 80^0. Letzteres mag vorteilhaft erscheinen, ist es aber nicht, weil durch die Abnutzung des Spurkranzes der Winkel β immer größer wird. Nach einiger Betriebszeit verlieren die Radreifen ihre nicht sehr wertvolle Kegelform und erhalten Kegelwinkel von 70 bis 80^0, haben also viel längere Zeit die günstigste Form, als wenn sie nur anfangs da wäre. Der Reibwert μ beträgt im Stillstand höchstens $\frac{1}{3}$ und fällt mit wachsender Geschwindigkeit. Da die senkrechte Gleitgeschwindigkeit nicht groß ist, sei $\mu = 0{,}27$ angenommen. Dann erhält die Gl. (5) die Zahlenwerte

$$K = Q \frac{\operatorname{tg} 60 - 0{,}27}{1 + 0{,}27 \cdot \operatorname{tg} 60} = \frac{1{,}73 - 0{,}27}{1 + 0{,}47} Q = Q.$$

Der Führungsdruck darf also niemals größer als der Raddruck sein.

Schlingern. Wer das Schlingern durch Rechnung untersuchen will, muß eine ideale Gleislage und kegelige Radreifen gleichen Durchmessers annehmen. Dann wird angenommen, daß ein Radsatz das Spiel im Gleis voll ausnutzend senkrecht zur Gleisachse steht, und ausgerechnet, in welchem Bogen der Radsatz läuft. Nach Abbildung 134 ist

$$\frac{R - \frac{S}{2}}{R + \frac{S}{2}} = \frac{r - \varDelta r}{r + \varDelta r};$$

$$\varDelta r = y : n \text{ m},$$

woraus sich ergibt:

$$R = \frac{S \cdot r}{2 \varDelta r} \text{ m}; \qquad (6)$$

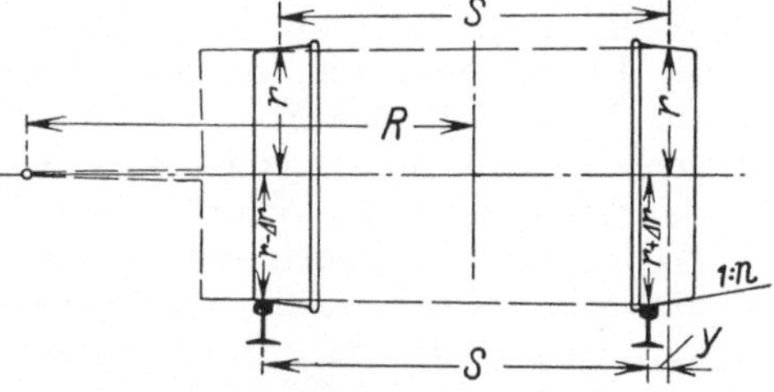

Abb. 134. Rollkreise einer Achse. R = Krümmungshalbmesser bei der größten Verschiebung y.

Setzt man $S = 1{,}5$ m, $r = 0{,}5$ m und die Kegelneigung $1 : n = 1 : 20$, so wird für das größte zulässige Spiel $y = \pm 0{,}0125$ m $R = 600$ und für das kleinste zulässige Spiel $y = \pm 0{,}005$ m $R = 1500$ m. Wenn das Rad aber durch eine sehr starke Seitenkraft K an die Schiene gepreßt wird, so daß der Stützpunkt in die Hohlkehle wandert, so wird der Rollkreis stark vergrößert und der Krümmungshalbmesser viel kleiner. Der Halbmesser vergrößert sich in dem Maße, wie die Achse sich der Gleismitte nähert, wo er unendlich groß ist und dann nach der anderen Seite wechselt. Der Radsatz läuft also in einer Wellenlinie. Caesar[1] hat durch Rechnung gefunden, daß die Wellenlänge rd. 17 m Länge beträgt, während Klingel[2] schon im Jahre 1883 die Wellenlänge zu 18 m errechnet hatte.

Nun läuft aber ein Fahrzeug in einem viel größeren Bogen als die

[1] Org. f. d. Fortschr. d. Eisenbahnw. **84**, 501 (1929).
[2] Org. f. d. Fortschr. d. Eisenbahnw. **38**, 113 (1883).

Einzelachse, und BÄSELER[1] hat gezeigt, daß ein zweiachsiges Fahrzeug, dessen Diagonale der vier Stützpunkte auf die Schienen gleich d' ist, in einem Bogen von dem Halbmesser

$$R = \frac{d'^2 \cdot r}{S \cdot \Delta r} \text{ m} \tag{7}$$

läuft. Nimmt man wie vorhin z. B. $r = 0{,}5$, $\Delta r = \frac{0{,}0125}{20} = 0{,}000625$ m und bei 2,2 m Achsstand $d' = 2{,}66$ m, so wird für das ganze Fahrzeug nach Gl. (7) $R = 3800$ m, also das 6,3fache im Vergleich zur Einzelachse. Eine solche Schlingerbewegung, bei der die Spurkränze nicht scharf gegen die Schiene laufen, wäre sehr langsam und weder gefährlich noch störend.

Zu einem praktisch brauchbaren Ergebnis kam auch nicht v. BORRIES[2] mit dem Schlingermodell der Technischen Hochschule Berlin[3]. Dieses in $^1/_5$ der wahren Größe auf elektrisch angetriebenen Tragrollen laufende Modell hatte sehr viel Spiel im Gleis, und dadurch konnten sinusähnliche Schwingungen entstehen, weil die Spurkränze nie anliefen. Weites Spiel der Spurkränze erscheint deshalb günstig, und dieses aller Erfahrung widersprechende Ergebnis zeigt ebenfalls, daß auf rein rechnerischer Grundlage das Schlingern niemals aufgeklärt werden kann. Die wahre Ursache des Schlingerns sind im Gegenteil die Unvollkommenheiten des Gleises und Fahrzeugs. Man muß also annehmen, daß das Fahrzeug aus solchem Anlaß in eine Schwingung versetzt wird und untersuchen, welche Stoßkräfte beim Anlauf des Spurkranzes an die Schiene entstehen. BOEDECKER[4] hatte schon die Wellenlinie aufgegeben und scharfes Anlaufen der Achsen angenommen, und NORDMANN[5] hat die verschiedenen Arten des Aneckens in Abhängigkeit vom Radstand zur Fahrzeuglänge untersucht.

Um zu einem praktisch brauchbaren Ergebnis zu kommen, muß man die Voraussetzungen noch mehr vereinfachen und annehmen: Ein symmetrisch gebautes Fahrzeug, das beim Schlingern eine Drehschwingung um seinen Schwerpunkt, der in der Bahnachse bleibt, vollführt; ferner die denkbar ungünstigste Stellung des Fahrzeugs im Gleise, in der es mit der in bezug auf das Schlingern zulässigen Geschwindigkeit V_s (kurz Schlingergrenze genannt) gegen eine Schiene anlaufen darf, ohne daß der Spurkranzdruck zu hoch wird oder ein Teil bricht. Damit wäre dann der Sicherheitsgrad 1 erreicht, während man sonst mehrfache Sicherheit verlangte. Die erwähnte denkbar ungünstigste Stellung im Gleise wird aber wohl nie erreicht. Wenn sie häufiger vorkäme, wäre schon lange, bevor die Schlingergrenze erreicht ist, der Lauf der Wagen und Lokomotiven so unangenehm schlecht geworden, daß man das Fahrzeug infolge von Beschwerden oder Heißlaufen aus dem

[1] Zg. V. Eisenb.-Verw. **1926**, **344**.

[2] LEITZMANN u. v. BORRIES: Theoretisches Lehrbuch des Lokomotivbaues, S. 479. Berlin: Julius Springer 1911.

[3] Org. f. d. Fortschr. d. Eisenbahnw. **80**, 49 (1925).

[4] BOEDECKER: Die Wirkungen zwischen Rad und Schiene. Hannover 1887.

[5] Glasers Annalen **70**, 211 (1912).

Betriebe gezogen hätte. Wenn man sagt, $V_s = 70$ km/h, so bedeutet das noch nicht, daß bei schlechtem Zustande von Fahrzeug oder Gleis nicht schon bei $V = 50$ das Schlingern sehr unangenehm sein kann, aber betriebsgefährlich ist es noch nicht.

Die denkbar ungünstigste Stellung eines steifachsigen Fahrzeugs ist gegeben durch den Anlaufwinkel φ bei $\operatorname{tg}\varphi = \frac{s_1}{a}$ (Abb. 135). Unter s_1 ist aber nicht das Spiel im Gleis zu verstehen, weil beim Anlaufen eines steifachsigen Fahrzeugs durch den Anlaufstoß sowohl im Gleise wie im Fahrzeuge selbst elastische Formänderungen auftreten, deren Summe f_y genannt sei. Folglich ist $s_1 = s + 2 f_y$ m. Nach dem Anlaufen erteilt der Führungsdruck K, der hier gleich der Reaktion Y der Schiene (s. S. 155) gesetzt wird, dem Fahrzeug eine Winkelgeschwindigkeit ω, die sich aus der Anlaufgeschwindigkeit $\frac{V_s}{3{,}6}\cdot\operatorname{tg}\varphi$ und dem festen Achsstand a ergibt zu $\omega = \frac{V_s}{3{,}6}\cdot\operatorname{tg}\varphi : \frac{a}{2} = \frac{V_s}{3{,}6}\cdot\frac{2\,s_1}{a^2}\,\sec^{-1}$. In Verbindung mit dem Trägheitsmoment J_z wird dann die Beschleunigungsarbeit $A = J_z\frac{\omega^2}{2} = J_z\cdot\left(\frac{V_s}{3{,}6}\cdot\frac{2\cdot s_1}{a^2}\right)^2 : 2$ mkg. Diese Arbeit wird geleistet aus der erwähnten Formänderung von Rad und Schiene, und zwar an zwei diagonal gegenüberliegenden Stellen; daher ist

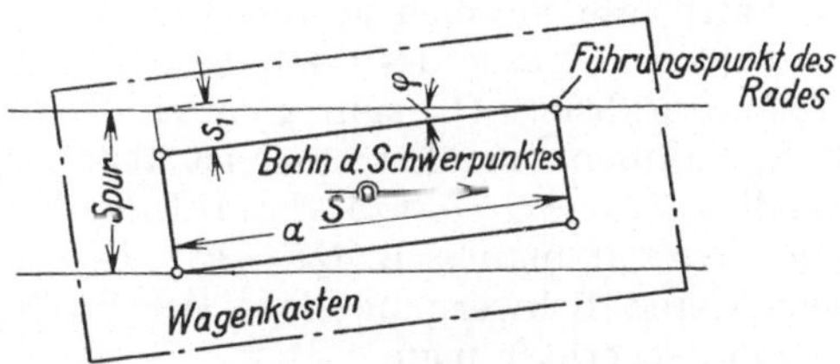

Abb. 135. Ungünstigste Stellung eines steifachsigen Fahrzeugs beim Schlingern.

$$A = 2\cdot Y\cdot\frac{f_y}{2}\cdot 1000 = Y\cdot f_y\cdot 1000 \text{ mkg}.$$

Setzt man beide Ausdrücke für A einander gleich, so entsteht die Ausgangsgleichung:

$$J_z\cdot\left(\frac{V_s}{3{,}6}\cdot\frac{2\,s_1}{a^2}\right)^2 = 2\,Y\cdot f_y\cdot 1000.$$

Nun wird eingesetzt (nach S. 153f.):

$J_z = \frac{M_y\,(l^2+b^2)}{12}$, $M_y = \alpha\cdot M$, $l^2 + b^2 = d^2$, $M = 1000\,G_d : g$ kgsec²/m, $G_d = Q\cdot i$ t (i = Anzahl der Räder), und dann erhält man:

$$V_s = \frac{a^2}{d}\sqrt{\frac{Y}{Q}\cdot\frac{f_y}{s_1^2}\cdot\frac{766}{\alpha\cdot i}} \text{ km/h}. \tag{8}$$

Nach S. 157 setzt man $Y = Q$, und nach S. 154 ist α zu wählen. Ferner wird in der Gleichung $s_1 = s + 2\,f_y$ das Seitenspiel mit dem größten zulässigen Betrage (nach der Eisenbahnbau- und Betriebsordnung also $s = 0{,}025$ m) genommen; f_y kann nur geschätzt werden, und zwar erhält man gute Übereinstimmung mit der Wirklichkeit mit $f_y = 0{,}003$. (Auf hölzernen Querschwellen mit den damaligen schwachen Schienenbefestigungen fand M. M. v. WEBER[1] 6 bis 9 mm vorübergehende Spurerweiterung.) Dann vereinfacht sich die Gl. (8) in

$$V_s = \frac{a^2}{d} \frac{48}{\sqrt{\alpha i}} \text{ km/h}.$$

Im Organ für Eisenbahnwesen **80**, 51 (1925), ist gezeigt worden, daß die Gl. (8) trotz ihrer rohen Annahmen gut brauchbar ist. Auch auf Drehgestelle läßt sie sich anwenden, wenn man bedenkt, daß Trägheitsmoment und Masse des Gestells nicht durch $Q \cdot i$ gegeben sind, weil der Gesamtraddruck Qi zum größten Teile von dem Auflagedruck der Hauptrahmen herrührt; hier ist als G_d nur ein Teil ν der Gesamtlast, nämlich $G_d = \nu \cdot Q \cdot i$ einzuführen. In Gl. (8) ist deshalb statt αi zu setzen $\nu \cdot \alpha i$. Nimmt man z. B. $Qi = 30$ t, $G_d = 6$ t, $\nu = 0{,}2$, $\alpha = 1{,}0$ wegen der sehr tiefen Schwerpunktslage der Drehgestelle, $i = 4$, $a = 2{,}2$, $d = d' = 2{,}66$, so erhält man

$$V_s = \frac{2{,}2^2}{2{,}66} \frac{48}{\sqrt{0{,}2 \cdot 1 \cdot 4}} = 98 \text{ km/h}.$$

Dies gilt für den Fall, daß der Drehzapfen belastet ist; wird die Last aber durch seitliche Auflager übertragen, so entsteht dort sehr große

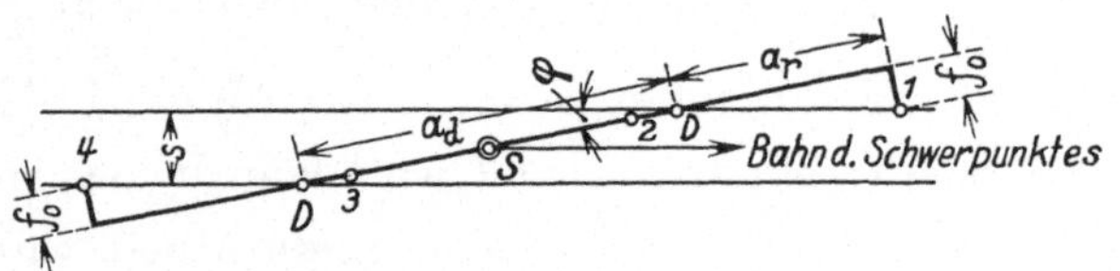

Abb. 136. Ungünstigste Stellung eines Fahrzeugs mit Bogenachsen beim Schlingern. Im Gegensatz zu Abb. 135 sind nur die Spielräume im Gleise und Ausschläge gezeichnet. Die Drehpunkte der Bogenachsen liegen in D.

Reibung, die den Arbeitsaufwand und damit die Schlingergrenze erhöht. In Übereinstimmung mit v. BORRIES erhöht sich die Schlingergrenze mit dem Achsstande a und nimmt mit der Anzahl i der Räder ab; jedoch wußte v. BORRIES noch nicht, mit welchen Potenzen diese Größen einzuführen sind.

Wird eine Lokomotive durch Achsen geführt, die nicht fest, sondern nachgiebig gelagert sind, so muß unterschieden werden, ob sie in einem steifachsigen Krauß-Drehgestell liegen oder nicht. Im ersten Falle ist Schlingern nicht zu befürchten, weil die Drehgestelle selbst nach scharfem Andrücken an eine Schiene doch noch geradeaus laufen und eine Schwingung bald abklingen kann. Der bekannte Nachteil aller um einen festen oder ideellen Drehpunkt im Bogen einstellbaren Laufachsen besteht aber darin, daß sie bei großer Geschwindigkeit das einmal eingeleitete Schlingern immer von neuem erregen. Das tritt ein, sobald nach Abb. 136 der Drehzapfen über das Spurspiel hinausgeht; dann wird die Deichsel die Laufachse nach der anderen Schiene zu führen und eine neue Schwingung einleiten. Die Schlingergrenze muß also so gelegt werden, daß die in Abb. 136 gezeichnete Stellung

[1] BOEDECKER: Die Wirkung zwischen Rad und Schiene. Hannover 1887.

nicht überschritten wird, und deshalb ist die äußerst zulässige Lage nicht mehr durch den festen Achsstand a, sondern den Drehzapfenabstand a_d gegeben. Die Lokomotive darf also nur noch ein Arbeitsvermögen $A = J_z \frac{1}{2}\left(\frac{V_s}{3,6} \cdot \frac{2\,s}{a_d^2}\right)^2$ mkg aufnehmen. An Stelle von $s_1 = s + 2 f_y$ tritt nun wieder s, weil die Arbeit A nicht mehr stoßartig unter Verbiegung von Schiene und Rahmen aufgenommen wird, sondern sich in dem Arbeitsvermögen der Rückstellvorrichtung verzehrt. Der Seitendruck wird also viel kleiner als bei steifachsiger Lokomotive. Das Arbeitsvermögen der Rückstellvorrichtung verändert sich mit dem Ausschlage f_b in verschiedener, von ihrer Bauart abhängiger Weise, je nachdem Reibung, Rückstellfedern und Pendel oder mehreres zusammenwirkt.

In Abb. 137 ist eine Reihe verschiedener Bauarten und ihre Wirkung zusammengestellt.

a ist die beste Anordnung, jedoch darf die Reibung die Federkraft nicht übersteigen. Die Reibziffer zwischen Achsbüchse und Federstütze kann mit 0,1 bewertet werden. In Österreich hat man die Feder zwar ganz fortgelassen und sich auf die Fläche I beschränkt; diese Lokomotiven haben aber so großen festen Achsstand, daß sie der Führung durch die Laufachse nicht bedürfen. Im allgemeinen ist aber die Anordnung d unbrauchbar. Die Arbeitsaufnahme beim Schlingern ist durch den Ausschlag f_b bedingt, während der große Ausschlag f im Bogenlauf gebraucht wird. A ist für alle Bogenachsen zusammen zu nehmen.

In der Gleichung $J_z = \frac{\alpha \cdot M \cdot d^2}{12}$ mkgsec² setzt man nicht $\alpha = 0,58$, sondern, weil die Endachsen an der Schwingung nicht voll teilnehmen, $\alpha = 0,49$; dann wird mit $M = \frac{1000\,G_d}{g}$ (G_d in t):

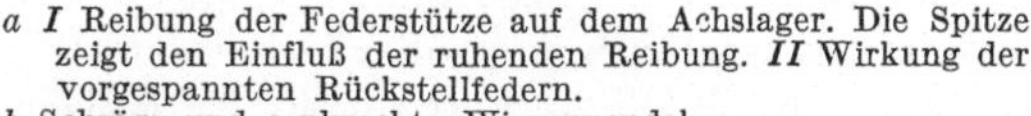

$$J_z = \frac{490 \cdot G_d\, d^2}{12 \cdot g}$$

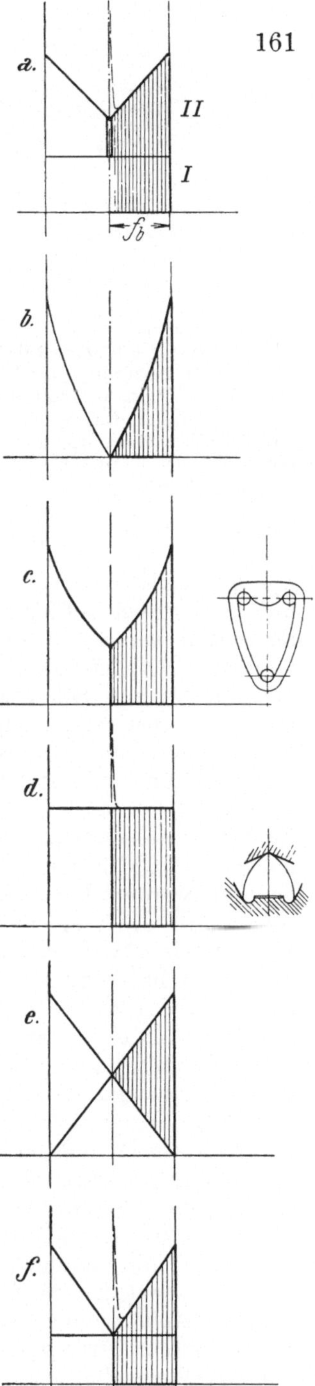

a I Reibung der Federstütze auf dem Achslager. Die Spitze zeigt den Einfluß der ruhenden Reibung. II Wirkung der vorgespannten Rückstellfedern.
b Schräge und senkrechte Wiegenpendel.
c Dreieckpendel.
d Dreieckpendel mit unveränderlicher Rückstellkraft.
e Gegeneinander gespannte Rückstellfedern mit reibungslosen Pendelstützen.
f Wie e, jedoch mit Gleitstützen.

Abb. 137. Arbeitsdiagramm verschiedener Rückstellvorrichtungen.

und

$$A = \frac{490 \cdot G_d d^2}{12 \cdot g} \cdot \frac{1}{2} \left(\frac{V_s}{3{,}6} \cdot \frac{2\,s}{a_d^2}\right)^2 = [0{,}64\, G_d \cdot d^2 \cdot s^2 \cdot V_s^2] : a_d^4 \text{ mkg};$$

$$V_s = 1{,}25 \frac{a_d^2}{s \cdot d} \sqrt{\frac{A}{G_d}}$$

oder mit $s = 0{,}025$

$$V_s = 50 \frac{a_d^2}{d} \sqrt{\frac{A}{G_d}} \text{ km/h}, \tag{9}$$

Zur Erläuterung sei die 1 C 1-Tenderlokomotive Reihe 64 der DRG nachgerechnet. Dort ist $G_d = 75$ t, $a_d = 4{,}6$ m, $a = 9{,}0$ m, $f_b = 1{,}2$ cm und bei diesem Ausschlag die mittlere Spannung der Rückstellfeder 520 kg, dazu kommt noch die Reibung der mit 12500 kg belasteten Gleitstützen, nämlich 1250 kg. Der mittlere Widerstand ist daher $1250 + 520 = 1770$ kg und der Arbeitsaufwand an einer Achse $0{,}012 \cdot 1770 = 21{,}3$ mkg, also an beiden Endachsen $2 \cdot 21{,}3 = 42{,}6$ mkg. Zur Bestimmung der Trägheitsmomente kann man rechnen mit einer Breite von 3,0 m und einer Länge von 10 m; daraus ergibt sich die Diagonale $d = 10{,}4$ m. Mit diesen Zahlen wird $V_s = 50 \cdot \frac{4{,}6^2}{10{,}4} \sqrt{\frac{42{,}6}{75}} = 76$ km/h.

Die Schlingergrenze wird erhöht durch langen festen Achsstand und starke Rückstellfedern; da diese beiden Maßnahmen aber den Lauf im Bogen verschlechtern, muß zwischen beiden Forderungen weise vermittelt werden. Die Unmöglichkeit, sie restlos zu vereinigen, hat Helmholtz zur Schaffung des sogenannten Krauß-Drehgestells geführt, das aber teuerer und vielteiliger als eine Bogenachse ist und nur dort angewandt wird, wo die Schlingergrenze hoch liegen muß. Die Nachrechnung ausgeführter Lokomotiven und der Vergleich ihrer Gangart zeigt, daß die Gl. (9) auch auf Lokomotiven mit nur einer Laufachse anwendbar ist. Dagegen ist weder Gl. (8) noch (9) für Lokomotiven mit Gölsdorf-Achsen brauchbar. Während Gl. (9) noch dann benutzt werden kann, wenn die Endachsen Rückstellvorrichtungen tragen oder die Tragfedern sich auf die Achsbüchsen stützen und jeder Verschiebung Widerstand leisten, liefert Gl. (8), die für den Fall gilt, daß die Achsschenkel sich in den Lagerschalen verschieben, ganz unmöglich niedrige Schlingergrenzen. Zwar ergibt sie sich in Übereinstimmung mit der Erfahrung für die E-Güterlokomotive G 10 der preußischen Staatsbahn viel höher als bei der E-Tenderlokomotive T 16, was für den richtigen Aufbau der Gleichung spricht. Ihr Versagen liegt in der Annahme der denkbar ungünstigsten Stellung im Gleise, die bei dem kurzen festen Achsstand der Gölsdorf-Bauart zu Anlaufwinkeln führt, die tatsächlich auch nicht entfernt erreicht werden. Nach ihrer Entstehung gibt die Schlingerformel die Grenzgeschwindigkeit an, bis zu der das Fahrzeug bei mittlerem Erhaltungszustand von Gleis und Fahrzeug angenehm, bei denkbar schlechtestem Zustand aber noch gefahrlos läuft. Versteht man unter mittlerem Erhaltungszustand denjenigen, bei dem der Anlaufwinkel des Fahrzeugs nur halb so groß wie bei denkbar schlechtestem wird, dann erhöht sich die Sicherheit gegen Entgleisen auf das Vierfache, also die Schlingergrenze auf das Doppelte. Unter dieser Voraussetzung liefert auch Gl. (8) brauchbare Werte für Gölsdorf-Lokomotiven.

Den Mangel der Schlingerformeln (8) und (9) sehe ich weniger in ihren grundlegenden Voraussetzungen, die sich sogar als fruchtbringend erwiesen haben, als vielmehr darin, daß der Anlaufstoß noch nicht nach NORDMANNS Arbeit berücksichtigt werden konnte.

Lauf im Bogen. Beim Bogenlauf wirken viele Kräfte in so verschiedenen Richtungen, daß man eine Reihe vereinfachender Annahmen machen muß, um die mannigfaltigen Einflüsse übersehen und die Kräfte berechnen zu können.

1. Besonders stört die Kegelform des Spurkranzes und der Lauffläche sowie die Verlagerung des Führungspunktes (Abb. 132). Zur Vereinfachung nimmt man die Lauffläche zylindrisch an und ersetzt den Spurkranz nach BÄSELER[1] durch eine reibungsfrei gedachte Druckrolle (Abb. 138). Dann fällt in dem zu berechnenden Bogenwiderstand die Spurkranzreibung aus, aber das schadet nicht viel, wie BÄSELER in seiner grundlegenden Arbeit über die Spurkranzreibung nachgewiesen hat.

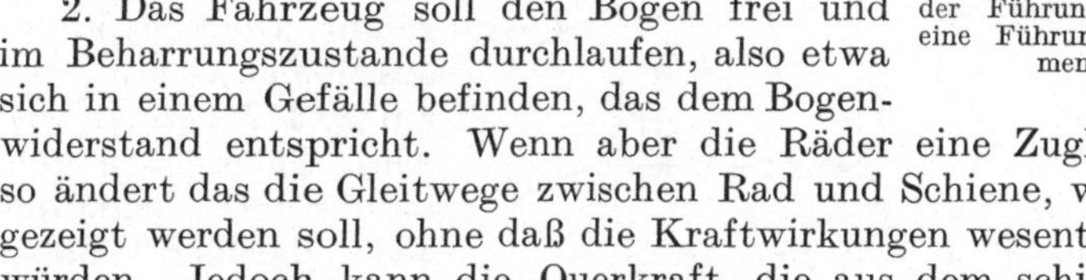

Abb. 138. Raddruck Q und Richtkraft K. Zur Vereinfachung werden zylindrische Radreifen angenommen und die Richtkraft oder der Führungsdruck K durch eine Führungsrolle aufgenommen gedacht.

2. Das Fahrzeug soll den Bogen frei und im Beharrungszustande durchlaufen, also etwa sich in einem Gefälle befinden, das dem Bogenwiderstand entspricht. Wenn aber die Räder eine Zugkraft äußern, so ändert das die Gleitwege zwischen Rad und Schiene, wie auf S. 168 gezeigt werden soll, ohne daß die Kraftwirkungen wesentlich geändert würden. Jedoch kann die Querkraft, die aus dem schiefen Zug der Kupplungen entsteht, leicht in Rechnung gezogen werden.

3. Damit die Resultante aus Fliehkraft und Schwerkraft senkrecht zur Gleisebene steht, muß die äußere Schiene eine Überhöhung h erhalten.

$$h = \frac{V^2}{3{,}6^2} \cdot \frac{S}{9{,}81 \cdot R} \text{ m} \tag{10}$$

(S m = Abstand der Laufkreisebenen, R m = Bogenhalbmesser, V km/h = Fahrgeschwindigkeit). Es wird vorausgesetzt, daß die passende Überhöhung vorhanden sei, wenn aber eine freie Fliehkraft übrigbleibt, kann sie ohne Schwierigkeit in die Berechnung aufgenommen werden.

4. Bei der Einfahrt in einen Bogen oder bei Geschwindigkeitsänderungen im Bogen muß einem Fahrzeug mit dem Trägheitsmoment J_z eine Winkelbeschleunigung ε erteilt werden, die ein Moment $J_z \cdot \varepsilon$ mkg hervorruft. Auch dieses Moment kann nötigenfalls in die Ermittlung der Spurkranzkräfte einbezogen werden. Kunstgerecht angelegte Kurven schließen an die Gerade nicht unmittelbar mit dem Halbmesser R an, sondern zwischen beide wird ein Übergangsbogen von l_0 m Länge gelegt, damit die Überhöhung von h m durch eine sanfte Rampe mit der Steigung $h : l_0$ (etwa 1 : 400 bis 1 : 1000) erreicht wird. Aus der Bedingung, daß zu jeder Überhöhung h_1 der augenblickliche Bogenhalbmesser R_1 passe,

[1] Zg. V. Eisenb.-Verw. **1926**, 251.

folgt, daß der Übergangsbogen eine kubische Parabel[1] und das Produkt $h \cdot R$ nach Gl. (10) oder auch $R \cdot l_0 = \text{const}$ sein muß. Nun ist die Winkelgeschwindigkeit ω eines Fahrzeugs gleich Fahrgeschwindigkeit geteilt durch den Halbmesser, also $\omega = \frac{V}{3{,}6\,R}$ und die Winkelbeschleunigung $\varepsilon = \frac{\omega}{t}$, wo t die Zeit, in der die Überhöhungsrampe von l_0 m Länge zurückgelegt wird: $t = \frac{l_0}{V} \cdot 3{,}6$, und deshalb ist

$$\varepsilon = \frac{V^2}{3{,}6^2} : (R \cdot l_0) \ \text{sec}^{-2}. \tag{11}$$

Die Forderung nach konstanter Winkelbeschleunigung wird also durch die kubische Parabel erfüllt, weil bei ihr $R \cdot l_0 = \text{const}$ ist. Das Moment $\varepsilon\, J_z$ kann nach Gl. (11) und den Angaben auf S. 153 leicht berechnet werden; es vermehrt den Führungsdruck des anlaufenden Rades und somit die Entgleisungsgefahr. Die Behandlung des Momentes $\varepsilon \cdot J_z$ wird auf S. 172 gezeigt werden. Theoretisch sehr interessante Abhandlungen darüber haben ÜBELACKER[2] und HEUMANN[3] geschrieben.

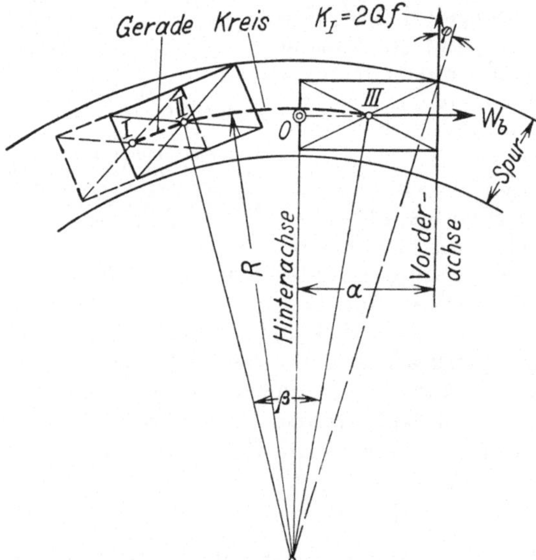

Abb. 139. Stellung eines zweiachsigen Fahrzeugs mit losen Rädern im Bogen bei freiem Laufe.

Zu diesen vier Annahmen tritt zum Zweck allmählicher Einführung in das Wesen des Bogenlaufs vorübergehend noch die Annahme, daß die vier Räder lose auf den zwei festgelegten Achsen sitzen. Wird ein solches Fahrzeug aus einer beliebigen Stellung *I* verschoben (Abb. 139), so läuft es geradeaus bis zur Stellung *II*, in der die Führungsrolle die Außenschiene berührt, womit der Bogenlauf beginnt. Um in die Stellung *III* zu kommen, muß das Fahrzeug nicht nur die Strecke *II—III* durchlaufen, sondern auch um den Winkel β gedreht werden. Dieses Drehen wird zur Unterscheidung von den anderen Drehbewegungen das Wenden genannt. Hierbei muß die Vorderachse, deren Belastung $2Q$t beträgt, nach innen verschoben werden, sie gleitet quer zur Fahrrichtung auf den Schienen und äußert den Widerstand $2Qf$ (f = Reib-

[1] Handbibliothek f. Bauingenieure II/2, 215, Linienführung. Berlin: Julius Springer 1925. [2] Org. f. d. Fortschr. d. Eisenbahnw. 85, 271 (1930).
[3] Org. f. d. Fortschr. d. Eisenbahnw. 85, 463 (1930).

zahl zwischen Rad und Schiene), der als Führungsdruck K_I auftritt. Man nennt K_I auch Richtkraft, weil sie dem Fahrzeug die Richtung weist. Die Hinterachse stellt sich wie bei einem Straßenfahrzeug in die Richtung des Radius, das ist ihre natürliche Stellung, an der sie nicht gehindert wird. Mit dieser vereinfachenden Annahme ist es möglich, die Hauptaufgaben zu lösen, nämlich zu finden: die Stellung des Fahrzeugs im Gleise, das nötige Achsspiel, den für die Entgleisungsgefahr ausschlaggebenden Führungsdruck und den Widerstand des Fahrzeugs. Nimmt man beispielsweise einen Wagen von $a = 4{,}5$ m Achsstand mit zwei festen Achsen und einem Gewicht von $G_d = 4\,Q = 28$ t, so ist die Richtkraft $K_I = 2\,Q\,f = 14 \cdot 0{,}27 = 3{,}78$ t. Hier wird f wie in Gl. (5) zu 0,27 angenommen. Das Verhältnis $K:Q = 3{,}780:7{,}00 = 0{,}54$ schließt nach S. 157 die Gefahr des Entgleisens aus.

Um das Fahrzeug zu wenden, d. h. von der Stellung *II* nach *III* zu bringen (Abb. 139), muß man es um den Punkt O drehen, der in der Mitte der Hinterachse liegt, falls diese radial läuft. Die in jedem Vorderrade erzeugte Reibkraft Qf wirkt in bezug auf den Kurvenmittelpunkt mit dem Hebelarm a; diesem Moment $\mathfrak{M} = 2\,Q\,f \cdot a$ mt muß nun das Gleichgewicht gehalten werden durch den am Bogenhalbmesser R wirkenden Bogenwiderstand W_b, also ist:

$$\mathfrak{M} = 2\,Q\,f\,a = \frac{W_b \cdot R}{1000} \quad \text{und} \quad W_b = \frac{2\,Q\,f \cdot a}{R} \cdot 1000 \text{ kg}.$$

Um den Widerstand je t zu bekommen, ist die Gleichung durch $G_d = 4\,Q$ zu teilen, woraus man erhält $w_b = \frac{f \cdot a}{2\,R} \cdot 1000$ und für $R = 300$ m in dem Beispiel $w_b = \frac{0{,}27 \cdot 4{,}5}{2 \cdot 300} \cdot 1000 = 2{,}03$ kg/t. Den Widerstand einer dreiachsigen Lokomotive hat BECKER[1] unter genauer Berücksichtigung der Spurkranzreibung ermittelt.

Genügt nun das Spiel s im Gleis nicht für eine freie Stellung, so tritt nach Abb. 140 **Spießgang** ein, bei dem auch die Hinterachse mit einer Kraft K_{II} anläuft und aus der radialen Stellung verdrängt wird. Das Fahrzeug wird nun durch zwei Kräfte K_I und K_{II} gewendet, deren Größe selbst unter den noch geltenden Voraussetzungen nicht mehr ohne weiteres angegeben werden kann. Bei der Untersuchung des Bogenlaufs muß also zuerst festgestellt werden, ob freier Lauf oder Spießgang vorliegt. In einfachen Fällen lohnt es noch zu rechnen. In Abb. 141 ist, wie es auch künftig geschieht, nicht das Gleis, sondern nur das Spiel s gezeichnet und das Fahrzeug mit dem Achsstand a nur durch seine Längsachse $x-x$ dargestellt. Die Verschiebung der Hinterachse wird berechnet aus der Gl. (12), Abschn. II, die sich mit den hier

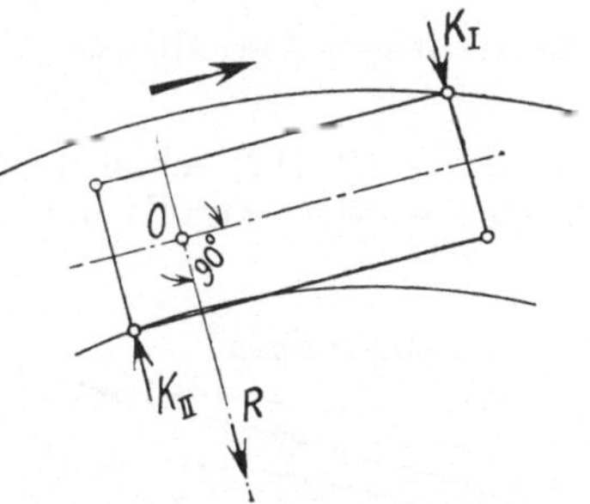

Abb. 140. Zweiachsiges Fahrzeug im Spießgang wird durch die Richtkräfte K_I und K_{II} um den Pol O gewendet.

[1] Org. f. d. Fortschr. d. Eisenbahnw. 84, 163 (1929).

gültigen Bezeichnungen schreibt:

$$y = \frac{a^2}{2R} \text{ m}. \tag{12}$$

Solange $y \leqq s$ läuft das Fahrzeug frei. Nach der deutschen Eisenbahnbau- und Betriebsordnung beträgtdas Spiel der Radsätze im geraden Gleis mindestens 10 mm; dazu kommt noch die Spurerweiterung, die neuerdings auf BÄSELERS Veranlassung sehr eng bemessen wird. Danach werden die Achsstände a berechnet, mit denen freier Lauf noch möglich ist.

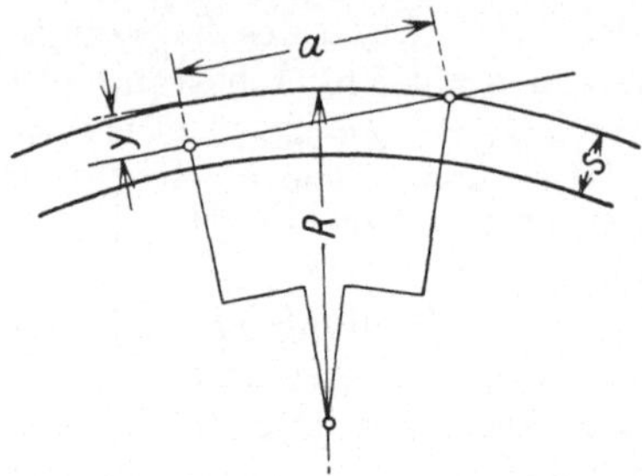

Abb. 141. Beziehung zwischen Halbmesser, Achsstand und Spiel im Gleise $y = \frac{a^2}{2R}$.

R	300	250	180	m
s	10	15	20	mm
a	2,46	2,74	2,69	m

Die nach diesen neuen Vorschriften gelegten Kurven ermöglichen demnach nur den Drehgestellen freien Lauf. Die enge Spur ist vorteilhaft für den Gleisbau und Lauf zweiachsiger Wagen und Drehgestellwagen, aber unbequem für lange vielteilige Lokomotiven. Dem Beispiel der Deutschen Reichsbahn sind andere Bahnen noch nicht gefolgt.

Die Stellung mehrachsiger Fahrzeuge muß aufgezeichnet werden, und zwar zweckmäßig in verzerrtem Maßstabe nach ROY. Trägt man die Quermaße y in wahrer Größe, die Längsmaße a im Maßstab $1:m$ und die Radien R im Maßstab $1:m^2$ auf, so erhält man sehr genau wieder die richtigen Verhältnisse. Nach Gl. (12) wird dann $y = \frac{\left(\frac{a}{m}\right)^2}{2\frac{R}{m^2}} = \frac{a^2}{2R}$.

Nun war Gl. (12) schon nicht ganz richtig, weil y gegen $2R$ vernachlässigt worden war, da y gegenüber R hier m^2 mal größer geworden ist, steigt in gleichem Maße der Fehler. Deshalb muß $m \leqq 10$ gewählt werden. Wenn die Maßstäbe für y, a und R $1:1 - 1:10 - 1:100$ sind, so ist es kein Fehler, wenn alle Maßstäbe im gleichen Verhältnis vermindert werden. Es ist dasselbe, als ob eine Zeichnung in den obigen Maßstäben photographisch z. B. 2,5 mal verkleinert wird und dann die Maßstäbe $1:2{,}5 - 1:25 - 1:250$ zeigt. Fehlerhafte Aufzeichnungen sind in den Abb. 142 und 143 dargestellt; der Fehler ist aber nicht sehr groß, weil er durch den oben erwähnten Fehler der ROYschen Darstellungen z. T. wieder aufgehoben wird. Das Maß y_1 ist sogar genauer als y.

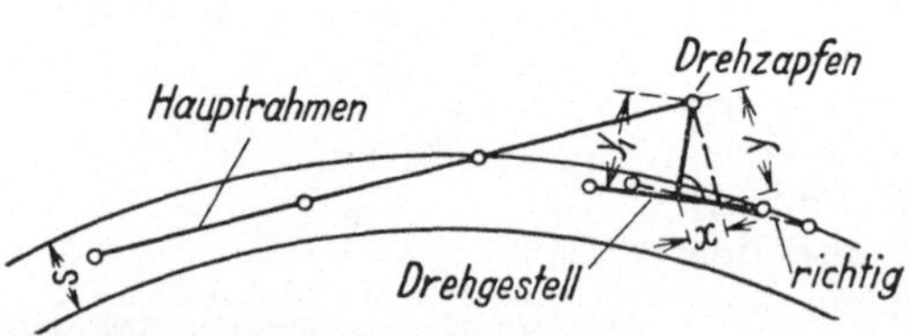

Abb. 142. Falsche Darstellung des Bogenlaufs einer 2 C-Lokomotive. y ist der richtig, y_1 der falsch gemessene Ausschlag des Drehgestells. Die Darstellung ist falsch, weil der Drehzapfen nicht um das Maß x zurückverlegt wird, sondern sich fast genau senkrecht zum Hauptrahmen verschiebt.

Ganz genau ist das VOGELsche Verfahren[1], bei dem die Gleisachse nicht durch einen Kreisbogen, sondern durch eine Ellipse dargestellt wird. Wenn immer nur die gleichen Radien vorkommen, so lohnt es schon die Mühe, ebenso wie man ja auch die Weichenspielräume und Krümmungen ein für allemal aufzeichnet.

Die Bogeneinstellung und die Spurkranzdrücke werden ermittelt für den kleinsten auf freier Strecke vorkommenden Halbmesser. Man trägt von dem Kreise mit dem Halbmesser R nach außen die Hälfte des Spieles im geraden Gleise auf und nach innen die andere Hälfte plus Spurerweiterung. Um die Zeichnung nicht durch viele Linien zu verwirren, werden nur die beiden das Spiel begrenzenden Kreise durchgezogen. Die Lokomotive muß nun auch durch die steilste Weiche gehen, die in Deutschland noch die Weiche 1 : 7 mit 190 m Halbmesser ist. Nach ROY ist sie in Abb. 144 dargestellt. Infolge ihrer starken Überschneidung entsteht an der Weichenspitze ein sehr scharfer Knick. Von einer regelrechten Einstellung der Lokomotive kann hier keine Rede mehr sein; man muß sich damit begnügen, daß die Spielräume der Achsen überhaupt im Gleise Platz finden und muß obendrein erfahrungsgemäß zulassen, daß die Weichenspitze um 15 mm nach innen gedrängt wird. Die Führungskräfte K werden für diesen Fall nicht untersucht; sie sind meistens größer als Q. Das Fahrzeug entgleist dank der langsamen Fahrt erfahrungsgemäß nicht.

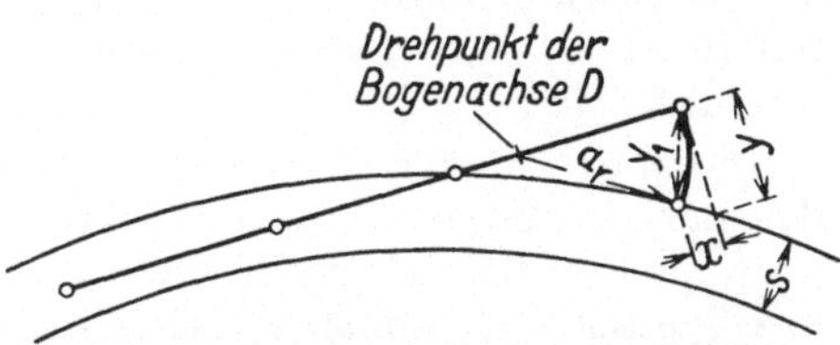

Abb. 143. Falsche Darstellung des Bogenlaufs einer 1 C-Lokomotive. Infolge der verzerrten Maßstäbe nach ROY muß der Kreisbogen um den Drehzapfen D nicht mit dem Halbmesser a_r, sondern mit $a_r \cdot m^2$ (m = Maßstab nach ROY) beschrieben werden. Angenähert wird hierfür das Lot von der Länge y gesetzt.

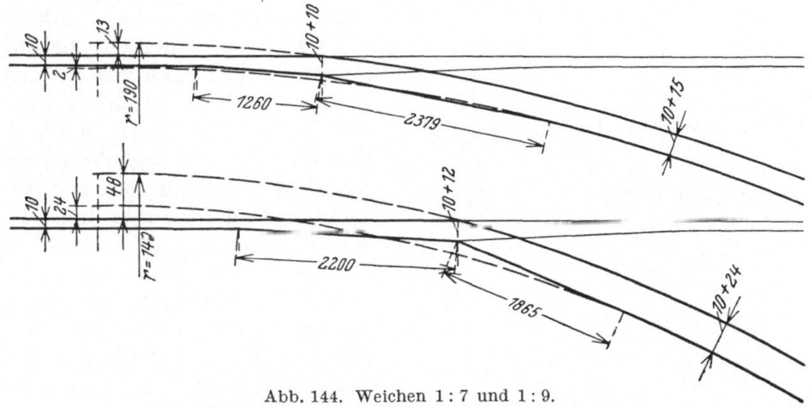

Abb. 144. Weichen 1 : 7 und 1 : 9.
Die innere Weichenspitze darf um 15 mm nach innen gedrängt werden.

Die Annahme loser Räder wird jetzt fallen gelassen. Der Punkt O in Abb. 139 ist noch nicht bekannt; er ist in Abb. 145 vorläufig beliebig angenommen worden. Da das Fahrzeug sich um diesen Pol O dreht, sind die Gleitrichtungen durch die von dem Stützpunkte ausgehenden ausgezogenen Pfeile wiedergegeben. Die Reibkräfte sind in allen Punkten gleich Qf und werden in die x- und die y-Richtung zerlegt. In der x-Richtung erhält man punktiert das Längsgleiten, und in der y-Richtung ist das Quergleiten gestrichelt dargestellt. Wegen der Symmetrie zur

[1] Org. f. d. Fortschr. d. Eisenbahnw. 81, 354 (1926).

x-Achse sind an jeder Achse die Längsgleitkräfte gleich groß und entgegengesetzt gerichtet: in der x-Richtung herrscht also Gleichgewicht, die ausgezogenen Pfeile erzeugen das Moment $\mathfrak{M}$, dem die Richtkraft K_I entgegenwirken muß. Im Spießgang wäre die Lage von O erzwungen und außer K_I träte noch eine zweite Richtkraft K_{II} am inneren Hinterrade auf.

Da an den beiden Rädern einer Achse in der x-Richtung gleich große aber entgegengesetzt gerichtete Reibkräfte auftreten, kann keine Zugkraft nach außen abgegeben werden. Damit das Außenrad, das nach vorn gleiten soll, keine negative Zugkraft äußert, muß die Umfangsgeschwindigkeit der Räder nicht gleich der auf die Gleismitte bezogenen Fahrgeschwindigkeit V sein, sondern mindestens $V \cdot \frac{R + \frac{S}{2}}{R}$ betragen. Die Lokomotive schleudert also ganz langsam im Bogen, was die Verminderung der Reibungszugkraft aus der Abnahme der Reibziffer erklärt. Im übrigen werden die Kraftwirkungen und die Stellung des Wagenkastens nicht wesentlich geändert.

Die Bedeutung des Pols O hat ÜBELACKER[1] erkannt, ihn durch Modellversuche festgestellt und ihn Reibungsmittelpunkt genannt, weil alle Reibkräfte ihren gemeinsamen Drehpunkt in ihm haben. Die Lage des Pols O wird in sehr übersichtlicher Weise zeichnerisch nach HEUMANN[2] ermittelt. HEUMANN hat den Satz aufgestellt, daß das Fahrzeug im Bogen die Stellung einnimmt, bei der die Richtkraft ein Minimum wird. An Stelle des in der Quelle gegebenen Beweises soll hier nur versucht werden, ihn mit dem Hinweis verständlich zu machen, daß in der Natur jedes Geschehen in der Richtung des geringsten Widerstandes abläuft. Das Drehmoment $\mathfrak{M} = 2\,Qf \cdot (d_I + d_{II})$ mt (Abb. 145) kann man für verschiedene Lagen von O dadurch leicht darstellen, daß man senkrecht über O die Summe der Diagonalen $d_I, d_{II} \ldots$ aufträgt, wie es in Abb. 146 geschehen ist. Betrachtet man $2\,Qf$ als Einheit, so kann man jede Ordinate von der Länge $(d_I + d_{II})$ als Moment und die ganze anschraffierte Fläche als Momentfläche auffassen. Nun ist die

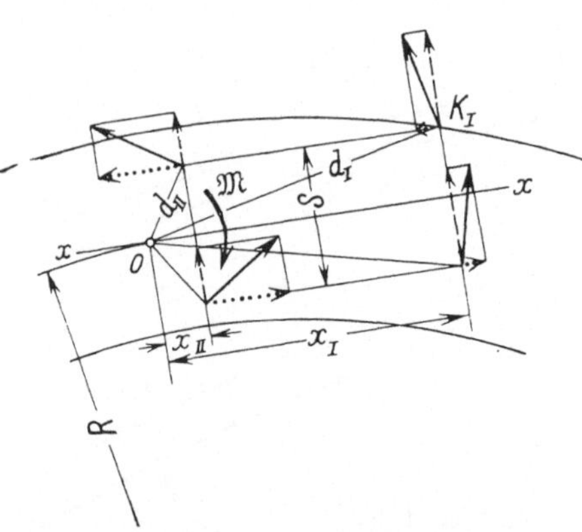

Abb. 145. Gleitwege der Räder auf den Schienen.
——— wahre Gleitwege,
· · · · · · Längsgleiten,
– – – – Quergleiten.
Moment $\mathfrak{M}$ zum Wenden um den Reibungsmittelpunkt oder Pol O, $\mathfrak{M} = K_I \cdot x_I$.

[1] Org. f. d. Fortschr. d. Eisenbahnw. 58 (1903) Beilage: Untersuchungen über die Bewegung von Lokomotiven mit Drehgestellen in Bahnkrümmungen.

[2] HEUMANN: Zum Verhalten von Eisenbahnfahrzeugen in Gleisbogen. Org. f. d. Fortschr. d. Eisenbahnw. 68, 104 (1913).

Richtkraft $K_I = \frac{\mathfrak{M}}{x}$ t, d. h. die Tangente des Winkels $\varkappa$. Die Richtkraft wird ein Minimum, wenn $\varkappa$ den Wert $\varkappa_0$ annimmt, d. h. wenn man vom Punkt I eine Tangente an die Momentkurve legt. Die Richtkraft ist dann leicht zu finden $K_I = \frac{d_0}{x_0} 2\,Q\,f$ t. Man kann jetzt den Einfluß des festen Sitzes der Räder gegenüber der Abb. 139 erkennen. Der Pol O liegt etwas hinter der Hinterachse, falls der Wagen frei läuft, was nach Gl. (12) ein Spiel s von mindestens $s = \frac{a^2}{2\,R} = \frac{4{,}5^2}{2 \cdot 300} = 0{,}034$ m erfordert. Die Richtkraft beträgt $2\,Q\,f\,\frac{d_0}{x_0}$, was mit den Werten des früheren Beispiels $14 \cdot 0{,}27 \cdot \frac{5{,}83}{4{,}9} = 4{,}50$t * gibt gegenüber 3,78 t bei losen Rädern. Der Bogenwiderstand ist

$$W_b = 1000\,\mathfrak{M} : R = \frac{d_0 \cdot 2\,Q\,f}{R} \cdot 1000$$

oder auf das Gewicht $4\,Q$ bezogen:

$$w_b = \frac{1000\,d_0}{2\,R} f \text{ kg/t}. \qquad (13)$$

In Zahlen gibt das

$$w_b = \frac{1000 \cdot 5{,}83 \cdot 0{,}27}{2 \cdot 300} = 2{,}62 \text{ kg/t}$$

gegenüber 2,03 kg/t. Der auf Hauptbahnen verbotene lose Sitz eines Rades beeinflußt den Bogenlauf recht günstig, aber der Vorteil ist nicht so groß, wie er manchmal fälschlich berechnet wird. Man kann nicht sagen, daß jedes Rad durch das Längsgleiten ein Moment $Q\,f \cdot S$ liefere, was in unserem Beispiele $4 \cdot 7 \cdot 0{,}27 \cdot 1{,}5 = 11{,}4$ mt wäre, und dadurch der Widerstand je t im 300 m-Bogen sich um $\frac{1000 \cdot 11{,}4}{28 \cdot 300} = 1{,}36$ kg/t vermindere, während die wirkliche Verminderung nur $2{,}62 - 2{,}03 = 0{,}59$ betragen hat. Der Fehler liegt darin, daß man nicht die Komponenten (Abb. 145) einzeln in Rechnung ziehen und dann arithmetisch addieren darf; man muß geometrisch addieren. Wenn die Räder lose sitzen, fällt die x-Komponente aus, und der Gewinn besteht darin, daß an Stelle der Resultierenden die gestrichelte y-Komponente tritt. Der Unterschied beider ist sehr gering an der Vorderachse, bedeutend nur an der Hinterachse. Deshalb ist der fälschlich errechnete Gewinn bei zweiachsigen Fahrzeugen auch etwa doppelt so groß wie der wirkliche.

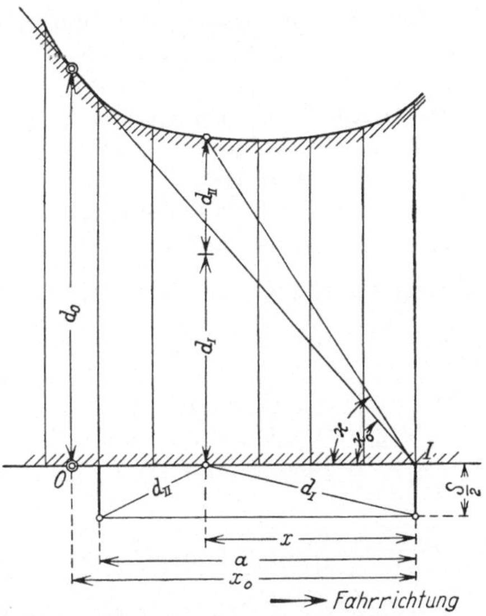

Abb. 146. HEUMANN-Diagramm für freien Lauf.

Bei der Gelegenheit ist auch auf die Berechnung, S. 106, zurückzukommen, daß nämlich ein schnell umlaufender Achsschenkel seiner Querverschiebung fast

* 5,83 als d_0 und 4,9 als x_0 im Diagramm 146 abgemessen. Abbildungsmaßstab 1:124, d. h. 1 cm = 1,24 m.

keinen Reibungswiderstand entgegensetzt. Im Lager (Abb. 147) sei der in der Zeiteinheit zurückgelegte Weg des Zapfens durch die gestrichelte Linie dargestellt; dazu tritt eine kleine Querbewegung, die punktiert ist. Das Ergebnis ist die voll gezogene Resultante, die kaum größer als die gestrichelte Komponente ist. Folglich ist die Arbeit zum Verschieben des Zapfens auszudrücken durch die Umfangskraft mal der Differenz —— gegen - - - (nicht Umfangskraft mal · · ·); sie ist also sehr klein.

Läuft das Fahrzeug im Spießgang, so wird es nach Roy in die Kurve eingezeichnet und die Lage des Pols bestimmt; er liege um das Maß x_0 (Abb. 148) hinter der Vorderachse. Die Größe der Kraft K_{II}, die an der Hinterachse von innen nach außen wirkt, das Wenden also unterstützt, muß gefunden werden. Die unter der Momentkurve liegenden Ordinaten betrachten wir als Momente. Die Kraft K_{II} am Hebelarm a würde dort also das Moment $\mathfrak{M}_I = a \cdot K_{II}$ mt liefern und

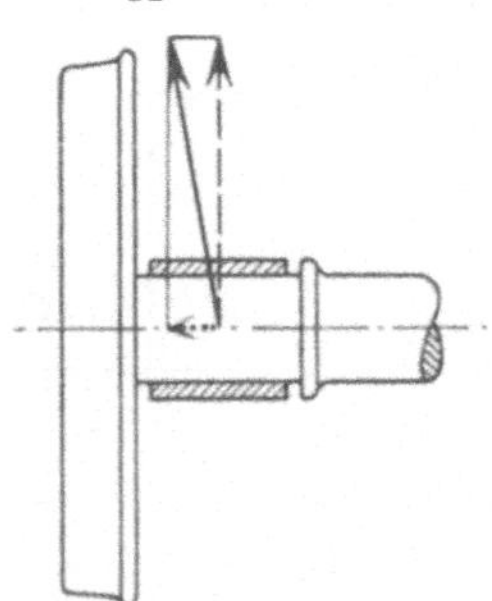

Abb. 147. Reibwege bei der Querverschiebung eines Lagers.

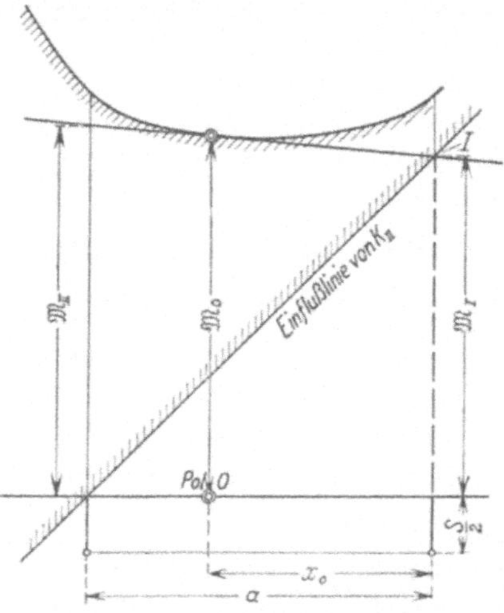

Abb. 148. Heumann-Diagramm für Spießgang. Die Momentkurve ist die gleiche wie in Abb. 146.

durch eine Ordinate $\frac{K_{II} \cdot a}{2\,Q\,f}$ dargestellt werden, die in Abb. 148 gestrichelt ist. Die Einflußlinie von K_{II} schneidet aus der ganzen Momentfläche den unter ihr liegenden Teil fort und kann sozusagen als neue x-Achse gelten, von der aus die Momente rechnen. Die restliche Momentfläche ist anschraffiert und genau so zu behandeln, wie in Abb. 146, d. h. daß man die Richtkraft K_I durch eine Tangente von I an die Momentkurve findet. Nun denke man sich die innere Schiene entfernt, aber eine beliebige Kraft K_{II}, oder die Neigung der anschraffierten Linie, so gewählt, daß die erwähnte Tangente die Momentkurve an der Stelle des Poles O berührt. Dann erteilt diese Kraft K_{II} dem Fahrzeug genau die Stellung, die es freilaufend auch annehmen würde. Wenn man jetzt die innere Schiene wieder einführt und die Richtkraft K_{II} von ihr ausgehen läßt, hat man wieder den Spießgang, und zwar durch die Tangentenlage auf die Bedingungen des freien Laufs zurückgeführt. Daher lautet die Regel: Bei freiem Lauf den Berührungspunkt der Tangente suchen, bei Spießgang im Berührungspunkte die Tangente anlegen.

Nach dem früheren Beispiel findet man dann im 300 m-Bogen ohne Spurerweiterung die Lage des Pols bei $x_0 = 2{,}92$ m, die Richtkraft $K_I = \frac{\mathfrak{M}_{II}}{a} = 2Qf \cdot \frac{4{,}9}{4{,}5} = 4{,}1$ t, Richtkraft $K_{II} = \frac{\mathfrak{M}_I}{a} = 2Qf \cdot \frac{4{,}5}{4{,}5}$ $= 3{,}78$ t. Da eine neue Richtkraft zu der kaum verminderten früheren hinzugetreten ist, erscheint die enge Spur zunächst sehr unvorteilhaft. Es ist aber zu bedenken, daß der Anlaufwinkel der führenden Achse φ $\left[\text{zu berechnen aus } \operatorname{tg}\varphi = \frac{x_0}{R}\right]$ von 55′ bei freiem Lauf auf 33′ bei Spießgang vermindert worden ist. Da die Reibarbeit und die Radreifenabnützung aber vom Führungsdruck und Anlaufwinkel abhängt, wirken die kleinen Anlaufwinkel sehr günstig. Das drückt sich auch im Bogenwiderstand aus. Nach Gl. (13) ist $w_b = \frac{1000 \cdot 4{,}75}{2 \cdot 300} \cdot 0{,}27 = 2{,}13$ kg/t *, also wesentlich besser als bei freiem Lauf (2,62) und fast so gut wie mit losen Rädern (2,03). Nach von Röckls Überschlagformel (S. 8) ist $w_b = \frac{650}{R - 55} = 2{,}65$ kg/t.

Die folgenden Erläuterungen über die Anwendung des Heumannschen Verfahrens auf verschiedene Arten von Seitenkräften werden viel leichter verstanden, wenn man beachtet, daß immer die gleichen Grundsätze angewandt werden. Zuerst Aufbau der Momentkurve aus den Diagonalen; dann wird die Einflußlinie einer Kraft eingetragen, indem man für einen beliebigen Punkt das Moment dieser Kraft berechnet und es durch $2Qf$ (Abb. 149) teilt. Das so erhaltene Maß in m wird an der gewählten Stelle aufgetragen, und zwar positiv gezählt nach oben, wenn die Kraft das Wenden unterstützt, anderenfalls nach unten. Dort, wo die Kraft wirkt, ist ihr Moment gleich Null. Die so gewonnene Einflußlinie schneidet aus der Gesamtmomentfläche einen Teil aus und bildet den Ausgang für das Eintragen weiterer Einflußlinien. Dann wird nach den Abb. 146 und 148 entweder bei freiem Lauf die Richtkraft der führenden Achse gesucht oder bei Spießgang noch die Richtkraft der innen laufenden Achse ermittelt. Da die Kunst des Entwerfens darin besteht, Schwierigkeiten zu vermeiden (statt sie zu überwinden), wird man durch Schwächen der Spurkränze danach streben, daß der Abstand der die Lokomotive wendenden Achsen recht groß wird.

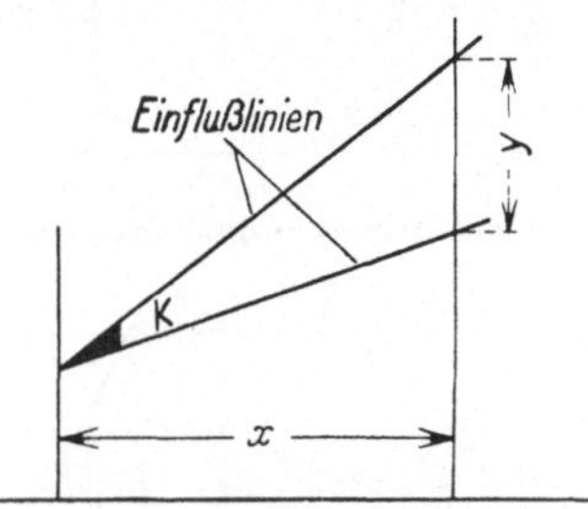

Abb. 149. Darstellung einer Kraft K im Heumann-Diagramm. $K = 2Qf \cdot \frac{y}{x}$, $y = \frac{K}{2Qf} \cdot x$.

Ein Fahrzeuggestell kann auch von Richtkräften gewendet werden, die nicht in den Achsen liegen. Solch eine Querkraft T entsteht z. B. an der Hauptkupplung mit dem Tender, sie kann durch eine Querkupplung oder durch Keilflächen der Stoßpuffer hervorgerufen werden. Da der Tender vorn nach außen, die Lokomotive hinten aber nach innen drängt, entsteht meist eine positive Querkraft. Das Umgekehrte kann auftreten bei Tenderlokomotiven mit großem Überhang, an die ein Wagen mit wenig Überhang gekuppelt ist. Man muß das aufzeichnen. Da negative Querkräfte sehr schädlich sind, soll man den

* 4,75 als $\mathfrak{M}_0$ in Abb. 148 abgemessen. Abbildungsmaßstab 1:124, d. h. 1 cm = 1,24 m.

Angriffspunkt des Zughakens möglichst nach der Lokomotivmitte verlegen. Negative Querkräfte T äußern auch die Rückstellfedern hinterer Laufachsen. In den Abb. 150 und 151 sind die HEUMANN-Diagramme für eine C 1-Lokomotive für freien Lauf und für Spießgang gezeichnet.

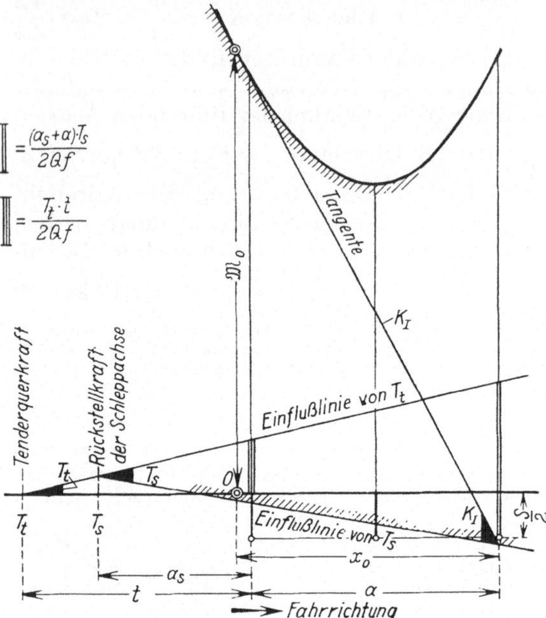

Abb. 150. HEUMANN-Diagramm einer C1-Lokomotive im freien Lauf.

Wirkt auf das Fahrzeug ein Drehmoment $\varepsilon \cdot J_z$, das nach S. 163 beim Durchfahren des Übergangsbogens auftritt, so wird die Grundlinie des HEUMANN-Diagramms um das Maß $\varepsilon \cdot J_z : 2\,Qf$ tiefer gelegt oder in Abb. 151 die Einflußlinie von T_s um dieses Maß parallel nach unten verschoben.

Seitenkraft T eines Drehgestells. Durch Wahl dieser Kraft T kann man den Führungsdruck der ersten festen Achse K_I beeinflussen (Abb. 152). Wenn die Einflußlinie von T so steil liegt, daß sie eine Tangente an die Momentkurve bildet, wird $K_I = 0$. Eine große Seitenkraft kann aber wieder den Anlaufdruck der führenden Drehgestellachse zu stark steigern; der Einfluß einer innerhalb des Achsstandes liegenden Seitenkraft (die auch eine Fliehkraft im Schwerpunkt am Fahrgestell sein kann) ist daher in Abb. 153 dargestellt. Die Einflußlinie der Kraft T geht

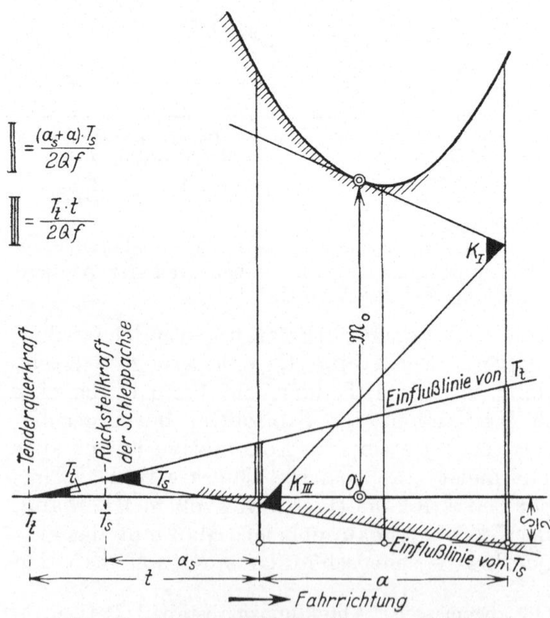

Abb. 151. HEUMANN-Diagramm einer C 1-Lokomotive im Spießgang.

durch den Nullpunkt im Drehzapfen und äußert an der führenden Achse ein Moment $T \cdot a_t$ mt, das das Wenden unterstützt, also positiv ist. Da Drehgestelle ihres kurzen Achsstands wegen immer freilaufen, wird der Pol O durch Anlegen der Tangente an die Momentkurve gesucht.

Mit zunehmender Seitenkraft wandert der Pol O nach vorn. Liegt der Drehzapfen auf Drehgestellmitte, so fällt der Pol mit ihm zusammen, sobald auch die hintere Drehgestellachse an der Außenschiene läuft. Die Kräfte $T = K_d$ wenden dann am Hebelarm a_t das Drehgestell. Dann ist $K_d \cdot a_t = 2\,Q\,f \cdot \sqrt{S^2 + a_t^2}$. Mit $S = 1{,}5$ m und $a_t = 2{,}2$ m erhält man $K_d = T = 4{,}83 \cdot Q \cdot f = 1{,}3\,Q$ t. Hierbei müßte das Drehgestell entgleisen, aber eine so große Kraft T ist auch nach Abb. 152 gar nicht zum Wenden des Hauptgestells erforderlich. Es sollte nur gezeigt werden, daß ein Drehgestell niemals mit der Hinterachse an die Außenschiene gedrückt werden kann.

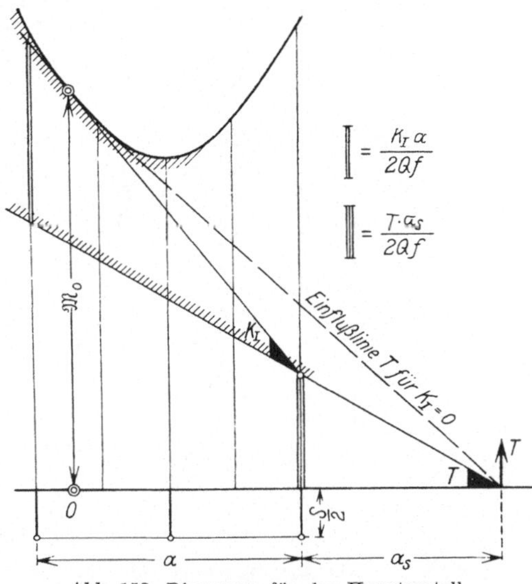

Abb. 152. Diagramm für das Hauptgestell einer 2 C-Lokomotive. Bogenwiderstand = $\mathfrak{M}_o : R$.

Vereinigt man Haupt- und Drehgestell in einem Diagramm, so muß beachtet werden, daß der Raddruck Q des Hauptgestelles von dem Raddruck Q_d des Drehgestells verschieden ist. Das geschieht durch Verkleinerung der Diagonalen des Drehgestells, aus denen die Momentkurve aufgebaut ist, im Verhältnis $Q_d : Q$. In der Abb. 154 ist die zeichnerische Reduktion angegeben. Zweckmäßigerweise zeichnet man dann die Momentkurve des Drehgestells nach unten, so daß die Einflußlinie T für beide Gestelle gilt. Der Bogenwiderstand der ganzen Lokomotive entsteht aus den Momenten beider Gestelle, daher ist

$$W_b = \frac{\mathfrak{M}_0 + \mathfrak{M}_{0d}}{R} 1000\,\text{kg}.$$

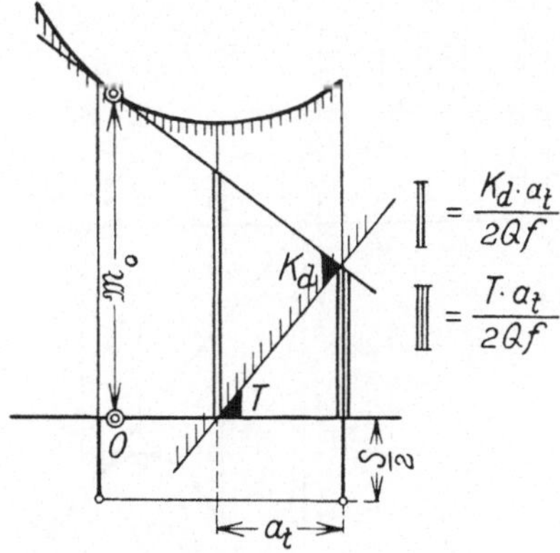

Abb. 153. Diagramm eines Drehgestells mit Seitenkraft T.

Die Einstellung einer in bezug auf Achsstand und Raddruck symmetrischen MALLET-Lokomotive ohne Rückstellkraft T ist in Abb. 155 dargestellt. Das Triebgestell ist durch den Drehzapfen D mit dem Hauptgestell verbunden. Ohne Rückstellkraft würde das Triebgestell wegen seiner kleinen Masse sehr stark drehen; fügt man eine Rückstellkraft T hinzu, so ergibt sich für freien Lauf das Diagramm Abb. 156.

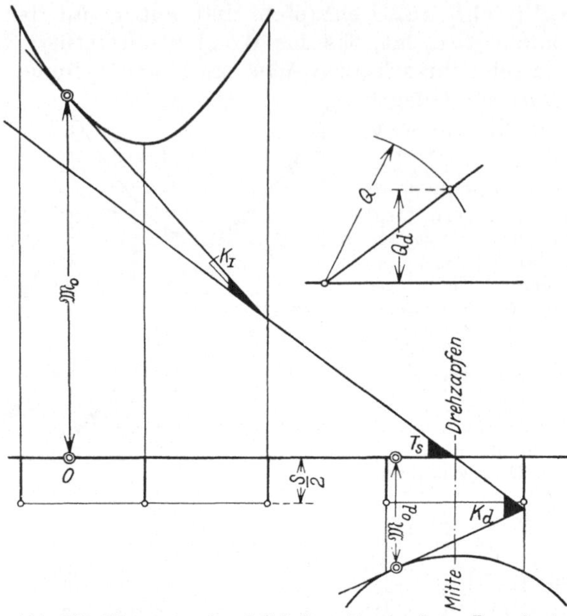

Abb. 154. Diagramm einer 2 C-Lokomotive im freien Bogenlaufe.
Q = Raddruck des Hauptgestells, Q_d = Raddruck des Drehgestells,
Bogenwiderstand = $(\mathfrak{M}_0 + \mathfrak{M}_{0\,d}) : R$.

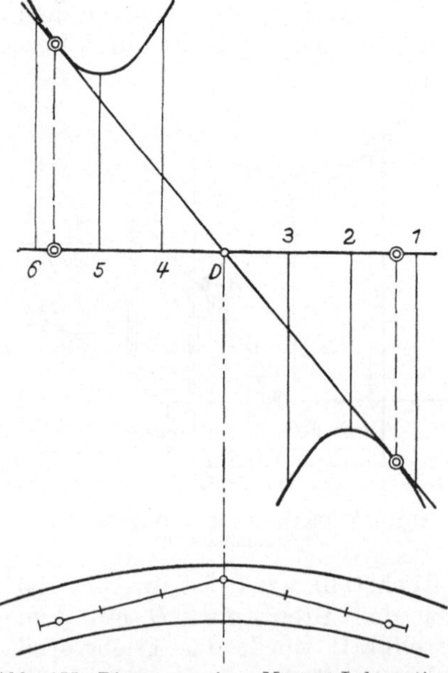

Abb. 155. Diagramm einer MALLET-Lokomotive ohne Rückstellfeder. Die D-Linie ist Tangente an beide Momentkurven. Unsichere Einstellung.

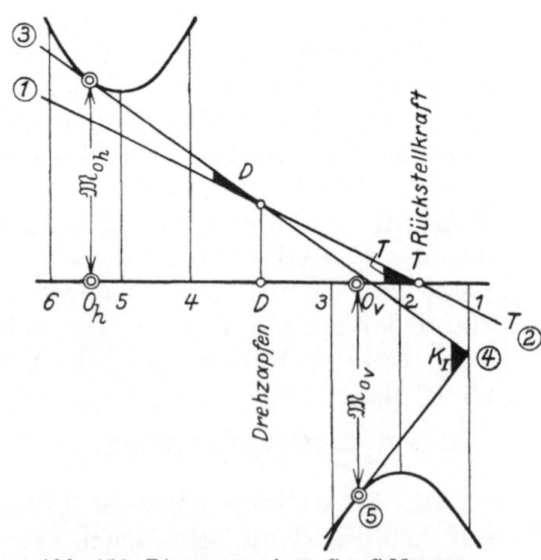

Abb. 156. Diagramm einer C + C-MALLET-Lokomotive mit Rückstellfeder im freien Lauf. Nach Annahme von T-Linie (*1*)—(*2*) kann die D-Linie (*3*)—(*4*) als Tangente an die Momentkurve des Hauptgestells gelegt werden. Dann ist die K_I-Linie (*4*)—(*5*) als Tangente an die Momentkurve des Vordergestells zu legen. Bogenwiderstand = $(\mathfrak{M}_{0\,h} + \mathfrak{M}_{0\,v}) : R$.

Je stärker die Rückstellfeder ist, um so mehr streckt sich die Lokomotive gerade und um so näher rücken die Pole O_v und O_h zusammen. Läuft das hintere Gestell aber im Spießgang, so wäre nach früherem ein Diagramm nach Abb. 157 zu zeichnen, wo die Tangente (*6*)—(*7*) die Einflußlinie von D darstellt und die Einflußlinie von K_{VI} gestrichelt ist. Da die Einflußlinie von D aber auch für das vordere Gestell gebraucht wird, verlängert man die Tangente rückwärts nach Punkt (*7*) und zieht dann erst die D-Linie (*7*)—(*8*)—(*9*).

Überall, wo Federn an der Führung eines Gestelles mitwirken, kann man zwar ihre Kraft für einen gegebenen Ausschlag berechnen, kann die Berechnung für freien Lauf und Spießgang durchführen und damit die Federkonstante (S. 187) bestimmen. Dagegen kann die umgekehrte Aufgabe, nämlich die Stellung einer Lokomotive mit gegebenen Rückstellfedern, nur durch Probieren gelöst werden.

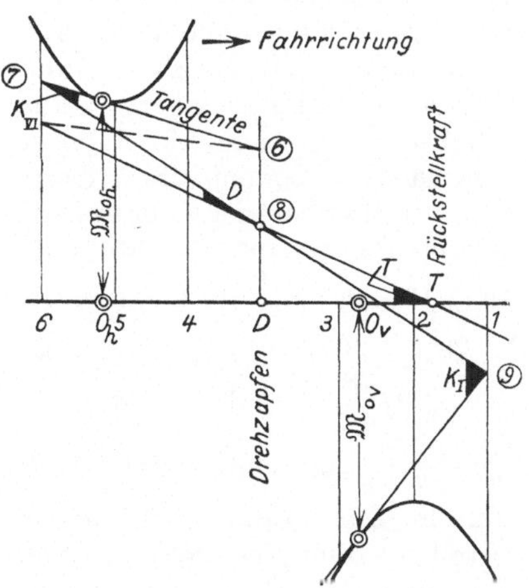

Abb. 157. Diagramm einer C + C-MALLET-Lokomotive bei Spießgang des Hauptgestells. Reihenfolge des Aufzeichnens: T-Linie ziehen; Tangente im Polpunkte des Hauptgestells; D-Linie gegeben durch die Punkte (*7*) und (*8*); Tangente von (*9*) an die Momentkurve des vorderen Gestells. Bogenwiderstand = $(\mathfrak{M}_{0v} + \mathfrak{M}_{0h}) : R$.

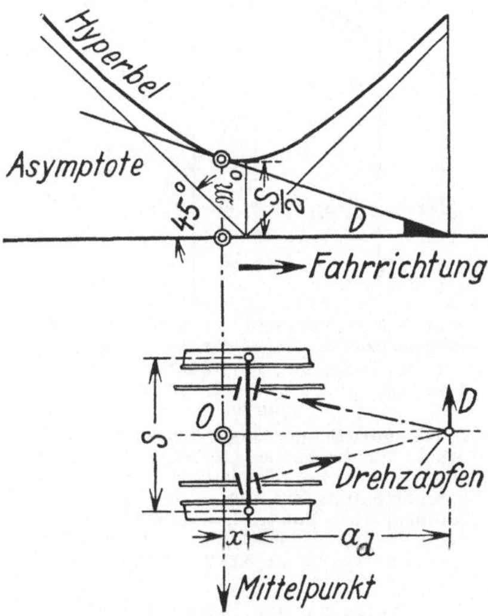

Abb. 158. Diagramm einer freilaufenden Bogenachse.

Die D-Kraft unterstützt immer das Wenden des Hauptgestells.

Bogenachsen drehen sich beim Verschieben um einen Drehzapfen D. Sie haben als Momentkurve eine Hyperbel mit Asymptoten unter 45°. Ist ihre Rückstellkraft $T_b = 0$, und laufen sie gezogen frei im Gleise, so wird ihr Pol O nach Abb. 158 durch die Tangente als Einflußlinie von D gefunden. Bei geschobener Achse (Abb. 159) ist die Stellung im Gleise gegeben; dann muß im Polpunkte die Tangente angelegt werden, worauf die Richtkraft K und die Drehzapfenkraft D leicht zu finden sind. Durch einen Ausschlag der Achse wird eine Rückstellkraft T_b hervorgerufen, die zunächst frei gewählt werden kann und die auf den Rahmen nach Abb. 150 und 151 wirkt. Die Drehzapfenkraft D unterstützt stets das Wenden. Auch dann, wenn, wie bei einer Adamsachse, der Drehzapfen durch gekrümmte Achslagerführungen ersetzt ist, wirkt D als Resultante der Achslagerführungskräfte, was in Abb. 158 dargestellt ist. Die Abb. 150 und 151 müssen noch durch die D-Kraft so ergänzt werden, wie es in Abb. 159 geschehen ist.

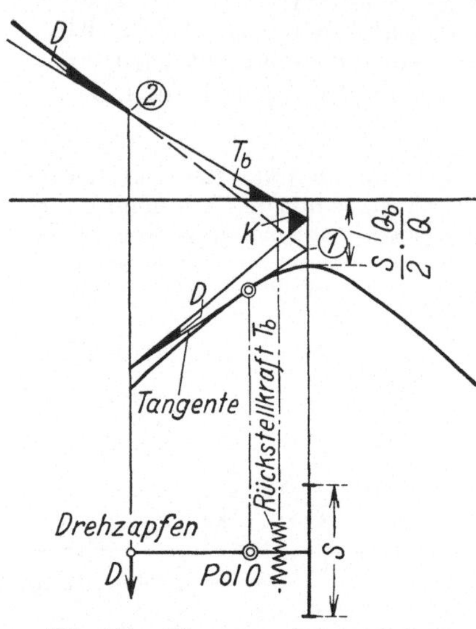

Abb. 159. Diagramm einer geschobenen Bogenachse, so, wie es für die Vereinigung mit dem Diagramm der ganzen Lokomotive gebraucht wird, d. h. Momentkurve nach unten.

Q_b = Raddruck der Bogenachse, Q = Raddruck der treibenden Achsen. Die stark ausgezogene Einflußlinie (1)—(2) stellt die vereinigte Wirkung von D und T_b auf den Rahmen dar. Punkt (1) ist durch die Tangente an die Momentkurve und Punkt (2) durch die T_b-Kraft gegeben.

Schubachsen können sich nur längs ihrer eigenen Achse verschieben, verbessern nicht den Anlaufwinkel und werden deshalb nur für treibende Achsen verwendet, wo sie dank ihrer Einfachheit außerordentlich wertvoll sind. HELMHOLTZ[1] hatte das schon im Jahre 1888 erkannt, aber erst GÖLSDORF hat im Jahre 1900 mit der Reihe 190 der österreichischen Staatsbahn den entscheidenden Schritt getan, indem er von den fünf Achsen nur die zweite und vierte fest im Rahmen lagerte. Eine Schubachse drückt nach Abb. 145 nur mit der Querkomponente ihrer Reibkraft gegen die Schiene, während die Längskomponente auf den Rahmen mit dem Hebelarm $\frac{S}{2}$ drehend wirkt. Nach Abb. 160 ist die Längskomponente $= 2Qf\frac{S}{2d_I}$ t und ihr Moment $= 2Qf\cdot\left(\frac{S}{2}\right)^2\frac{1}{d_I}$ mt. Die Größe $\left(\frac{S}{2}\right)^2 : d_I$ ist durch die doppelte Linie y_k dargestellt, denn es verhält sich $y_k : \frac{S}{2} = \frac{S}{2} : d_I$. Infolgedessen trägt eine Schubachse zur Momentkurve nur das kleine doppelt gezeichnete Stück y_k bei, so daß die Kurve viel tiefer als bei fester Achse liegt.

An der Stelle der Schubachse selbst verschwindet der Unterschied, weil dort $\frac{S}{2} = d$ und $y_k = \frac{S}{2}$ m ist, wie bei einer festen radiallaufenden Achse. Mit wachsendem Abstande von der Achse nimmt y_k (d. h. ihr Einfluß auf das Reibungsmoment) ab, und zwar sowohl vor als auch hinter der Schubachse, so daß die Momentkurve Wendepunkte erhält. Abbildung 161 zeigt einmal eine Momentkurve für den Fall, daß alle Achsen fest sind und das andere Mal eine Kurve $\mathfrak{M}_v$ für den Fall, daß nur zwei

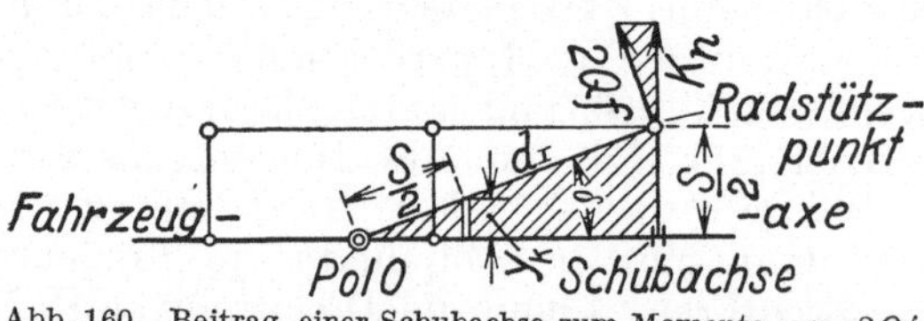

Abb. 160. Beitrag einer Schubachse zum Momente $= y_k \cdot 2Qf$. Die schraffierten Dreiecke sind einander ähnlich.

[1] Z. V. d. I. 32, 330 (1888).

Achsen festliegen. Wird nun die Lokomotive außer durch den Führungsdruck K_n der Schubachse (Abb. 160) noch durch eine andere Richtkraft K (die auch von einer festen Achse herrühren kann) geführt, so kann bei freiem Lauf zunächst nichts über die Größe dieser zwei unbekannten Richtkräfte gesagt werden, ja man kennt nicht einmal die Lage des Pols O und kann deshalb auch nicht die Richtkraft der Schubachse, nämlich K_n nach Abb. 160 bestimmen. Nur bei Spießgang wäre die Lage des Pols bekannt, aber die Gölsdorf-Lokomotiven gehen dank ihres kurzen festen Achsstandes immer frei durch die Bögen.

Wendet man nun den Satz vom Minimum der Richtkraft auf die beiden Kräfte K_n und K an, so wird mathematisch ein Minimum dadurch ausgedrückt, daß die erste Abgeleitete $= 0$ ist. Deshalb schreibt man, indem man die Kräfte auf den Führungspunkt bezieht:

$$\frac{dK}{dx} + \frac{dK_n}{dx} \cdot \frac{x_v}{x} = 0.$$

Da diese Funktion aber schwer darstellbar ist, bildet man $\frac{dK}{dx}$ (Tangente an die $\mathfrak{M}_v$-Kurve) und $\frac{dK_f}{dx}$ (Tangente an die $\mathfrak{M}_f$-Kurve).

Es ist $K_f = K + K_n \cdot \frac{x_v}{x}$, und die erste Abgeleitete hiervon ist

$$\frac{dK_f}{dx} = \overbrace{\frac{dK}{dx} + \frac{dK_n}{dx} \cdot \frac{x_v}{x}} + K_n \frac{d\left(\frac{x_v}{x}\right)}{dx}.$$

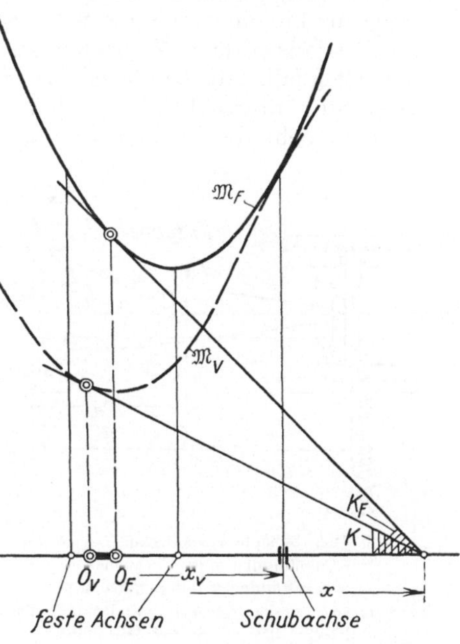

Abb. 161. Momentkurve mit Schubachse $\mathfrak{M}_v$.
„ ohne „ $\mathfrak{M}_f$.
Der Pol liegt zwischen den Punkten O_v und O_f.

Hier bezeichnet die obere Klammer die gesuchte Größe; das erste Glied der rechten Seite ist bekannt (Tangente an die $\mathfrak{M}_v$-Linie mit dem Pol O_v) und die ganze rechte Seite der Gleichung ebenfalls (Tangente an die $\mathfrak{M}_f$-Linie mit dem Pol O_f). Demnach liegt der gesuchte Pol zwischen den beiden Polen O_v und O_f, und zwar innerhalb genügend enger Grenzen. Genau kann man ihn finden, indem man eine bestimmte Lage von O annimmt, die Einflußlinie von K_n bestimmt, dann mit Hilfe der Tangente K findet und so lange probiert, bis der Tangentenberührungspunkt mit der angenommenen Lage von O zusammenfällt.

Als typische Größen für D-Gölsdorf-Lokomotiven seien folgende K-Werte genannt (Spießgang im 300 m-Bogen ohne Spurerweiterung, dünner Spurkranz an Achse III; Achsstand zwischen je zwei Achsen gleich S, dem Abstand der Laufkreisebenen, bei Regelspur also 1,5 m):

Nr. der Achse von vorn	IV	III	II	I
alle Achsen fest	1,09	—	—	1,84
2. Achse seitlich verschiebbar . . .	1,10	—	0,89	1,55

Alle Zahlen sind Einheiten von $2\,Qf$. Rechnet man die Reibung mit $f = 0{,}27$, so besteht Entgleisungsgefahr für $K = \frac{1}{2f}(2\,Qf) = 1{,}84\,Qf$, also im Falle fester Lagerung aller Achsen. Die Zusammenstellung zeigt die starke Verminderung und gleichförmige Verteilung des Führungsdruckes infolge der Schubachse.

Das Gesetz vom Minimum der Richtkraft gilt nach HEUMANN nicht streng für Lokomotiven mit Schubachsen, woraus sich die unbestimmte Lage des Pols erklärt. Zu suchen wäre er nur für D- und E-Lokomotiven, die jedoch, falls mit Schubachsen versehen, nicht mehr auf den Führungsdruck hin untersucht zu werden brauchen. Treten noch Laufachsen hinzu, so geht die Lokomotive nur im Spießgang durch den Bogen, so daß der Pol gegeben ist. Vielachsige Lokomotiven werden dann bequemer rechnerisch als zeichnerisch untersucht, was an einem Beispiel S. 179 gezeigt wird.

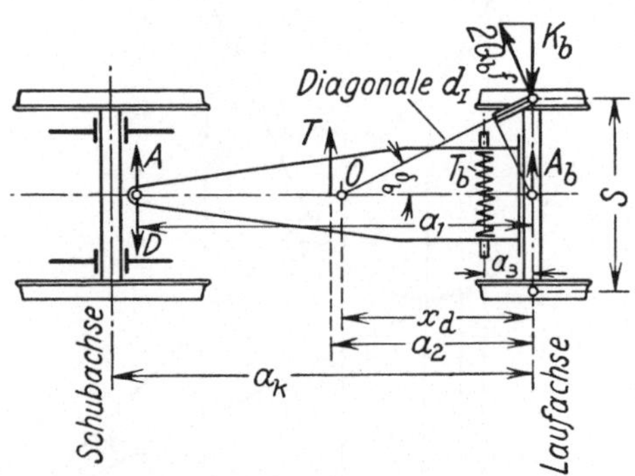

Abb. 162. Schema eines Krauß-Drehgestells. Q_b = Raddruck der Bogenachse. Q = Raddruck der Schubachse. Falls $a_k = a_1$, so ist $x_d = a_k/2$; andernfalls wird x_d aus dem ROY-Diagramm entnommen.

Das HELMHOLTZsche sogenannte Krauß-Drehgestell vereinigt eine Bogenachse mit einer Schubachse (Abb. 162). Es führt so sicher wie ein gewöhnliches Drehgestell, weil die Bogenachse beim Schlingern niemals die Lokomotive nach der anderen Schiene führen kann. Im Bogen laufen beide Achsen an der Außenschiene, deshalb liegt der Pol des Gestells fest, und die Führungskräfte werden nur rechnerisch bestimmt. Ursprünglich lag der Drehzapfen fest, und zwar legte HELMHOLTZ ihn ziemlich weit nach vorn, um der Bogenachse wegen ihres kleinen Anlaufwinkels einen verhältnismäßig großen Anteil der Drehzapfenkraft T zu geben, etwa so, daß sich nach Abb. 162 verhielt: $\frac{a_1 - a_2}{a_1} = \frac{1{,}5\,Q_b}{Q}$. Als die Lokomotiven länger wurden, mußte der Drehzapfen verschiebbar sein, damit der Ausschlag der Schubachse nicht zu groß wurde; später wurde dann der Drehzapfen, um seine Verschiebung zu vermindern, weiter zurückgelegt, so daß eine Rückstellkraft T_b an die Bogenachse gelegt werden mußte, um ihr wieder den nötigen Anteil am Führungsdruck zu geben. Der Hauptrahmen wird durch die Kraft T gewendet, die wie K in Abb. 161 zu ermitteln ist; falls eine T_b-Kraft wirkt, lagert sich ihre Einflußlinie über die von T. Die Federkraft T wird zunächst frei gewählt und nötigenfalls berichtigt.

Aus der Aufzeichnung des Bogenlaufs kennt man die Ausschläge an den Stellen T und T_b und kann daraus und aus den Federkräften die Federkonstante bestimmen.

Die Verteilung der Kräfte T und T_b auf die beiden Achsen liefert die Anteile A und A_b ihrer Führungsdrucke:

$$A = \frac{T \cdot a_2 + T_b \cdot a_3}{a_1} \, \mathrm{t}, \qquad A_b = T + T_b - A \, \mathrm{t}.$$

Dazu kommen noch die Reaktionskräfte aus dem Lauf der Bogenachse, und zwar an der Laufachse K_b, an der Schubachse D. Die Summe der Momente um den Pol O liefert die Gleichung

$$-2 Q_b f \cdot d_I + K_b \cdot x_d + D (a_1 - x_d) = 0,$$

während die Summe der Querkräfte gibt: $K_b - 2 Q_b \cdot f \cdot \cos \delta_b - D = 0$. Aus diesen beiden Gleichungen findet man:

$$D = 2 Q_b f \frac{d_I - x_d \cdot \cos \delta_b}{a_1} \, \mathrm{t} \quad \text{und} \quad K_b = 2 Q_b \cdot f \cdot \left(\frac{d_I - x_d \cdot \cos \delta_b}{a_1} + \frac{x_d}{d_I} \right) \mathrm{t}.$$

Der Ausdruck $d_I - x_d \cdot \cos \delta_b$ ist in Abb. 162 durch das dreifach gezogene Stück der Diagonale d_I dargestellt, das zeichnerisch leicht durch das Lot von der Laufachsmitte auf die Diagonale gefunden wird. Der Führungsdruck in der Laufachse ist dann: $K_I = K_b + A_b$ t und der Führungsdruck der Schubachse $K_{II} = A - D + 2 Q f \cdot \cos \delta$ t, wobei δ aus Abb. 160 zu entnehmen ist.

Aus dieser Berechnung geht hervor, daß der Bogenlauf eines Fahrzeuges im Spießgang am leichtesten dadurch bestimmt wird, daß man es in den Bogen einzeichnet und die zur Berechnung der Führungskräfte nötigen Maße aus der Zeichnung abgreift, die Momentkurve also für den Spießgang nicht mehr benutzt.

Dies geht am besten aus der folgenden Berechnung einer 1D1-Lokomotive mit Krauß-Drehgestell und Schleppachse hervor, wobei dann auch die auf den Rahmen in waagerechter Ebene biegend wirkenden Kräfte gefunden werden. Die in Tafel III behandelte Lokomotive unterscheidet sich von der Lokomotive Reihe 39 der DRB dadurch, daß die Achsbelastungen $2 Q$ zur Vereinfachung der Berechnung etwas abweichend von der Wirklichkeit angenommen worden sind.

Nr. der Achse von vorn	VI	V	IV	III	II	I
Wirkliche Achslast	17,3	18,7	18,4	19,4	19,2	17,4 t
Angenommene Achslast	17,4	18,9	18,9	18,9	18,9	17,4 t

Abb. A (Tafel III). Grundriß im Maßstab 1:50. Die Einstellung der Lokomotive im Gleisplan nach Roy (Spießgang) ergibt in der 300 m-Kurve Ausschläge, zu denen aus den Diagrammen der Rückstellfedern folgende Kräfte entnommen werden: $T_t = 0{,}500$ t, $T_s = 0{,}523$ t, $T = 2{,}370$ t, $T_b = 0{,}740$ t. Die Richtungen dieser Kräfte sind in den Grundriß Abb. A eingezeichnet. Außer diesen Kräften wirken an der Schleppachse die Achslagerführungskräfte F und der Führungsdruck K_{VI}, am Hauptgestell die Führungsdrücke K'_{II} und K_V, sowie an allen Achsen die Reibkräfte $2\,Qf = 5{,}100$ bzw. $2\,Q_s f = 4{,}700$ t. Das Krauß-Drehgestell hat auf die Kräfte des Hauptrahmens nur den Einfluß, daß es die vorderen Federkräfte T und T_b bestimmt. Im vorliegenden Falle stößt der Rahmen gegen die Hubbegrenzung der Schubachse und drückt auf sie mit einer Kraft K'_{II}. Deshalb ist zu dem Führungsdruck, der nach Abb. 160 und dem vorigen Absatz zu berechnen ist, noch diese Kraft K'_{II} zuzufügen. Wenn die Hubbegrenzung nicht zum Anliegen käme, würden die unbekannten Richtkräfte des Hauptrahmens K_V und T sein; durch Vergrößerung von T kann man erreichen, daß K'_{II} verschwindet.

Bestimmung der Kräfte F und K_{VI} durch Ansetzung der Gleichgewichtsbedingungen für die Adams-Achse, wobei statt der Achslagerführungskräfte F eine ideelle Drehzapfenkraft D_s eingeführt sei:

$\sum Y = 0$:

$$-K_{VI} + D_s + 4{,}700 \cos \delta_{VI} - 0{,}523 = 0\,,$$

$\sum M = 0$ um den Pol:

$$-K_{VI}\, a_8 - 0{,}523\, a_7 + 4{,}700\, d_{VI} + D_s a_8 - 2F \cos \alpha \cdot m = 0\,.$$

Daraus sind K_{VI} und F als Unbekannte zu ermitteln. Der Winkel α ergibt sich aus der Konstruktion (Deichsellänge!), der Winkel δ_{VI} und die Hebelarme a_7, a_8 aus der Lage des Pols O_2 der Schleppachse, die im Gleisplan nach Roy gefunden wird. Die Kraft D_s ist hier gleich $2\,F \sin \alpha$. Es ergibt sich: $F = 2{,}350$, $D_s = 1{,}650$, $K_{VI} = 3{,}317$ t.

Die Momente $D_s a_8$ und $2\,F \cos \alpha\, m$ mt können bei Bestimmung der Kräfte am starren Körper zusammengefaßt werden, also die Kraft F selbst (nicht in ihre Komponenten zerlegt) in die Gleichgewichtsbedingungen eingeführt werden. Anders aber bei der nachher folgenden Zeichnung der Biegemomentlinie, wo Kräfte und Kräftepaare nicht mehr (parallel) verschoben werden dürfen, vielmehr zur richtigen Ermittlung der Spannungen (inneren Kräfte) nur an ihrer Angriffstelle anzubringen sind. Darum ist F auch hier schon in seine Komponenten $\frac{D_s}{2} = F \sin \alpha$ und $F \cos \alpha$ zerlegt eingeführt worden. Auf die Schleppachse bezogen, wirken T_s, F und D_s natürlich in entgegengesetzter Richtung als auf den Rahmen bezogen in Abb. A eingezeichnet.

Bestimmung der Kräfte K'_{II} und K_V aus den Gleichgewichtsbedingungen für den Hauptrahmen:

$\sum Y = 0$:

$$0{,}500 - D_s + 0{,}523 - K_V + 5{,}100 \cos \delta_V - 5{,}100 \cos \delta_{III} + K'_{II} + 2{,}370 + 0{,}740 = 0\,.$$

$\sum M = 0$ um Pol O_1:

$$0{,}500\, b_9 - D_s b_8 + 0{,}523\, b_7 - K_V b_6 + 5{,}100 \cos \delta_V \cdot b_6 + 5{,}100 \cos \delta_{III} \cdot b_4 - K'_{II} b_3 - 2{,}370\, b_2 - 0{,}740\, b_1 + 2F \cos \alpha \cdot m + 5{,}100\,(\sin \delta_V + \sin \delta_{IV} + \sin \delta_{III} + \sin \delta_{II})\,\frac{S}{2} = 0\,.$$

darin F und D_s wie oben. Ergebnis: $K'_{II} = 0{,}678$, $K_V = 2{,}436$ t.

Die Biegemomentlinie kann zusammengesetzt gedacht werden aus einer solchen für die Querkräfte (Y-Richtung) und solchen für die Kräftepaare, die aus den X-Komponenten der F- und Qf-Kräfte gebildet werden. Die Kräfte *1* bis *9* in der Querrichtung werden (von links mit *9* beginnend) in Abb. B aneinandergereiht und mit den Polstrahlen in bekannter Weise die Biegemomentlinie *1* gezeichnet.

Aus ihr ergäben sich Auflagerkräfte K''_{II} und K''_{V}, die mit den errechneten nicht übereinstimmen, da die Momente der X-Komponenten (Kräftepaare) für die Biegemomentlinie in dem Seileck nicht berücksichtigt werden können.

Die Kräftepaare

$$2F\cos\alpha\cdot m,\quad \frac{S}{2}2Qf\sin\delta_{V},\quad \frac{S}{2}2Qf\sin\delta_{IV},$$

$$\frac{S}{2}2Qf\sin\delta_{III},\quad \frac{S}{2}2Qf\sin\delta_{II}\ \text{mt}$$

werden in den Momentlinien *2* bis *6* berücksichtigt. Linksdrehende Momente werden dabei als positiv gerechnet stets nach oben abgetragen. Jede der Momentlinien *2* bis *6* gibt ihre Zusätze k'_{II} und k_{V} t zu den Kräften K'_{II} und K_{V}, und zwar ist jeweils $k'_{II2}=k_{V2}$, $k'_{II3}=k_{V3}$ usw. Daraus ergibt sich, daß die Pläne *4* bis *6* in einfacher Weise so gezeichnet werden können, daß die dem Moment des Kräftepaares entsprechende Strecke (beispielsweise $y_1\,y_2$) im Verhältnis der Abschnitte b_V zu b_H zu teilen ist. Für die Auftragung der Momente ergibt sich der Maßstab (vgl. Abschnitt II, S. 129) aus dem Längenmaßstab (hier am besten 1 mm $=0{,}050$ m, d. h. 1:50), dem Kräftemaßstab (1 mm $=0{,}050$ t) und der Polweite H ($=40$ mm) zu 1 mm $=0{,}050\cdot 0{,}050\cdot 40=0{,}10$ mt. Die Momentlinien *1* bis *6* werden in Abb. C zur Resultierenden zusammengesetzt. Das größte Biegemoment hat den Wert $120\cdot 0{,}10=12{,}0$ mt.

An der Angriffstelle (*8*) der Kraft D_S der Adamsachse ergibt sich ein Sprung mit einem relativen Maximum. Bei einem Bisselgestell würde die Kraft D_S als wirkliche Drehzapfenkraft von (*8*) nach (*8'*) verlegt; von den Kräften F der Schleppachse bliebe nur die D-Komponente übrig. Das Kräftepaar $2F\cos\alpha\cdot m$ und damit der Sprung an der Stelle *8* fiele fort, die Momentlinie stiege in der Richtung von (*8*) nach (*6*) bis (*8'*) stetig an.

Eine Vorstellung von der Größe des Biegemomentes gewinnt man daraus, daß zu seiner Aufnahme ein Doppel-T-Träger von 40 cm Höhe erforderlich wäre. Über dieses waagerechte Biegemoment lagert sich noch das Moment Pq (S. 146), das vom Zylinder bis zur ersten treibenden Achse seinen vollen Wert behält, dann aber stufenweise an jeder Treibachse abnimmt, bis es an der letzten treibenden Achse verschwindet. Die Höchstwerte beider Momente fallen also nicht ganz zusammen. Bei der Drillingslokomotive Reihe 39 ist $Pq=1\,725\,000$ cmkg $=17{,}25$ mt, also größer als das Biegemoment aus dem Bogenlauf; bei einer Zwillingslokomotive wäre der Unterschied noch größer. Von der rechnungsmäßigen Erfassung der Biegemomente ist es aber noch ein weiter Weg zur Ermittlung der Beanspruchungen in den Rahmenwangen und Rahmenversteifungen, die statisch nicht bestimmbar sind.

Nach HEUMANNS Verfahren findet man die Stellung des Fahrzeugs im Gleis, seinen Bogenwiderstand und die Spurkranzkräfte. Erstere wird gebraucht, um die Breite des Fahrzeugs so weit einzuschränken, daß es auch im Bogen die Umgrenzungslinie nicht überschreitet. Die Untersuchung des Bogenwiderstandes gibt lehrreiche Aufschlüsse über die verschiedenen Arten beweglicher Achsen. Die Führungskräfte K dürfen nicht größer als der Raddruck Q werden, damit das Fahrzeug nicht entgleist; nun wird Q aber durch die Seitenkräfte des Rahmens günstig beeinflußt, so daß K doch größer als Q werden darf. Die Raddruckänderung ΔQ soll durch Abb. 163 erläutert werden. Äußert eine Achse den Führungsdruck K, so rührt er zu einem Teile $(Q+\Delta Q)f$ (von dem Kosinus des Anlaufwinkels sei abgesehen) von dem anlaufenden Rade selbst her. Der Betrag $(Q-\Delta Q)f$ des gegenüberliegenden Rades wird durch die Achse selbst übertragen, in ihr ein Biegemoment $(Q-\Delta Q)f\cdot k$ erzeugend. Die gleiche Kraft $(Q-\Delta Q)f$, die als Druck in der Achse wirkt, erzeugt in der Schwelle Zug und kippt die Innenschiene nach außen. Der Rest $K-2Qf$ rührt von den anderen Rädern her und wird vom Rahmen durch die Bunde der Achslager auf die Achse übertragen. Diese Kraft greift etwas über der Achsmitte an, weil der Unterkasten keine Seitenkräfte überträgt, und vermehrt den ruhenden Raddruck um ΔQ am Außenrade unter gleichzeitiger Entlastung der Innenräder.

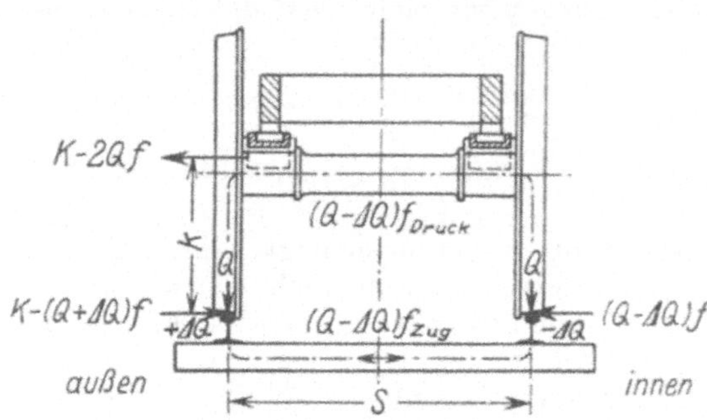

Abb. 163. Achsdruckänderung anlaufender Achsen.
—·—·— Kraftfluß von $Q\cdot f$ des Innenrades.
Die Reibkraft Qf des Außenrades wird durch K unmittelbar aufgenommen. (Siehe Abb. 131.)

$$(K-2Qf)\,k = \Delta Q\cdot S.$$

Die Raddruckveränderungen sind oft recht groß. So beträgt bei einem frei im Bogen laufenden Fahrzeug mit vier festen Achsen und einem Abstand von je 1,5 m bei $S=1{,}5$ m der Spurkranzdruck der führenden Achse $K_I=2{,}18\cdot 2\,Qf$ t. Das ist mit $K_I=1{,}18\,Q$ zu viel. Bei einem Raddurchmesser von 1,4 m und $k=0{,}8$ m wird mit $f=0{,}27$ aber $\Delta Q=\frac{(2{,}18-1)\,2\,Qf}{1{,}5}\cdot 0{,}8=0{,}34\,Q$ und der Gesamtraddruck $=1{,}34\,Q$, mithin bleibt $K_I:Q=1{,}18:1{,}34=0{,}88$ in zulässigen Grenzen.

Große Räder führender Achsen vermindern demnach in dieser Hinsicht die Entgleisungsgefahr, während sie andererseits gefühlsmäßig leichter aufsteigen sollten, weil der Spurkranz im Verhältnis zum Raddurchmesser niedriger ist[1]. Die englische Great Western Bahn hat auch die Spurkränze erhöht. Tatsächlich sind aber sowohl englische B1-Schnellzuglokomotiven mit rund 2 m Raddurchmesser[2], wie auch

[1] Marié: Théorie des Déraillement. Paris 1909.
[2] Jahn: Die Dampflokomotive in entwicklungsgeschichtlicher Darstellung. Berlin: Julius Springer 1924.

die preußische 2 C-Tenderlokomotive T 10 durchaus sicher gelaufen. Wie das Entgleisen vor sich geht, ist noch nicht genügend erforscht. Wenn eine Lokomotive unter starker Zwängung durch die Weiche 1:7 geht, übersteigen die Spurkranzkräfte bei weitem das Verhältnis $K:Q=1$ Die Spurkränze beginnen auch aufzusteigen, gleiten dann aber wieder ab. Bei größerer Geschwindigkeit ist zu dem Abgleiten offenbar keine Zeit mehr, so daß die Spurkranzkraft den Raddruck nicht übersteigen darf. Vor allem muß man sich aber darüber klar sein, daß die Achslast

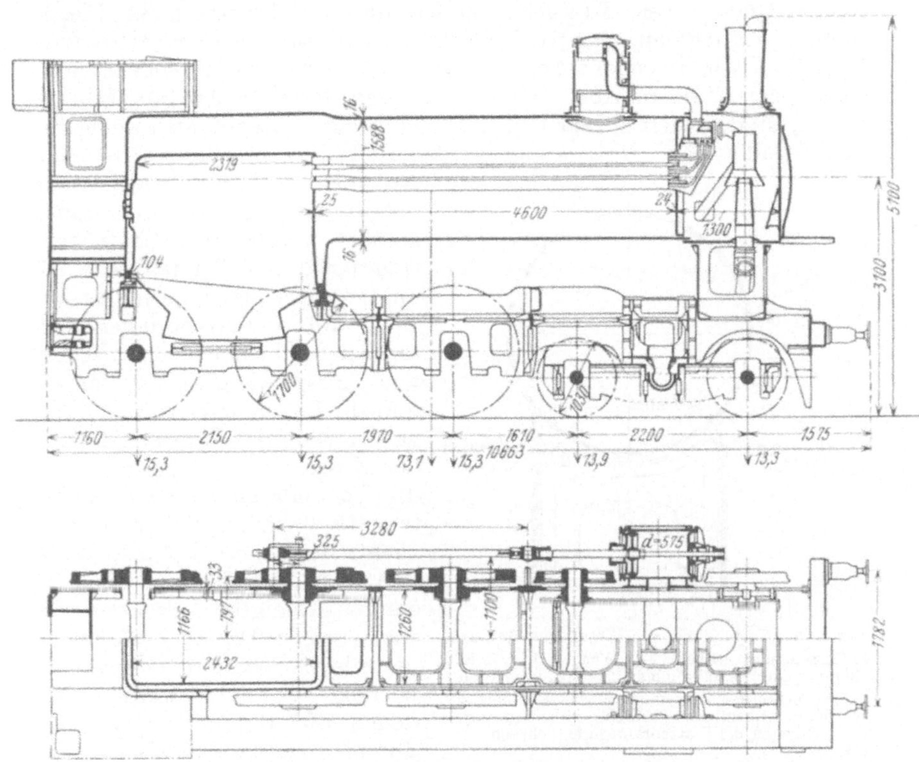

Abb. 164. Vollständige Rahmenversteifung.

der fahrenden Lokomotive stark von der im Ruhezustand herrschenden verschieden ist und daß alle störenden Bewegungen auch im Bogenlauf auftreten und den berechneten Spurkranzdruck wechselnd vermindern oder steigern.

Jede der fest gelagerten Achsen, die vor dem Pol läuft und die Schiene nicht berührt, drückt auf den Rahmen nach außen und wird außen entlastet. Jede im Rahmen fest gelagerte Achse drückt mit der Querkomponente ihrer Reibungskraft ebenso auf den Rahmen wie alle sonstigen Querkräfte. Sie erzeugen, wie oben gezeigt wurde, sehr große Biegemomente in waagerechter Ebene, die ein Plattenrahmen mit durchlaufenden waagerechten Versteifungsblechen mit aufnehmen kann

(Abb. 164). Eine Lücke klafft nur an der Stelle der Feuerbüchse, deren Auflager so auszubilden sind, daß sie die seitlichen Rahmenkräfte aufnehmen können. Wenn die Feuerbüchse sehr hoch liegt, kann man unter ihr auch eine sehr nützliche waagerechte Versteifung anbringen, wie es in Abb. 164 geschehen ist. Der durchlaufende waagerechte Verband kann wegen inneren Triebwerks oder Gewichtsersparung bei Plattenrahmen nicht immer angebracht werden. Bei amerikanischen Barrenrahmen fehlt er und besteht nur aus dem Zylindergußstück und einigen Querstreben. In solchen Fällen muß nun der Kessel das Biegemoment aufnehmen. Zur Kraftübertragung dienen die Pendelbleche, deren Zweck im folgenden Abschnitt erläutert wird, oder die sogenannten Kesselträger, die in Abb. 165 unter a nach der üblichen Bauart dargestellt sind, in der sie zur Übertragung waagerechter Kräfte wenig geeignet sind. Später wird gezeigt werden, daß sie senkrechte Kräfte nicht aufzunehmen haben, und folglich müssen sie nach Abb. 165 b ausgeführt werden. Die Kraftübertragung durch Pendelbleche ist um so unsicherer, je länger sie sind, weil dann ein geringes Gleiten in den Schraubenlöchern schon viel Ausschlag gibt. Je länger nun die Lokomotive wird, um so größer wird die Wärmedehnung der Kessel, um so dünner muß das Pendelblech werden. Andererseits wachsen mit dem Gewichte der Lokomotiven auch die Kräfte in den Blechen. Daß in den Vereinigten Staaten in wachsendem Umfange Rahmengestelle (sogenannte Lokomotivbetten) verwendet werden, bei denen die Rahmenwangen mit durchlaufendem Längsverband, allen übrigen Versteifungen und Trägern — ja sogar mit dem Dampfzylinder — aus einem Stück gegossen werden, deutet darauf hin, daß die bisherige amerikanische Bauart den großen Querkräften sowohl wie den Kolbenkräften nicht mehr gewachsen ist. Diese riesigen Stahlgußstücke werden zwar nicht überall Anhänger finden, aber es ist denkbar, daß mit dem stets zunehmenden Gewichte der Lokomotiven eine Vereinigung von Platten- und Barrenrahmen entsteht, nämlich: zwei sehr dicke gewalzte und allseitig bearbeitete Rahmenwangen, die mit den nötigen Versteifungen ein in sich geschlossenes Rahmengestell bilden. Diese teuere aber feste Bauart wird nötig werden, sobald die Rahmenblechstärke, nach der empirischen Formel (S. 152) berechnet, das Maß von 40 mm überschreitet. Man nimmt dann den Rahmen etwa 60 mm stark, damit er maßhaltig bearbeitet werden kann.

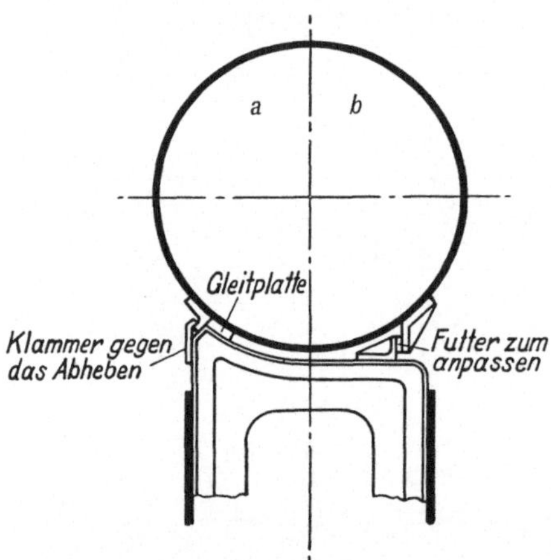

Abb. 165. Verbindung von Kessel und Rahmen. a Kesselträger entbehrlich. Waagerechte Kräfte können nur unvollkommen übertragen werden. b Waagerechte Kräfte müssen vom Rahmen auf den Kessel übertragen werden. Sicherung gegen Abheben bei Plattenrahmen entbehrlich.

C. Last- und Federkräfte.

Der Kessel ist die hauptsächlich vom Rahmen zu tragende Last. Stützt man ihn statisch in zwei Punkten (an der Rauchkammer und an der Feuerbüchse), so kann er der Formänderung beim Anheizen frei folgen, wobei er sich wegen des am Kesselbauch kälteren Wassers nach oben konvex krümmt. Liegt er an mehreren Punkten der Feuerbüchse auf, so muß die erwähnte Formänderung ermöglicht werden. Der Langkessel braucht nicht gestützt zu werden, er kann im Gegenteil als das Rückgrat der Lokomotive dienen. Deshalb kann der Langkessel auf einen Plattenrahmen ganz frei aufgestellt werden. Die Abb. 164 zeigt eine Lokomotive aus dem Jahre 1910, an der ich zum ersten Male sowohl die „Kesselträger" wie die Pendelbleche fortgelassen habe. Mängel

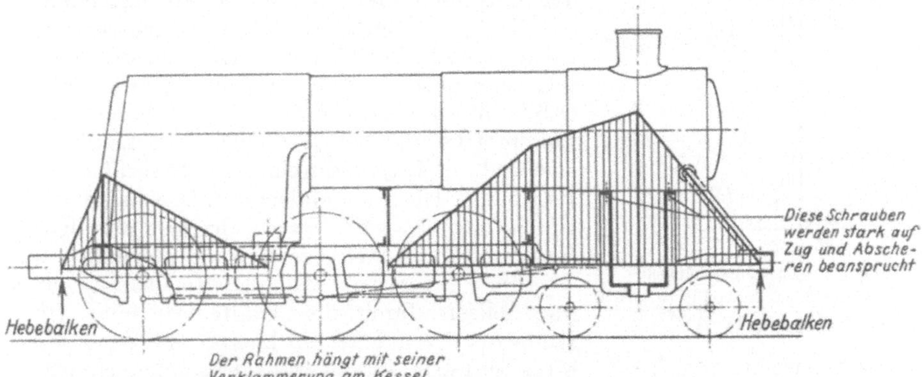

Abb. 166. Kraftwirkung zwischen Kessel und Barrenrahmen beim Anheben der Lokomotive. Die Pendelbleche werden auf Zug beansprucht.

haben sich bei einer freitragenden Länge bis zu 6 m nicht gezeigt; weiterhin fehlen Erfahrungen. Der Rahmen erleidet natürlich durch die Federkräfte ein starkes Biegemoment nach oben; das ist aber nützlich, weil es dem Biegemoment aus den Kolbenkräften über dem Achslagerausschnitt entgegenwirkt. Ferner werden die Achsgabelstege dann auf Druck beansprucht, wogegen sie viel widerstandfähiger und starrer als gegen Zug sind.

Eine Lokomotive mit Barrenrahmen kann aber die Pendelbleche, die schon zur Übertragung von Seitenkräften des Rahmens auf den Kessel nötig waren, nicht entbehren mit Rücksicht auf die Beanspruchung des Rahmens beim Hochheben der Lokomotive in der Werkstatt (Abb. 166). Der Barrenrahmen muß von allen Biegemomenten verschont werden. Die schrägen Rauchkammerstützen verwandeln zwar das Biegemoment in Zugspannungen des Rahmens, aber es bleibt auch noch hinter den Zylindern bestehen und würde den Rahmen, dessen Stege entfernt sein müssen, zerbrechen. Die Pendelbleche halten nun den Rahmen am Kessel fest, und da sie nur Zug auszuhalten haben, hat von Borries sie durch ein um den Kessel gelegtes Flacheisen ersetzt[1].

[1] Leitzmann-Borries: S. 672.

Besonders hohe Beanspruchung des Rahmens entsteht dann, wenn erst der Kessel vom Rahmen und dann der Rahmen von den Achsen gehoben wird. Dann fehlt die Versteifung durch den Kessel, und es muß untersucht werden, in welcher Weise der Rahmen an den Kran gehängt werden muß, daß die Biegespannungen über dem Achslagerausschnitt nicht groß werden. Die Biegespannung sollte 1600, höchstens 2000 kg/cm² nicht übersteigen.

Die gleiche Spannung kann man zulassen für das Anheben eines Plattenrahmens. Zur Ermittlung des Biegemomentes genügt es, das Gewicht des Rahmens als gleichförmig verteilte Last anzunehmen und den Einfluß großer Einzellasten (Kesselstützen und Zylinder) graphisch oder rechnerisch hinzuzufügen.

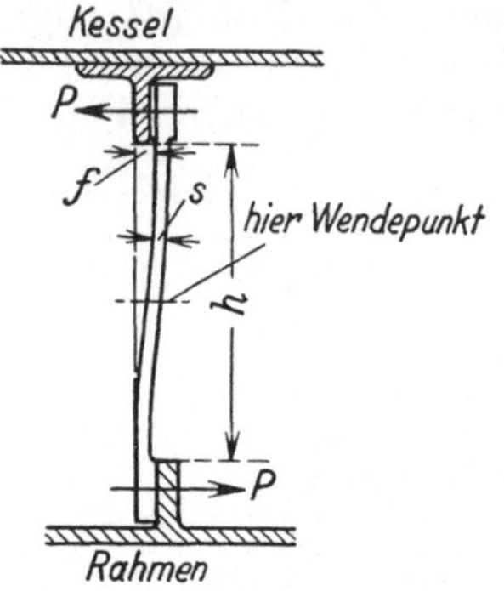

Abb. 167. Pendelblech. Wenn Breite b des Blechs gleichbleibend, ist $s = \frac{1}{3} \cdot \frac{h^2}{f} \cdot \frac{\sigma}{E}$, $E = 2100000$, $P = \frac{1}{3} \frac{b s^2}{h} \sigma$, $\sigma \leqq 1500$ kg/cm² mit Rücksicht auf Zug- und Scherspannungen. Die Befestigungsschrauben bei P sind sehr hoch beansprucht, weil sie das Einspannmoment des Pendelblechs aufnehmen müssen. Ausdehnung des Kessels durch die Wärme = 2 mm je m. Wenn man die Pendelbleche mit einer Vorspannung von 1 mm je m einsetzt, wird f nur halb so groß.

Die Pendelbleche werden am stärksten auf Biegen durch die Wärmeausdehnung des Kessels beansprucht, die etwa 2 mm je m beträgt (Abb. 167), ferner auf Zug beim Anheben der Lokomotive und beim Anheizen der Lokomotive und auf Biegen durch die Seitenkräfte des Rahmens. Die Pendelbleche müssen also zugleich biegsam sein, aber sehr fest mit dem Kessel und Rahmen verschraubt werden.

Die Verteilung der Rahmenlast auf die Achsen durch die Tragfedern setzt die Kenntnis der gefederten Lasten und der Lage ihres Schwerpunktes voraus. Das gefederte Gewicht G_2 ist die Summe aller Federlasten. Letztere ergeben sich aus der vorgeschriebenen Achsbelastung $2Q$ durch Abzug der toten Lasten (Radsätze, Achslager, Kuppelstangen, Anteile der Treib- und Schwingenstangen und Tragfedern). Die erforderliche Lage des Schwerpunktes von G_2 ist aus den Federlasten leicht durch Rechnung zu finden. Das erfordert die Ermittlung des genauen Gewichts und angenäherten Schwerpunktes jedes Einzelteiles, was zeitraubend, mühsam und eintönig ist, weil gewöhnlich Änderungen vorgenommen werden müssen, damit das vorgeschriebene Gewicht G_2 und seine Schwerpunktslage auch erreicht wird.

Um den Gesamtschwerpunkt zu bekommen, ist jeder Einzelteil mit dem Abstand von der „Momentebene" (dem Hebelarm) zu multiplizieren und die Summe der so erhaltenen Einzelmomente durch das Gewicht der gefederten Teile zu dividieren. Wenn man die Lokomotive mit dem Schornstein nach rechts gezeichnet hat, wählt man die Momentebene so weit hinten, daß keine negativen „Hebelarme" entstehen. Praktisch befestigt man an der Linie der Momentebene ein Lineal, gegen das man den Maßstab legt. Um den Schwerpunkt der Rahmenwangen zu finden, schneidet man sie aus starkem Papier aus und wiegt sie auf der Schneide eines Messers aus.

Bevor man die Last auf die Räder verteilt, muß man sich über die Zahl der Stützpunkte und die Eigenschaften der Tragfedern klar sein.

Eine Tragfeder biege sich unter der Last $2\,P_f$ um f cm zusammen. Man nennt $2\,P_f : f = c$ kg/cm die Federkonstante. Die Federkonstante ist für eine Blattfeder aus n Blättern mit der Breite b cm, der Höhe h cm und der Länge l cm, die vom Angriffspunkt der Last P_f bis zur Mitte des mit $2\,P_f$ belasteten Federbundes rechnet, $c = \frac{n\,b\,h^3}{6\,l^3} E$ kg/cm. Von der theoretischen Form wird abgewichen, indem zur Verstärkung der Federenden einige der oberen Federlagen die Länge l erhalten und die anderen Blätter gleichmäßig abgestuft kürzer werden. Dadurch wird die Feder steifer und c größer, dem man dadurch Rechnung trägt, daß E nicht mit dem wahren Wert 2100000, sondern mit $E = 2\,200\,000$ eingesetzt wird. Nimmt die Last um ΔP_f zu, Abb. 168, so vergrößert sich f um Δf; $\Delta P_f : P_f = \Delta f : f$. Bei schneller Fahrt ist Δf gleich der Gleisunebenheit z, also ist $\Delta P_f : P_f = z : f$; ΔP beschleunigt die gefederten Lasten, d. h. daß die Beschleunigung umgekehrt proportional f ist. Man wähle für f mit Rücksicht auf die Mannschaft bei großen Lokomotiven $f = 5 \div 7$ cm, bei kleinen Lokomotiven $f = 3 \div 5$ cm. Daß f ein Maß für die Weichheit der Federung ist, geht auch aus der allgemeinen Gleichung für die Dauer einer vollen Schwingung

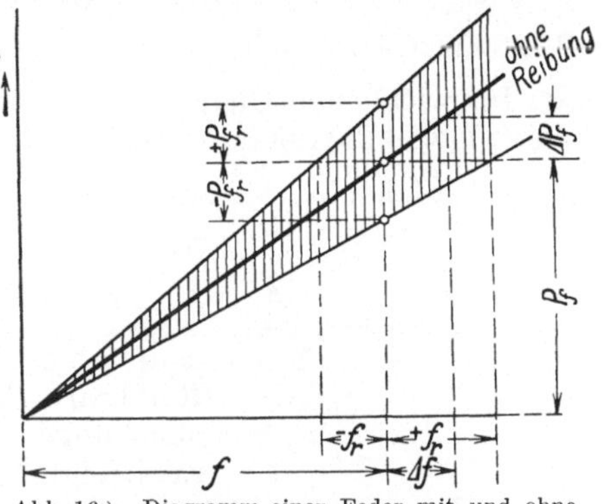

Abb. 168. Diagramm einer Feder mit und ohne Reibung.

$$t = 2\pi \sqrt{\frac{f}{100\,g}} \text{ sec *} \tag{14}$$

hervor; je größer f ist, um so langsamer und weicher schwingt der gefederte Teil. Das Diagramm Abb. 168 gilt nicht für Wickelfedern, weil die inneren Windungen sich stärker als die äußeren zusammendrücken und dann durch Aufsetzen auf die Stützplatte unwirksam werden; dann steigt ΔP schneller an als Δf.

Federreibung. Während Wickel- und Schraubenfedern fast reibungsfrei sind, reiben sich beim Durchbiegen die Federblätter aneinander. Bei der gleichen Durchbiegung kann also die Federbelastung $P_f \pm P_{f_r}$ betragen, was im Federdiagramm Abb. (168) durch die senkrecht schraffierte Fläche dargestellt ist. Man kann auch sagen, daß zu jeder Belastung zwei Durchbiegungen $f \pm f_r$ gehören, nach der Beziehung

$$\frac{f \pm f_r}{f} = \frac{P_f}{P_f \mp P_{f_r}}.$$

Nach Abb. 169 ist die Länge der unteren Faser des zweiten Blattes

$$= l_1 \frac{\varrho + \frac{h}{2}}{\varrho} \text{ cm}$$

* f in cm, g in msec^{-2}.

und die Länge der oberen Faser des zweiten Blattes

$$= l_1 \frac{\varrho - \frac{h}{2}}{\varrho} \text{ cm}.$$

Wenn die Feder gerade gestreckt worden ist, ist der Gleitweg s_r, die Differenz beider Längen also $s_r = \frac{l_1\left(\varrho + \frac{h}{2}\right) - l_1\left(\varrho - \frac{h}{2}\right)}{\varrho} = \frac{l_1 h}{\varrho}$ cm. Gleiten findet bei n Federblättern $(n-1)$ mal statt. Die mittlere Länge aller Blätter ist theoretisch $= \frac{l}{2}$, so daß der Gesamtgleitweg $S_r = (n-1) \cdot \frac{l}{2} \cdot \frac{h}{\varrho}$ cm ist. Im wirklichen Gleitweg tritt statt des theoretischen Wertes $^1/_2$ der Wert λ, weil die oberen Federblätter der Scherspannung wegen in voller Länge durchgeführt werden. $\lambda = \frac{l + l_1 + l_2 + \cdots}{n\,l}$. Bei Lokomotivtragfedern ist $\lambda = \sim 0{,}67 \div 0{,}7$. Demnach ist $S_r = \lambda(n-1)\frac{l\,h}{\varrho}$. Da die Last P_f an jedem Federende angreifend gedacht wird und dort die Reibkraft P_{f_r} erzeugt, kann man die Arbeitsgleichung aufstellen: $f \cdot P_{f_r} = S_r \cdot P_f \cdot \mu$, woraus folgt:

$$P_{f_r} = \frac{\lambda\,\mu\,(n-1)\,h\,l}{\varrho\,f}\,P_f \text{ kg}.$$

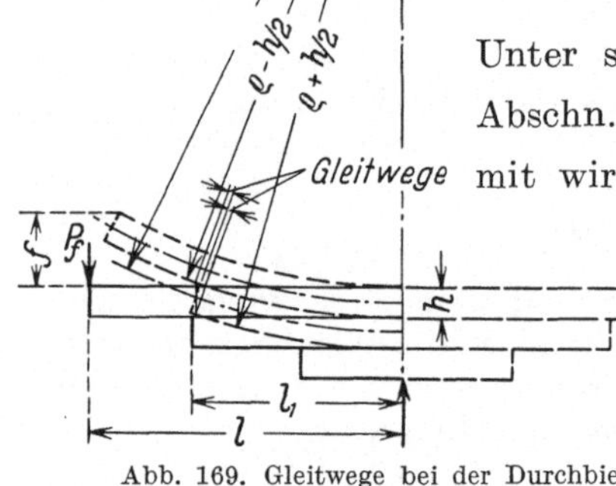

Abb. 169. Gleitwege bei der Durchbiegung einer Blattfeder.

Unter sinngemäßer Anwendung der Gl. (12), Abschn. II, kann man schreiben: $f = \frac{l^2}{2\varrho}$, womit wir erhalten:

$$P_{f_r} = 2 \cdot \lambda\,\mu \cdot (n-1)\frac{h}{l} \cdot P_f \text{ kg}. \qquad (15)$$

Die Gl. $P_{f_r} = \mu \cdot (n-1)\frac{h}{l} \cdot P_f$ ist schon 1892 von NOLTEIN aufgestellt, aber nur in russischer Sprache veröffentlicht worden, und dann wieder von MARIÉ. Nach den Versuchsergebnissen ist die Reibzahl $\mu = 0{,}6 \div 0{,}7$, weil die Gleitgeschwindigkeit fast gleich Null ist und die Flächen sehr rauh sind. Die Reibkraft P_{f_r} ist etwa 6 bis 10% von P_f.

Unter einem Stützpunkt, kurz „Punkt" genannt, versteht man den Schwerpunkt der senkrechten am Rahmen angreifenden Stützkräfte miteinander verbundener Federn oder eines Federsystems. In den ersten Jahrzehnten des Lokomotivbaues, als es höchstens dreiachsige Lokomotiven gab, waren die Federn nicht miteinander verbunden; die Lokomotiven waren also in 6 Punkten gestützt. Dieser Zustand der Einzelfederung hat sich bis heute in England erhalten, wo bis zu 10 Stützpunkte vorkommen, während in den Vereinigten Staaten stets eine völlig statisch bestimmte Stützung in 3 Punkten durchgeführt wird.

Der europäische Kontinent zeigt keine so ausgeprägte Eigenart. Die Vorteile der beiden Systeme zeigt die folgende Zusammenstellung:

Vorteile

der Stützung in drei Punkten	der Einzelfedern
1. Statisch unveränderlicher Federdruck, in der Folge: große Sicherheit gegen Entgleisen.	1. Einfachheit.
2. Ruhige Lage auf schlechtem Gleis.	2. Geringes Wanken.
	3. Geringes Nicken.

Da in Nordamerika ursprünglich auf den langen Überlandstrecken das Gleis sehr schlecht lag, gaben die Vorzüge der dreipunktigen Unterstützung den Ausschlag. Jetzt wird sie mehr aus alter Gewohnheit beibehalten und ist entbehrlich, weil das Gleis gut liegt und die vielen Hebelverbindungen sehr umständlich sind.

Die unter 2 und 3 genannten Vorzüge der Einzelfederung müssen noch erläutert werden. Wie schon auf S. 148 (Abb. 124) gezeigt worden war, widerstreben dem Wanken nur die seitlich stützenden Federn. Das sind bei Einzelfederung alle, während bei Dreipunktstützung die mit Querhebeln verbundenen Federn ausfallen. Vergleicht man bei gleichen Tragfedern schmale und enge Federbasis $2n$ m (Abb. 129), so findet man, daß breite Federbasis das durch innere Kräfte (nämlich den Kreuzkopfdruck) hervorgerufene Wanken vermindert, schmale Federbasis aber das durch äußere Kräfte (nämlich Unebenheiten des Gleises) hervorgerufene Wanken weniger fühlbar macht.

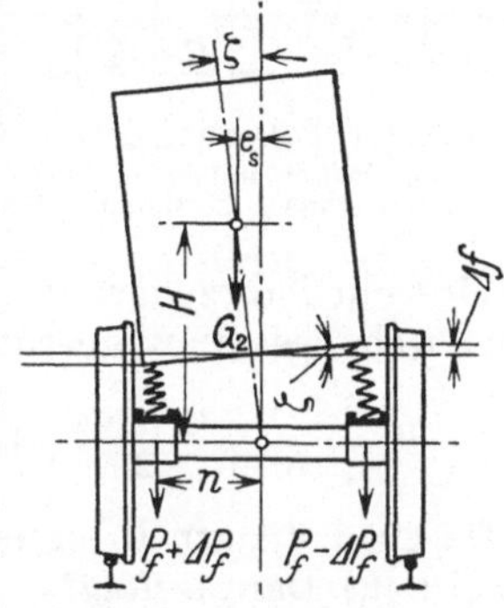

Abb. 170. Standsicherheit des Fahrzeugs auf den Tragfedern.

Mit Rücksicht auf die Standsicherheit dürfen die Tragfedern auch nicht zu weich sein. Neigt sich das Fahrzeug um den Winkel ζ (Abb. 170), so werden die Tragfedern um Δf zusätzlich durchgebogen und müssen ein Kräftepaar $2\Delta P_f \cdot 2n$ erzeugen, um das Fahrzeug wieder aufzurichten. Ist $G_2 = 2P_f \cdot i$ kg (wo G_2 = Gewicht der gefederten Teile, $i\,2P_f$ = Zahl mal Belastung aller Tragfedern) und η der Anteil der seitlich stützenden Achsen an der Gesamtfederlast sowie $\operatorname{tg}\zeta = \frac{e_s}{H}$, so ist

$$e_s \cdot G_2 = 2n\eta \cdot 2\frac{\Delta f}{f} \cdot P_f \cdot i.$$

Daraus wird $e_s = \eta \frac{\Delta f}{f} \cdot n$ m. Setzt man diesen Wert von a ein in die Gleichung $H : e_s = 100n : \Delta f$, so erhält man den höchsten zulässigen Wert $H = \eta \cdot \frac{n^2}{f} \cdot 100$ m. Da zum Aufrichten auch die Federreibung zu überwinden ist, muß statt f geschrieben werden: $f \cdot \frac{P_f}{P_f - P_{fr}}$, also ist

$$H \leqq \eta \cdot \frac{n^2}{f} \cdot \frac{P_f - P_{fr}}{P_f} \cdot 100 \text{ m}. \tag{16}$$

Da bei Einzelfederung Querhebel fehlen, ist $\eta = 1$ und der Fahrzeugrahmen seitlich fest gestützt. Diese Gleichung hat für schmalspurige Lokomotiven Bedeutung und kann zu Außenrahmen nötigen.

Dem Nicken setzen die Tragfedern einen Widerstand entgegen, indem sie ein entgegenwirkendes Moment $\mathfrak{M}$ erzeugen. Abb. 171 zeigt das Gerippe eines symmetrischen Fahrzeugs, das um den Winkel α geneigt ist, wodurch aus den zusätzlichen Federdurchbiegungen Δf die zusätzlichen, also aufrichtenden Kräfte $\Delta P_f = c \cdot \Delta f$ entstehen.

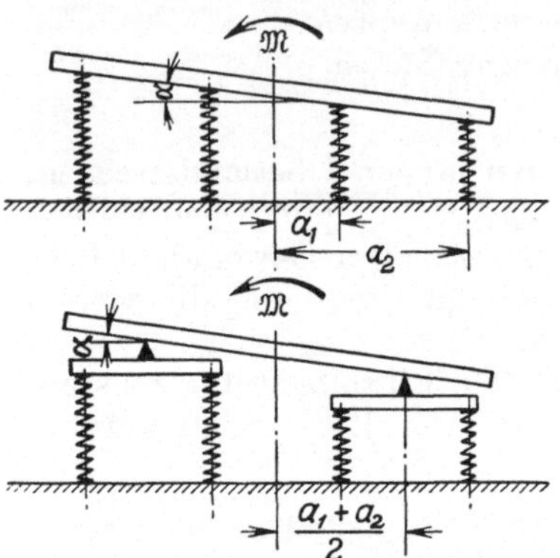

Abb. 171. Federwirkung beim Nicken. Oben statisch unbestimmte Stützung, unten statisch bestimmte Stützung.

$$\Delta f = 100\, a \operatorname{tg} \alpha \text{ cm}^*,$$

$$\Delta P_f = 100\, c \cdot a \cdot \operatorname{tg} \alpha \text{ kg}.$$

Also ist Moment

$$\mathfrak{M} = \frac{2}{1000} (a_1 \Delta P_1 + a_2 \Delta P_2)$$

$$= \frac{2 \cdot 100}{1000} (a_1 \cdot c \cdot a_1 \operatorname{tg} \alpha + a_2 \cdot c \cdot a_2 \operatorname{tg} \alpha),$$

$$\mathfrak{M} = \frac{2}{10} (a_1^2 + a_2^2) \cdot c \cdot \operatorname{tg} \alpha \text{ mt}.$$

Wird ein Fahrzeugrahmen aber wie in der unteren Figur der Abb. 171 statisch bestimmt gestützt, so ist

$$\mathfrak{M} = \frac{2}{1000} \frac{a_1 + a_2}{2} (\Delta P_1 + \Delta P_2) = \frac{2}{10} \frac{a_1 + a_2}{2} \cdot 2\, c \cdot \frac{a_1 + a_2}{2} \operatorname{tg} \alpha.$$

(Da zwei Federn in einem Punkt wirken, muß $2\,c$ statt c geschrieben werden.) Daraus folgt:

$$\mathfrak{M} = \frac{1}{10} (a_1 + a_2)^2\, c \cdot \operatorname{tg} \alpha.$$

Beispielsweise sei: $a_1 = 1$ m und $a_2 = 3$ m. Dann ist für die Stützung in vier Punkten $\mathfrak{M} = \frac{2}{10} (1^2 + 3^2)\, c \cdot \operatorname{tg} \alpha = 2{,}0\, c \cdot \operatorname{tg} \alpha$ und im statisch bestimmten Falle $\mathfrak{M} = \frac{1}{10} (1 + 3)^2\, c \cdot \operatorname{tg} \alpha = 1{,}6\, c \cdot \operatorname{tg} \alpha$ mt.

Die Einzelfederung stützt also auch sicherer gegen das Nicken. Um Schwingungen schneller zu dämpfen, sollten an den Fahrzeugen nur Blattfedern angebracht werden.

Aus dem Gesagten können folgende Schlüsse gezogen werden: Auf sehr schlechtem Gleis muß Dreipunktstützung angewandt werden; je besser das Gleis ist, um so mehr sind Einzelfedern am Platze. Der europäische Kontinent zeigt viel Mittelwege. Sehr verbreitet ist die Stützung in vier Punkten, z. B. bei allen Drehgestellen und zweiachsigen Wagen.

---

* a in m.

Eine aus der Gleisebene hervorragende Erhöhung z cm kann aus fehlerhafter Gleislage oder infolge der Überhöhungsrampe von l_0 m Länge der Außenschiene entstehen, deren Neigung $1:n_z$ auf Hauptbahnen zwar 1:1000 betragen soll, aber auf Nebenbahnen bis 1:300 erhöht werden darf. Bei einem Achsstande a m ist dann $z = \frac{100}{n_z} a$ cm. Sind die vier Federn gleich stark, so kommt auf jede Feder — an der Schiene gemessen — $\frac{z}{4}$, an den Federn selbst jedoch entsteht eine zusätzliche Durchbiegung $\pm \Delta f = \frac{z}{4} \cdot \frac{2n}{S}$ cm ($2n$ = Federbasis aus Abb. 129 od. 170, S = Abstand der Laufkreisebenen). Außen liegende Federn erfordern demnach, weil n doppelt so groß wie bei innerer Lage ist, besonders weiche Federn, damit die Achsdruckänderung $\Delta Q = \frac{2 \Delta P_f}{1000} = \pm \frac{\frac{\Delta f}{f} \cdot 2 P_f}{1000}$ t nicht zu groß wird. Die Überhöhungsrampe des Bogeneinlaufs ist weniger gefährlich als der Auslauf, bei dem das Außenrad entlastet wird. Wirklich gefährlich ist schlechte Gleislage, in deren Folge sowohl Entlastungen als auch starke Führungskräfte auftreten können, so daß $K:Q$ zu groß wird. ÜBELACKER[1] hat die Anpassung der Lokomotiven und Tender an Gleisunebenheit ausführlich untersucht.

Die Durchbiegung der Tragfedern kann an der Verschiebung des Achslagers gegen die Führung gemessen werden. LOMONOSSOFF[2] hat in Rußland $\Delta f = \pm 0{,}3$ bis höchstens 1,4 cm, PFLANZ[3] auf den österreichischen Bundesbahnen bei der Fahrt über Herzstücke $\pm 0{,}5$ cm und HOLTMEYER[4] auf gutem Oberbau der Deutschen Reichsbahn $\Delta f = \pm 0{,}2 \div 0{,}3$ cm gefunden. Auf den Herzstücken der Weichen springt die Achse aber auch bis zu 1,5 cm. Mit $Q = 10$ t, Federlast $2 P_f = 8000$ kg, $f = 6{,}0$ cm, ergibt $\Delta f = 0{,}6$ cm eine Achsdruckänderung $\Delta Q = \frac{2 \Delta P_f}{1000} = \frac{\frac{\Delta f}{f} \cdot 2 P_f}{1000} = \frac{0{,}6}{6} \cdot 8 = 0{,}8$ t. Auch Werklokomotiven werden trotz des schlechten Gleises der Einfachheit und Stabilität halber in vier Punkten gestützt. Lokomotiven mit Drehgestellen stützen mit Rücksicht auf Stabilität, Gewichtsersparnis und geringes Wanken aus dem Kreuzkopfdruck ihren Rahmen auf das Drehgestell am besten seitlich und nicht auf einen Mittelzapfen. Sind im übrigen die Tragfedern jeder Rahmenwange miteinander verbunden, so entsteht eine vierpunktige Unterstützung. Drehgestellokomotiven mit mehr als sechs Achsen erhalten bei vierpunktiger Unterstützung sehr viele Ausgleichhebel, die durch ihre Reibung den statischen Ausgleich beeinträchtigen; bei großer Geschwindigkeit kommt noch ihr Trägheitswiderstand hinzu, da sie sehr schnell beschleunigt werden müssen. NOLTEIN hat deshalb die Aus-

[1] Org. f. d. Fortschr. d. Eisenbahnw. **83**, 427 (1928).
[2] Glasers Annalen **105**, 80 (1929). [3] El. Bahnen **7**, 1 (1931).
[4] Doktordissertation. Die Schwankungen des Treibraddruckes bei Lokomotiven unter Einwirkung der Treibstangenkräfte. Berlin 1931.

gleichhebel selbst als Federn ausgebildet. Wenn man das tut und alle Tragfedern mit $f = 10 \div 12$ cm sehr weich macht, kann man den Rahmen auch in mehr als vier Punkten stützen.

Hat man sich für drei- oder vierpunktige Unterstützung entschieden, so bereitet die Lastverteilung keine Schwierigkeiten, weil zwei gegenüberliegende Stützpunkte als gleich stark belastet betrachtet werden und dadurch die Aufgabe auf den „Balken auf zwei Stützen" zurückgeführt worden ist.

Eine Ausnahme bilden die Lokomotiven mit zwei KLIEN-LINDNERschen Hohlachsen, wo diese als Querhebel dienen und die Lokomotive jeglicher seitlicher Stützung berauben. Diese kann u. a. dadurch wiedergewonnen werden, daß man eine oder mehrere der festen Achsen beiderseits für sich federt. Dann ist die Lokomotive zwar auch in vier Punkten gestützt, aber diese Punkte liegen so, daß der „Balken auf drei Stützen", also ein statisch unbestimmtes System entsteht.

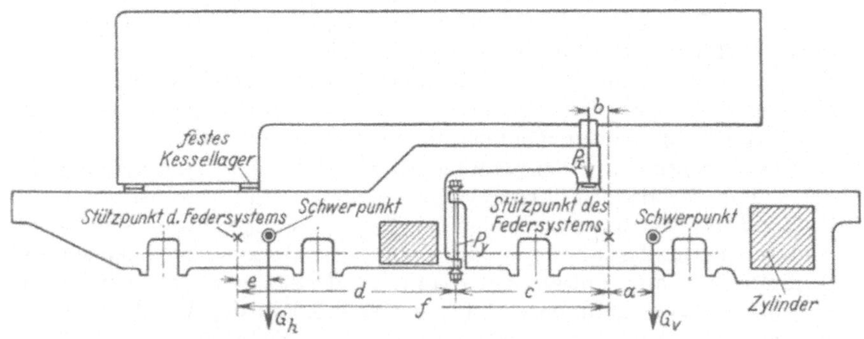

Abb. 172. Lastübertragung einer MALLET-Lokomotive.
Die Tragfedern jedes Gestells müssen durch Längshebel miteinander verbunden sein.

Auch die gegenseitige Stützung der Gestelle einer MALLET-Lokomotive erfordert besondere Betrachtungen, weil nach Abb. 172 die beiden Gestelle in waagerechter Richtung zwar gelenkig verbunden sind, in senkrechter Richtung aber wie ein starres Ganzes wirken müssen. Der Hauptrahmen stützt sich mit der Kraft P_x auf das Triebgestell, dessen Schwerpunkt aber durch die schweren Zylinder so weit nach vorn gezogen wird, daß die Resultante aus P_x und G_v nicht in den Federstützpunkt fallen kann. Das wäre auch schädlich, weil dann das Triebgestell in keinem stabilen Gleichgewicht wäre, dessen es wegen des wechselnden Gleitbahndruckes dringend bedarf. Im Gegenteil muß der Stützpunkt von P_x so gelegt werden, daß in den senkrechten Spannstangen zwischen Haupt- und Triebgestell eine nicht zu kleine Kraft P_y wirkt. P_x und P_y vereinigen die beiden Gestelle zu einem tragfähigen Gerüst. Aus den Gleichungen

$$G_v\, a - b\, P_x - c\, P_y = 0$$

und

$$G_h\, e - f\, P_x - d\, P_y = 0$$

findet man

$$P_y = \frac{G_h \cdot e\,b - G_v \cdot a\,f}{b\,d - c\,f}\ \text{t}. \qquad (*)$$

Häufig ist $b = 0$, so daß dann $P_y = \frac{G_v \cdot a}{c}$ ist.

Bei vielachsigen MALLET-Lokomotiven kommt es vor, daß die Anordnung der Ausgleichhebel schwierig ist; der Fortfall eines solchen Hebels macht die Stützung aber statisch unbestimmt, was ein Mangel ist, weil diese Lokomotiven nur für langsame Fahrt bestimmt sind und häufig auf unebenem Gleise fahren müssen. Am Hauptgestell darf deshalb niemals ein Ausgleichhebel fortgelassen werden. Am Triebgestell kann man es tun, wenn man aus Gl. (*) die Lage von P_x, nämlich das Maß b, so bestimmt, daß $P_y = 0$ wird. Dann muß die Spannstange fortfallen, und das Triebgestell läuft wie ein selbständiges Fahrzeug. Beim Entwurf der Einzelheiten ist aber zu beachten, daß an der Stelle, wo nun die Spannstangen fehlen, die beiden Gestelle sich stark senkrecht gegeneinander verschieben können. Häufig findet man statt einer Auflagerung des Hauptgestelles zwei Stützen, deren Belastung statisch nicht bestimmbar ist, was vermieden werden sollte.

Die Längen der Ausgleichhebel werden aus den Federlasten P_f berechnet. Wenn nach der Gewichtsberechnung Schwerpunkt und Gewicht der gefederten Teile stimmen, ist eine Nachrechnung der Lastverteilung eigentlich unnötig. Will man aber den Einfluß von Zug- oder Bremskräften oder Veränderungen der Vorräte kennenlernen, so muß doch der Schwerpunkt von neuem gesucht und die etwa geänderte Last G_2 neu verteilt werden. Es ist nicht schwer, die Lage des Stützpunktes eines Federsystems zu bestimmen, doch sei an Hand der Abb. 173 gezeigt, wie es zweckmäßig gemacht wird. Man rechnet nicht mit den Kräften selbst, sondern nur mit ihrem Verhältnis und ersetzt sie außerdem durch die Hebellängen. Die Momentebene wird in die letzte Achse gelegt; dann erhält man folgendes Schema:

	Kraft	Abstand	Moment
Achse III . .	$\frac{c}{d}$	0	0
Achse II . . .	1	l_1	l_1
Achse I . . .	$\frac{b}{a}$	l_2	$\frac{b}{a} \cdot l_2$
	$\sum$ Kräfte	x	$\sum$ Momente

Der gesuchte Abstand ist dann $x = \frac{\sum \text{Momente}}{\sum \text{Kräfte}}$.

Ein statisch bestimmtes System kann unbestimmt werden, wenn ein Ausgleichhebel seinen Anschlag berührt und dadurch unwirksam wird. Das kann sich ereignen, wenn die Lokomotive über die mit nur 200 m ausgerundete Kuppe des Ablaufberges fährt. Wenn irgend möglich, sollte man aber das Anschlagen der Ausgleichhebel vermeiden, weil dabei die Tragfedern sehr stark überlastet werden. Es liegt im Wesen des „Balkens auf drei Stützen“, daß diese sehr weich sein müssen, um starke Laständerungen zu vermeiden. Die notwendigerweise weichen Federn der mehr als fünffach unterstützten Lokomotiven fehlen aber dort, wo aus drei- oder vierpunktiger Unterstützung nur zufällig eine fünf- oder mehrfache wird.

Auch die im Aufriß dreipunktig erscheinende Lokomotive stellt kein als elastisch zu behandelndes System dar, wenn es nur darauf ankommt, aus der Gewichtsberechnung die Achslasten zu bestimmen. Hat man z. B. eine 2 C 1-Lokomotive mit Einzelfederung des Drehgestells, der Treibachse und der Schleppachse, so ist die Belastung der Treibachsen vorgeschrieben. Dann nimmt man aus der Summe der Gewichte und Momente diese Größen für die Treibachsen heraus und verteilt das restliche Gewicht wie beim „Balken auf zwei Stützen“ auf

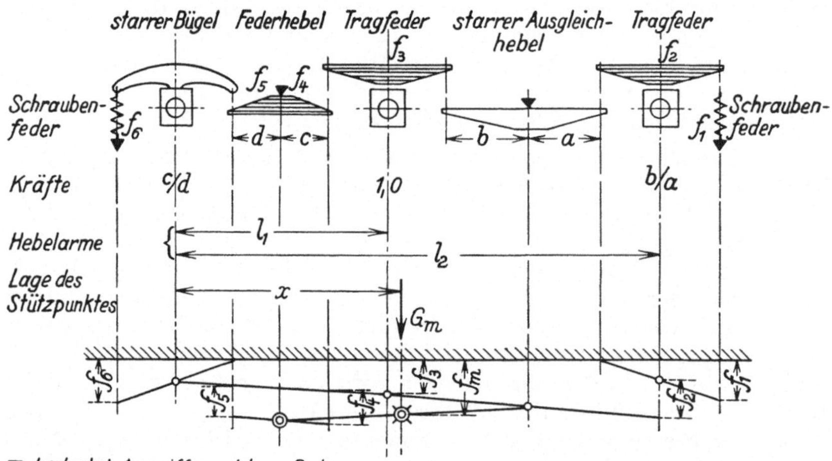

Abb. 173. Ermittlung der Lage des Stützpunktes und der mittleren Durchbiegung f_m der Tragfedern.

Die Durchbiegungen der einzelnen Tragfedern werden zeichnerisch aneinandergereiht, wobei die Reihenfolge gleichgültig ist. Die Durchbiegungen der beiden Enden des Federhebels sind ungleich wegen der verschiedenen Hebellängen. Bei symmetrischen Tragfedern wird die Durchbildung auf Mitte Feder eingetragen.

das Drehgestell und die Schleppachse. In der Werkstatt werden die Muttern der Federschrauben so angezogen, daß die Waagen die vorgeschriebenen Achsbelastungen zeigen. Wenn man aber feststellen will, wie die Achslasten sich bei Abnahme der Vorräte oder unter der Wirkung des Zughakens oder beim Fahren über den Ablaufberg ändern, ist eine Elastizitätsrechnung nicht zu vermeiden. Hierüber gibt es eine reiche Literatur, die sich im wesentlichen auf Clapeyron und Maxwell stützt und aus der genannt sei:

Leitzmann: Glasers Annalen **41**, 157 (1897). Garbe: Die Dampflokomotiven der Gegenwart. 2. Aufl., S. 681. Berlin: Julius Springer 1920. Lindemann: Glasers Annalen **55**, 227 (1904). Denecke: Glasers Annalen **59**, 141 (1906). Jrotschek: Glasers Annalen **86**, 25 (1920).

Der Aufsatz von Jrotschek liegt den folgenden Ausführungen zugrunde. Statisch unbestimmte Systeme werden allgemein so behandelt, daß man getrennt voneinander untersucht die Wirkung (d. h. die Federdurchbiegung oder Formänderung) der Belastung G und die der einen überzähligen Stütze, die in Abb. 174 mit 𝔅 bezeichnet ist. Diese Durchbiegungen müssen einander gleich sein, d. h. sie müssen sich gegenseitig aufheben, damit der Ursprungszustand wieder erreicht wird. Da die Kräfte G und 𝔅 zunächst unbekannt sind, werden sie gleich 1 kg gesetzt. Die Federdurchbiegung für die Last $G_m = 1$ wird dann $\varphi = \frac{f_m}{G_m}$ cm/kg (Abb. 173) genannt und die Einsenkungen des Rahmens (auch Balken oder Träger genannt) für die Last 1 heißen δ cm/kg. Die spezifischen Durchbiegungen φ der Federn werden durch die Indizes ihrer Stützpunkte bezeichnet, während die Einsenkungen δ des Trägers mit zwei Indizes versehen werden, von denen der erste vom Ort und der zweite von der Ursache der Wirkung herrührt. Da das Produkt φG_m, nämlich die Durchbiegungen f_m, sowohl für G wie für 𝔅 gleich groß sein soll, und eine Kraft = 1 ist, kann die andere berechnet werden. Man denkt sich zunächst die Stütze 𝔅 = 1 entfernt, was bedeutet, daß sie um das Maß $\varphi_{\mathfrak{b}}$ gesenkt werden muß. Dann ist die Last $G = 1$ auf die Stützen 𝔄 und ℭ zu verteilen.

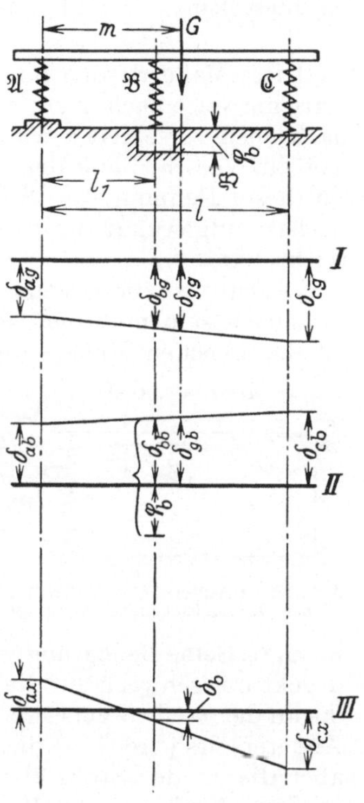

Abb. 174. Verschiebungspläne.
Da die Tragfedern im allgemeinen verschiedene Durchbiegungen haben, liegen ihre Stützen verschieden hoch.

Setzt man die im Abstande m (Abbildung 174) wirkende Kraft $G = 1$ kg, so ist in dem Stützpunkte:

	𝔄	ℭ	
die Belastung	$\frac{l-m}{l}$	$\frac{m}{l}$	kg
die Federgröße	$\varphi_{\mathfrak{a}}$	$\varphi_{\mathfrak{b}}$	cm/kg
die Einsenkung	$\delta_{\mathfrak{a}g} = \frac{l-m}{l}\,\varphi_{\mathfrak{a}}$	$\delta_{\mathfrak{c}g} = \frac{m}{l}\,\varphi_{\mathfrak{c}}$	cm/kg

Trägt man $\delta_{\mathfrak{a}g}$ und $\delta_{\mathfrak{c}g}$ in dem Verschiebungsplan I auf (etwa in dem Maßstabe 2 cm = 0,0001 cm/kg), so können die Einsenkungen $\delta_{\mathfrak{b}g}$ und δ_{gg} abgegriffen werden.

Nun muß G fortgenommen und 𝔅 = 1 wieder untergesetzt werden. Dann ist in dem Stützpunkt:

	$\mathfrak{A}$	$\mathfrak{C}$	
die Belastung	$\frac{l-l_1}{l}$	$\frac{l_1}{l}$	
die Einsenkung	$\delta_{\mathfrak{a}\mathfrak{b}} = \frac{l-l_1}{l}\,\varphi_{\mathfrak{a}}$	$\delta_{\mathfrak{c}\mathfrak{b}} = \frac{l_1}{l}\,\varphi_{\mathfrak{c}}$	

Diese Maße werden im Verschiebungsplan II eingetragen, und zwar logischerweise nach oben, weil der Träger unter der Last $\mathfrak{B}$ ohne G sich nach oben verschieben würde. Man greift die Einsenkungen $\delta_{g\mathfrak{b}}$ ebenso wie die Verschiebung der Feder $\mathfrak{B}$, nämlich $\delta_{\mathfrak{b}\mathfrak{b}}$ aus diesem Plane ab. Zu dieser Dehnung $\delta_{\mathfrak{b}\mathfrak{b}} \cdot \mathfrak{B}$ kommt nun noch die Dehnung $\varphi_{\mathfrak{b}}\,\mathfrak{B}$, die zunächst aufgewandt werden muß, damit die Anfangslage wieder erreicht wird.

Deshalb ist die Gesamtdurchbiegung der Last $\mathfrak{B}$ gleich $\mathfrak{B}(\varphi_{\mathfrak{b}}+\delta_{\mathfrak{b}\mathfrak{b}})$, die gleich sein muß der Durchbiegung unter der Wirkung der Last G an der gleichen Stelle, nämlich $G\cdot\delta_{\mathfrak{b}g}$; deshalb ist $\mathfrak{B}(\varphi_{\mathfrak{b}}+\delta_{\mathfrak{b}\mathfrak{b}}) = G\cdot\delta_{\mathfrak{b}g}$ ($\delta_{\mathfrak{b}g}$ aus Plan I) und die gesuchte Last

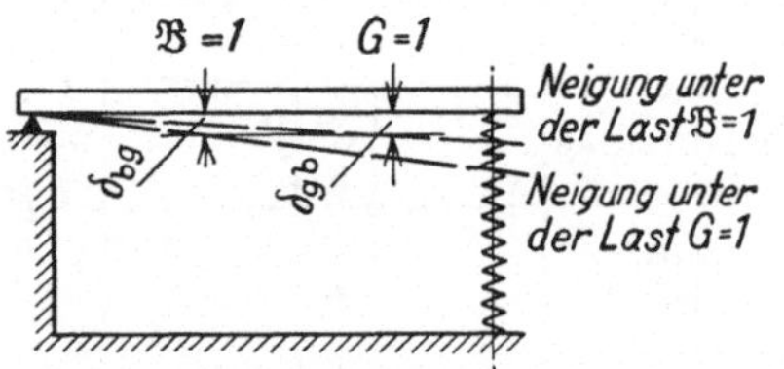

Abb. 175. Erläuterung zu MAXWELLS Satz von der Gegenseitigkeit der Verschiebungen.

$$\mathfrak{B} = G\cdot\frac{\delta_{\mathfrak{b}g}}{\varphi_{\mathfrak{b}}+\delta_{\mathfrak{b}\mathfrak{b}}}\ \text{kg}.$$

Das Verfahren wird dadurch wesentlich vereinfacht, daß man den MAXWELLschen Satz von der Gegenseitigkeit der Verschiebungen[1] benutzt. Seine Bedeutung sei an der Abb. 175 erläutert. Die Last $\mathfrak{B}=1$ kg drückt nur schwach auf die Feder, der Balken neigt sich nur wenig, aber die an der Stelle G gemessene Einsenkung $\delta_{g\mathfrak{b}}$ wird verhältnismäßig groß. Andererseits wird $G=1$ die Feder stark belasten, den Balken sehr neigen, aber die an der Stelle $\mathfrak{B}$ erzeugte Einsenkung $\delta_{\mathfrak{b}g}$ erscheint dort vergrößert. Nach einiger Überlegung wird es einleuchten, daß

$$\delta_{g\mathfrak{b}} = \delta_{\mathfrak{b}g}$$

ist. Benutzt man diese Gleichheit, so kann man schreiben

$$\mathfrak{B} = G\cdot\frac{\delta_{g\mathfrak{b}}}{\delta_{\mathfrak{b}\mathfrak{b}}+\varphi_{\mathfrak{b}}}\ \text{kg}. \tag{17}$$

Nun kann man alle Maße dem Verschiebungsplan II entnehmen und braucht Plan I gar nicht zu zeichnen.

Die so gewonnenen Lasten $\mathfrak{A}$, $\mathfrak{B}$ und $\mathfrak{C}$ werden aber im allgemeinen nicht mit der geforderten Belastung übereinstimmen. Das rührt daher, daß der Rechnung die Annahme gleicher Höhenlage der unteren Federstützpunkte (Abb. 174) stillschweigend zugrunde gelegen hat. Um nun die geforderte Belastung (hauptsächlich die der treibenden Achsen $\mathfrak{B}$) zu bekommen, müssen die Stützpunkte gehoben oder gesenkt werden, was die Werkstatt durch die Federspannschrauben bewirkt. Die „Korrek-

[1] FÖPPL: Vorlesungen über technische Mechanik, III, 8. Aufl., S. 160. Leipzig: Teubner 1920.

tur" der Belastungen muß dann immer wieder vorgenommen werden, wenn unter neuen Voraussetzungen (z. B. Änderung der Vorräte) die Lasten $\mathfrak{A}$, $\mathfrak{B}$ und $\mathfrak{C}$ bestimmt worden sind. Die Summe der Korrekturen, mit + als Belastung und — als Entlastung bezeichnet, muß natürlich Null sein.

Ferner ist zu beachten, daß $\varphi = f_m : G_m$ sich auf alle Federn eines Stützpunktes bezieht. Die Federdurchbiegung f_m cm kann zeichnerisch nach Abb. 173 leicht gefunden werden.

Mit Hilfe der Verschiebungspläne werden hauptsächlich folgende Aufgaben gelöst:

1. Änderung der Lastverteilung beim Wechsel der Vorräte der Tenderlokomotive wie oben angedeutet worden war.
2. Änderung der Achslasten durch Zug- und Bremskräfte.
3. Änderung der Achslasten bei der Fahrt über die Kuppe des Ablaufberges.

Zu 2.: Eine Zug- oder Druckkraft X kg erzeugt mit dem Abstande h_x m des Zughakens von der Schiene ein Moment $X h_x$ mkg, das die Lokomotive vorn hebt und hinten niederdrückt. Die entgegengesetzte Wirkung tritt beim Bremsen durch die Bremskraft X_b auf, die im Abstande des Schwerpunktes über der Schiene angreift. Im folgenden wird ganz allgemein von einem Moment $X \cdot h$ gesprochen. Es erzeugt, wenn $X = \pm 1$ ist und $\mathfrak{B}$ fehlt (Abb. 174), in den Stützpunkten $\mathfrak{A}$ und $\mathfrak{C}$, deren Abstand $= l$ ist, die Kräfte $\mp \frac{h_x}{l}$ bzw. $\pm \frac{h_x}{l}$ und die spezifischen Durchbiegungen $\delta_{\mathfrak{a}x} = \mp \frac{h_x}{l} \cdot \varphi_{\mathfrak{a}}$ bzw. $\delta_{\mathfrak{c}x} = \pm \frac{h_x}{l} \cdot \varphi_{\mathfrak{c}}$ cmkg. Daraus wird der Verschiebungsplan III gezeichnet, und zwar sinngemäß so, daß nach oben eine Entlastung (negativ) aufgetragen wird. Nach dem Plane III wäre dann $\delta_{\mathfrak{b}x}$ positiv. Ebenso wie früher $\mathfrak{B}$ daraus bestimmt worden war, daß $G \cdot \delta_{\mathfrak{b}g} = \mathfrak{B}(\delta_{\mathfrak{b}\mathfrak{b}} + \varphi_{\mathfrak{b}})$ gesetzt werden konnte, wird jetzt die Veränderung von $\mathfrak{B}$, nämlich $\Delta\mathfrak{B}$ bestimmt aus $X\,\delta_{\mathfrak{b}x} = \Delta\mathfrak{B}(\delta_{\mathfrak{b}\mathfrak{b}} + \varphi_{\mathfrak{b}})$, wobei Plan I benutzt wird; die Laständerung ist dann $\Delta\mathfrak{B} = X \frac{\delta_{\mathfrak{b}x}}{\delta_{\mathfrak{b}\mathfrak{b}} + \varphi_{\mathfrak{b}}}$. Die neue Belastung ist $\mathfrak{B}' = \mathfrak{B} + \Delta\mathfrak{B}$. Die anderen Laständerungen findet man aus den Momentgleichungen

$$-\Delta\mathfrak{A} \cdot l = \pm X \cdot h_x \pm \Delta\mathfrak{B}(l - l_1),$$
$$\Delta\mathfrak{C} \cdot l = \pm X \cdot h_x \mp \Delta\mathfrak{B} \cdot l_1 \text{ mkg.}$$

Das obere Vorzeichen gilt beim Ziehen, wenn $\mathfrak{A}$ vorn liegt und $\delta_{\mathfrak{b}x}$ im Plan II nach unten gemessen ist.

Zu 3.: Hat das Gleis auf der Kuppe des Ablaufbergs unter dem Stützpunkt $\mathfrak{B}$ gemessen (Abb. 176) eine Unebenheit von der Höhe z cm, so entsteht eine neue Belastung $\mathfrak{B}_z$. Während nun die Kraft $\mathfrak{B}$ nach Plan II (Abb. 174) die Gesamtverschiebung $\mathfrak{B}(\varphi_{\mathfrak{b}} + \delta_{\mathfrak{b}\mathfrak{b}})$ erzeugt hatte, kommt jetzt noch das Maß z hinzu, so daß sich verhalten muß:

$$\frac{\mathfrak{B}_z}{\mathfrak{B}} = \frac{\mathfrak{B}(\varphi_{\mathfrak{b}} + \delta_{\mathfrak{b}\mathfrak{b}}) + z}{\mathfrak{B}(\varphi_{\mathfrak{b}} + \delta_{\mathfrak{b}\mathfrak{b}})},$$

woraus folgt:

$$\mathfrak{B}_z = \frac{\mathfrak{B}(\varphi_\mathfrak{b} + \delta_{\mathfrak{b}\mathfrak{b}}) + z}{\varphi_\mathfrak{b} + \delta_{\mathfrak{b}\mathfrak{b}}} \text{ kg}$$

Für $\mathfrak{B}$ ist der ursprüngliche, nicht korrigierte Wert einzusetzen, dann $\mathfrak{A}$ und $\mathfrak{C}$ zu berechnen und die Korrekturen hinzuzufügen. Nachdem man die Laständerungen $\Delta\mathfrak{A}$, $\Delta\mathfrak{B}$ und $\Delta\mathfrak{C}$ gefunden hat, berechnet man die wahre senkrechte Verschiebung der Achsen: $\Delta\mathfrak{A}\cdot\varphi_\mathfrak{a}$, $\Delta\mathfrak{B}\cdot\varphi_\mathfrak{b}$ und $\Delta\mathfrak{C}\cdot\varphi_\mathfrak{c}$ cm.

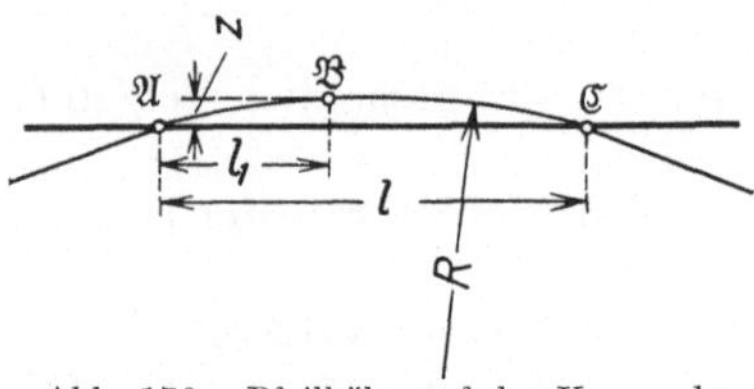

Abb. 176. Pfeilhöhe auf der Kuppe des Ablaufberges.

Die Unebenheit kann viele Ursachen haben und auch in der Lokomotive selbst liegen. Es gibt Rückstellvorrichtungen an Drehgestellen und Bogenachsen, deren Rückstellkraft durch Anheben der Lokomotiven entsteht; Keilflächen und Pendel gehören dazu. In jedem Bogen wird dann infolge der Ausschläge an den Rückstellvorrichtungen die Lokomotive vorn und hinten angehoben, und die Treibachsen werden entlastet. Da im Bogen die Treibräder an sich schon leicht schleudern, ist dies besonders unangenehm. Deshalb sollen statisch unbestimmt gestützte Lokomotiven nur Rückstellvorrichtungen mit Federwirkungen erhalten. Wittrock[1] hat die Federlastverhältnisse auf dem Ablaufberg und Übelacker[2] allgemein näher untersucht.

Beispiel: 2 B 1-Lokomotive.

	Achsstand 3,9 m (ℭ–II)		Achsstand 2,3 m (II–I)	Achsstand 3,45 m (I–𝔄)
	Schleppachse	Treibende Achsen		Drehgestell
	$\mathfrak{C}$	II	I	$\mathfrak{A}$
Achslasten	16500	16500	16500	25000 kg
Tote Lasten	1500	3500	4500	2000
Federlasten $4\,P_f$ . . .	15000	13000	12000	23000 $\Sigma = 63000$ kg $= G$
Federblattzahl n . . .	11	13	13	21
Federblattlänge $2\,l$ . .	1100	1200	1200	1300 mm
Durchbiegung f . . .	7,74	7,36	6,79	10,25 cm
$c = \frac{\text{Gesamtbelastung}}{f_m}$.	1940	$\frac{(13000 + 12000)\cdot 2}{7{,}36 + 6{,}79} = 3530$		2240 kg/cm
$\varphi = \frac{1}{c}$	0,000516	0,000283		0,000446 cm/kg

Abstand des Gesamtschwerpunktes G von der um 1 m hinter $\mathfrak{C}$ gewählten Momentebene 6,508 m bzw. 6,408 m bei Einwirkung von X, also 5,508 bzw. 5,408 m vor Punkt $\mathfrak{C}$.

---

[1] Org. f. d. Fortschr. d. Eisenbahnw. **81**, 198 (1926).

[2] Org. f. d. Fortschr. d. Eisenbahnw. **81**, 497 (1926).

Federblattquerschnitt:

$$90 \cdot 13 \text{ cm}^2, \quad b h^3 = 20, \quad E = 2{,}2 \cdot 10^6 \text{ kg/cm}^2, \quad f = \frac{6 l^3 P}{n E b h^3} \text{ cm}.$$

1. Die Federlasten von II und I verhalten sich wie $\frac{13}{12} = \frac{1{,}08}{1{,}0}$. Bezüglich der Kuppelachsen ergibt die Momentgleichung um II:

Last	Hebel	Moment
1,08	0	0
1,0	2,3	2,3
2,08		2,3

Die Lastzentrale des Reibgewichtes fällt also nach $\mathfrak{B}$, das sind $\frac{2{,}3}{2{,}08} = 1{,}104$ m vor Achse II, so daß $l_1 = 2{,}3 + 3{,}45 - 1{,}104 = 4{,}646$ m.

2. 1 kg in $\mathfrak{B}$ ruft in $\mathfrak{A}$ eine Verschiebung

$$\delta_{\mathfrak{a}\mathfrak{b}} = \varphi_{\mathfrak{a}} \frac{l - l_1}{l} = 0{,}000\,446 \cdot \frac{5{,}004}{9{,}65} = 0{,}000\,231 \text{ cm/kg},$$

1 kg in $\mathfrak{B}$ ruft in $\mathfrak{C}$ eine Verschiebung

$$\delta_{\mathfrak{c}\mathfrak{b}} = \varphi_{\mathfrak{c}} \frac{l_1}{l} = 0{,}000\,516 \cdot \frac{4{,}646}{9{,}65} = 0{,}000\,248\,3 \text{ cm/kg hervor.}$$

Mit diesen Werten wird (mit Längenmaßstab 1:25, δ-Maßstab 2 cm = 0,0001 cm/kg) der II. Verschiebungsplan gezeichnet, aus ihm wird an der Stelle $\mathfrak{B}$ die Verschiebung $\delta_{\mathfrak{b}\mathfrak{b}} = 4{,}786$ cm und an der Stelle G die Verschiebung $\delta_{g\mathfrak{b}} = 4{,}768$ cm abgemessen.

$$\delta_{\mathfrak{b}\mathfrak{b}} = 0{,}000\,239\,3 \text{ cm/kg} \qquad \delta_{g\mathfrak{b}} = 0{,}000\,238\,4 \text{ cm/kg}.$$
$$\varphi_{\mathfrak{b}} = 0{,}000\,283 \quad \text{"}$$
$$\delta_{\mathfrak{b}\mathfrak{b}} + \varphi_{\mathfrak{b}} = 0{,}000\,522\,3 \text{ cm/kg}$$

Die Federlast der gekuppelten Achsen in $\mathfrak{B}$ wird dann

$$G \frac{\delta_{g\mathfrak{b}}}{\delta_{\mathfrak{b}\mathfrak{b}} + \varphi_{\mathfrak{b}}} = 63\,000 \cdot \frac{0{,}000\,238\,4}{0{,}000\,522\,3} = 28\,800 \text{ kg}.$$

Momentgleichung um $\mathfrak{C}$:

Last kg	Hebel m	Moment mkg
63000	5,508	347000
28800	5,004	144000
34200		$R_m = 203000$

Für Drehgestell und Schleppachse bleiben also 34200 kg mit einem Restmoment $R_m = 203000$ mkg übrig. Von diesem Restmoment kommen $\frac{R_m}{l} = \frac{203\,000}{9{,}65} = 21000$ kg auf das Drehgestell und $34200 - 21000 = 13200$ kg auf die Schleppachse.

Die Federlasten von Treibachse und Kuppelachse verhalten sich wie $\frac{12}{13} = \frac{1}{1{,}08}$. Der abgefederte Teil des Reibgewichtes in Höhe von $\mathfrak{B} = 28800$ kg entspricht also $1 + 1{,}08 = 2{,}08$ Einheiten. Auf die Treibachse kommen $\frac{28\,800}{2{,}08} = 13800$, auf die Kuppelachse $28800 - 13800 = 15000$ kg.

	$\mathfrak{C}$	II	I	$\mathfrak{A}$	Summe
Erreichte Federbelastung .	13200	15000	13800	21000	63000
Tote Lasten	1500	3500	4500	2000	
Erreichte Achslasten . . .	14700	18500	18300	23000	74500
Beabsichtigte Achslasten .	16500	16500	16500	25000	74500
Korrekturen	+1800	−3800		+2000	0

3. Einwirkung des Momentes einer Zugkraft $X = 6000$ kg, die in einer Höhe $h_x = 1{,}05$ m über SO angreift.

$$\delta_{\mathfrak{a}x} = -\frac{h_x}{l}\varphi_{\mathfrak{a}} = -\frac{1{,}05}{9{,}65}\cdot 0{,}000\,446 = -0{,}000\,048\,5;$$

$$\delta_{\mathfrak{c}x} = +\frac{h_x}{l}\varphi_{\mathfrak{c}} = \frac{1{,}05}{9{,}65}\cdot 0{,}000\,516 = 0{,}000\,056\,2 \text{ cm/kg}.$$

Mit diesen Werten ergibt sich der III. Verschiebungsplan, aus dem $\delta_{\mathfrak{b}x} = +0{,}000\,001\,9$ gemessen wird. Damit

$$\varDelta\,\mathfrak{B} = X\cdot\frac{\delta_{\mathfrak{b}x}}{\delta_{\mathfrak{b}\mathfrak{b}} + \varphi_{\mathfrak{b}}} = 6000\cdot\frac{0{,}000\,001\,9}{5{,}223} = 22 \text{ kg}$$

zusätzliche Belastung in $\mathfrak{B}$.

Last	Hebel	Moment
$X = 6000$	1,05	6300
$\varDelta\,\mathfrak{B} = 22$	5,004	109
	9,65	6409

$$\varDelta\,\mathfrak{A} = \frac{6409}{9{,}65} = 664 \text{ kg Entlastung des vorderen Drehgestells,}$$

$$\varDelta\,\mathfrak{C} = \frac{6000\cdot 1{,}05 - 22\cdot 4{,}646}{9{,}65} = \frac{6300 - 101}{9{,}65} = 642 \text{ kg}.$$

	$\mathfrak{C}$	II	I	$\mathfrak{A}$	Summe
Achslasten bei $X = 0$. . .	16500	16500	16500	25000	74500
Zusätzl. Belastung durch $X\cdot h_x$	+642	+22		−664	0
Wirkliche Belastung bei $X\cdot h_x$	17142	33022		24336	74500

4. Verhältnisse auf dem Ablaufberg. Annahme: Steigung 1:100, Fallen 1:25, Abrundung $R = 100$ m, Pfeilhöhe $z = 8$ cm aus Skizze nach Royschem Verfahren abzumessen.

Durch Anheben der Stütze $\mathfrak{B}$ um 8 cm entsteht in $\mathfrak{B}$ eine zusätzliche Belastung

$$\varDelta\,\mathfrak{B} = \frac{z}{\delta_{\mathfrak{b}\mathfrak{b}} + \varphi_{\mathfrak{b}}} = \frac{8}{0{,}000\,522\,3} = 15\,300 \text{ kg}.$$

Neue Momente:

63000 kg	5,508 m	347000 mkg
28800 + 15300 kg	5,004 m	222000 mkg
18900 kg	(6,61) m $= \frac{125\,000}{18\,900}$	125000 mkg

Die im Abstande 6,61 m von $\mathfrak{C}$ angreifende Restkraft 18900 kg ist auf $\mathfrak{A}$ und $\mathfrak{C}$ zu verteilen.

$$\mathfrak{A} = \frac{18\,900\cdot 6{,}61}{9{,}65} = \frac{125\,000}{9{,}65} = 12\,950 \text{ kg},$$

$$\mathfrak{C} = \frac{18\,900\cdot 3{,}04}{9{,}65} = 5950 \text{ kg}.$$

Auf dem Ablaufberg treten also folgende Laständerungen ein:

	ℭ	𝔅	𝔄	Summe
Erreichte Federbelastung bei $X=0$ in der Ebene . . .	13200	28800	21000	63000
Erreichte Federbelastung auf Ablaufberg	5950	44100	12950	63000
Laständerung ΔP_f	-7250	$+15300$	-8050	0 kg
Mit (siehe oben) φ . .	0,000516	0,000283	0,000446 cm/kg	
wird $\Delta f = \varphi \cdot \Delta P_f$ . . .	$-3{,}74$	$+4{,}33$	$-3{,}59$ cm	

als zusätzliche Durchbiegungen der Federn.

Die Federspannungen ändern sich auf dem Ablaufberg gegenüber der Ebene im Verhältnis

ℭ	𝔅	𝔄
$\frac{5950}{13\,200} = 0{,}45$	$\frac{44\,100}{28\,800} = 1{,}53$	$\frac{12\,950}{21\,000} = 0{,}616$

	ℭ	𝔅	𝔄	Summe
Erreichte Federlasten über Ablaufberg	5950	44100	12950	63000
Korrekturen	+ 1800	− 3800	+ 2000	0
Tote Lasten	1500	8000	2000	
Wirkliche Achslasten über Ablaufberg	9250	48300	16950	74500 kg

Diese Achsdruckänderungen sind zu groß. Die Abfederung muß durch zusätzliche Schraubenfedern oder durch federnde Ausgleichhebel weicher gemacht werden.

D. Bremse.

Der **Bremsweg** S m ist entscheidend für die Verkehrssicherheit. Gleichgültig ob auf der Straße oder der Eisenbahn darf die Fahrgeschwindigkeit V km/h nur so groß sein, daß ein Verkehrshindernis oder das Haltzeichen auf S m Entfernung erkannt werden kann. Dort, wo Bahn und Straße sich in einer Ebene kreuzen, ist das Auto dem Zuge durch seinen kürzeren Bremsweg überlegen, weil die Haftung zwischen Rad und Schiene soviel kleiner als die zwischen Rad und Straße ist. Dort, wo beide Verkehrsmittel im Wettbewerb stehen, ist deshalb der Eisenbahnbremse besondere Sorgfalt zu widmen. Jedes Haltesignal muß von dem Gefahrpunkte so weit entfernt sein, wie der Bremsweg bei der größten Geschwindigkeit beträgt. Das sind nach der Eisenbahnbau- und Betriebsordnung 700 m auf Haupt- und 400 m auf Nebenbahnen.

Bremsend wirken: Bremskraft X_b kg + Zugwiderstand w kg/t $\pm$ Steigungswiderstand s_m kg/t *. Wegen der Veränderlichkeit von μ und w ist die Berechnung des Bremsweges nicht einfach, weshalb zur Annäherung zunächst einige vereinfachende Annahmen gemacht werden sollen. Grundsätzlich ist aber vorher zu bemerken, daß bis zum Eintritt

* s_m ist nach der Einleitung die maßgebende Steigung; auf den Bogenwiderstand ist aber hier beim Bremsen keine Rücksicht zu nehmen.

der vollen Bremskraft immer eine Zeit t_0 verfließt, während der sich die Geschwindigkeit V km/h $= \frac{V}{3,6}$ m/sec nicht ändert, so daß die Strecke $S_0 = \frac{V}{3,6} t_0$ zurückgelegt wird. Demnach setzt sich der ganze Bremsweg S aus S_0 und dem eigentlichen Bremsweg S_b zusammen. $S = S_0 + S_b$.

Vorläufige Annahme: μ und w unveränderlich. $X_b = \text{const.}$ Die Masse des Zuges ist nach S. 9 gleich $\xi \frac{G_t + G_w}{g}$. Die lebendige Kraft des Zuges ist gleich Bremskraft mal Bremsweg, also

$$\frac{\xi (G_t + G_w) \cdot v^2}{2g} = X_b \cdot S_b + (G_t + G_w) \frac{w \pm s_m}{1000} S_b \text{ mkg}. \qquad (18)$$

Man nennt 100β die Bremsprozente oder Bremswerte nach der Eisenbahnbau- und Betriebsordnung. β ist das Verhältnis des Raddruckes aller gebremsten Achsen zum ganzen Zuggewicht. Das Verhältnis des Bremsklotzdruckes B t zum Raddruck Q t heißt $\varkappa = B:Q$. Die Reibung zwischen Rad und Klotz heißt μ.

Dann ist $X_b = (G_t + G_w)\, \beta \cdot \varkappa \cdot \mu$ kg und

$$\frac{\xi (G_t + G_w) \cdot v^2}{2g} = (G_t + G_w) \left(\beta \cdot \varkappa \cdot \mu + \frac{w \pm s_m}{1000}\right) S_b \;*$$

woraus folgt:

$$S_b = \frac{\xi\, 1000}{2 \cdot 3{,}6^2 \cdot g} \cdot \frac{V^2}{\beta \cdot \varkappa \cdot \mu \cdot 1000 + w \pm s_m}$$

oder nach Einsetzen der Zahlenwerte mit $\xi = 1{,}03$

$$S_b = \frac{4\, V^2}{1000 \cdot \varkappa \cdot \beta \cdot \mu + w \pm s_m} \text{ m}. \qquad (19)$$

Daraus können die Bremswerte 100β berechnet werden; auch im folgenden wird nur die Gleichung für S gegeben werden.

Zweite Annahme: Wie die Abb. 177 zeigt, ist μ veränderlich, ebenso wie die Reibung f zwischen Rad und Schiene. Kurz vor dem Stillstand der Räder ist natürlich $\mu = f$, weil dann zwischen Klotz und Rad wie zwischen Rad und Schiene keine Bewegung herrscht. Da aber f viel schneller als μ fällt, überwiegt bei kleiner Geschwindigkeit die Reibung zwischen Klotz und Rad. Nun muß aber $B\mu < Qf$ sein, anderenfalls würde das Rad festgestellt werden, μ und f würden ihre Rollen vertauschen, und statt der Bremswirkung $B\mu$ erhielte man den kleineren Wert Bf; außerdem bilden sich an den Schleifstellen die so störenden und zerstörenden Schlaglöcher. Mit Rücksicht auf kleine Geschwindigkeiten und in vielen Fällen

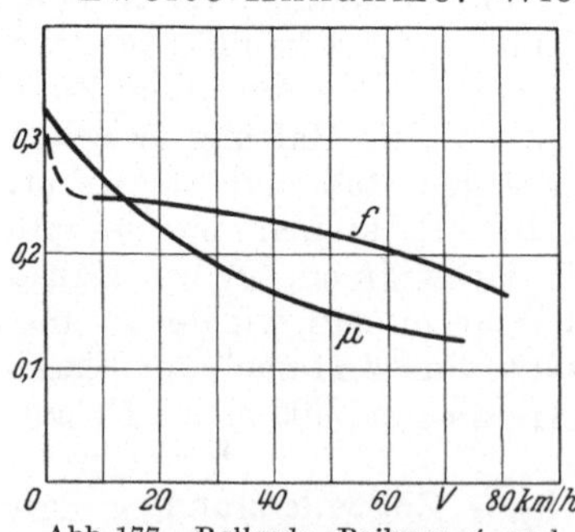

Abb 177. Rollende Reibung f und gleitende Reibung μ in Abhängigkeit von der Geschwindigkeit V. f nach Abb. 28, μ nach GALTON.

* w und s_m in kg/t, μ in kg/kg.

auch auf Achsentlastungen darf $\beta = B:Q$ nicht größer als 0,85 genommen werden. Dadurch wird die Bremswirkung stark vermindert, und deshalb hat man an Drehgestellen für Schnellzugwagen das Bremsverhältnis β auf mehr als 1,0 gesteigert, durch einen Bremsdruckregler[1] aber dafür gesorgt, daß die Bremskraft X_b ein bestimmtes Maß nicht übersteigen kann. Diese Reglung von β gibt zwar noch nicht die höchste Bremskraft, ist aber einfach und wirksam.

Für die Reibzahl μ gibt es Erfahrungsformeln: z. B. die von GALTON[2]

$$1000\,\mu = \frac{333}{1 + 0{,}0225\,V}$$

oder WICHERT $$1000\,\mu = 450\,\frac{1 + 0{,}0112\,V}{1 + 0{,}6\,V}$$ für trockene Schienen,

,, $$1000\,\mu = 250\,\frac{1 + 0{,}0112\,V}{1 + 0{,}6\,V}$$ für nasse Schienen.

In der Abb. 178 sind diese Werte dargestellt; demnach liegen GALTONS Werte in der Mitte zwischen den beiden WICHERTschen. Starke Abweichungen der Reibwerte findet man häufig, weil sie von zu vielen Umständen abhängen. Das zeigen besonders die Reibwerte METZKOWS[3] in Abb. 179, aus der auch der Einfluß des Flächendruckes erhellt; kleiner Flächendruck ist wegen Steigerung der Reibzahl vorteilhaft. Bei Lokomotiven beträgt er aber meistens 20 kg/cm², während die Versuche nur bis 12 kg/cm² gehen. Unterhalb $V = 20$ steigen die Kurven steil an und erreichen Werte von $\mu = 0{,}6$, wie sie nur bei der Federreibung beobachtet worden sind. Das kann man daraus erklären, daß METZKOWS Versuche am Modell gemacht worden sind, wo der durch das Bremsen aufgerauhte Radreif nicht wieder auf der Schiene glatt gefahren worden ist. Auf die gleiche Weise erklärt es sich vielleicht auch, daß bei Bremsversuchen durch das Aufrauhen nicht der geringste Schlupf des Rades auf der Schiene zu finden war. Aus theoretischen Erwägungen war es zu erwarten und wäre wohl auch eingetreten, wenn die Räder nicht an ihrem Umfang, sondern an einer Bremsscheibe gebremst worden wären.

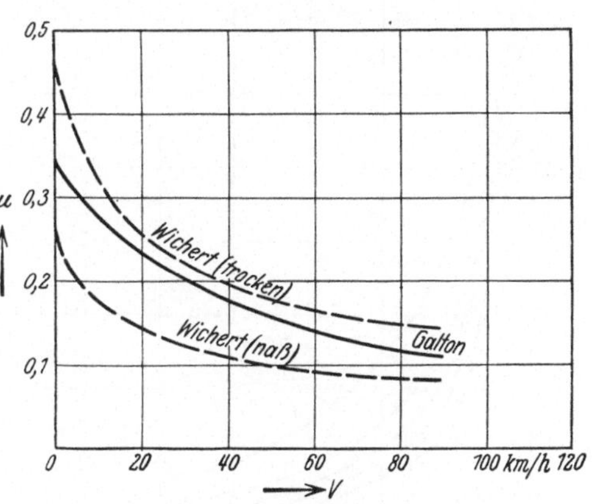

Abb. 178. Reibung zwischen Bremsklotz und Rad nach WICHERT und GALTON.

Es sei P_b t = Kolbendruck des Bremszylinders, ψ die Hebelübersetzung und Q_B t die Belastung derjenigen gebremsten Räder, die von

[1] Glasers Annalen **82**, 59 (1918).
[2] GALTON hat die Versuche gemacht und FLIEGNER daraus die Formel abgeleitet.
[3] Glasers Annalen **100**, Jubiläumsheft, S. 137 (1927).

dem Bremszylinder bedient werden. Dann ist $\beta' = \frac{P_b}{\Sigma Q_B} \psi = \beta \cdot \eta_b$, wobei $\eta_b = 0{,}8 \div 0{,}85$ der Wirkungsgrad des Bremsgestänges ist. Man wählt jetzt bei Druckluftbremsen für Betriebsbremsungen (5 atü im Bremszylinder) $\beta = \sim 0{,}78$ und bei Schnellbremsungen mit Zusatzbremse (7 atü) $\beta = \sim 1{,}1$. Hierbei ist aber der Wirkungsgrad des Bremsgestänges nicht berücksichtigt, so daß tatsächlich β' nur etwa 0,65 bzw. 0,9 beträgt.

Bei Tendern und Tenderlokomotiven ist mit den Radbelastungen bei leeren Behältern zu rechnen. Schleppachsen werden selten gebremst, das Gestänge ist auch recht schwierig. Schleppradgestelle können leichter gebremst werden. Man beachte ihre Entlastung durch das Bremsen (S. 197); vordere Drehgestelle werden im Gegenteil mehr belastet. Für die Entgleisungsgefahr ist das Bremsen des Drehgestells ohne Belang, weil ein festgestelltes Rad weniger zum Entgleisen neigt als ein rollendes. Man kann aber ohne großen Schaden darauf verzichten, weil die Lokomotive durch den Fahrwind und das leerlaufende Triebwerk so stark gebremst wird, daß der Zug stark auf den Tender drückt, was zum Zerren und Stoßen im Zug führt. Früher hat man deshalb die Lokomotive gar nicht gebremst.

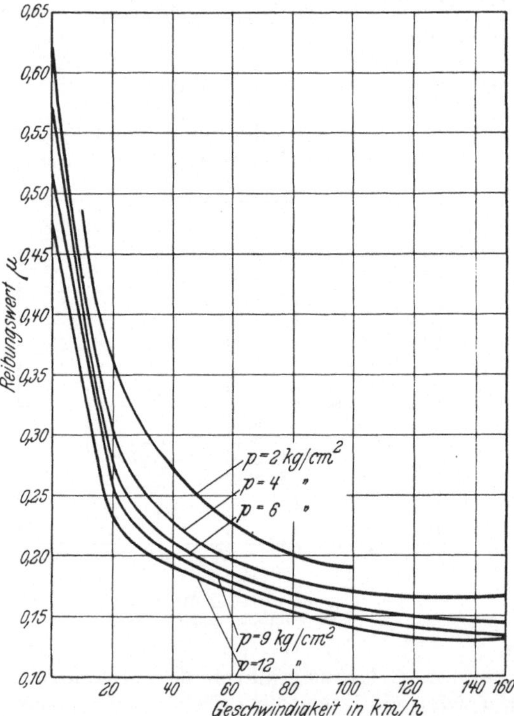

Abb. 179. Reibung zwischen Bremsklotz und Rad nach METZKOW.

Ein **Näherungsverfahren** zur Berechnung der Bremszeit und des Bremsweges hat OPPERMANN[1] angegeben. Das wahre Bremsdiagramm $V = f(t)$ Abb. 180 wird durch ein Dreieck ersetzt, und dann ist der Bremsweg $S = \frac{1}{2} \cdot \frac{V}{3{,}6} (t + t_x)$ m. Empirisch ist nach Versuchen mit der Westinghouse-Schnellbremse $t_x = \frac{0{,}24\, t}{1 + 0{,}01\, V}$ (für überschlägige Berechnungen $t_x = 0{,}16\, t$), und man erhält zunächst

$$S = \frac{V \cdot t}{7{,}2} \left(1 + \frac{0{,}24}{1 + 0{,}01\, V}\right) \text{ m}. \tag{20}$$

[1] OPPERMANN: Berechnungsgrundlagen für die Bremswirkungen an Eisenbahnzügen. Leipzig: Bruno Volger 1926.

Ferner ist $t_0 = 0{,}9 + 1/40\,a$, wo a die Zahl der Achsen des Zuges bedeutet. Um t_b zu bekommen, greift man zunächst auf die Gl. (19) zurück und setzt für w den mittleren Zugwiderstand w_m während der Bremszeit ein; große Fehler können nicht entstehen, weil w_m etwa $4 \div 5$ kg/t beträgt, gegenüber einem Reibwerte von etwa 150 kg/t. Ebenfalls empirisch ist gefunden worden $1000 \cdot \mu_m = \frac{330 + V}{1 + 0{,}015\,V}$. Selbst in D-Zügen, wo alle Achsen gebremst sind, darf β' höchstens $0{,}8\,\beta = 0{,}8$ gesetzt werden; bei dreiachsigen Wagen ist etwa $\beta' = 0{,}5$. Dann wird aus Gl. (19) $S_b = \frac{4\,V^2}{\varkappa \cdot \beta' \cdot \mu_m + w_m \pm s_m}$, und wenn man nach OPPERMANN annimmt, daß die in Abb. 180 über t_b liegende durch Schraffur begrenzte Fläche 1,1 mal größer ist als die aus t_b und V gebildete Dreiecksfläche, so ist $S_b = 1{,}1 \frac{V}{3{,}6} \cdot \frac{t_b}{2}$. Dann wird aus

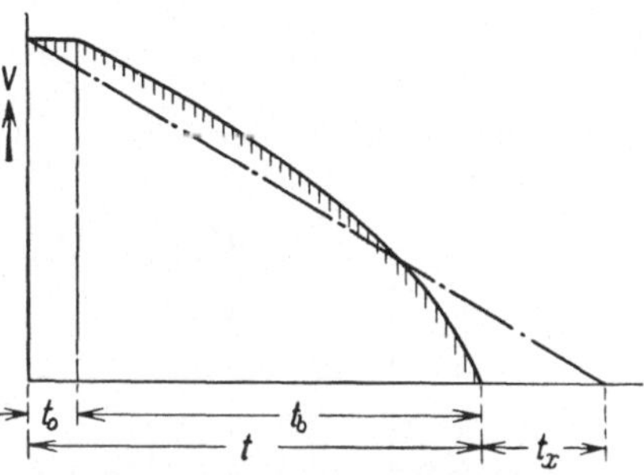

Abb. 180. Bremszeitdiagramm.

Das wahre anschraffierte Bremsdiagramm wird durch die strichpunktierte Gerade ersetzt. Die von der anschraffierten Linie eingeschlossene Fläche ist $S_b = \int V \cdot dt$ und muß gleich dem Inhalt des Dreiecks sein, das von der Ersatzgeraden und den Koordinaten gebildet wird.

$$S_b = 1{,}1 \frac{V}{3{,}6} \cdot \frac{t_b}{2} = \frac{4\,V^2}{1000 \cdot \varkappa \cdot \beta' \cdot \mu_m + w_m \pm s_m}$$

$$t_b = \frac{31{,}6\,V}{1000 \cdot \varkappa \cdot \beta' \cdot \mu_m + w_m \pm s_m}.$$

Demnach ist in Gl. (20) einzusetzen:

$$t = 0{,}9 + \frac{1}{40}\,a + \frac{31{,}6\,V}{1000 \cdot \varkappa \cdot \beta' \cdot \mu_m + w_m \pm s_m} \text{ sec.}$$

Auf waagerechter Bahn $a = 44$ Achsen, $\varkappa = 1{,}0$, $s_m = 0$, $\beta' = 0{,}6$ wird $t_0 = 2{,}0$

V	40	60	80	100 km/h
$1000\,\mu_m$	230	204	186	172 kg/t
$1000 \cdot \varkappa \cdot \beta' \cdot \mu_m + w_m$	141	136	116	109 kg/t
t	92	142	220	292 sec
S nach Gl. (20)	60	155	277	455 m

Dieses Näherungsverfahren stützt sich auf Erfahrungswerte, die mit Druckluftbremsen und unveränderlichem Bremsdruck gewonnen worden sind. Für die neueren Bremsen müßten andere Werte eingesetzt werden. Die Zeit, in der die volle Bremswirkung erreicht wird, ist nach BESSER[1] bei Handbremsen etwa 25 sec, bei der Westinghouse-Personenzugbremse 8 sec und bei der Kunze-Knorr-Güterzugbremse 70 sec. Ein solch langsamer Anstieg der Bremskraft verlängert den Bremsweg sehr stark. Er ist nötig, weil die Bremswirkung sich nur langsam von der Lokomotive aus fortpflanzt und der Zug um so stärker auf die Lokomotive aufläuft, je länger er ist, je kräftiger die Bremsung einsetzt, je höher die Fahrgeschwindigkeit ist und je ungleichförmiger die Bremsen

[1] Org. f. d. Fortschr. d. Eisenbahnw. 84, 181 (1929).

im Zuge verteilt sind. Durch das Auflaufen des hinteren Zugteils auf den vorderen entstehen Schwingungen, durch die wegen der starren Zugstange die Kupplung zerreißen kann.

Zur genauen Berechnung des Bremsweges muß man so vorgehen: Die Bremskraft X_b kg als Funktion der Geschwindigkeit ist stets aus den Widerstandsformeln und den Reibwerten μ und f bekannt. Wenn nun die Bremskraft auch als Funktion des Weges, nämlich $X_b = f(S)$, bekannt wäre, könnte man leicht $\int_0^{S_b} X_b\,dS = X_b\,S$ finden. Da aber X_b nur als Funktion der Geschwindigkeit bekannt ist, muß man von dem

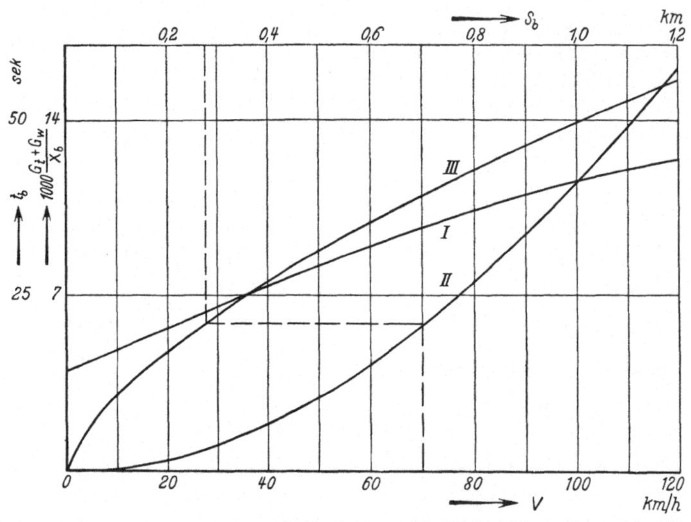

Abb. 181. Vereinigtes Bremsdiagramm.

Satze vom Antrieb ausgehen: Während der Zeit t_b verzehrt die Bremskraft X_b die Bewegungsgröße, so daß $\int_V^0 -\frac{G_t + G_w}{g}\,d\,v = \int_0^{t_b} X_b\,dt$.

Daraus ergibt sich die Bremszeit

$$t_b = -\frac{G_t + G_w}{g} \int_V^0 \frac{d\,v}{X_b}.$$

Man trägt in einem ersten Diagramm Abb. 181 *I* über V als Abszisse die Werte $\frac{G_t + G_w}{g}\,\frac{1}{X_b}$ als Ordinaten auf. Durch Planimetrieren[1] bekommt man zu jedem V die zugehörige Zeit, die im Diagramm *II* wieder als Ordinate über V aufgetragen wird. Die so gewonnene Kurve $t = f_1(V)$

[1] Graphisches Integrieren, da wegen der komplizierten Abhängigkeit des X_b von V die analytische Integration nicht durchführbar ist.

wird als Kurve $V = f_2(t)$ wieder planimetriert, woraus $S_b = \int_0^{t_b} V\,dt$ gefunden wird, Diagramm *III*. Wenn man dann die drei Diagramme, wie in Abb. 181 geschehen, in einem einzigen Blatt vereinigt, d. h. die zu t_b gehörigen S_b-Werte wieder als Abszissen zu den Ordinaten t_b aufträgt, so kann man, wie in Abb. 181 angedeutet, sehr leicht von V über t_b zu S_b gelangen.

Die Wirkung des Bremsklotzdrucks B t auf das Fahrzeug wird nach seinen Komponenten in waagerechter und senkrechter Richtung und nach seinem Moment betrachtet (Abb. 182). Die Kraft im

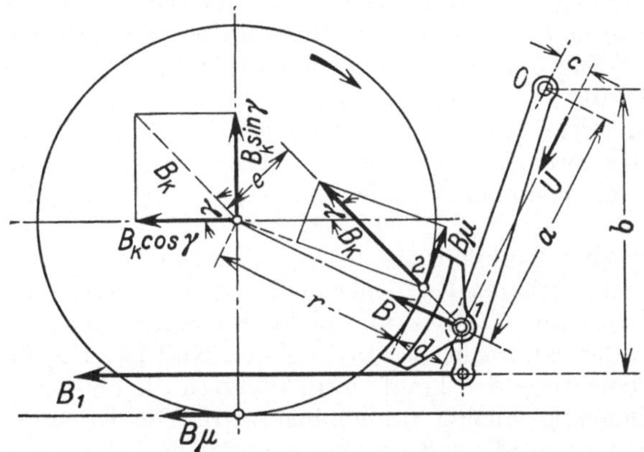

Abb. 182. Kraftwirkungen am gebremsten Rade.

Weil die Kraft B_k nicht in der Mitte der Bremsklotzfläche, sondern im Punkte 2 angreift, nützt sich der Bremsklotz auf dem in der Gleitrichtung vorn liegenden Ende stärker ab. Das Kräftepaar $B_k \cdot e$ erzeugt am Radumfang die Bremskraft $B \cdot \mu$.

Hängeeisen ist $U = B\mu \frac{r}{r+d}$ t. Genau ist diese Kraft von Wiedemann[1] zu $U = \frac{B\,r}{(r+d)\sqrt{\frac{1+\mu^2}{\mu^2} - \left(\frac{r}{r+d}\right)^2}}$ berechnet worden. Sie wird mit dem Bremsklotzdruck B zu einer Resultierenden B_k zusammengesetzt, die im Punkt *2* angreift. Die waagerechte Komponente $B_k \cos\gamma$ drückt die Achse gegen das Achslager; ferner entsteht entgegen der Fahrrichtung die Kraft $\mu\,B$. Liegt der Bremsklotz in der Fahrrichtung vorn, so ist der Druck auf die Achslager $= B_k \cos\gamma + B\mu$, während er bei hinterer Lage $B\mu - B\cos\gamma$, also kleiner ist. Deshalb soll man die Bremsklötze nach hinten legen, wenn es ohne bauliche Schwierigkeiten möglich ist. Auf Wagen- und Laufachslager, die den Zapfen nur teilweise umschließen, wirkt die Kraft $B\mu \pm B_k \cos\gamma$ sehr ungünstig, so daß dort doppelseitige Bremsung vorteilhaft ist, damit nur die Kraft $B\mu$ die Achslager beanspruche. Die Treibachslager sind für die Aufnahme so großer Kolbenkräfte eingerichtet, daß der einseitige Bremsdruck nichts schadet. Dagegen werden alle Lagerspielräume in der Kraftrichtung

[1] Org. f. d. Fortschr. d. Eisenbahnw. **83**, 496 (1928).

vermindert, so daß die Achsen selbst etwas verschoben werden. Es würde sehr schädlich auf die Kuppelstangen wirken, wenn deren Länge nicht mehr mit der Lagerentfernung übereinstimmte, und deshalb müssen alle Treibräder in der gleichen Richtung gebremst werden. Das Fortlassen eines Bremsklotzes wirkt schon schädlich.

Wenn die Bremsklötze waagerecht hängen, hat das Federspiel selbst dann keinen Einfluß auf den Bremsklotzdruck, wenn im Bremsgestänge Ausgleichhebel fehlen. Diese Ausgleichhebel sind entbehrlich, falls höchstens zwei Achsen waagerecht gebremst werden und die Gestänge so kräftig sind und so sorgfältig eingestellt werden, daß alle Bremsklötze gleichzeitig anliegen. Dann regelt sich der Druck der Bremsklötze selbsttätig durch die Abnutzung. Sehr hoch beanspruchtes Gestänge (man darf auf Zug und auf Biegen bis zu 1600 kg/cm² zulassen) braucht aber zum Schutz vor Überspannungen die Bremsausgleichhebel nicht nur auf jeder Seite, sondern auch zwischen beiden Seiten. Erwähnt sei noch, daß das Bremsgestänge viel leichter wird, wenn man zweimal zwei Achsen mit je einem Zylinder bremst, als alle vier Achsen mit zwei Zylindern.

Die senkrechte Komponente $B_k \sin\gamma$ drückt das Rad nach oben und vermindert zunächst den Raddruck. Gleichzeitig wirkt aber die Gegenkraft zu $B_k \sin\gamma$ am Rahmen und zieht ihn wieder nach unten, so daß die Summe aller senkrechten Kräfte gleich Null ist. Die Folge ist eine starke Mehrbelastung der Tragfedern, wodurch die oben erwähnte Raddruckverminderung wieder aufgehoben wird. Die Einwirkung auf die Tragfedern ist so groß, daß die Bremsklötze nur dann schräg hängen dürfen, wenn $\varkappa = B:Q$ kleiner als 0,7 oder besser ausgedrückt, wenn die senkrechte Komponente von B nicht größer als $^1/_4\,Q$ ist. Schon beim ersten Entwurf der Lokomotive muß für den erforderlichen Raum der Bremsklötze gesorgt werden. Die wahren Änderungen der Rad- und Federbelastungen erkennt man aber erst bei Betrachtung der Momente.

Zur Berechnung der Kraft B_1 in der Zugstange stellt man die Momentgleichung um den Punkt O auf: $B a \mp U c - B_1 b = 0$. Setzt man $U = B \mu \frac{r}{r+d}$, so erhält man $B = \frac{B_1 b}{a \mp c\mu \frac{r}{r+d}}$ t. Das obere Vorzeichen gilt für die in Abb. 182 gezeichnete Lage. Meistens ist c so klein, daß $c\mu \frac{r}{r+d}$ gegenüber a vernachlässigt werden kann.

Das Moment $B\mu r$ kippt das Fahrzeug nach vorn, ähnlich wie das Zughakenmoment (S. 200) die Lokomotive nach hinten gekippt hatte. Die damals angewandten Gleichungen müssen aber durch andere beim Bremsen noch auftretende Kräfte ergänzt werden. Nach Abb. 183 wirken: die Kräfte $B\mu$ am Radumfang, die Trägheitskraft $\frac{G_a \cdot p}{g}$ t (p = Bremsverzögerung) im Schwerpunkte und eine Zug- oder Druckkraft $\pm X$ kg am Pufferträger, sobald die Bremsverzögerung des ganzen Zuges von der der Lokomotive abweicht. Demnach ist das auf Achsdruckveränderungen wirkende Moment $\mathfrak{M}_B = 1000 \frac{G_a \cdot p}{g} h_s \pm X \cdot h_x$ mkg. Die Bremsverzögerung ist $p = \frac{\Sigma \mu \cdot B g}{G_d}$ msec^{-2}, daher ist $\frac{G_d \cdot p}{g} h_s = \Sigma \mu B \cdot h_s$. X ist meistens positiv, wirkt also als Druck auf den Tender, weil die Lokomotive durch den Widerstand des Fahrwindes am stärksten getroffen wird, der Widerstand des leerlaufenden Triebwerkes zu überwinden ist und besonders im Güterzuge nur etwa $^1/_5$ aller Wagen gebremst wird. Meistens wird auf das Moment $X \cdot h_x$ keine Rücksicht genommen. Das Moment $\mathfrak{M}_B$ mkg erzeugt in den Stützpunkten des Fahrzeuges die Lastveränderung $\Delta Q = \frac{\mathfrak{M}_B}{1000 \cdot a}$ t, die bei mehrachsigen Fahrzeugen in der auf S. 193 angegebenen Weise auf die Tragfedern zu verteilen ist. Zu diesen Laständerungen, die in gleicher Weise auf die Federlast und den Raddruck wirken, kommt aber noch die Kraft $B_k \sin \gamma$ an

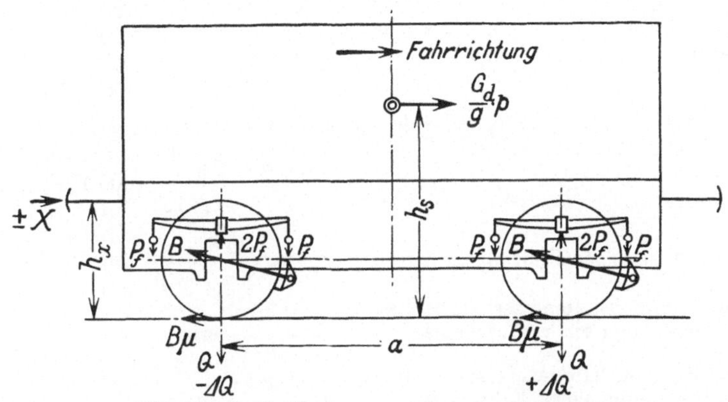

Abb. 183. Kraftwirkungen am gebremsten Fahrzeuge.
ΔQ = Raddruckänderung, 2 P_f = Federlast, 2 Δ P_f = Federlaständerung.

den mit schief hängenden Klötzen gebremsten Rädern. Dadurch werden, wie oben gezeigt war, die Tragfedern mit $+ B_k \sin \gamma$ belastet, ohne daß die Raddruckänderung ΔQ davon berührt wird. Die Raddruckänderungen hat ERDÖS[1] für eine Anzahl Reichsbahnlokomotiven zahlenmäßig ermittelt und Überlastungen von 25, ja sogar 40% gefunden.

Der Ruck beim Anhalten wirkt auf der Lokomotive dank der festen Achslagerführungen anders als im Wagen. Auf der Lokomotive wirkt der Ruck so, wie ihn MELCHIOR[2] definiert hat, nämlich als dritte Abgeleitete des Weges nach der Zeit. Ein Wagenkasten jedoch kann sich gegenüber den Achsen in der Längsrichtung verschieben; bei Drehgestellwagen ist das Maß dieser Verschiebung durch elastische Formänderungen, bei Lenkachswagen durch das sehr große Spiel der Achslager in den Führungen gegeben. Im Augenblick des Anhaltens verschwindet zunächst die Bremsverzögerung, aber nun wird der Wagenkasten von neuem entgegengesetzt der bisherigen Fahrrichtung durch die Rückstellkraft beschleunigt, bis die erwähnten Spielräume wieder aufgehoben worden sind. Diese Beschleunigung wird als Zurückschleudern sehr unangenehm empfunden, weil es vielfach stärker ist als auf der

[1] Glasers Annalen **105**, 171 (1929). [2] Z. V. d. I. **72**, 1842 (1928).

Lokomotive, wo die Muskeln gespannt waren, um die der Bremsverzögerung entsprechende Gleichgewichtslage des Körpers herzustellen. In dem Augenblick, wo die Bremsverzögerung gleich Null wird, wirkt die Spannkraft der Muskeln ähnlich wie die Rückstellkraft der Wagenfedern, aber viel schwächer.

Numerierte Formeln zu Abschnitt III.

(1) Senkrechte Komponente der Treibstangenkraft . . . .
$$P_s = P \frac{\sin(v + \tau)}{\cos \tau} \text{ kg}$$

(2) Waagerechter Lagerdruck . . .
$$L = \frac{P}{\cos \tau} \left[\frac{2r'}{D} \pm \frac{\cos(v + \tau)}{\cos \tau} \right] \text{ kg}$$

(3) Anteil des Steges an der Rahmenkraft . . . .
$$P_u = P_r \frac{1 + C \frac{l_o}{F_o}}{\frac{o + u}{o} + C \left(\frac{\varkappa l_u}{F_u} + \frac{l_o}{F_o} \right)} \text{ kg}$$

(4) In SO gedachte Ersatzmasse des ganzen Fahrzeuges:
$$M_y = M_1 + M_2 : \left[1 + \frac{12 H \left(H - 2n \frac{\Delta f}{f} \frac{P}{1000 Y_2} \right)}{b^2 + h^2} \right] \text{ kgsec}^2/\text{m}$$

(5) Größtzulässiger Führungsdruck .
$$K = Q \frac{\operatorname{tg} \beta - \mu}{1 + \mu \operatorname{tg} \beta} \text{ t}$$

(6) Krümmungshalbmesser der Schlingerbewegung einer Einzelachse . .
$$R = \frac{S \cdot r}{2 \Delta r} \text{ m}$$

(7) Krümmungshalbmesser der Schlingerbewegung eines Fahrzeugs . .
$$R = \frac{d'^2 r}{S \Delta r} \text{ m}$$

(8) Schlingergrenze für steifachsige Fahrzeuge . . . .
$$V_s = \frac{a^2}{d} \sqrt{\frac{Y}{Q} \frac{f_v}{s_1^2} \frac{766}{\alpha \cdot i}} \text{ km/h}$$

(9) Schlingergrenze für Fahrzeuge mit Bogenachsen . . . .
$$V_s = 50 \frac{a_d^2}{d} \sqrt{\frac{A}{G_d}} \text{ km/h}$$

(10) Schienenüberhöhung . . . . . .
$$h = \frac{S}{3{,}6^2} \frac{V^2}{9{,}81 R} \text{ m}$$

(11) Winkelbeschleunigung beim Bogenlauf . . . .
$$\varepsilon = \frac{V^2}{3{,}6^2} : (R \cdot l_0) \text{ sec}^{-2}$$

(12) Verschiebung der Hinterachse im Bogen bei Radialstellung . . . .
$$y = \frac{a^2}{2R} \text{ m}$$

(13) Bogenwiderstand eines steifachsigen Fahrzeugs . . . .
$$w_b = \frac{1000 d_0}{2R} f \text{ kg/t}$$

(14) Schwingungsdauer einer Feder .
$$t = 2\pi \sqrt{\frac{f}{100 g}} \text{ sec}$$

(15) Reibungskraft eines Federzweiges
$$P_{fr} = 2 \lambda \mu (n - 1) \frac{h}{l} P_f \text{ kg}$$

(16) Schwerpunkt der gefederten Masse über Achsmitte . . . .
$$H \leq \eta \frac{n^2}{f} \frac{P_f - P_{fr}}{P_f} 100 \text{ m}$$

(17) Belastung der mittleren Stütze . . $\mathfrak{B} = G \frac{\delta_{g\mathfrak{b}}}{\delta_{\mathfrak{b}\mathfrak{b}} + \varphi_{\mathfrak{b}}}$ kg

(18) Abzubremsende lebendige Kraft des Zuges:

$$\frac{\xi (G_t + G_w) v^2}{2g} = X_b S_b + (G_t + G_w) \frac{w \pm s_m}{1000} S_b \text{ mkg}$$

(19) Wirksamer Bremsweg . . . . . $S_b = \frac{4 V^2}{1000 \varkappa \beta \mu + w \pm s_m}$ m

(20) Gesamter Bremsweg . . . . . . $S = \frac{V t}{7{,}2} \left(1 + \frac{0{,}24}{1 + 0{,}01 V}\right)$ m

Häufig gebrauchte Formelzeichen zu Abschnitt III.

- A Arbeit der Schlingerbewegung mkg
- A, A_b (S. 179) Kräfte am Krauß-Drehgestell t
- B Bremsklotzdruck t
- B_1 Kraft in der Bremszugstange t
- B_k resultierende Bremsklotzkraft t
- $C = \frac{J}{o(o + u) l_0}$ aus der Rahmenberechnung cm
- D (S. 137, 141, 142) Treibraddurchmesser cm
- D Kraft am Drehzapfen t
- E Elastizitätsmodul kg/cm²
- F Achslagerführungskraft t
- F_o Querschnitt des Rahmens über dem Achsausschnitt cm²
- F_u Querschnitt des Steges cm²
- G Last auf dem Träger auf drei Stützen kg
- G_2 Gewicht d. gefedert. Lasten kg
- G_d Gewicht des Fahrzeuges t
- G_h Gewicht des gefederten Teiles des Mallet-Hauptgestelles t
- G_m Last auf einem Federstützpunkt kg
- G_t Totalgewicht von Lokomotive und Tender kg
- G_v Gewicht des gefederten Teiles des Mallet-Triebgestelles t
- G_w Wagengewicht kg
- H (S. 154, 189) Schwerpunkt der gefederten Masse über Achsmitte m
- H (S. 181) Polweite mm
- J Trägheitsmoment der Rahmenwange über dem Achsausschnitt cm⁴
- J_x, J_y, J_z Trägheitsmoment des gefederten Teiles des Fahrzeuges mkgsec²
- $K, K_I, K_{II}, \ldots$, K_f, K_n, K_d Führungsdruck, Richtkraft t
- L waagerechter Lagerdruck kg
- M Masse des Fahrzeugs kgsec²/m
- M_1 Masse der toten Lasten kgsec²/m
- M_2 Masse der gefederten Lasten kgsec²/m
- M_y in SO gedachte Ersatzmasse des ganzen Fahrzeuges kgsec²/m
- N (S. 135, 136, 137) Gleitbahndruck kg
- N' senkrechte Komponente des Gleitbahndruckes kg
- N (S. 156) Spurkranzdruck t
- P Kolbendruck kg
- $\Delta P, \Delta P_f$, $\Delta P_1, \Delta P_2$ Federlaständerungen kg
- P_b Kolbendruck i. Bremszylinder t
- P_f Belastung eines Tragfederzweiges kg
- P_{fr} Reibungskraft eines Federzweiges kg
- P_o Anteil der Rahmenwange an der Rahmenkraft kg
- P_r Rahmenkraft (von der Kolbenkraft herrührend) kg
- P_s senkrechte Komponente der Treibstangenkraft kg
- P_t Treibstangenkraft kg
- P_u Anteil des Steges an der Rahmenkraft kg
- P_w waagerechte Komponente der Treibstangenkraft kg
- P_x Auflagedruck des Hauptgestells auf das Mallet-Triebgestell t
- P_y Kraft in der Spannstange des Mallet-Triebgestells t
- $Q, Q_b, Q_d, \ldots$ Raddruck t
- ΔQ Raddruckänderung t
- Q_B Belastung eines vom Bremszylinder bedienten Rades t
- R Bogenhalbmesser m
- S Abstand der Laufkreisebenen beider Räder m
- S (S. 201 bis 206) gesamter Bremsweg m

S_0 Bremsweg während der Vorbereitungszeit m
S_b wirksamer Bremsweg m
S_r Gleitweg aller Federblätter cm
T, T_b, T_s, T_t Querkräfte t
U Kraft im Bremsklotzhängeeisen t
V Fahrgeschwindigkeit km/h
V_s Schlingergrenze km/h
W_0 Widerstandsmoment des Rahmens über dem Achsausschnitt cm³
W_b Widerstand im Bogen kg
X, X_b Zug- bzw. Bremskraft am Zughaken kg
Y, Y_2 Schienen-Anlaufkraft t
Z_0 Augenblickswert d. Zugkraft kg

a (S. 139, 148, 151) Abstand der Außenzylindermitte von Mitte Lokomotive m
a (S. 205) Zahl der Achsen des Zuges
a gesamter Achsstand m
$a_1, a_2, a_d, a_k, \ldots$ Einzelachsstände und -abstände in der Längsrichtung m
b (S. 153, 154, 159) Breite eines Parallelepipeds vom Trägheitsmoment der abgefederten Masse m
b (S. 187) Breite eines Federblattes cm
$b_1, b_2, \ldots$ Abstände der Querkräfte vom Pol m
c (S. 187, 190) Federkonstante kg/cm
d (S. 159, 160, 161, 162) Diagonale des Parallelepipeds vom Trägheitsmoment der abgefederten Masse m
d (S. 207. 208) Abstand des Bremsklotzbolzens von der Reibfläche m
d' Diagonale d. Radstützpunkte m
d_0 Reibungsmoment im Pol m
$d_I, d_{II}, \ldots$ Abstände der Radstützpunkte vom Pol m
e biegender Hebelarm im Steg cm
e_s seitliche Auslenkung des abgefederten Gewichts m
f Reibung zwischen Rad und Schiene
f (S. 154, 161, 187, 188, 189, 191, 192) Durchbiegung einer Feder cm
Δf zusätzliche Durchbiegung einer Feder cm
f_1 Kernquerschnitt der Zylinderschraube cm²
f_b Ausschlag d. Rückstellfeder cm
f_m mittlere Federdurchbiegung cm
f_o Aufbiegung des Rahmenausschnittes cm
f_u Aufbiegung des Steges cm
f_v elastische Formänderung von Gleis und Achsführung m
g Erdbeschleunigung msec^{-2}
h (S. 149, 151) Höhe d. Steges cm
h (S. 153, 154) Höhe ein. Parallelepipeds vom Trägheitsmoment der abgefederten Masse m
h (S. 163, 164) Schienenüberhöhung m
h (S. 187, 188) Höhe eines Federblattes cm
h_1 Abstand der Zylinderschraube von der letzten Reihe cm
h_s Höhe des Lokomotiv-Schwerpunktes über SO m
h_x Zughakenhöhe über SO m
i (S. 159, 160) Anzahl der Räder
i (S. 189) Zahl aller Tragfedern
k Abstand der Seitenkraft im Achslager von SO m
k_z zulässige Zugspannung kg/cm²
l (S. 153, 159) Länge ein. Parallelepipeds v. Trägheitsmoment der abgefederten Masse m
l (S. 197 ff.) Abstand der Stützen 𝔄 und ℭ m
l_0 (S. 163, 164, 191) Länge des Übergangsbogens m
l_1 Abstand der Stützen 𝔄 und 𝔅 m
l_o Länge des Rahmenausschnittes über der Achse cm
l_u Länge des Steges cm
m Abstand der Rahmenwange von Mitte Lokomotive m
n Abstand der Tragfedern und Lagermitte von Mitte Lokomotive m
n (S. 187, 188) Zahl der Federblätter einer Feder
n_1 Anzahl der Zylinderschrauben gleichen Abstands vom Zylinderende
n_z reziproker Wert der Neigung der Überhöhungsrampe
o Schwerpunktsabstand des Rahmenquerschnitts über Achsausschnitt von Zylindermitte cm
p Bremsverzögerung msec^{-2}
q Abstand Zylindermitte von Rahmenwange cm
r (S. 136) Kurbelhalbmesser cm
r (S. 157, 158, 207, 208) Radhalbmesser m

Δr Zunahme des Radhalbmessers infolge der Kegelform m
r' wirksamer Hebelarm der Treibstange cm
s (S. 149, 151, 152) Stärke der Rahmenwange und des Steges cm
s (S. 159, 161, 162, 169) Spielraum im starren Gleis m
s_1 Spielraum i. elastischen Gleis m
s_m Widerstand in der maßgebenden Steigung kg/t
s_r Gleitweg zweier Federblätter gegeneinander cm
t Zeit sec
t_0 Vorbereitungszeit beim Bremsen sec
t_b wirksame Bremszeit sec
u Schwerpunktsabstand des Steges von der Zylinderachse cm
v Fahrgeschwindigkeit m/sec
w Zugwiderstand kg/t
w_b Bogenwiderstand kg/t
w_m mittlerer Zugwiderstand während der Bremszeit kg/t
$x, x_0, x_f, \ldots$ Abstand des Pols vom Führungspunkt in x-Richtung gemessen m
y seitliche Verschiebung der Achse im Gleis m
y_k Anteil der Schubachse am Reibungsmoment m
z Gleisunebenheit cm

$\mathfrak{A}$, $\mathfrak{B}$, $\mathfrak{C}$ Stützkräfte des Trägers auf drei Stützen kg
$\Delta\mathfrak{A}, \Delta\mathfrak{B}, \Delta\mathfrak{C}$ zusätzliche Lasten in $\mathfrak{A}$, $\mathfrak{B}$, $\mathfrak{C}$ kg
$\mathfrak{B}_z$ Last in $\mathfrak{B}$ bei Gleisunebenheit kg
$\mathfrak{M}, \mathfrak{M}_I, \mathfrak{M}_f, \ldots$ Moment mt
$\mathfrak{M}_B$ Moment mkg
$\mathfrak{M}_b$ Moment cmkg

α (S. 154, 159, 160, 161) Anteil der Ersatzmasse an d. wirklichen
α (S. 180, 181) Winkel der Achslagerführung der Adamsachse gegen die Lokomotiv-Querachse ^{0}
β (S. 156, 157) Kegelwinkel des Spurkranzes ^{0}
β (S. 202 bis 205) Anteil des bremsenden Gewichts am Gesamtgewicht
β' $\beta' = \beta\eta_b$
γ Winkel der resultierenden Bremsklotzkraft B_k gegen die Horizontale ^{0}

$\delta_I, \delta_{II}, \ldots$ Winkel der Diagonalen d_I, d_{II} mit der x-Achse ^{0}
$\delta_{\mathfrak{ab}}, \delta_{\mathfrak{cb}}, \ldots$ Einsenkungen des Rahmens cm/kg
ε Winkelbeschleunigung des Fahrzeugs im Bogenlauf sec^{-2}
η Anteil der seitlich stützenden Achsen an der Gesamtfederlast
η_b Wirkungsgrad des Bremsgestänges
$\varkappa$ (S. 149 bis 152) Verhältniszahl für die wirkliche Dehnung des Steges im Vergleich mit einem gleich langen geraden Steg
$\varkappa$ (S. 169) Winkel der Einflußlinie mit der x-Achse ^{0}
$\varkappa$ (S. 202, 205) Verhältnis des Bremsklotzdruckes zum Raddruck
λ (S. 136) Treibstangenverhältnis
λ (S. 188) Verhältnis der mittleren Federblattlänge zur größten
λ_o Dehnung des Rahmens im Achsausschnitt cm
λ_u Dehnung des Steges cm
μ Wertzahl d. gleitenden Reibung
μ_m mittlerer Wert der Reibung während der Bremszeit
ν Teil der Gesamtlast des Drehgestells
ξ (S. 141, 142) Drehwinkel der Lokomotive um ihre senkrechte Schwerpunktsachse ^{0}
ξ (S. 202) Reduktionsfaktor zur Berücksichtigung der umlaufenden Massen
ϱ Halbmesser der elastischen Linie cm
σ, σ_1 Zugspannung in der Zylinderschraube kg/cm^2
σ_o Beanspruchung des Rahmens über dem Achsausschnitt kg/cm^2
σ_u Beanspruchung des Steges kg/cm^2
τ Ausschlagwinkel der Treibstange ^{0}
υ Neigungswinkel der Zylinderachse ^{0}
φ (S. 138, 139) Kurbelwinkel ^{0}
φ Anlaufwinkel des Fahrzeugs ^{0}
$\varphi_a, \varphi_c, \ldots$ spez. Federdurchbiegung cm/kg
ψ Hebelübersetzung der Bremse
ω Winkelgeschwindigkeit des Fahrzeugs im Bogenlauf sec^{-1}

IV. Entwurf der Lokomotive.

Die Lokomotive muß so entworfen werden, daß sie die geforderte Arbeit in wirtschaftlicher Weise leistet und betriebssicher ist.

Leistung.

Meist liegt der Uranfang einer neuen Type in dem Bedürfnis der Betriebsleitung nach einer Lokomotive, die mehr als die vorhandenen leistet. Je nachdem Zugkraft oder Geschwindigkeit gesteigert werden soll, ist eine Treibachse oder Laufachse zuzufügen, falls nicht schon eine Erhöhung des Raddruckes ausreicht. Auf einem großen Bahnnetz soll die neue Lokomotive möglichst v i e l s e i t i g v e r w e n d b a r sein, was sich in der Wahl der günstigsten Geschwindigkeit V' (Abschn. II, S. 63) ausdrückt. Im übrigen soll die Lokomotive so leistungsfähig sein, wie es nach der gewählten Achsanordnung und den zulässigen Achsbelastungen möglich ist. Das Reibgewicht G_r und das Dienstgewicht G_d liegen damit fest. Die Leistung hängt dann in Verbindung mit V' vornehmlich vom Kessel ab, dessen Gewicht in erster Linie das Dienstgewicht bestimmt. Die folgende Zusammenstellung stellt einen erfahrungsmäßig gewonnenen Zusammenhang zwischen H, R und G_d dar.

Typ	D mm	G_d	$H:G_d$	$G_r:G_d$	$\frac{100\,R}{G_d}$
1 C 1	1440÷1980	60÷75	2,6÷3,3	0,62÷0,65	4,4÷5
2 C	1590÷1980	60÷105	2,5÷2,65÷2,95	0,62÷0,75	3,0÷3,8
2 C 1	1580÷2000	80÷142	3,0÷3,2÷3,5	0,58÷0,63	4,4÷5,2
D	1200÷1470	52÷120	2,68÷2,83÷3,08	1,0	3,8÷4,4
1 D	1240÷1600	70÷142	2,7÷3,14	0,83÷0,91	4,3÷5
1 D 1	1575÷1905	80÷100	3,0÷3,2	0,70÷0,75	4,0÷4,5
	1575÷1625	118÷150	3,42÷3,75	0,73÷0,78	4,4÷5,2
2 D	1400÷1740	65÷88,4	3,15÷3,45	0,88÷0,74	4,9÷5,2
2 D 1 1 D 2	1750÷1950	103÷168	2,88÷3,3	0,60÷0,68÷0,73	3,8÷4,8
E	1200÷1410	50÷85	2,22÷3,12	1,0	3,8÷5,0
1 E 1 F	1250÷1550	80÷110	2,88÷3,3	0,83÷0,91÷0,96	4,0÷5,4
1 E 1 USA.	1447÷1626	123÷200	2,95÷3,11	0,78÷0,81	4,3÷4,6
Tenderlokomotiven			$\{H + 10\,[W + K]\}: G_d$	W = Wasservorrat in t K = Brennstoffvorrat in t	
1 C 1	1400÷1676	51÷92	3,17÷3,37	0,61÷0,70	2,4÷2,85÷3,3
2 C 1 1 C 2	1520÷2020	78÷98	2,95÷3,63	0,575÷0,61÷0,65	2,2÷2,55÷3,15
2 C 2	1544÷2057	75÷122	3,02÷3,22÷3,6	0,49÷0,57	2,3÷2,85
1 D 1	1330÷1606	82÷102	3,17÷3,5÷4,1	0,67÷0,75	2,65÷3,1
1 E 1	1100÷1400	95÷120	3,53	0,75	3,7

Die Heizflächen gelten auf der Feuerseite gemessen, einschl. Vorwärmer. Da die Heizfläche schneller anwächst als das Gewicht (bei $H = 0$ ist G_d wesentlich größer als Null), gilt die in der Zusammenstellung angenommene Verhältnisgleichheit nur innerhalb gewisser Grenzen, was sich bei den 1 D 1-Lokomotiven besonders ausdrückt. Die Vorräte der Tenderlokomotiven vermindern das verfügbare Kesselgewicht empfindlich, weshalb als Vergleichsgröße nicht H, sondern $H + 10 \times$ (Gewicht der Vorräte) eingeführt worden ist. Trotz der starken Unterteilung nach der Bauart sind die Grenzen noch recht weit. Das Verhältnis $H : G_d$ ist um so kleiner, je geringer der Treibraddrm. und je größer die Lokomotive ist. Die Kunst des Konstrukteurs, leicht zu bauen, war besonders von Gölsdorf unter dem Zwange des schwachen österreichischen Gleises stark entwickelt worden. Es ist eine häufig beobachtete Erscheinung, daß spätere Ausführungen unter der Last von hinzugekommenen Ausrüstungen und einzelnen Verstärkungen wesentlich schwerer ausfallen; das Gegenteil durch Verbesserung der Konstruktion und des Baustoffs zu erreichen, ist viel schwieriger.

Nachdem man so eine ungefähre Vorstellung der Größe von H gewonnen hat, kann man $\mathfrak{R} = \sim 1/65\, H$ annehmen und eine erste Skizze der Lokomotive entwerfen. Aus ihr geht die Rohrlänge hervor, aus der in Verbindung mit dem Rohrdurchmesser nach Abschn. I, Gl. (13) der freie Heizgasquerschnitt F_2 und sodann der Kesseldurchmesser zu berechnen ist. Nun können $\mathfrak{H}$ und H genauer bestimmt werden, was nötigenfalls zu einer Berichtigung von $\mathfrak{R}$ führt. Sobald die Rechnungsrostfläche $\mathfrak{R}$ festliegt, wird nach Abschn. II aus der Dampferzeugung C, dem Zugkraftmodul Z_m und der günstigsten Geschwindigkeit V' die Leistung und Zugkraft in Abhängigkeit von der Geschwindigkeit für eine mittlere Anstrengung $A = 3$ [Abschn. I, Gl. (2)] berechnet. Mit dieser Anstrengung arbeitet die Lokomotive wirtschaftlich, und deshalb soll auf ihr die Berechnung des Fahrplans beruhen. Die im Fahrplan noch enthaltenen kürzesten Fahrzeiten, die nur zum Einholen von Verspätungen dienen, erfordern dann höhere Leistungen, bei denen die Kesselanstrengung aber das Maß $A = 4$ kaum erreicht.

Nur selten ist der so gewonnene Vorentwurf der Lokomotive die Grundlage des endgültigen Entwurfes, sondern meistens wird aus dem Zugkraft-Geschwindigkeitsdiagramm ein Leistungsprogramm aufgestellt, welches Wagengewicht, Steigung und Geschwindigkeit vorschreibt und das den Lokomotivfabriken als Grundlage ihrer Angebote zugeht. Das Leistungsprogramm sieht meistens zwei Arbeitslagen der Lokomotive vor: die eine bezieht sich auf die größte Steigung, die andere etwa auf die größte Geschwindigkeit.

Dann liegt jedesmal N_e fest; über $\eta_e = \frac{N_e}{N_i}$ * schließt man zunächst auf N_i und mit Hilfe von N' und $c' = \frac{C_i}{N'}$ auf die Verdampfungsfähigkeit des Kessels und die Rechnungsrostfläche $\mathfrak{R}$. Die Berechnung geht dann in der in den Abschn. I und II beschriebenen Weise weiter. Wenn

* Siehe S. 7.

zwei Arbeitslagen gegeben sind, so ist diejenige maßgebend, die den größeren Kessel erfordert.

Alle diese Berechnungen setzten die Kenntnis der günstigsten Geschwindigkeit V' und des geringsten Dampfverbrauches c' voraus, der wieder von Druck und Temperatur des Dampfes abhängt.

Die günstigste Geschwindigkeit V' wählt man bei

Schnellzuglokomotiven	80÷90 km/h
Personenlokomotiven im Flachlande	70÷80 „
Personenlokomotiven im Hügellande	60÷70 „

Güterlokomotiven und Personenlokomotiven im Gebirgsdienst müssen die Reibung voll ausnutzen; ihr Zugkraftmodul [Abschn. II, Gl. (2)] wird aus $Z_m : G_r$ (S. 61) bestimmt und V' aus Z_m und C_i [Abschn. II, Gl. (4)] berechnet. Ist durch das Leistungsprogramm ein bestimmter Punkt im $N_i - V$-Diagramm gegeben, so kann aus der Kurve für N_i/N' über V/V' (S. 70) N' leicht gefunden werden.

Dampfdruck und -temperatur müssen derart zusammenhängen, daß weder durch die Dehnung Feuchtigkeit im Zylinder entsteht, noch daß der Abdampf mit zu hoher Temperatur entweicht. Da ersteres schädlicher als letzteres ist, kann eine Abdampftemperatur von 135° bei $A = 3$ und großer Füllung zugelassen werden. Bei adiabatischer Dehnung auf 2,13 ata wird Sättigung bei folgenden Dampfzuständen, die einer Entropie $S = 1{,}7$ entsprechen, erreicht:

Dampfdruck p ata im Zylinder	12	14	16	atü im Kessel
Dampftemperatur $t_ü$	321	343	363	°C nach Abb. 12
q' aus Gl. (14), Abschn. I	0,49	0,54	0,6	bei 3% Feuchtigkeit vor dem Überhitzer

Mit wachsendem Kesseldruck wird bei etwa 20 atü die Grenze erreicht, wo die Gleichstrommaschine dank ihrer Unempfindlichkeit gegen innere Niederschlagsverluste deutlich überlegen wird. Die Wahl der Dampftemperatur hängt von der Güte des Öles und der Sorgfalt der Bedienung ab. Wo man keine hohen Ansprüche stellen kann, muß man sich mit niederen Temperaturen begnügen.

Die Schwierigkeit liegt aber vor allem darin, daß wir eine bestimmte Dampftemperatur nicht sicher erreichen können, weil alle Überhitzerberechnungen voraussetzen, daß der Druckunterschied der Heizgase zwischen Feuerbüchse und Rauchkammer an allen Stellen gleich sei. Die Unsicherheit eines jeden Entwurfes liegt aber darin, daß wir über die ganze Luft- und Gasströmung von der Aschkastenklappe bis zur Schornsteinmündung nichts wissen. Die Erfahrung zeigt uns zwar den Einfluß folgender Umstände: Lage und Größe der Aschkastenklappen, Gestalt des Aschkastens, Gestalt der Feuerbüchse, Größe und Lage des Feuergewölbes, Höhenlage des Blasrohrs zum Schornstein, Anordnung des Funkenfängers usw., wir wissen aber nicht, wie diese Einflüsse wirken.

Die Folge davon sind oft Überraschungen in bezug auf die Verbrennung (Kesselwirkungsgrad η_k), die Dampftemperatur $t_ü$ (Dampfverbrauch c') und die Dampferzeugung C, so daß sogar derselbe Konstrukteur eine ausnahmsweise gute oder schlechte Lokomotive hervorbringen kann. Das macht den Lokomotivbau aber so interessant.

Wirtschaftlichkeit.

Die Kosten zur Beförderung von 10^6 Bruttotonnen über 1 km setzen sich zusammen aus den Ausgaben für

	RM	%
A. Brennstoff, Wasser und Öl	1283	23,8
B. Verzinsung und Abschreibung	957	17,9
C. Erhaltung, einschließlich Kosten der Werkstätte. . .	1260	23,6
D. Löhne für Mannschaft und Bedienung	1842	34,7
	5342	100,0

Diese Zahlen[1] beziehen sich auf die Deutsche Reichsbahngesellschaft und

1. nur auf die im Zugdienst hinter dem Tender gefahrenen Zuglasten, ohne Leerlauf, Verschiebedienst und sonstige Leistungen;

2. auf die im Jahre 1928 im Betriebe gewesenen 23860 regelspurigen Dampflokomotiven, deren mittlere Leistung 779 PS_e betragen hat.

Da es sich um Mittelwerte handelt, in denen alte, schwache Lokomotiven mit enthalten sind, können sie nicht zum Vergleich mit den durchschnittlich doppelt so großen neuen Elektromotiven gebraucht werden. Bei einer doppelt so starken zeitgemäßen Dampflokomotive würden die Mannschaftskosten, die ja von der Lokomotivleistung nicht abhängen, unverändert bleiben, die Brennstoffkosten und die übrigen Kosten sich etwas vermindern.

Das Verhältnis der Materialkosten A zum Kapitaldienst B, das im Mittel 1,33 beträgt, würde bei einer zeitgemäßen großen Lokomotive etwa 1,25 betragen und zeigt, wie falsch es ist, auf die Kohlenersparnis allein großen Wert zu legen. Betrachtet man daraufhin die Lokomotive bezüglich ihrer Zylinderzahl, so findet man im Abschn. II, S. 71, daß der Dampfverbrauch der Lokomotive mit 2, 3 und 4 Hochdruckzylindern, sich wie 1:1,05:1,08 verhält. Etwa im selben Verhältnis steigt der Anschaffungspreis, so daß die wirtschaftliche Überlegenheit der Zwillingslokomotive klar hervortritt, und vor dem Drilling, besonders dem Vierling dringend gewarnt werden muß. Der Drilling nutzt aber das Reibgewicht besser aus, kann demnach als Gebirgslokomotive wirtschaftlich sein, der Vierling jedoch hat keine Daseinsberechtigung. Muß man aber wegen der sonstigen guten Eigenschaften eine vierzylindrige Lokomotive verwenden, dann darf es nur eine Verbundmaschine sein, die etwa 5% Kohlen spart und damit den erhöhten Kapitaldienst ungefähr ausgleicht. Die erhöhten Unterhaltungskosten und die Beschränkung der Zugkraft treten dem Drilling gegenüber besonders hervor. Der Wert der Vierzylinder-Verbundmaschine ist deshalb noch stark umstritten, es scheint aber, daß sie mehr und mehr zurückgedrängt wird.

---

[1] Die Reichsbahn **1930**, 734.

Sie wird sich nur dort halten, wo besonders schwere Bedingungen vorliegen, wie z. B. enge Umgrenzungslinien, die große Außenzylinder unmöglich machen, oder die Notwendigkeit, mit einer kleinrädrigen Gebirgslokomotive in der Ebene sehr schnell fahren zu müssen und ähnliches. Der Zweiachsantrieb in der DE GLEHNschen Ausführung mit inneren Niederdruckzylindern stellt technisch jedenfalls die beste Bauart vor: Die großen wegen geringer Überhitzung gegen Abkühlung empfindlichen Niederdruckzylinder liegen gut geschützt. Ein geschickter Führer kann das beste Füllungsverhältnis wählen. Die senkrechten Komponenten der Treibstangenkräfte verteilen sich auf zwei Achsen. Die Kurbelachse ist geringer beansprucht. Die Kuppelstangen- und Lagerkräfte sind kleiner. Dem stehen nur zwei, aber betrieblich sehr wichtige Vorteile der v. BORRIESschen Anordnung gegenüber: Einfachheit und Zugänglichkeit sowie Sicherheit gegen falsche Bedienung der Steuerung.

Die Dreizylinder-Verbundmaschine ist einfacher und billiger als die vierzylindrige, leidet aber an dem Mangel sehr ungleichförmiger Zugkraft und kann deshalb nur bei einem Überschuß an Reibgewicht vorteilhaft verwendet werden. Denkbar wäre noch ungleiche Teilung des Gesamttemperaturgefälles so, daß die Leistung in allen drei Zylindern gleich ist, jedoch wird dann der Hochdruckzylinder wegen seines kleinen Temperaturfalles sehr heiß bleiben, so daß für die Ölung zu fürchten ist.

Demnach bleibt die Zwillingslokomotive als Ideal bestehen, jedoch sind ihr Beschränkungen durch die Größe der Zylinder innerhalb der Umgrenzungslinie und den Kolbendruck auferlegt. Die Lagerkräfte wachsen schneller als die Kolbenkräfte, weil nach Abb. 112 das Maß $a-m$ größer wird; wie bei einer Schmalspurlokomotive entstehen dann im Verhältnis zum Federdruck sehr große waagerechte Kräfte, durch die das Achslager schnell ausgeschlagen wird. Um die Zylindermitte nicht zu stark der Umgrenzungslinie zu nähern, müssen oft die Achs- und Stangenlager zu kurz werden, was ihre Lebensdauer wieder verringert. Zu große Kolbenkräfte erfordern auch sehr große Lagerdurchmesser, was zu schwerem Gang führt. Eine Schnellzugslokomotive mit 700 mm Zylinderdurchmesser und etwa 60 t Kolbendruck zu bauen, ist also recht schwer. Wir sind von dieser Grenze nicht mehr weit entfernt, erinnern uns aber dabei der Zusammenstellung in Abschn. II, S. 61, aus der hervorgeht, daß in England und Amerika die Zylinder etwa 20% kleiner als auf dem Kontinent gewählt werden. Dann liegt auch die günstigste Geschwindigkeit V' 20% höher und von der meist gebräuchlichen zu weit entfernt. Nun ist aber zu bedenken, daß die Gl. (7) in Abschn. II sich auf die mittlere Anstrengung $A = 3$ bezieht, und bei $A = 2$ die günstigste Geschwindigkeit etwa 25% tiefer liegt. Da die großen Lokomotiven anfangs nicht voll ausgelastet sind, würde die geringere Anstrengung den Wert V' gerade wieder auf ein passendes Maß bringen. Die Abb. 44 zeigt weiterhin, daß bei fast gleichem Dampfverbrauch der Wert V' beim Zwilling nur $^{44}/_{50} = 88\%$ von dem des Drillings zu betragen braucht. Ferner ist eine Zwillingslokomotive mit zu kleinen Zylindern immer noch nicht unwirtschaftlicher als der Drilling, der nicht nur 5% mehr Kohlen braucht, sondern außerdem mehr Zinsen und Erhaltung kostet.

Gewiß ist es auch möglich und bei sehr hohem Kesseldruck vielleicht auch wirtschaftlich, die großen Kolbenkräfte durch eine schnellaufende Dampfmaschine mit Zahnradvorgelege zu vermeiden, wie es bei Hochdrucklokomotiven schon geschehen ist. Dann verlassen wir aber die STEPHENSONsche Lokomotive und das Thema dieses Buches.

Da die Erhaltungskosten zu den Anschaffungskosten sich wie 4:3 verhalten, ist es wirtschaftlich, recht dauerhaft und verschleißfest zu bauen und eine dadurch bedingte geringe Erhöhung der Herstellungskosten nicht zu scheuen. Die Erfahrung mit den neuen Reichsbahnlokomotiven bestätigt das, wie R. P. WAGNER berichtet[1].

Die Bau- und Erhaltungskosten werden durch Normung und Typisierung beträchtlich herabgesetzt. Die Normung vermindert die Anzahl der verschiedenen dem gleichen Zweck dienenden Einzelheiten, die Stückzahl eines jeden Teiles wird größer und die auf es entfallenden Kosten für Modelle und Bearbeitungsvorrichtungen kleiner. Die Typisierung bestrebt sich, aus möglichst vielen Teilgruppen, wie Radsätzen, Zylindern mit Deckeln und Schiebern, Kesseln usw., möglichst passende Lokomotivtypen zu bilden. Die Typisierung bietet die gleichen Vorteile wie die Normung. Beide Vereinheitlichungen werden schon seit etwa 75 Jahren vereinzelt angestrebt, und seit langem gibt es auch Bahnen mit einer größeren Anzahl Lokomotivtypen mit gleichen Kesseln und Zylindern.

Aber selbst dann, wenn für eine ganz neue Bahn Lokomotiven zu bauen sind, wird die Fabrik zur Verminderung ihrer Kosten bestrebt sein, möglichst viele vorhandene teuere Modelle und Gesenke zu verwenden. Z. B.: Solange das Verhältnis $l:r$ (Abschn. I, Siederohrtafel) in zulässigen Grenzen bleibt, kann ein Kessel schon allein durch Veränderung der Feuerbüchs- und Rohrlänge der geforderten Dampferzeugung angepaßt werden. Der Zusammenschluß der deutschen Bahnen zur Reichsbahngesellschaft ermöglicht aber zum ersten Male, diese Gedanken in bisher nicht gekannter Größe und Folgerichtigkeit durchzuführen und die Vorteile der Einheitstypen voll auszunutzen.

Die Typisierung legt dem Konstrukteur oft unbequeme Fesseln an. Er kann die Rohrlänge nicht mehr so wählen, wie sie zum Gesamtaufbau der Lokomotive am besten paßt, und mit dem verfügbaren Zylinderdurchmesser nicht mehr die gewünschte günstigste Geschwindigkeit oder Zugkraft erreichen. Deshalb lädt die Aufstellung der Typen viel Verantwortung auf, und das Arbeiten mit den Typen ist eine interessante Kunst.

Die Betriebssicherheit

wird hier nicht in bezug auf Brüche und Heißläufer betrachtet, sondern daraufhin, wie Entgleisungen und Schienenbrüche durch Überlastungen zu vermeiden sind. Raddruckänderungen werden hervorgerufen durch:

[1] Z. V. d. I. 75, 121 (1931).

1. Überschüssige Fliehkraft, Abschn. II, S. 107.
2. Treibstangenkraft, Abschn. III, S. 136.
3. Zugkraft am Haken, Abschn. III, S. 197.
4. Bogenlauf, Abschn. III, S. 182.
5. Federspiel, Abschn. III, S. 191.
6. Bremsung, Abschn. III, S. 197.

Die unter 2 und 6 genannten Kräfte vermehren selbst bei waagerechtem Zylinder den Raddruck häufig um 20% ohne jeden Schaden für das Gleis; sie treten nie gleichzeitig auf. Die unter 1 genannten Kräfte sind behördlich auf 15% beschränkt, was nicht gerechtfertigt erscheint, zumal die Höchstwerte von 1 und 2 sich gegenseitig ausschließen (Abb. 110), und 1 mit 3 und 6 nur dann zusammenfällt, wenn die Endachsen zugleich Kuppelachsen sind. Über die Kräfte 1, 2, 3 und 6 können sich noch die Kräfte 4 oder 5 lagern, von denen 5 nur wenige Hundertstel, 4 aber bis 20% erreichen kann. Der Raddruck ändert sich demnach am stärksten an der Treibachse einer im Bogen ziehenden Lokomotive (2 und 4), wo Überlastungen bis 40% entstehen können. Wenn die Zylinder aber geneigt liegen, wie z. B. bei Drillingslokomotiven, kommen allein durch die Treibstangenkraft Überlastungen bis 60% vor, was Holtmeyer[1] nachgewiesen hat. Wenn Schienenbrüche vorwiegend in Bögen aufträten, könnten solche Überlastungen als betriebsgefährlich gelten; da das aber nicht der Fall ist, scheinen die Schienenbrüche auf andere Weise entstanden zu sein, z. B. durch Baustoffehler oder die dynamische Wirkung von Schlaglöchern in den Reifen, die bisher nicht geahnte Beanspruchungen hervorrufen[2].

Von diesem Standpunkte aus gesehen, verliert der dem Vierzylindertriebwerk nachgerühmte Vorteil, daß die Kräfte 1 gleich Null sind, alle Bedeutung und die behördliche Beschränkung des Ausgleichs der schwingenden Massen [m_1 in Gl. (23), Abschn. II] ist gar nicht gerechtfertigt. Im Gegenteil würde eine Vergrößerung von m in vorteilhafter Weise das verbessern, was man die G a n g a r t der Lokomotive nennt, und worunter die vereinigte Wirkung der gaukelnden Bewegung (S. 153) mit dem Zucken und dem Federspiel zu verstehen ist. Daß Unvollkommenheiten des Entwurfs (schwacher Rahmenbau) und der Erhaltung (lose Stellkeile) den Gang der Lokomotive sehr unangenehm machen können, ist ebenso bekannt wie der wohltuende Einfluß der Dämpfung senkrechter und waagerechter Ausschläge durch Blattfedern und sonstige Reibung. Eine zusammenfassende Betrachtung aller dieser Wirkungen fehlt noch ganz, und deshalb überrascht die Gangart der Lokomotive noch häufig den Konstrukteur.

Wenn der Führungsdruck K im Verhältnis zum Raddruck Q zu groß wird [Gl. (5), Abschn. II], e n t g l e i s t die Lokomotive. Die weiter oben genannten Kräfte 1 bis 6 treten als Über- und Entlastungen auf; jetzt sind nur die E n t l a s t u n g e n von Belang. Da die Endachsen hauptsächlich die Lokomotive führen, könnte man zunächst glauben, daß Entlastungen der Mittelachsen weniger gefährlich seien. Nun sind aber im Sommer 1930

[1] Doktor-Dissertation Berlin 1931.
[2] Org. f. d. Fortschr. d. Eisenbahnw. **1925**, 51.

auf zwei englischen Bahnen 2 C-Lokomotiven beim zu schnellen Durchfahren von Weichen mit der Mittelachse allein entgleist, weil die schwache Rückstellvorrichtung des Drehgestells nicht genug Richtkraft aufbringen konnte. Dies zeigt, daß auch Mittelachsen auf Entgleisungsgefahr hin untersucht werden müssen. Die Quelle[1] bringt dann noch das Ergebnis von Wägungen, die Achsdruckänderungen von mehreren t zeigen, weil alle Ausgleichhebel fehlten. Daß solche Verspannungen möglich sind, ist ein schwerer Nachteil der statisch unbestimmten Stützung. Die Vorderachsen werden entlastet durch die Kräfte 1 oder 2 (die sich gegenseitig ausschließen) sowie die Kräfte 3 und 5. Das Anlaufen des Spurkranzes ändert selbst die Radbelastung in günstigem Sinne. Um die Entlastungen durch das Zughakenmoment und Federspiel klein zu halten, soll die Tragfeder der führenden Achse mit der benachbarten verbunden sein. Bei statisch unbestimmter Stützung müssen die Endachsen zu demselben Zweck sehr weich gefedert sein.

Besonders wichtig ist die Erhaltung des Raddruckes an Drehgestellen. Vier einzelne Federn geringer Nachgiebigkeit und Außenrahmen sind als betriebsgefährlich zu bezeichnen; bei Innenrahmen ist die Federbasis nur etwa halb so breit, so daß Gleisunebenheiten weniger stark wirken. Gegen weiche, innenliegende Federn ist nichts einzuwenden. Häufig angewandt werden Längsausgleichhebel, die an sich sehr nützlich sind, den Drehgestellrahmen aber der statischen Stützung berauben, so daß er das Bremsmoment nur dadurch aufnehmen kann, daß er sich auf die Achslager stützt. Querausgleichhebel sind bei Drehgestellen nur selten angewandt worden, sind aber das Ideal[2].

Die Frage, ob eine $^3/_5$ oder $^4/_6$ gekuppelte Lokomotive mit amerikanischem oder Kraußdrehgestell zu bauen sei, ist vom Standpunkt der Führung zugunsten des Kraußdrehgestelles zu entscheiden. Sowohl die Anlaufwinkel φ als auch die Führungskräfte K sind geringer. Dagegen ist das amerikanische Drehgestell wieder einfacher und billiger, was auch durch den Umstand nicht entkräftet wird, daß Lokomotiven mit amerikanischen Drehgestellen etwa 6% schwerer sind, wie aus der Zusammenstellung S. 214 hervorgeht. Die Begründung liegt darin, daß beim Kraußdrehgestell die Federkräfte unmittelbar vom Rahmen auf die Achslager übertragen werden, während das amerikanische Drehgestell schwerer Zwischenglieder bedarf. Den Ausschlag für das Kraußdrehgestell bildet besonders bei großen Lokomotiven die Möglichkeit, über die Schleppachse eine große Feuerbüchse legen zu können. Die Praxis hat sich deshalb vorwiegend für die 2 C- und die 1 D 1-Lokomotive entschieden. Die 1 D 1 wird sogar in Europa mit vorderer Bogenachse gebaut, weil sie wesentlich einfacher als das Kraußdrehgestell ist, obgleich sie die Lokomotive viel schlechter führt (Schlingergefahr).

Gefährlich werden Entlastungen beim Zusammentreffen mit großen Führungskräften des Spurkranzes, die im geraden Gleise durch Schlingern und regelmäßig im Bogen auftreten. Die Gln. (8) und (9) in Abschn. III deuten an, welche Geschwindigkeit einer gegebenen Loko-

[1] Railway Eng. Nov. 1930. [2] Schneider: Z. V. d. I. **73**, 492 (1929).

motive gefahrlos zugemutet werden kann. Vollbahnlokomotiven werden schon seit langem gefühlsmäßig so schlingersicher gebaut, daß sie das gerade Gleis nicht verlassen. Ein Fahrzeug mit niedriger Schlingergrenze wirkt aber sehr ungünstig auf das Gleis, das bei nicht sehr guter Schienenbefestigung gerade gegen Seitenkräfte sehr empfindlich ist. Die meisten Entgleisungen ereignen sich in Bögen und da besonders wieder bei der Einfahrt, wo dem Fahrzeug noch eine Drehbeschleunigung [Gl. (11), Abschn. III] erteilt werden muß, die den Führungsdruck noch erhöht. Besonders gefährdet sind C- und D-Lokomotiven, wenn sie im Bogen stark ziehen. Das Zughakenmoment und der Kreuzkopfdruck, der weit vorn angreift, entlasten die Vorderfedern, zugleich kann das Gegengewicht entlastend wirken, während zu dem durch den Bogenlauf bedingten Führungsdruck sich noch ein anderer fügt, der durch die Drehbewegung aus den schwingenden Massen [Gl. (18), Abschn. II] entsteht. Wesentlich sicherer sind wegen des zwangloseren Bogenlaufes die Lokomotiven mit Gölsdorfachsen und noch besser, wenn diese mit Rückstellfedern[1] versehen werden.

Schlußwort.

Der letzte Abschnitt zeigte, wie die Wirtschaftlichkeit nur durch Zusammenfassung von Kessel und Triebwerk und die Betriebssicherheit nur durch gemeinsame Betrachtung von Triebwerk und Rahmen richtig beurteilt werden kann. Dieses Ineinanderschachteln der Konstruktionsteile, ihre organische Verbindung zu einer mannigfachen Anforderungen genügenden Maschine ist das Werk hundertjähriger Erfahrung. Ihre Vollendung zu den höchsten Stufen der Vollkommenheit ist ohne breite wissenschaftliche Erkenntnis nicht möglich. Noch lange nicht können wir alles wissenschaftlich ergründen, vielmehr wird die Intuition immer eine starke Stütze des Konstrukteurs bleiben. Und das ist gut so, denn wo das Rechnen aufhört, fängt die Kunst an, und Künstler wollen die wahren Lokomotivbauer auch bleiben. Über Wissenschaft und Wirtschaft des eigenen Fachgebietes hinaus muß der Lokomotivbauer auch Rücksicht auf den Oberbau und die Betriebsverhältnisse nehmen, wenn er die Wirtschaftlichkeit des Bahnbetriebes und nicht nur die des Lokomotivdienstes im Auge haben will. Gerade in dieser Vielseitigkeit der Aufgabe liegt der große Reiz des Lokomotivbaues, dem sich niemand entziehen kann, der ihn einmal gekostet hat.

[1] Taube: Z. V. d. I. **53**, 481 (1909).

Druck von Oscar Brandstetter in Leipzig.

Die Dampflokomotiven der Gegenwart. Hand- und Lehrbuch für den Lokomotivbau und -betrieb, für Eisenbahnfachleute und Studierende des Maschinenbaues. Unter Durcharbeitung umfangreicher amtlicher Versuchsergebnisse und des Schrifttums des In- und Auslandes sowie mit besonderer Berücksichtigung der Erfahrungen mit Schmidtschen Heißdampf-Lokomotiven der Preußischen Staatseisenbahnverwaltung. Von Geheimem Baurat Dr.-Ing. e. h. **Robert Garbe**, Berlin. Zweite, vollständig neubearbeitete und stark vermehrte Auflage. In einem Text- und einem Tafelbande. Mit 722 Textabbildungen und 54 lithographischen Tafeln mit den Bauzeichnungen neuer, erprobter Heißdampflokomotiven des In- und Auslandes. XVII, 859 und IV Seiten. 1920. Gebunden RM 64.—

Die zeitgemäße Heißdampflokomotive. Zugleich eine Ergänzung der 2. Auflage des Handbuchs „Die Dampflokomotiven der Gegenwart“. Von Geh. Baurat Dr.-Ing. e. h. **Robert Garbe**, Berlin. Mit 116 Textabbildungen und 52 Zahlentafeln. IX, 167 Seiten. 1924. Gebunden RM 16.—

Die Dampflokomotive in entwicklungsgeschichtlicher Darstellung ihres Gesamtaufbaues. Von Professor **J. Jahn**, Technische Hochschule in der freien Stadt Danzig. Mit 332 Abbildungen im Text und auf 4 Tafeln. IX, 356 Seiten. 1924. Gebunden RM 18.—

Berechnung und Konstruktion von Dampflokomotiven mit einem Anhang über elektrische Lokomotiven. Ein Nachschlagewerk für die Praxis und das Studium. Von Dipl.-Ing. **W. Bauer**, München, und Dipl.-Ing. **H. Stürzer**, Chemnitz. Zweite, neubearbeitete und erweiterte Auflage von Dipl.-Ing. **W. Bauer**, Heidelberg. Mit 428 Abbildungen im Text und auf 10 Tafeln nebst 8 Tabellentafeln. IX, 412 Seiten. 1923. Gebunden RM 20.—

Die Lokomotivantriebe bei Einphasenwechselstrom. Eine Untersuchung über Zusammenhänge von Motordimensionierung, Getriebeanordnung und Grenzleistung bei Einphasen-Vollbahnlokomotiven. Von Professor Dr.-Ing. **Engelbert Wist**, Wien. Mit 48 Textabbildungen. 100 Seiten. 1925. RM 5.40

Elektrische Vollbahnlokomotiven. Ein Handbuch für die Praxis sowie für Studierende. Von Dr. techn. **Karl Sachs**, Ingenieur der A.-G. Brown, Boveri & Cie., Baden (Schweiz). Mit 448 Abbildungen im Text und 22 Tafeln. XI, 461 Seiten. 1928. Gebunden RM 84.—

Diesellokomotiven und ihr Antrieb. Von Dipl.-Ing. **W. Bauer**, Heidelberg. Mit 50 Abbildungen im Text. VIII, 96 Seiten. 1925. Steif kartoniert RM 8.70

Die Entwicklung der selbsttätigen Einkammer-Druckluftbremse bei den europäischen Vollbahnen. Von Dr.-Ing. e. h. **Wilhelm Hildebrand.** Mit 234 Abbildungen im Text. VI, 151 Seiten. 1927. Gebunden RM 18.—

Einrichtung und Betrieb der Lokomotiven. Für Lokomotivführer, Lokomotivheizer, Bahnbeamte, Maschinenschlosser in Lokomotivfabriken und Eisenbahnwerkstätten und Besucher technischer Lehranstalten. Von Professor Ing. **August Ulbrich**, Wien. Zweite Auflage. (Technische Praxis, Band XV.) I. Teil. Mit 170 Abbildungen, 11 Tafeln und den Kesselgesetzen für das Deutsche Reich und für Österreich. XIV, 618 Seiten. 1923. Gebunden RM 6.—

Die Schule des Lokomotivführers. Von Eisenbahndirektor z. D. **J. Brosius**, Hannover, und **R. Koch**, Oberinspektor der Württembergischen Staats-Eisenbahnen. Vierzehnte, neubearbeitete Auflage von Reichsbahnoberrat Professor Dr. **Hans Nordmann**, Berlin.

Erste Abteilung: **Geschichte der Lokomotive — Mechanik und Wärmelehre — Der Lokomotivkessel und seine Ausrüstung.** Mit 246 Textabbildungen. XI, 256 Seiten. 1923. Gebunden RM 3.50

Zweite Abteilung: **Die Maschine, der Wagen und der Tender; verschiedene Lokomotivbauarten; Eisenbahn-Triebwagen; die neuesten Bremsvorrichtungen.** Mit etwa 410 Textabbildungen. Erscheint im Juli 1931.

Dritte Abteilung: **Der Fahrdienst.** In Vorbereitung.

Die Heizerprüfung. Ein Hilfsbuch für Lokomotivheizer und Lokomotivheizer-Anwärter. Von **H. Fassold.** Achte, verbesserte Auflage. Bearbeitet von **A. Koska**, Eisenbahn-Werkstätten-Vorsteher, Berlin. 48 Seiten. 1921. RM 0.80

Die Sicherungswerke im Eisenbahnbetriebe. Ein Lehr- und Nachschlagebuch für Eisenbahnbetriebsbeamte und Studierende des Eisenbahnbaufaches. Von **E. Schubert.** Fünfte, vollständig neubearbeitete Auflage. Von **Oscar Roudolf**, Ober-Regierungs-Baurat z. D. in Berlin.

Erster Band: **Elektrische Telegraphen, Fernsprechanlagen, Läutewerke, Kontaktapparate, Blockeinrichtungen.** Mit 404 Textabbildungen. IX, 372 Seiten. 1921. Gebunden RM 18.—

Zweiter Band: **Mechanische Stellwerke, Kraftstellwerke, selbsttätige Signalanlagen und statische Berechnungen von Signalbrücken im Anhang.** Mit 568 Textabbildungen. VIII, 584 Seiten. 1925. Gebunden RM 27.—

Sicherungsanlagen im Eisenbahnbetriebe auf Grund gemeinsamer Vorarbeit mit Professor Dr.-Ing. **M. Oder** †, verfaßt von Geh. Baurat Professor Dr.-Ing. **W. Cauer**, Berlin. Mit einem Anhang: Fernmelde-Anlagen und Schranken. Von Regierungsbaurat Privatdozent Dr.-Ing. **F. Gerstenberg**, Berlin. („Handbibl. f. Bauingenieure“ II, Bd. 7.) Mit 484 Abbildungen im Text und auf 4 Tafeln. XVI, 460 Seiten. 1922. Gebunden RM 15.—

Personenbahnhöfe. Grundsätze für die Gestaltung großer Anlagen. Von Geh. Baurat Professor Dr.-Ing. **W. Cauer**, Berlin. Zweite, umgearbeitete und wesentlich erweiterte Auflage. Mit 142 Abbildungen im Text. X, 306 Seiten. 1926. Gebunden RM 22.50

Personen- und Güterbahnhöfe. Von Professor Dr.-Ing. **Otto Blum**, Hannover. („Handbibl. f. Bauingenieure“ II, Bd. 5, 1.) Mit 337 Textabbildungen. VI, 273 Seiten. 1930. Gebunden RM 28.50

Verschiebebahnhöfe. Von Professor Dr.-Ing. **O. Ammann**, Karlsruhe. („Handbibl. f. Bauingenieure“ II, Bd. 5, 2.) Erscheint Ende 1931.

Verkehr und Betrieb der Eisenbahnen. Von Professor Dr.-Ing. **Otto Blum**, Hannover, Oberregierungsbaurat Dr.-Ing. **G. Jacobi**, Erfurt, und Professor Dr.-Ing. **Kurt Risch**, Hannover. („Handbibl. f. Bauingenieure“ II, Bd. 8.) Mit 86 Textabbildungen. XIII, 418 Seiten. 1925. Gebunden RM 21.—

Oberbau und Gleisverbindungen. Von Dr.-Ing. **Adolf Bloß**, Dresden. („Handbibl. f. Bauingenieure“ II, Bd. 4.) Mit 245 Textabbildungen. VII, 174 Seiten. 1927. Gebunden RM 13.50

Der vollkommene Gleisbogen. Seine Gestaltung als Kurve mit stetigem Krümmungsverlauf. Von Regierungsbaumeister Dr.-Ing. **Gerhard Schramm.** Mit 29 Textabbildungen. IV, 58 Seiten. 1931. RM 6.—

Die Absteckung von Gleisbogen aus Evolventenunterschieden. Von Oberlandmesser **Max Höfer**, Amtmann bei der Reichsbahndirektion, Altona. Mit 68 Abbildungen im Text und 7 mehrfarbigen Tafeln. VI, 98 Seiten. 1927. Gebunden RM 9.60

Unterbau. Von Professor **W. Hoyer**, Hannover. („Handbibl. f. Bauingenieure“ II, Bd. 3.) Mit 162 Textabbildungen. VIII, 187 Seiten. 1923. Gebunden RM 8.—

Einfluß bewegter Last auf Eisenbahnoberbau und Brücken. Von Dr.-Ing. **Heinrich Saller**, Oberregierungsrat. Mit 48 Textabbildungen. IV, 74 Seiten. 1921. RM 2.50

Achsdruckverzeichnis. (VachsV.) Verzeichnis der zulässigen Achsdrücke, Achsstände und Lademasse. Herausgegeben von der Geschäftsführenden Verwaltung des Vereins Deutscher Eisenbahnverwaltungen, November 1928. Mit zahlreichen Abbildungen und Tabellen.
Neudruck erscheint im Sommer 1931.

Linienführung. Von Professor Dr.-Ing. **Erich Giese**, Hannover, Professor Dr.-Ing. **Otto Blum**, Hannover, und Professor Dr.-Ing. **Kurt Risch**, Hannover. („Handbibl. f. Bauingenieure“ II, Bd. 2.) Mit 184 Textabbildungen. XII, 435 Seiten. 1925. Gebunden RM 21.—

Eisenbahn-Hochbauten. Von Regierungs- und Baurat **C. Cornelius**, Berlin. („Handbibl. f. Bauingenieure“ II, Bd. 6.) Mit 157 Textabbildungen. VIII, 128 Seiten. 1921. Gebunden RM 6.40

Organ für die Fortschritte des Eisenbahnwesens. Technisches Fachblatt des Vereins Deutscher Eisenbahnverwaltungen. Herausgegeben von Dr.-Ing. **H. Uebelacker**, Nürnberg, unter Mitwirkung von Dr.-Ing. **A. E. Bloss**, Dresden. Erscheint am 1. und 15. jedes Monats. Zur Zeit der 86. Jahrgang.
Preis des Jahrganges RM 36.—; Einzelheft RM 1.80

Die Dampfmaschine. Von Geheimem Baurat Professor Dr.-Ing. e. h. **M. F. Gutermuth**, Darmstadt. Bearbeitet in Gemeinschaft mit Professor Dr.-Ing. **A. Watzinger**, Drontheim. In drei Bänden. Mit über 2000 Figuren im Text, 86 Tafeln und 31 Tabellen. XXX, 1635 Seiten. 1928.
Preis des Gesamtwerkes gebunden RM 300.—

Anleitung zur Berechnung einer Dampfmaschine. Ein Hilfsbuch für den Unterricht im Entwerfen von Dampfmaschinen. Von Geh. Hofrat Professor **R. Graßmann**, Reg.-Baumeister a. D., Karlsruhe. Vierte, umgearbeitete und stark erweiterte Auflage. Mit 25 Anhängen, 471 Figuren und 2 Tafeln. XV, 643 Seiten. 1924. Gebunden RM 28.—

Die Steuerungen der Dampfmaschinen. Von Professor **Heinrich Dubbel**, Ingenieur. Dritte, umgearbeitete und erweiterte Auflage. Mit 515 Textabbildungen. V, 394 Seiten. 1923. Gebunden RM 10.—

Über wärmetechnische Vorgänge der Kohlenstaubfeuerung unter besonderer Berücksichtigung ihrer Verwendung für Lokomotivkessel. Von Dr.-Ing. Dipl.-Ing. **Fritz Hinz**. Mit 28 Textabbildungen. V, 77 Seiten. 1928. RM 7.50

Handbuch der Feuerungstechnik und des Dampfkesselbetriebes unter besonderer Berücksichtigung der Wärmewirtschaft. Von Dr.-Ing. **Georg Herberg**, Stuttgart. Vierte, erweiterte Auflage. Mit 84 Textabbildungen, 118 Zahlentafeln, sowie 54 Rechnungsbeispielen. XII, 447 Seiten. 1928. Gebunden RM 23.50

Die Separation von Feuerungsrückständen und ihre Wirtschaftlichkeit einschließlich der Brikettierung und Schlackensteinherstellung. Von Dipl.-Ing. **W. Engel**. Mit 30 Textabbildungen. 135 Seiten. 1925. RM 8.10; gebunden RM 9.60

L. Schmitz, Die flüssigen Brennstoffe, ihre Gewinnung, Eigenschaften und Untersuchung. Dritte, neubearbeitete und erweiterte Auflage. Von Dipl.-Ing. Dr. **J. Follmann**. Mit 59 Abbildungen im Text. VII, 208 Seiten. 1923. Gebunden RM 7.50

Die Brennstoffe. Ihre Einteilung, Eigenschaften, Verwendung und Untersuchung. Von Prof. Dr. techn. **Erdmann Kothny**. (Werkstattbücher, Heft 32.) Mit 11 Figuren im Text und 33 Zahlentafeln. 73 Seiten. 1927. RM 2.—